全国测绘地理信息类职业教育规划教材

土木工程测量

主编　冯雪力
主审　李锁乐　姜　涛

黄河水利出版社
·郑州·

内 容 提 要

本书是全国测绘地理信息类职业教育规划教材。本书以高职高专教育的工程测量技能教学为主线，采用教学内容模块化、任务化的基本结构，主要介绍土木工程技术类施工和管理人员所需要的测量基本知识、理论、基本工作方法和操作技能。全书在介绍传统测量仪器、测量理论、测量技术的同时，也介绍了现代工程测量的新仪器、新技术及其在工程中的应用。

本书主要适用于高等职业技术院校的建筑工程技术、道路工程、地下工程及其他相关专业的土木工程测量技术课程教学，也可供专业技术人员参考使用。

图书在版编目(CIP)数据

土木工程测量/冯雪力主编. —郑州：黄河水利出版社，2020.1

全国测绘地理信息类职业教育规划教材

ISBN 978-7-5509-2579-3

Ⅰ. ①土… Ⅱ. ①冯… Ⅲ. ①土木工程-建筑测量-高等职业教育-教材 Ⅳ. ①TU198

中国版本图书馆 CIP 数据核字(2020)第 005733 号

策划编辑：陶金志　电话：0371-66025273　E-mail：838739632@qq.com

出 版 社：黄河水利出版社　网址：www.yrcp.com

地址：河南省郑州市顺河路黄委会综合楼 14 层　邮政编码：450003

发行单位：黄河水利出版社

发行部电话：0371-66026940、66020550、66028024、66022620(传真)

E-mail：hhslcbs@126.com

承印单位：河南承创印务有限公司

开本：787 mm×1 092 mm　1/16

印张：19.25

字数：470 千字　印数：1—5 000

版次：2020 年 1 月第 1 版　印次：2020 年 1 月第 1 次印刷

定价：56.00 元

前　言

土木工程测量是土建类专业一门重要的专业基础课程。本书在编写时，对行业和企业进行了充分的调研，本书突出"工学结合、注重实践"。

本书是结合高职高专土建类相关专业的人才培养目标，按照高职高专教育的方法及特点编写而成的。随着 GNSS 接收机的高度智能化、数据处理的自动化以及价格的不断下降，使用 GNSS 进行控制测量、数字测图等工作已经变得更加便利和容易掌握。在传统的测绘技术及方法的基础上，又增加了多种先进电子测绘仪器设备及其应用的介绍。

本书共十四个模块，由内蒙古建筑职业技术学院冯雪力担任主编。本书编写分工如下：模块一、模块二、模块四由内蒙古建筑职业技术学院冯雪力编写，模块三、模块十一由内蒙古建筑职业技术学院齐秀峰编写，模块五由内蒙古机电职业技术学院曹睿编写，模块六由内蒙古建筑职业技术学院冯雪力、关毅共同编写，模块七由内蒙古建筑职业技术学院纪东莹编写，模块八、模块十二由包头铁道职业技术学院郭有宝编写，模块九、模块十四由内蒙古建筑职业技术学院弓永利与内蒙古科瑞房地产评估有限公司顾海波共同编写，模块十由内蒙古机电职业技术学院胡奇编写，模块十三由鄂尔多斯职业学院李英编写。本书由内蒙古自治区测绘地理信息局高级工程师李锁乐和内蒙古科创测绘设计有限公司高级工程师姜涛总经理担任主审。

本书适用于高职高专建筑工程技术、市政工程技术、道路与桥梁工程技术等土建类专业。本书全部内容教学课时较多，各院校可根据自己的教学计划及课时数有选择地应用，不同专业也可以根据本专业需求选取不同的教学内容。

由于编者水平有限和时间仓促，书中疏漏之处在所难免，恳请读者给予批评指正。

编　者

2019 年 11 月

目 录

模块一　测量基础知识

教学内容

本模块主要包括测量学的定义与内容、地面点位的确定、用水平面代替水准面的限度、测量工作的原则等。重点是地面点位的确定。

学习目标

学习本模块，要掌握测量学的定义和内容，了解测量学的分支学科；理解测量工作的基准面和基准线，掌握确定地面点位的方法，掌握测量工作的三项基本内容，了解测量工作的程序和组织原则。了解测量学的发展趋势，了解测绘科学在相应工程测量中的应用，了解测量人员应具备的基本素质，增强对本学科的学习兴趣。

任务一　测量学基础知识

一、测量学的定义及内容

测量学是研究地球的形状和大小及确定地面（包括空中、地下和海底）点位的科学。它包括测绘和测设两个部分。测绘是指应用测量仪器和工具，通过测量和计算得到一系列测量数据，或将地球表面的地物和地貌缩绘成地形图，供经济建设、规划设计、科学研究和国防建设使用。测设是指应用测量仪器和工具把图纸上规划设计好的建筑物、构筑物的位置依据规定精度在地面上标定出来，作为施工的依据。

二、测量学的分支学科

测量学按照研究范围和对象的不同，产生了许多分支学科：

（1）普通测量学。不顾及地球曲率的影响，研究小范围地球表面形状的测绘工作的学科，是测量学的基础。

（2）大地测量学。研究整个地球的形状和大小，解决大地区控制测量和地球重力场问题的学科。

（3）摄影测量学。研究利用摄影或遥感的手段来测定物体的形状、大小和空间位置的学科。

（4）海洋测量学。研究以海洋和陆地水域为对象所进行的测量和制图工作的学科。

（5）工程测量学。研究工程建设和自然资源开发中，在规划、勘测设计、施工和运营管理各个阶段进行的各种测量工作的学科。

本书针对建筑工程技术专业、路桥工程技术专业等主要讲解普通测量学及部分工程测量学的内容。

三、测量学的任务和作用

从宏观方面考虑,测量学的任务是进行精密控制测量和建立国家控制网,提供地形测图和大型工程测量所需要的基本控制,为空间科技和军事工作提供精确的坐标资料,作为技术手段参与对地球形状、大小、地壳形变及地震预报等方面的科学研究。从微观方面考虑,测量学的任务是按照需求测绘各种比例尺地形图,为各个领域提供定位和定向服务,管理开发土地、建立工程控制网、进行施工放样、辅助设备安装、监测建筑物变形以及为工程竣工服务等。从本质上讲,测量学的任务就是确定地面目标在三维空间的位置以及随时间的变化。

测量工作是国家经济建设的先行,随着科学技术的飞速发展,测量工作在国家经济建设和发展的各个领域中发挥着越来越重要的作用。工程测量是直接为工程建设服务的,它的服务和应用范围包括城建、地质、铁路、交通、房地产管理、水利电力、能源、航天和国防等各种工程建设部门。

四、测量学在建筑工程中的应用

测绘科学在建筑类各专业的工作中有着广泛的应用。例如,在勘察设计的各个阶段,要求测绘各种比例尺的地形图,供城镇规划、选择厂址、管道及交通线路选线以及总平面图设计和竖向设计之用。在施工阶段,要将设计的建筑物、构筑物的平面位置和高程测设于实地,以便进行施工。施工结束后,还要进行竣工测量,绘制竣工图,供日后扩建和维修之用。在运营管理阶段,对某些大型及重要的建筑物和构筑物还要进行变形观测,以保证建筑物的安全使用,其观测成果是验证设计理论和检验施工质量的重要资料。

对于建筑工程技术等建设类专业的学生,学习完本课程后,要求能掌握普通测量学的基本知识和基础理论,能熟练操作各种测量仪器,了解大比例尺地形图的成图方法及应用,能熟练进行各种施工测量。

五、测量学的发展趋势

近年来,由于人造卫星的发射及电子技术的发展,测量内容已由常规的大地测量发展到全球导航卫星系统(简称 GNSS),这一技术已应用到大地控制测量、工程定位、军事测量等方面。由地面摄影测量和航空摄影测量发展到遥感系统(简称 RS),它已广泛应用于防洪抗灾、森林防火、土地调研等领域。由光电仪器及计算机等学科的综合应用,发展到电子平板测图及自动收集、处理测量数据的地理信息系统(简称 GIS)。测量学正以全新的面貌展现于更广阔的应用领域。

任务二　地面点位的确定

地面点位的确定,是在基准面上建立坐标系后,通过测量点位之间的距离、角度和高差这三个基本要素来实现的。

一、测量工作的基准面

进行测量工作，首先必须建立坐标系。由于地球具有广阔的表面，在其上建立坐标系，必须选择有利于数据处理、能够统一坐标计算的基准面。这样的基准面应当具备两个基本条件：第一，其形状、大小能与地球总形体拟合；第二，必须是一个能用简单几何体和方程式描述的规则数学面。

测量工作是在地球自然表面进行的，地球的自然表面是很不规则的，其上有高山、深谷、丘陵、平原、江湖、海洋等。最高的位于我国和尼泊尔交界的喜马拉雅山脉之上的珠穆朗玛峰高出海平面 8 844.43 m，最深的位于太平洋西侧的马里亚纳海沟低于海平面 11 022 m，其相对高差不足 20 km，与地球的平均半径 6 371 km 相比，是微不足道的。就整个地球表面而言，陆地面积仅占 29%，而海洋面积占了 71%。因此，我们可以设想地球的整体形状是被海水所包围的球体，静止的海水面称作水准面，与水准面相切的平面称为水平面。在地球重力场中水准面处处与重力方向正交，重力的方向线称为铅垂线，铅垂线是测量工作的基准线。由于海水受潮汐风浪等影响而时高时低，故水准面有无穷多个，其中与平均海水面相吻合并向大陆、岛屿内延伸而形成的闭合曲面称作大地水准面，大地水准面是测量工作的基准面，由大地水准面所包围的形体称为大地体，通常用大地体来代表地球的真实形状和大小。

由于地球内部质量分布不均匀，致使地面上各点的铅垂线方向产生不规则变化，所以大地水准面是一个不规则的无法用数学式表述的曲面[见图 1-1(a)]，在这样的面上是无法进行测量数据的计算及处理的。因此，人们进一步设想，用一个与大地体非常接近的又能用数学式表述的规则球体即地球椭球来代替地球的形状[见图 1-1(b)]作为测量计算工作的基准面。它是由一个椭圆绕其短轴旋转而成的形体，故地球椭球又称旋转椭球。如图 1-2 所示，旋转椭球体的形状和大小由椭球基本元素确定，即由长半径 a(或短半径 b)和扁率 α 所决定。我国采用的元素值 $a=6\ 378\ 140$ m，扁率 $\alpha=\frac{a-b}{a}=1:298.257$，并选择陕西泾阳县永乐镇某点为大地原点，进行了大地定位。由此而建立起来的全国统一坐标系，就是“1980 年国家大地坐标系”。“2000 国家大地坐标系”是我国当前最新的国家大地坐标系，其元素值为 $a=6\ 378\ 137\ m$，扁率 $\alpha=\frac{a-b}{a}=1:298.257\ 222$。

由于地球的扁率很小，因此当测区范围不大时，可近似地把地球椭球作为圆球，其半径为 6 371 km。

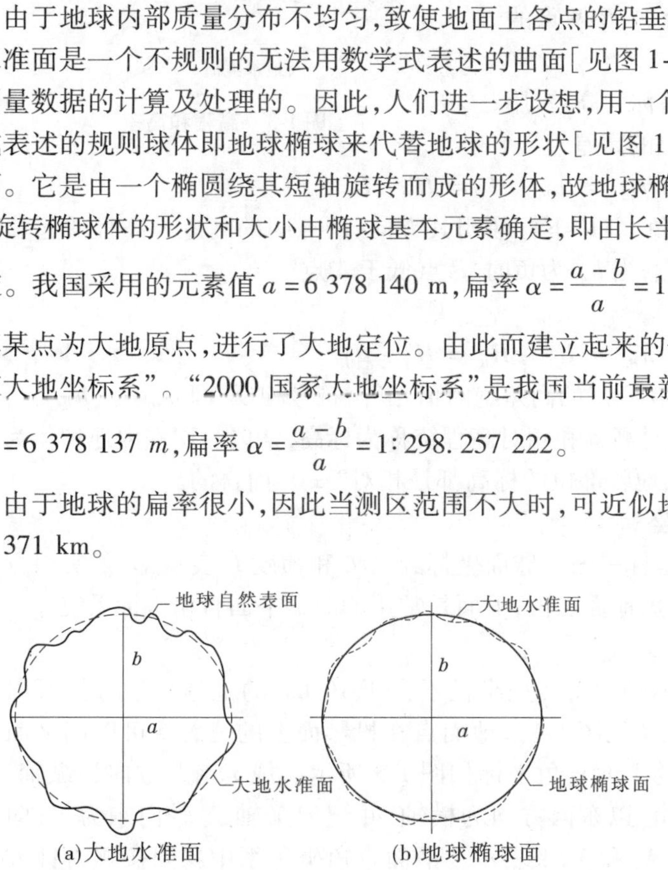

图 1-1　大地水准面与地球椭球面

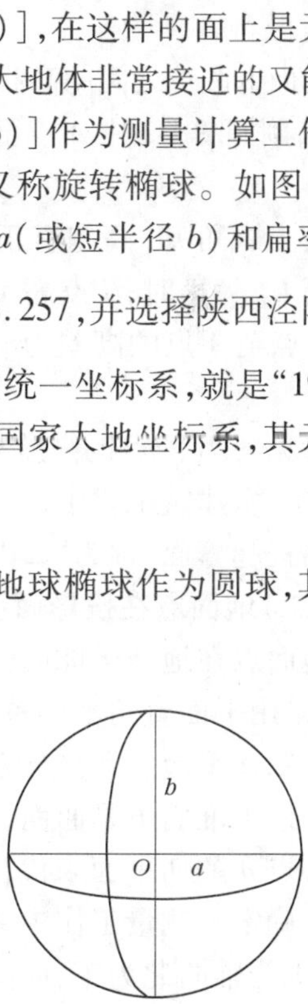

图 1-2　旋转椭球

二、确定地面点位的方法

测量工作的基本任务是确定地面点的位置,确定地面点的空间位置通常用三个量,即该点的二维球面坐标或投影到平面上的二维平面坐标,以及该点到大地水准面的铅垂距离,也就是确定地面点的坐标和高程。

(一)地面点的高程

在一般的测量工作中都以大地水准面作为高程起算的基准面,因此地面任一点到大地水准面的铅垂距离就称为该点的绝对高程或海拔,简称高程,用 H 表示。如图 1-3 所示,图中的 H_A、H_B 分别表示地面上 A、B 两点的高程。目前,我国采用的是 1987 年开始启用的"1985 年国家高程基准"。它是根据青岛验潮站 1952 ~ 1979 年的验潮资料计算确定的黄海平均海水面(其高程为零)作起算面的高程系统,并在青岛建立了水准原点,水准原点的高程为 72.260 m,全国各地的高程都以它为基准进行测算。

当测区附近暂没有国家高程点可连测时,也可临时假定一个水准面作为该区的高程起算面。地面点到假定水准面的铅垂距离,称为该点的相对高程或假定高程。如图 1-3 中的 H'_A、H'_B 分别为地面上 A、B 两点的假定高程。

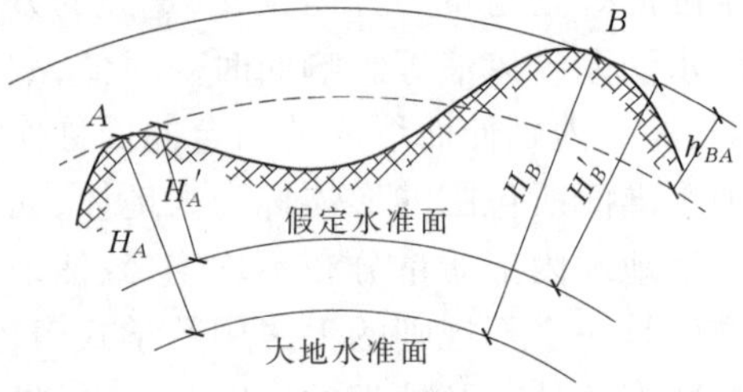

图 1-3 高程和高差

地面上两点之间的高程之差称为高差,用 h 表示,例如图 1-3 中 A 点至 B 点的高差为

$$h_{AB} = H_B - H_A = H'_B - H'_A \tag{1-1}$$

由上式可知,高差有正、有负,并用下标注明其方向,两点间的高差与高程的起算面无关。当 h_{AB} 为正时,B 点高于 A 点,当 h_{AB} 为负时,B 点低于 A 点。

B 点至 A 点的高差为

$$h_{BA} = H_A - H_B = H'_A - H'_B \tag{1-2}$$

可见 A、B 两点的高差与 B、A 两点的高差绝对值相等,符号相反,即 $h_{AB} = -h_{BA}$。

在土木建筑工程中,又将绝对高程和相对高程统称为标高,常以一层室内地坪作为该建筑的高程起算面,称为" ±0",其他各部位的标高都是相对" ±0"而言的。

(二)地面点在投影面上的坐标

地面点在地球椭球面上的坐标一般用球面坐标经度 L 和纬度 B 表示,为了实用方便起见,常采用平面直角坐标系来表示地面点位,下面是常用的两种平面直角坐标系统。

1. 独立平面直角坐标系

大地水准面虽是曲面,但当测量区域(如半径不大于 10 km 的范围)较小时,可以用测区中心点 a 的切平面来代替曲面(见图 1-4),地面点在投影面上的位置就可以用平面直角坐标来确定。测量工作中采用的平面直角坐标如图 1-5 所示。规定南北方向为纵轴,并记为 X 轴,X 轴向北为正,向南为负;以东西方向为横轴,并记为 Y 轴,Y 轴向东为正,向西为负。地面上某点 P 的位置可用 X_P 和 Y_P 来表示。平面直角坐标系中象限按顺时针方向编号,X 轴与 Y 轴互换,这与数学上的规定是不同的,其目的是定向方便,将数学中的公式直接应用到测量计算中,不需做任何变更。原点 O 一般选在测区的西南角(见图 1-4),使测区内各点的坐标均为正值。

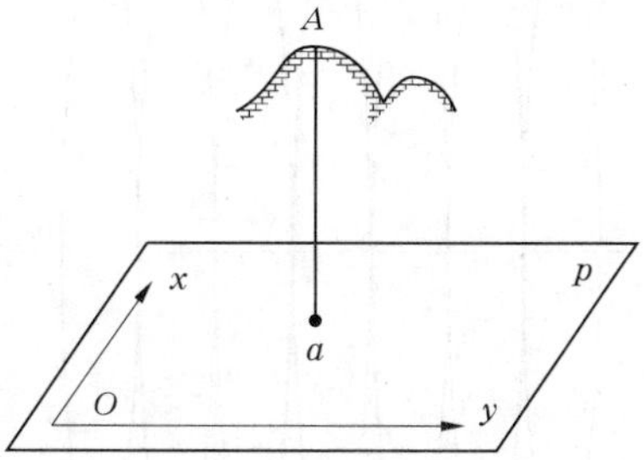

图 1-4　测区中心点切平面代替曲面

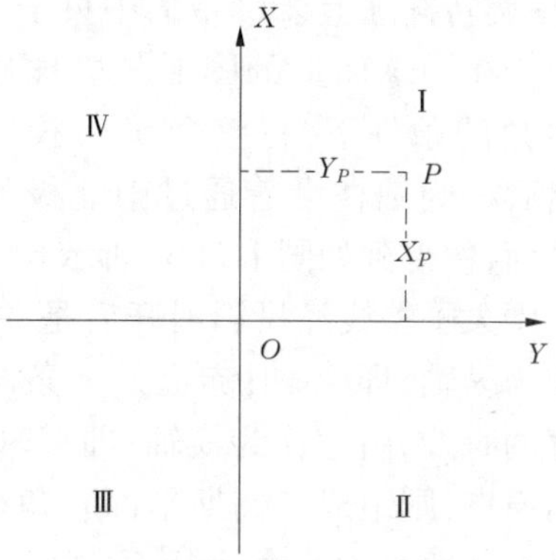

图 1-5　独立平面直角坐标系

2. 高斯平面直角坐标系

当测区范围较大时，就不能把水准面当作水平面。把地球椭球面上的图形展绘到平面上来，必然产生变形，为使其变形小于测量误差，必须采用适当的方法来解决这个问题，测量工作中通常采用高斯投影方法。

高斯投影的方法是将地球划分成若干带，然后将每带投影到平面上。如图 1-6 所示，投影带是从首子午线（通过英国格林尼治天文台的子午线）起，每经差 6°划一带（称为六度带），自西向东将整个地球划分成经差相等的 60 个带，各带从首子午线起自西向东编号，用数字 1，2，3，…，60 表示。位于各带中央的子午线，称为该带的中央子午线。第一个 6°带的中央子午线的经度为 3°，任意带的中央子午线经度 L_0，可按下式计算

$$L_0 = 6N - 3 \tag{1-3}$$

式中　N——投影带的号数。

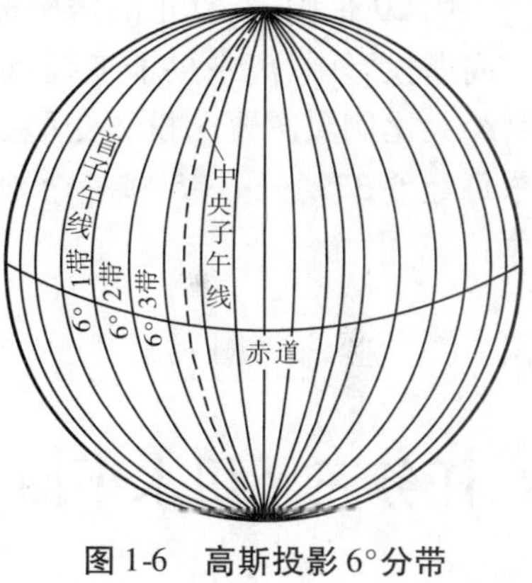

图 1-6　高斯投影 6°分带

高斯投影法按上述方法划分投影带后，即可进行投影。如图 1-7（a）所示，设想用一个平面卷成一个空心椭圆柱，把它横着套在旋转椭球外

(a)　(b)

图 1-7　高斯投影

面，使椭圆柱的中心轴线位于赤道面内并且通过球心，并使旋转椭球上某6°带的中央子午线与椭球柱面相切。在椭球面上的图形与椭球柱面上的图形保持等角的条件下，将整个6°带投影到椭圆柱面上。然后将椭圆柱沿着通过南北极的母线切开并展成平面，便得到如图1-7(b)所示6°带在平面上的影像。中央子午线经投影展开后是一条直线，以此直线作为纵轴，即X轴；赤道是一条与中央子午线相垂直的直线，将它作为横轴，即Y轴；两直线的交点作为原点，则组成了高斯平面直角坐标系。将投影后具有高斯平面直角坐标系的6°带一个个拼接起来，便得到如图1-8所示的图形。

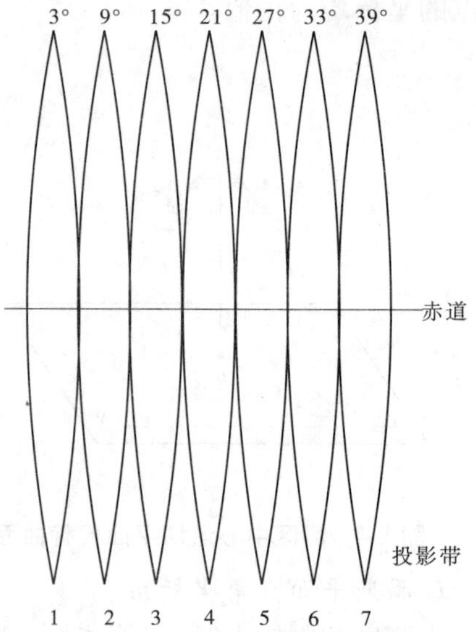

图1-8　6°分带高斯投影平面图形

我国位于北半球，X坐标均为正值，而Y坐标值有正有负。为避免横坐标Y出现负值，故规定把坐标纵轴向西平移500 km。另外，为了根据横坐标能确定该点位于哪一个6°带内，还规定在横坐标值前冠以带号，例如Y_A = 20 225 760 m表示A点位于第20带内，其真正的横坐标值为 −274 240 m。

高斯投影中，离中央子午线近的部分变形小，离中央子午线越远变形越大，两侧对称。当测绘大比例尺图要求投影变形更小时，可采用3°分带投影法。它是从东经1°30′起，自西向东每经差3°划分一带，将整个地球划分为120个带，每带中央子午线的经度L_0'可按下式计算：

$$L_0' = 3n \tag{1-4}$$

式中　n——3°带的号数。

任务三　用水平面代替水准面的限度

用水平面代替水准面，仅在地球曲率影响不超过测量限差时才能允许。当测量距离超过一定长度后，必须考虑地球曲率的影响。

一、对距离的影响

如图1-9所示，A、B、C是地面点，它们在大地水准面上的投影是a、b、c，用该区域中心点的切平面代替大地水准面后，地面点在水平面上的投影点是a、b'、c'，现分析由此而产生的影响。设A、B两点在水准面上的距离为D，在水平面上的距离为D'，两者之差ΔD即是用水平面代替水准面所引起的距离差异。在推导公式时，近似地将大地水准面视为半径为R的球面，则有

$$\Delta D = D' - D = R(\tan\theta - \theta) \tag{1-5}$$

将$\tan\theta$展开成级数：$\tan\theta = \theta + \frac{1}{3}\theta^3 + \frac{2}{15}\theta^5 + \cdots$，因$\theta$角很小，因此只取其前两项代入式(1-5)中，得

$$\Delta D = R\left(\theta + \frac{1}{3}\theta^3 - \theta\right)$$

又因 $\theta = \frac{D}{R}$，所以：

$$\Delta D = \frac{D^3}{3R^2} \qquad (1\text{-}6)$$

或

$$\frac{\Delta D}{D} = \frac{D^2}{3R^2} \qquad (1\text{-}7)$$

在以上两式中，取地球半径 $R = 6\ 371$ km，当距离 D 取不同的值时，则得到不同的 ΔD 和 $\frac{\Delta D}{D}$，其结果列入表 1-1 中。

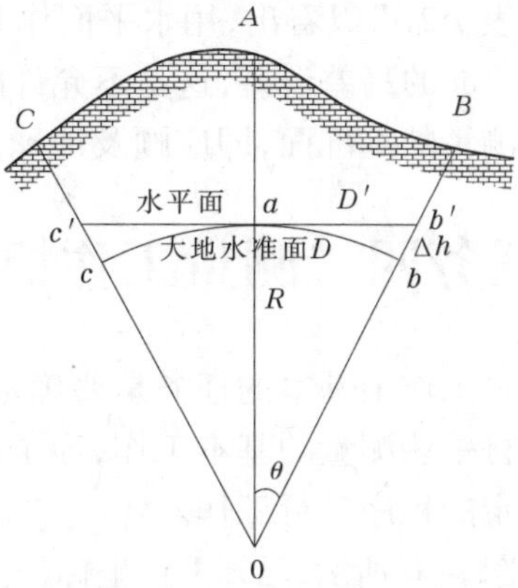

图 1-9　切平面代替大地水准面的影响

表 1-1　水平面代替水准面对距离的影响

D(km)	ΔD(cm)	$\frac{\Delta D}{D}$
10	0.8	1∶1 200 000
20	6.6	1∶300 000
50	102.6	1∶49 000
100	821.2	1∶12 000

从表 1-1 可以看出，当 $D = 10$ km 时，所产生的相对误差为 1∶1 200 000，这样小的误差，对精密量距来说也是允许的。因此，在半径为 10 km 的圆面积之内进行距离测量时，可以把水准面当作水平面看待，即可不考虑地球曲率对距离的影响。

二、对高程的影响

在图 1-9 中，地面点 B 的高程应是铅垂距离 bB，如果用水平面作基准面，则 B 点的高程为 $b'B$，两者之差 Δh 即为对高程的影响，从图中可得

$$\Delta h = bB - b'B = Ob' - Ob = R\sec\theta - R = R(\sec\theta - 1) \qquad (1\text{-}8)$$

将 $\sec\theta$ 展开成级数：$\sec\theta = 1 + \frac{\theta^2}{2} + \frac{5}{24}\theta^4 + \cdots$，因 θ 角很小，因此只取其前两项代入式(1-8)中，又因 $\theta = \frac{D}{R}$，则得

$$\Delta h = R\left(1 + \frac{\theta^2}{2} - 1\right) = \frac{D^2}{2R} \qquad (1\text{-}9)$$

取地球半径 $R = 6\ 371$ km，用不同的距离 D 代入式(1-9)，其结果列入表 1-2 中。

表 1-2　水平面代替水准面对高程的影响

D(km)	0.2	0.5	1	2	3	4	5
Δh(cm)	0.31	2	8	31	71	125	196

从表 1-2 可以看出,用水平面作基准面对高程的影响是很大的,例如距离为 200 m 时就有 0.31 cm 的高差误差,这是不允许的。因此,就高程测量而言,即使距离很短,也应用水准面作为测量的基准面,即应顾及地球曲率对高程的影响。

任务四　测量工作概述

测量工作最基本的任务是要确定地面点的三维空间位置。确定地面点的三维空间位置需要进行一些测量的基本工作,为了保证测量成果的精度及质量,需遵循一定的测量原则和按照一定的程序进行工作。

如图 1-10 所示,已知 1 点坐标(x_1,y_1),那么通过测量角度 α、水平角 β_2 和水平角 β_3、…,以及水平距离 D_1、D_2、…,就可以运用几何关系推算出 2、3、…点的坐标。如果知道 1 点的高程,又测得了各相邻点间的高差,那么 2、3、…点的高程也可以推算出来。所以,水平角、水平距离和高差是确定地面点位的三个基本要素。角度测量、距离测量及高程测量是测量的三项基本工作。

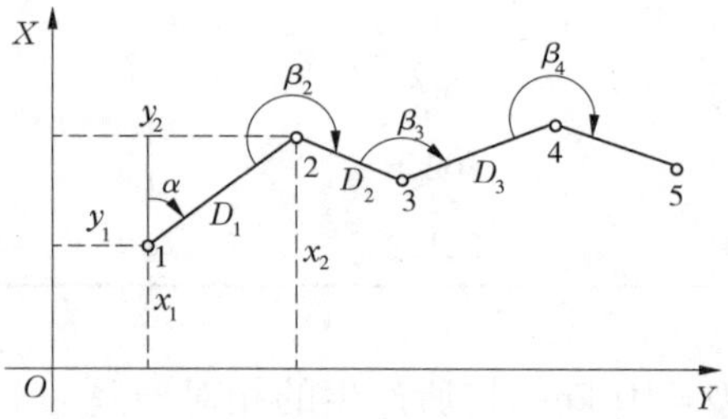

图 1-10　确定地面点的测量工作

一、测量工作的原则和程序

在实际测量工作中,为了提高测量精度和减少测量误差,要遵循的基本原则是,在测量布局方面要"从整体到局部";在工作程序方面要"先控制后碎部";在精度控制方面要"由高级到低级"。另外,对测量工作的每个工序,都必须坚持"边工作边检核"的原则,以确保测量成果精确可靠。

地球表面的各种形态(简称地形),可分为地物和地貌两大类,地面上固定性的或人工建造的物体称为地物,如河流、湖泊、道路和房屋等,地面上高低起伏形态称为地貌,如山岭、谷地和陡崖等。能够反映地物轮廓和描述地貌特征的点统称为碎部点。测绘地形图时,主要就是测定这些碎部点的平面位置和高程。图 1-11(a)为一幢房屋,其平面位置由房屋轮廓线的一些折线组成,如能确定 1 ~ 8 各点的平面位置,这幢房屋的平面位置就确定了;图 1-11(b)为一条河流,它的岸边弯曲部分可看成是由折线组成的,只要确定 9 ~ 16 各点的平面位置,这条河流的平面位置也就确定了。

测定碎部点的位置,其程序通常分为两步,必须首先在测区内布设控制点组成一定形式的控制网,测定控制点相对位置的工作称为控制测量,控制测量是带全局性的精度较高的测量工作,在范围较大的测区,要由高级到低级,按不同精度要求逐步进行。在控制测量正确无误的基础上,对碎部点进一步详细测量,即要测定每个控制点周围的碎部点的相对位置。

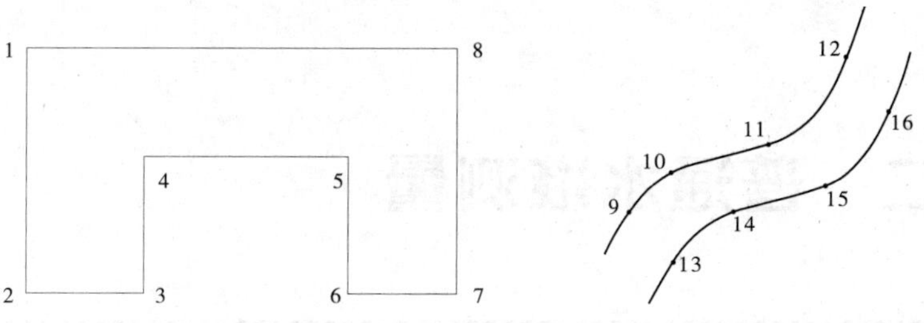

(a)房屋轮廓线　　(b)河流轮廓线

图 1-11　地物轮廓线

上述测量工作的原则和程序,不仅适用于测绘工作,也适用于测设工作。施工测量时,也是以测区的控制点为依据,将图上设计好的建(构)筑物位置测设到实际的地面位置,测设碎部点相对位置的工作称为施工放样。测设工作中每个步骤也要进行严格检核,以防出错。

总之,无论进行测绘还是测设工作,都必须遵循"从整体到局部""先控制后碎部""由高级到低级"的工作原则,并做到"边工作边检核"。

二、测量人员应具备的基本素质

(1)测量工作一般都是以小组的形式来完成的,要求组员服从组长安排,团结协作、密切配合完成工作。

(2)测量工作是一项比较艰苦的工作,要求从业人员必须具有吃苦耐劳、兢兢业业的工作作风。

(3)作业过程中要保护测量标志,爱护测量仪器,养成正确使用仪器及定期检校仪器的良好习惯。

(4)要具有实事求是、一丝不苟的工作态度,按规范精度要求完成每一项测绘工作。

(5)要不断地学习新技术、新仪器、新规范以适应新型的作业方式,提高测绘工作精度及速度。

习　题

1. 什么是测量学,其主要内容是什么?
2. 测量学在建筑工程中有哪些应用?
3. 测量学的发展趋势是什么?
4. 测量工作的基准面和基准线分别是什么?
5. 什么是绝对高程?什么是相对高程?什么是高差?
6. 什么是建筑物的"±0"?它是什么高程?
7. 已知 $H_A=1\ 070.300$, $H_B=1\ 071.250$,求 h_{AB} 及 h_{BA}。
8. 确定地面点位的三个基本要素是什么?测量工作的三项基本内容是什么?

模块二　普通水准测量

教学内容

本模块主要包括测量学水准测量的原理、水准测量的仪器及工具、水准仪的使用方法与注意事项、普通水准测量的外业测量及内业计算等。重点是水准测量的基本原理、水准仪的仪器构造和水准仪的使用方法、普通水准测量的方法和内业计算步骤等。

学习目标

学习本模块,要掌握水准测量的基本原理;能够掌握水准仪的仪器构造和水准仪的使用方法;掌握普通水准测量的方法和内业计算步骤;了解水准仪的检验与校正、水准测量的误差与注意事项和数字水准仪的认识及使用。

任务一　水准测量的原理

水准测量的原理是利用水准仪提供的一条水平视线,对地面上所竖立的水准标尺进行读数,根据读数求得点位间的高差,从而由已知点的高程计算出所测点的高程。

如图 2-1 所示,已知地面点 A 的高程 H_A,求地面点 B 的高程 H_B。可在 A、B 两点上垂直竖立水准标尺,并在两点的中间安置水准仪,利用水准仪提供的水平视线分别在 A、B 两水准标尺上截取读数 a、b。由于测量是由 A 向 B 方向进行的,所以称 A 点为后视点,a 为后视读数;B 点为前视点,b 为前视读数;仪器到后视点的距离为后视距离,仪器到前视点的距离为前视距离。

由图 2-1 可以看出,A、B 两点的高差 h_{AB} 可由下式求得

$$h_{AB} = a - b \tag{2-1}$$

即 A、B 两点的高差为后视读数减去前视读数。从而求出 B 点的高程 H_B,即

$$H_B = H_A + h_{AB} = H_A + (a - b) \tag{2-2}$$

据式(2-1)计算出的高差可能为正值也可能为负值,因此水准测量求得的高差必须用"+"、"-"号表示。当高差为正值时,说明前视点比后视点高;当高差为负值时,说明前视点比后视点低。在计算高程时,高差值须带符号一起进行运算。式(2-2)亦可写成

$$H_B = (H_A + a) - b$$

令 $H_i = H_A + a$,H_i称为水准仪的水平视线高程,简称视线高。在同一个测站上,利用同一个视线高,可以较方便地计算出若干个不同位置的前视点的高程。这种方法常在工程测量中应用。其公式为

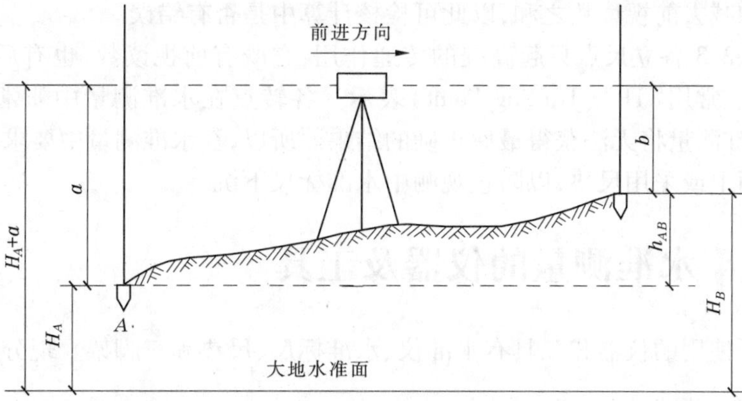

图 2-1　水准测量原理

$$H_B = H_i - b \tag{2-3}$$

当 A、B 两点距离较远或高差较大，安置一次仪器不能测得两点间的高差时，必须分成若干站，逐站安置仪器进行连续的水准测量，分别求出各站的高差，各站高差的代数和就是 A、B 两点间高差。如图 2-2 所示，各测站的高差为 $h_1, h_2, \cdots, h_n$。由式(2-1)可知

$$h_1 = a_1 - b_1$$
$$h_2 = a_2 - b_2$$
$$\vdots$$
$$h_n = a_n - b_n$$

A、B 两点的高差为

$$\begin{aligned} h_{AB} &= h_1 + h_2 + \cdots + h_n \\ &= (a_1 - b_1) + (a_2 - b_2) + \cdots + (a_n - b_n) \\ &= (a_1 + a_2 + \cdots + a_n) - (b_1 + b_2 + \cdots + b_n) \\ &= \sum a - \sum b \end{aligned}$$

即

$$H_B = H_A + h_{AB} = H_A + (\sum a - \sum b) \tag{2-4}$$

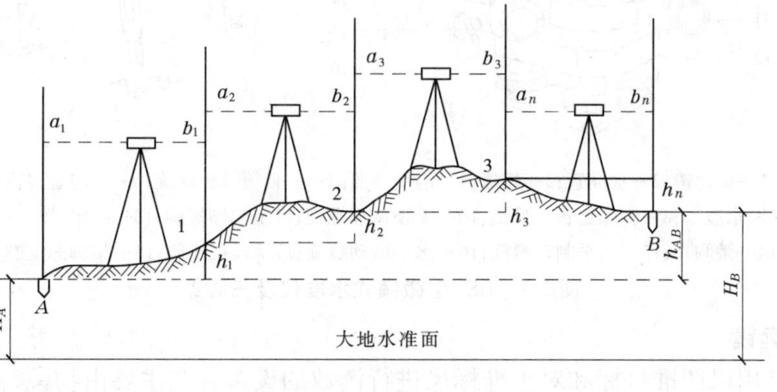

图 2-2　连续水准测量

从式(2-4)可以看出：终点对起点的高差等于中间各测站的高差代数和，或者等于各测

站后视读数之和减去前视读数之和,以此可检核计算中是否有错误。

图2-2中1、2、3各立尺点只起高程的传递作用,它既有前视读数,也有后视读数,这些立尺点称为转点,常用"TP"(Turning Point)表示。各转点在水准测量中非常重要,不能碰动,否则整个水准测量将无法获得最后正确的结果。所以,在水准测量中要求转点必须设在坚实稳固的地面上或采用尺垫,以防止观测中水准标尺下沉。

任务二　水准测量的仪器及工具

水准测量所使用的仪器和工具有水准仪、水准标尺、尺垫和三脚架。现分别介绍如下。

一、DS_3型微倾式水准仪

我国生产的水准仪按其精度分为DS_{05}、DS_1、DS_3和DS_{10}等不同等级的仪器。"D""S"分别为"大地测量仪器""水准仪"汉语拼音的第一个字母,数字表示用这种仪器进行水准测量时,每千米往返观测的高差中误差,以毫米为单位。建筑工程测量中通常使用DS_3型微倾式水准仪,其测量精度为"±3 mm"。

图2-3所示为国产DS_3型微倾式水准仪及与之相配套的三脚架。这种水准仪主要由望远镜、水准器和基座三大部分组成。

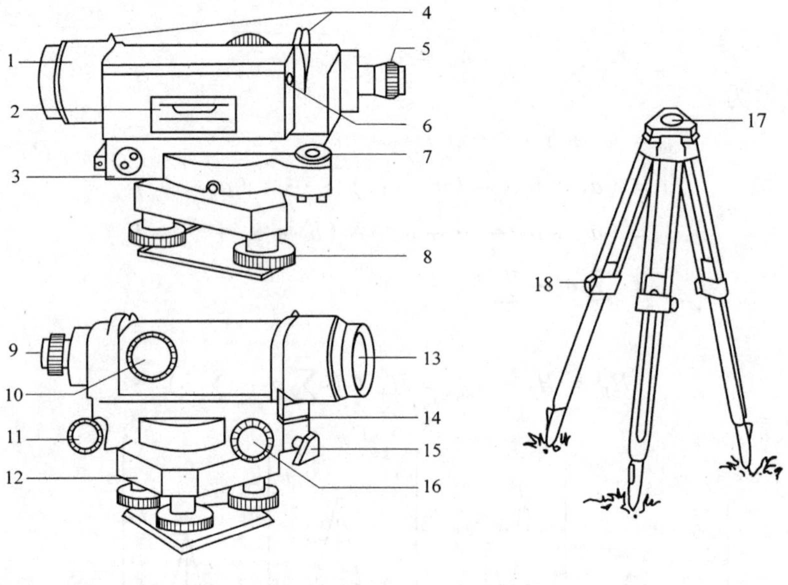

1—望远镜;2—水准管;3—托板;4—准星和照门;5—目镜调焦螺旋;6—气泡观察窗;7—圆水准器;8—脚螺旋;9—目镜;10—物镜调焦螺旋;11—微倾螺旋;12—基座;13—物镜;14—微倾片;15—水平制动螺旋;16—水平微动螺旋;17—连接螺旋;18—架脚固定螺旋

图2-3　DS_3型微倾式水准仪及三脚架

(一)望远镜

望远镜是用以照准目标和对水准标尺进行读数的设备。它主要由物镜、调焦透镜、十字丝及目镜组成,如图2-4所示。

根据光学原理可知,观测时由望远镜的物镜对准观测目标,其作用是将观测目标在望远

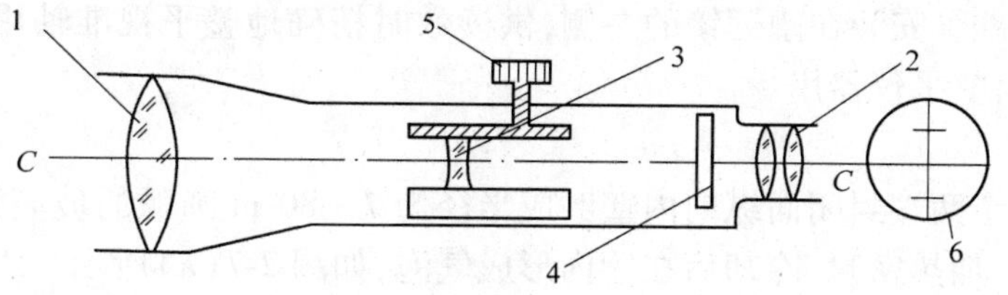

1—物镜;2—目镜;3—调焦透镜;4—十字丝分划板;5—物镜调焦螺旋;6—十字丝放大像

图 2-4 望远镜的构造

镜镜筒中形成倒立的实像。目镜对向观测者的眼睛,其作用是将物镜形成的像进行放大。因此,目镜又称放大镜。十字丝的作用是精确地照准目标并读取标尺读数。

由于观测目标离水准仪的距离不同,目标的影像在十字丝平面上的位置也随着目标的远近而改变,为了使观测目标的影像落在十字丝的平面上,在照准目标后必须转动望远镜上的物镜调焦螺旋,使调焦透镜前后移动,直到目标的影像落在十字丝平面上,再通过目镜的放大作用使影像和十字丝同时放大成倒立的虚像,如图 2-5 所示。从望远镜内所看到的目标影像的视角 β 与肉眼直接观察该目标的视角(可近似地认为是 α)之比,称为望远镜的放大倍率,用 $V(V=\beta/\alpha)$ 表示。DS_3 型微倾式水准仪的望远镜放大倍率为 30 倍左右。

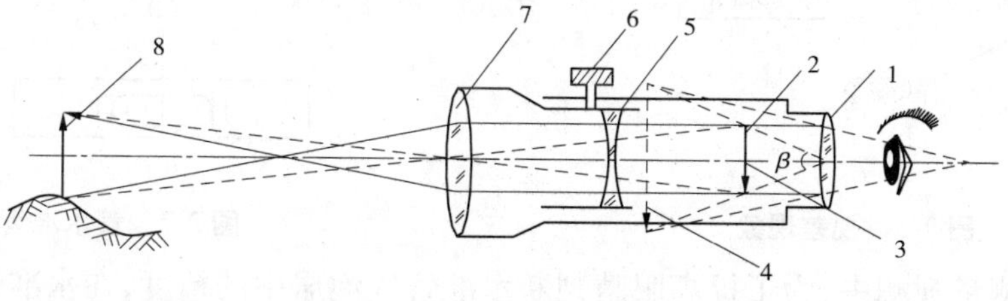

1—目镜;2—十字丝;3—倒立实像;4—放大虚像;5—调焦透镜;6—调焦螺旋;7—物镜;8—目标

图 2-5 望远镜的成像原理

十字丝是刻在一块圆玻璃板上相互垂直的两条细丝,竖直的一根称为纵丝,水平的一根称为横丝,也称为中丝。横丝上、下还刻有两根对称的短横丝,这两根短横丝是用来测量距离的,故称为视距丝。如图 2-4 中的 6 所示。

十字丝交点与物镜光心的连线称为望远镜的视准轴或照准轴。如图 2-4 中的 *CC* 连线。

望远镜的正确使用方法是:首先将物镜对准背景明亮处,转动目镜调焦螺旋,使十字丝清晰,然后将物镜对准目标,转动物镜调焦螺旋使目标的影像落在十字丝平面上,这时就可以在目镜中清晰地看到十字丝和目标了。

由于眼睛的分辨能力有限,在测量中往往目标影像没有完全落在十字丝平面上就误认为影像最清晰了,这时,当观测员的眼睛对着目镜上、下移动时,目标影像与十字丝横丝上、下有错动,这种现象就称为视差。在观测中若有视差存在,将会严重地影响读数的准确性,造成测量数据的不可靠。因此,视差在读数前必须消除。消除视差的方法是仔细认真地对物镜、目镜反复调焦,直到影像与十字丝没有错动现象,如图 2-6 所示。在物镜的下方还有望远镜的水平制动螺旋和微动螺旋,借助这两个螺旋可以精确地照准目标。

(二)水准器

水准器是仪器的整平装置。水准仪的水准器由管状水准器(或称为水准管)和圆水准器两种组成。水准管安装在望远镜的左侧,供读数时精确地整平视准轴用。圆水准器安装在托板上,供概略整平仪器用。

1. 水准管

水准管是一个两端封闭而纵向内壁磨成半径为 7 ~ 80 m 圆弧的玻璃管,管内注满酒精和乙醚的混合液,加热密封,冷却后在管内形成气泡,如图 2-7(a)所示。水准管顶面圆弧的中心点 O 称为水准管零点。通过 O 点做一切线 LL 称为水准管轴。安装时水准管轴与望远镜视准轴平行。当气泡的中心点和零点重合即气泡被零点平分时,称为气泡居中,此时水准管轴成水平位置,视准轴也同时水平。为了便于判断气泡是否严格居中,一般在零点两侧每隔 2 mm 刻一分划线,如图 2-7(b)所示。水准管上每 2 mm 弧长所对应的圆心角称为水准管的分划值。分划值的大小是反映水准管灵敏度的重要指标。水准管分划值有 10″、20″、30″、60″等几种。分划值越小,水准管轴的整平精度越高。DS_3 型水准仪的水准管分划值为 20″。

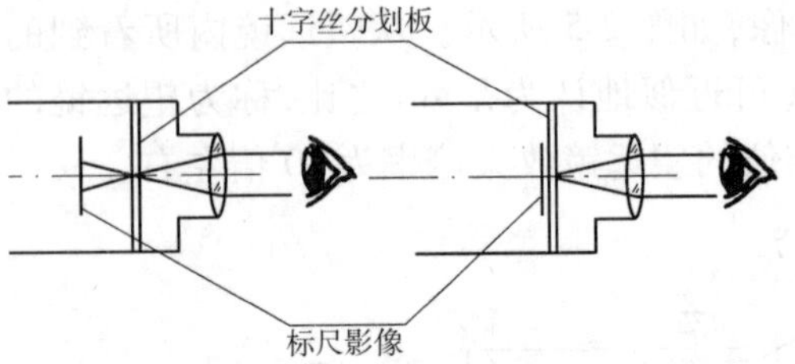

图 2-6　视差现象

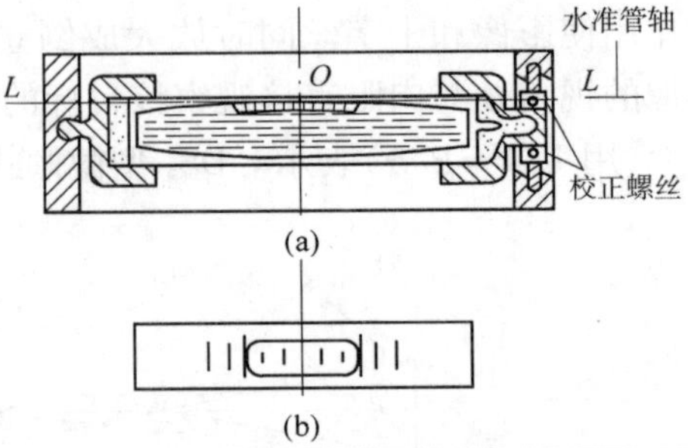

图 2-7　管水准管

在水准测量观测中,为了提高眼睛判断水准管气泡居中的精度,在水准管的上方安装了一组棱镜,如图 2-8(a)所示。通过棱镜的反射,把水准管一半气泡两端的影像折射到望远镜旁的气泡观察窗内。经过折射后半气泡两端的影像呈两个半影,如图 2-8(b)所示。当气泡居中时,即气泡被零点平分,两端长度相等,两端半气泡就吻合;当气泡不居中时[见图 2-8(c)],就向一端偏移,若偏移量为 d,经过棱镜组反射、折射后,两端半气泡影像合在一起比较,使偏移量扩大了 2 倍,因此就可提高 2 倍的居中精度。在观察窗内看到图 2-8(c)中的影像,通过调节目镜下方的微倾螺旋,就可使水准管气泡居中,半气泡影像吻合,以便达到视线水平。这种具有提高居中精度的棱镜组装置的水准管,称为符合水准器。

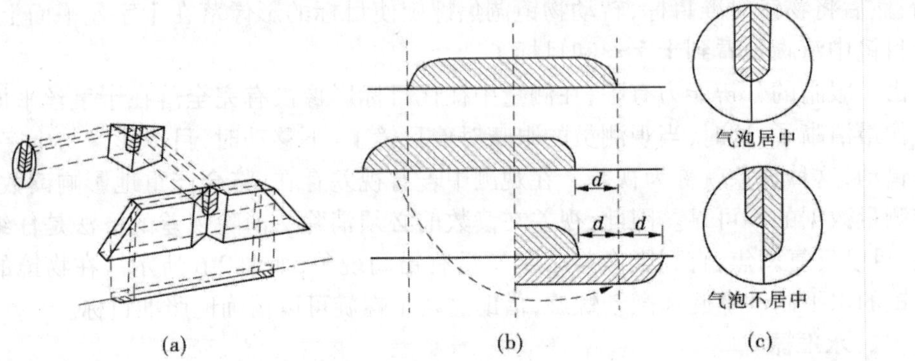

图 2-8　符合水准器

2. 圆水准器

圆水准器是一个顶面内壁磨成半径0.5~1.0 m的圆球面的玻璃圆盒，盒内注满酒精和乙醚的混合液，加热密封，冷却后在盒内形成气泡，如图2-9所示。它固定在仪器的托板上。玻璃球面的中央刻一圆圈，圆圈的中心称为圆水准器的零点，圆圈的中心和球心的边线称为圆水准器轴。圆水准盒安装时，圆水准器轴和仪器的竖直轴平行。当气泡中心与圆圈中心重合时，表示气泡居中，此时圆水准器轴处于铅垂位置，仪器竖直轴铅垂，仪器就处于概略水平状态。

过零点各方向上2 mm弧长所对应的圆心角称为圆水准器的分划值，由于圆水准器顶面半径短，分划值大，其整平精度低，所以在水准仪上圆水准器只做概略整平。DS_3型水准仪圆水准器的分划值一般为8′~10′。

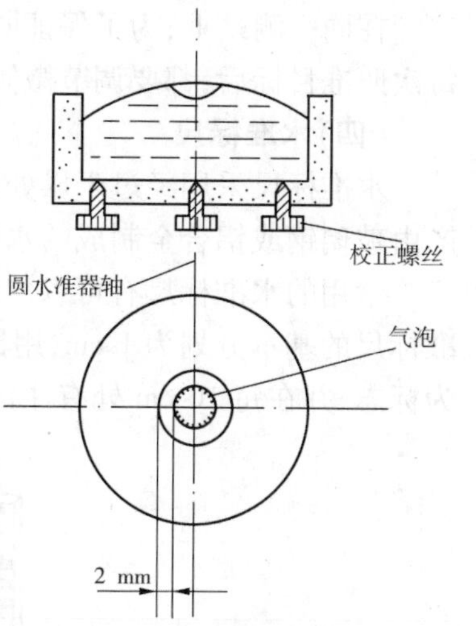

图2-9 圆水准器

（三）基座

基座主要由轴座、脚螺旋和三角形的连接板组成。基座起支承仪器上部并与三脚架连接在一起的作用。仪器的竖直轴套在轴座内，可使仪器上部绕竖直轴在水平面内旋转。调节三个脚螺旋，可使圆水准器气泡居中，使仪器概略水平。

通过以上介绍，如图2-10所示，望远镜与水准管固定在一起，且望远镜的视准轴应与水准管轴相互平行。当转动微倾螺旋时，顶尖随之做上、下运动，这时水准管与望远镜一起以微倾连接片为支点进行微小的仰、俯运行，当水准管气泡居中时，水准管轴水平，视线（视准轴）也就水平了，即可利用十字丝横丝在水准尺上进行读数。仪器的竖直轴与圆水准器连接在一起，且圆水准器轴应与竖直轴相互平行。当圆气泡居中时，圆水准器就铅垂，竖直轴也处于铅垂状态，仪器就概略水平。由于微倾装置中的顶尖上、下运动量较小，只有仪器概略水平时，才能利用微倾螺旋，将水准管气泡居中，使视线水平。因此，在进行水准测量时，每测站先调节脚螺旋，使圆气泡在望远镜转到任何位置时都居中，然后方可开始观测。

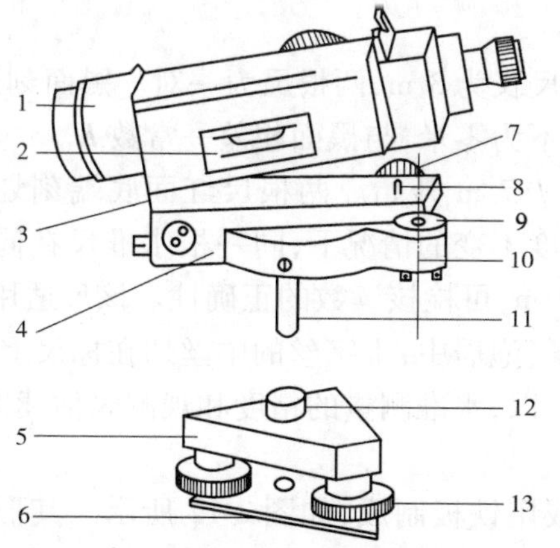

1—望远镜；2—水准管；3—微倾连接片；4—托板；5—基座；6—连接；7—微倾螺旋；
8—顶尖；9—圆水准器；10—圆水准器轴；11—竖直轴；12—轴套；13—脚螺旋

图2-10 DS_3型微倾式水准仪

在同一测站上,为了保证同一条视线,只要调平一次圆气泡。由于水准管分划值较小,每次照准目标后,都要调节微倾螺旋,使水准管气泡居中,以保证读数时视线水平。

(四)水准标尺

水准标尺采用经过干燥处理且伸缩性较小的优质木材精制而成。目前,有些厂家也生产由玻璃钢或铝合金制成的水准标尺。

常用的水准标尺有可以伸缩的塔尺[见图 2-11(a)]和双面尺[见图 2-11(b)]两种。水准标尺的基本分划为 1 cm,用黑白或红白相间的油漆喷涂成每 5 cm 的 E 字形(或间隔)作为标志,并在每 10 cm 处有注记。

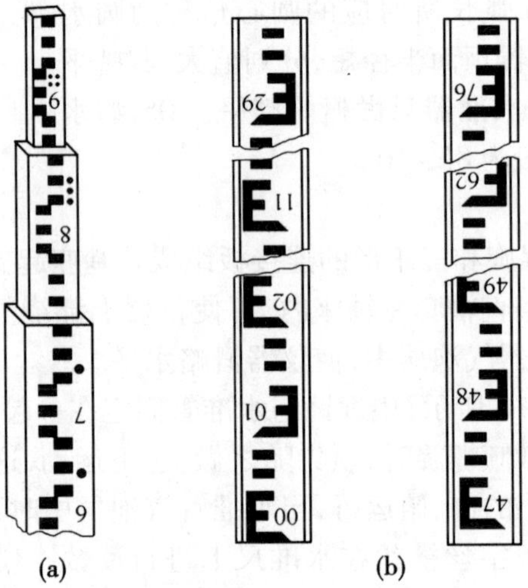

(a) (b)

图 2-11 水准尺

塔尺全长为 5 m,由 3 节套装组成,可以伸缩,尺底端从零米起算。由于塔尺每节之间接合处常易松动,稳定性差,使用时应注意检查,所以仅适用于低精度的水准测量与地形测量。

双面尺又称红黑面尺,尺长为 3 m,两根尺为一对。黑面刻划是主尺,底端起点为零米,红面刻划是辅尺,底端起点不为零米,与黑面相差一常数 K。一根尺红面从 $K_1=4.687$ m 开始,另一根尺红面从 $K_2=4.787$ m 开始。两根尺红面底端刻划相差 0.1 m,以供测量检核用。另外,在水准仪视线高度不变的情况下,同一根水准尺在同一地面点的黑、红两面读数之差应为 4.687 m 或 4.787 m,可检核读数的正确性。该尺适用于精度较高的水准测量。

水准测量时,当水准管气泡居中,十字丝的中丝切在标尺上时,即可依次直接读出米、分米、厘米,毫米是估读的。所以,水准测量的精度和观测时估读毫米数的准确度有很大关系。

(五)尺垫

尺垫一般用生铁铸成或用铁板制成,如图 2-12 所示。其形状为三角形或圆形,上有一突起的半圆形圆顶,下面有三个尖的支脚。

尺垫是在进行连续水准测量时,作为临时的固定尺点,以防止水准标尺下沉和尺点变动,保证转点传递高程的准确性。因此,在使用尺垫时一定要将三个支脚牢固地踩入土中,水准标尺立在尺垫半圆形突起的顶端上。

（六）三脚架

目前大多采用伸缩式木制或铝合金三脚架，如图2-3所示。它由架头和三条架腿组成。利用架腿固定螺旋可调节三条架腿的长度，利用连接螺旋可把仪器固定在架头上。

二、自动安平水准仪

水准仪进行测量时，是根据仪器上水准管的气泡居中后获得水平视线，再读取水准标尺的中丝读数，通过计算得出两点间的高差值。为了获得水平视线，每次读数前必须转动微倾螺旋，使水准管气泡居中，这一必须实施的操作步骤给水准测量的速度和精度都带来了一定的影响。为了省略这一操作步骤，加快观测速度，提高成果的精度，在20世纪40年代就研制出一种可以自动精确整平的水准仪，这种水准仪只需经观测员概略整平（圆水准器气泡居中）后即可自动地进一步精确整平，获得水平视线，读取标尺读数，这种水准仪称为自动安平水准仪。如图2-13所示为国产DSZ_3型自动安平水准仪的外形。

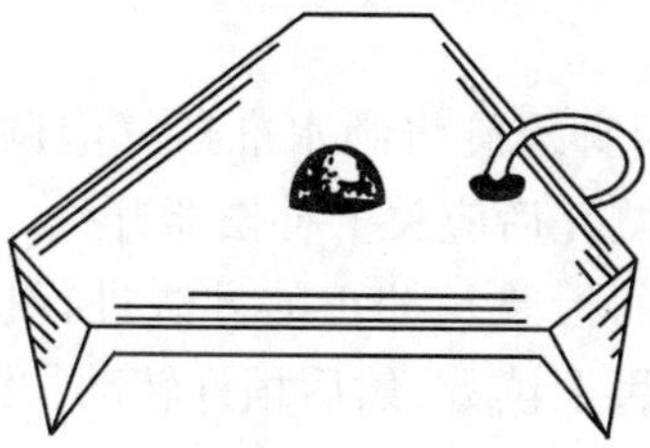

图2-12　尺垫

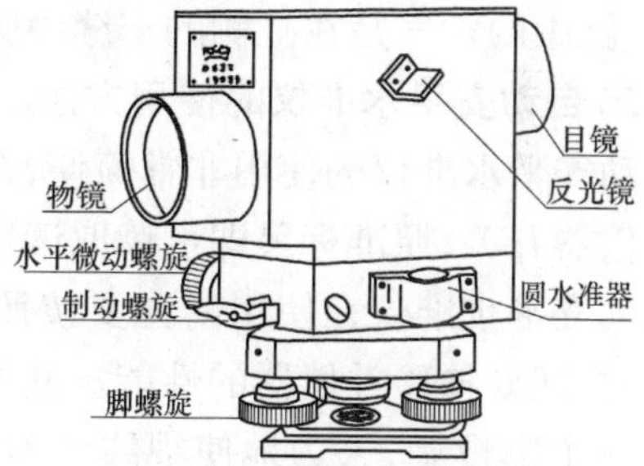

图2-13　自动安平水准仪

（一）自动安平的原理

如图2-14所示，在水准仪的望远镜中设置一个补偿装置，当视准轴不水平，有一斜度不大的倾角时，通过物镜光心的水平光线经补偿器后仍能通过十字丝的交点，以获得水平视线，达到自动安平的目的。

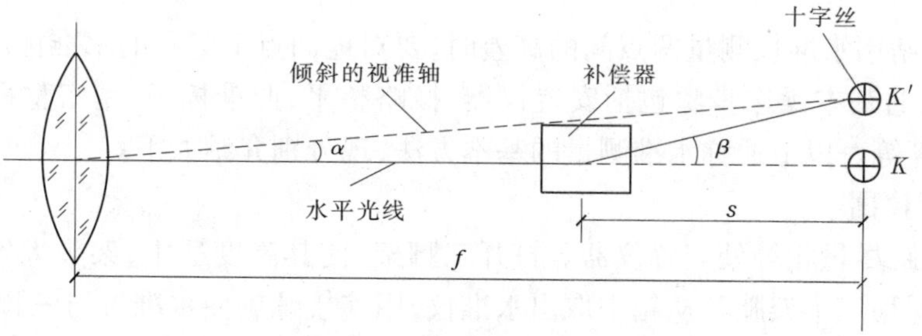

图2-14　自动安平的原理

当视准轴水平时，十字丝的交点位于水平视线K点处，这时水准仪的中丝读数即为水平视线的读数。当视准轴不水平，有一不大于$10'$的倾角时，十字丝的交点由K点移到K'点上，而水平视线应有的读数仍在K处，为了使这个读数移到十字丝的交点，可采用以下两个办法：

其一，在光路中装置一个补偿器，使光线偏转一个小角β而通过十字丝交点K'处，实现这种补偿的条件是$f\alpha = s\beta = KK'$，即$\beta/\alpha = f/s = \gamma$，式中$s$为补偿器至十字丝中心的距离，$\gamma$为补偿器的放大系数。

其二，在望远镜内将十字丝分划板吊起来，当望远镜有不大于10′的倾斜角时，吊着的十字丝分划板因重力作用回到原来的水平位置 K 处，使十字丝仍为水平视线时的读数。

为解决自动安平的上述两种办法都有一因重力作用的“摆”，为了使这个“摆”能迅速地静止下来，以达到迅速读数的目的，必须安装一个阻尼器。目前，大多采用空气阻尼器，也有采用磁阻尼器的。

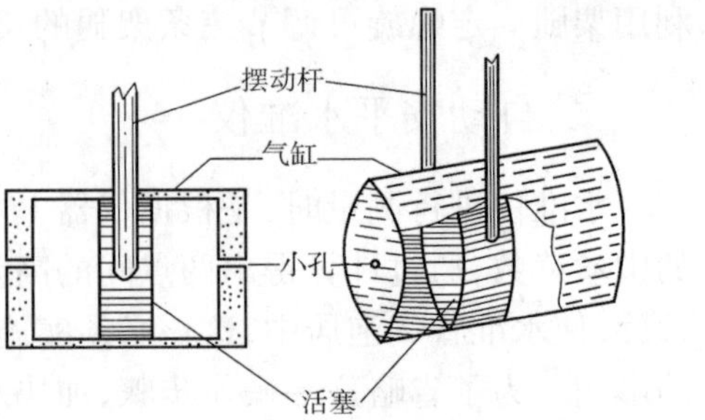

图 2-15　空气阻尼器的原理

空气阻尼器的原理如图2-15所示。将活塞置于一个气缸中，并与摆动杆相连接，当活塞在气缸中摆动时，为使其迅速静止下来，在气缸两端各设一个小孔，使缸内气体排放速度减慢，即气缸中空气的阻力可以使摆迅速停止。在实际的装置中，两个气孔已用螺钉堵死，检修时才放开，气缸中的空气是在缸侧的窄缝中吸进和排出的。

（二）自动安平水准仪的使用方法

自动安平水准仪的使用非常简便，在观测时，只需用脚螺旋将圆水准器气泡调至居中，打开补偿器开关，照准标尺即可读取读数。搬站时或观测完后应关上补偿器开关。

自动安平水准仪在使用前也要按照本模块任务六的检验及校正的方法进行检验与校正。同时，还要检验补偿器的性能。其方法是先在水准尺上读数，然后稍许转动物镜或目镜下面的一个脚螺旋，人为地使视线倾斜，再次读数，若两次读数相等，则说明补偿器性能良好，否则需专业人员修理。

任务三　水准仪的使用方法与注意事项

一、水准仪的使用方法

在一个测站用水准仪测量两点间的高差时，要对地面点上竖立的水准标尺进行读数，在读数前水准仪的基本操作步骤包括安置仪器、概略整平、照准标尺、精密整平、读取标尺读数、记录和计算等。以上通称水准测量的基本方法，现分别介绍如下。

（一）安置仪器

在前后视距尽量相等处安置仪器。打开三脚架，使其高度适中，架头大致水平，拧紧架腿固定螺旋，踩稳三个架腿。从箱中取出水准仪，用连接螺旋使水准仪与三脚架头牢固地连接在一起。

（二）概略整平

如图2-16（a）所示，用双手按相对方向转动任意两个脚螺旋，使气泡移动到这两个脚螺旋连线方向的居中位置，然后转动第三个脚螺旋使圆气泡完全居中，如图2-16（b）所示。

转动脚螺旋时，气泡运动方向与左手大拇指运动方向一致。反复整平，直到水准仪转到任何方向气泡都完全居中。

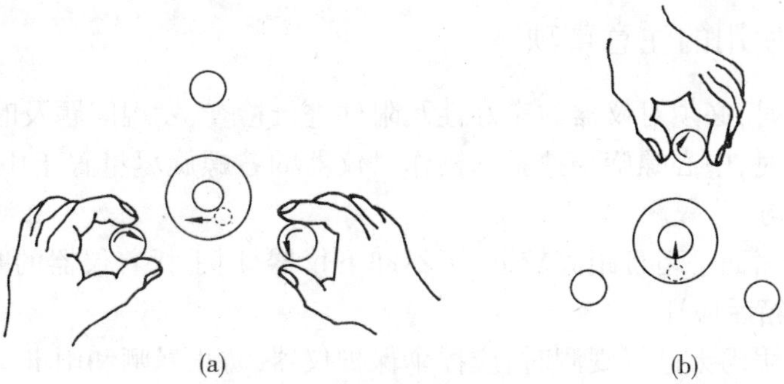

图 2-16　圆水准器调节方法示意图

（三）照准标尺

（1）松开制动螺旋，将望远镜物镜对向明亮的背景，转动目镜调焦螺旋，使十字丝清晰。

（2）用望远镜筒上的准星，概略地照准水准标尺，使标尺在目镜的视场内，拧紧制动螺旋，固定水准仪。

（3）转动物镜调焦螺旋，使水准标尺清晰。

（4）转动水平微动螺旋，使水准标尺的中央或任一边在十字丝纵丝附近。

（5）眼睛在目镜处上、下移动，观察水准标尺的分划与十字丝横丝有无错动。如有错动，则说明存在视差，应立即消除。

（四）精确整平

在符合水准器观察窗中观察水准管气泡，用右手缓慢而均匀地转动微倾螺旋，直到气泡两端半气泡影像完全吻合。

（五）读取标尺读数

必须在精确整平后才能读取标尺读数。读数是读取十字丝中丝（横丝）截取的标尺数值。

读数时，按照从上向下（倒像望远镜）、由小到大的顺序进行，先估读毫米，依次读出米、分米、厘米，读四位数，空位填零。如图 2-17 中的读数分别为 1.274 m、5.960 m。为了方便，可不读小数点。读完数后仍要检查半气泡是否吻合，若不吻合，应重新调平，重新读数。

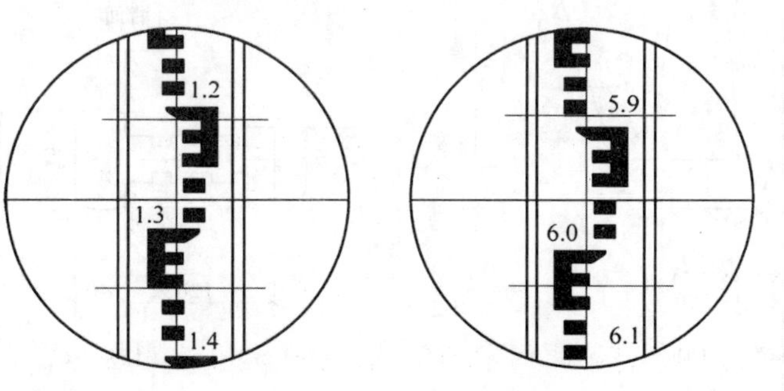

图 2-17　水准尺读数

二、水准仪使用的注意事项

(1)领取仪器时,必须对仪器的完好性及附件进行检查,发现问题及时反映。

(2)安置仪器时,中心螺旋要拧紧。操作时仪器的各螺旋尽量置于中间位置,不拧到极限,用力要轻巧均匀。

(3)迁站时如路面平坦且距离较近,可不卸下仪器,用手托着仪器的基座进行搬迁。否则,必须将仪器装箱后搬迁。

(4)在烈日或阴雨天进行观测时,应撑伞保护仪器,防止暴晒和雨淋。

(5)仪器用完后须擦去灰尘和水珠,不能用手或手帕擦拭光学部分构件。

(6)仪器长期不用,应放置在通风、干燥、阴凉、安全的地方。注意防潮、防水、防霉、防碰撞。

任务四 普通水准测量的方法和要求

我国水准测量按精度分为一、二、三、四 4 个等级。一、二等水准测量主要用于科研,也作为三、四等水准测量的起算依据;三、四等水准测量主要用于国防建设、经济建设及地形测量的高程起算依据。

在各等级水准路线上埋设了许多固定的高程标志,称为水准点。常用"BM"(Benck Mark)表示。它们的高程已由专业测量单位按不同等级的精度规定进行观测。这些水准点也称为国家等级水准点,埋设永久性标志,如图 2-18(a)所示。永久性标志一般用混凝土制成,顶部嵌入半球状金属标志,半球状标志顶点表示水准点的高程和位置。在冰冻地区水准点埋设深度应超过冰冻线 0.5 m。有的用金属标志埋设于基础稳定的建筑物墙脚上,称为墙上水准点,如图 2-18(b)所示。

由于国家等级水准点在地面上密度不够,为了满足各项工程建设以及地形测量的需要,必须在国家等级水准点之间进行补充加密。这种水准测量精度因低于国家等级水准测量的精度,称其为等外水准测量或普通水准测量。其观测原理和方法与国家等级水准测量的原理和方法基本相同。它的高程起算数据应是国家等级水准点的高程数据。

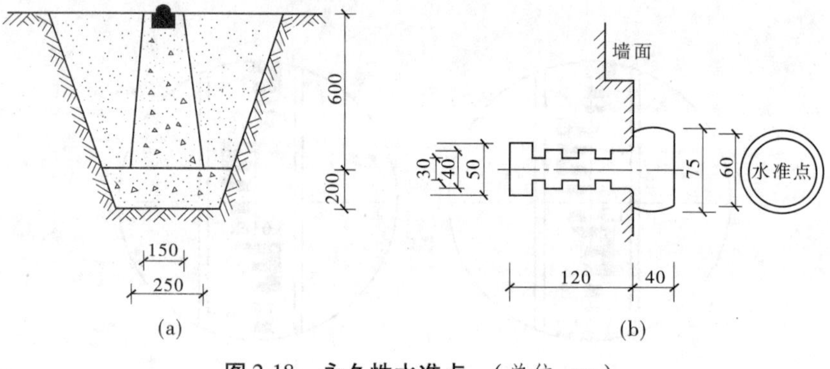

图 2-18 永久性水准点 (单位:mm)

普通水准测量按具体要求可埋设图 2-18 所示的永久性水准点,也可埋设图 2-19 所示的临时性水准点。在大、中型建筑工地上其水准点可用混凝土制成,顶部嵌入半球状金属标志，如图 2-19（a）所示。在小型建筑工地上可利用地面突起坚硬岩石，亦可用大木桩打入地下，桩顶钉以半球状的金属圆帽钉，如图 2-19（b）所示。为了便于保护与使用，水准点埋设后应绘制点位略图。

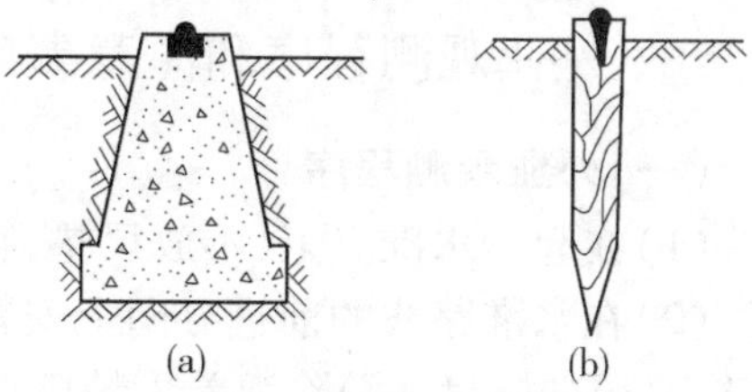

图 2-19 临时性水准点

普通水准测量工作包括拟定水准路线和埋设水准点、外业观测、水准路线高差闭合差的调整和高程计算。

下面分别介绍普通水准测量的各项工作。

一、拟定水准路线和选定水准点

根据具体工程建设或地形测量的需要，在水准测量之前，必须进行技术设计，以便选择经济合理的水准测量路线。为了使用高程的方便，在拟定的水准路线上，按规定或需要的间距埋设一些水准点，两相邻水准点之间的观测区段称为一个测段。

为了便于计算各水准点高程，并可方便地检查校核测量中可能产生的错误，水准路线要按一定的形式拟定。水准路线的形式有三种，分别介绍如下。

（一）附合水准路线

如图 2-20 所示，从一个已知高级水准点出发，沿选定的测量路线并通过设置的水准点进行观测，最后附合到另一个已知的高级水准点上。这种水准路线称为附合水准路线。

（二）闭合水准路线

如图 2-21 所示，从一个已知高级水准点出发，沿选定的测量路线并通过设置的水准点进行观测，最后又闭合到该已知高程水准点上。这种水准路线称为闭合水准路线。

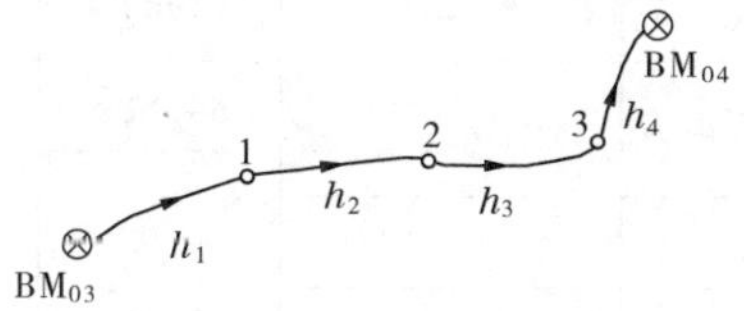

图 2-20 附合水准路线

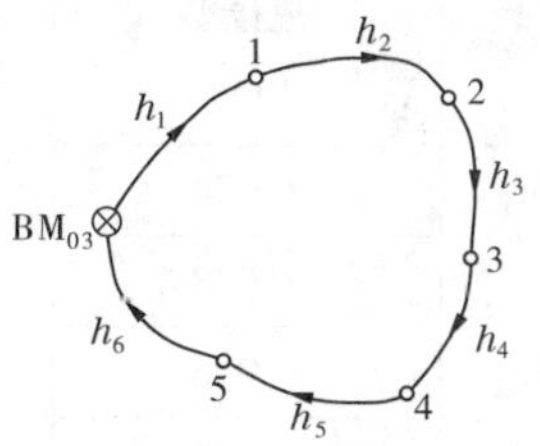

图 2-21 闭合水准路线

（三）支水准路线

如图 2-22 所示，从一个已知高级水准点出发，沿选定的测量路线并通过设置的水准点进行观测，既不闭合也不附合到另一已知高级水准点上，这种水准路线称为支水准路线。

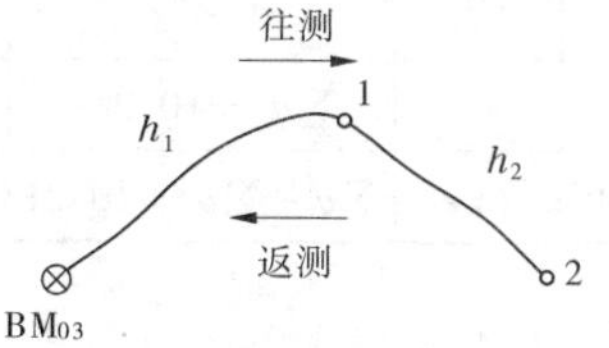

图 2-22 支水准路线

上述三种形式的水准路线所测得的高差值只有附合水准路线和闭合水准路线可以与已知高级水准点进行校核，而支水准路线无法校核。因此，支水准路线不但路线的长度有所限制，点数不超过 2 个，而且须进行往测与返测，用两个不同方向的测量结果进行比较，以资校核。

二、外业观测程序和注意事项

(一)外业观测程序

(1)在起始水准点上,不放尺垫,直接在标志上立标尺,作为后视。

(2)在水准路线的前进方向上安置水准仪,水准仪离后视标尺最长不要超过 100 m。概略整平,照准标尺并消除视差再精确整平,最后读取中丝读数,并记入表 2-1 手簿中。

(3)在水准路线的前进方向的适当地方(前、后视大致相等处)选择前视标尺的转点,放置并踩稳尺垫,将前视标尺竖立在尺垫上,作为前视。

(4)转动水准仪,照准前视标尺,消除视差,精确调平,读取中丝读数,记入手簿。

(5)前视尺不动,将后视尺迁到前面作为前视尺,而原前视尺变为后视尺。水准仪迁到后视尺、前视尺中间位置,重复(2)、(3)、(4)进行操作,直到附合最后一个水准点上。

(二)测站检核

由式(2-4)可以看出,待定点 B 的高程是根据 A 点高程和沿路各测站所测的高差计算所得的。为了保证观测高差正确无误,必须对每测站的观测高差进行检核,这种检核称为测站检核。测站检核常采用双仪高法和双面尺法进行。

1. 双仪高法

在每个测站上,利用两次不同的仪器高度,分别观测高差之差值不超过 ±5 m 范围时,则取平均值作为该测站的观测高差。否则重测。

表 2-1　水准测量记录手簿

工程名称:＿＿＿＿　　日期:＿＿＿＿　　观测者:＿＿＿＿

仪器型号:　$DS_3$9618　　天气:＿＿＿＿　　记录者:＿＿＿＿

测站	点号	后视读数 a (m)	前视读数 b (m)	高差 h(m)		高程 H (m)	说明
				+	−		
1	BM_{IV3}	2.674		1.251		84.886	已知
2	TP_1	2.538	1.423	0.792			
3	TP_2	1.986	1.746	1.052			
4	TP_3	1.542	0.934	0.216			
5	TP_4	1.473	1.326		−0.369		
	TP_5		1.842			87.828	
		$\sum a=10.213$	$\sum b=7.271$	+3.311	−0.369		
计算检核		$\sum a-\sum b=10.213-7.271=+2.942$		$\sum h=3.311-0.369=+2.942$			

2. 双面尺法

在每个测站上,不改变仪器高度,分别读取双面水准尺的黑面读数和红面读数。红面读数减去 4.687 m 或 4.787 m 应等于黑面读数,其差值不超过 ±3 mm 范围时,则取其平均值作为标尺读数。否则重测。

3. 水准测量的注意事项

(1)在水准点上立尺时,不要放尺垫,直接将水准尺立在水准点标志上。

(2)为了读取准确的标尺读数,水准尺应立垂直,不得前后、左右倾斜。为了保证水准标尺垂直,必要时水准标尺上应设置圆水准器。

(3)在观测中,记录应复诵,以免听错、记错。在确认观测数据无误,又符合要求后,后视尺才准许提起尺垫迁移。否则后视尺不能移动尺垫。

(4)前、后视距应大致相等,以消除或减弱仪器水准管轴与视准轴不完全平行的 i 角误差。

如图 2-23 所示,由于两轴不完全平行而产生一个小的夹角 i 角。当水准管气泡居中时,水准管轴水平,但视准轴仍处于倾斜位置,致使前、后视读数产生偏差 x_1 和 x_2,其大小与视距成正比。当前后视距相等时, $x_1=x_2$,在计算高差时将相互抵消掉。

另外,由于地球曲率及大气折光的影响,致使水准尺读数产生误差 f。如图 2-24 所示,c 为地球曲率对读数的影响,r 为大气折光对读数的影响,即 $f=c-r$。计算测站高差时,应从后、前视读数中分别减去 f,才能得到正确高差,即 $h=(a-f_a)-(b-f_b)$。当前后视距离相等($f_a=f_b$)时,计算高差时就可抵消掉地球曲率与大气折光的影响。

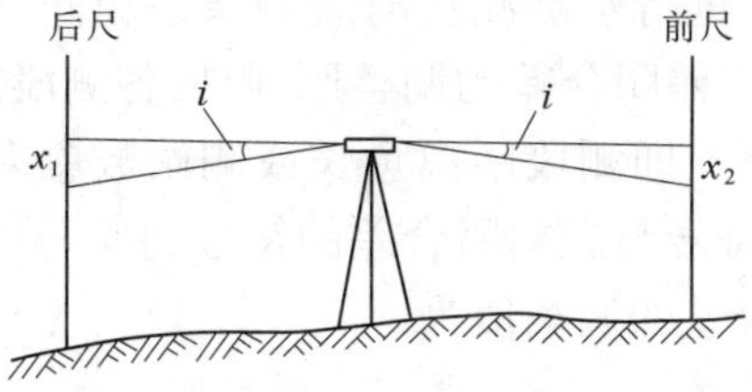

图 2-23　i 角误差

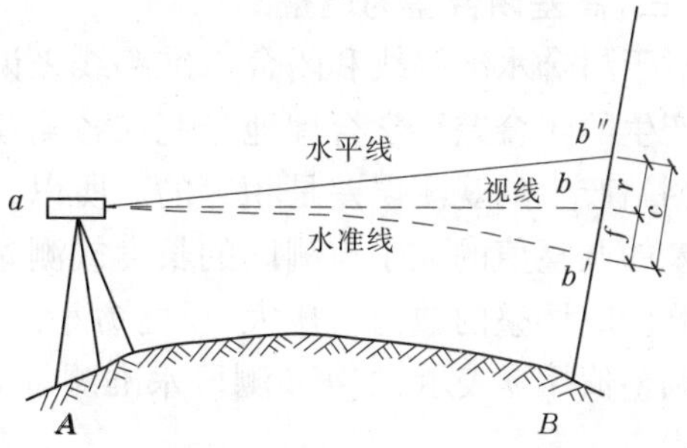

图 2-24　地球曲率与大气折光误差

(5)记录、计算字迹清晰工整,易于辨认。读错、记错、算错时须用斜线画掉,将正确数据重新记在它的上方,不得涂改,以保持记录的原始性。

任务五　普通水准测量的内业计算

一、水准路线高差闭合差的调整

(一)高差闭合差的计算

由于进行水准测量时,受仪器本身、气候、观测者的感官等因素的影响,观测的数据不可避免地会产生一些误差,致使所观测的结果无论是对一个测站或对一条水准路线而言,与理论的数据不相符。所以,把一条水准路线实际测出的高差和已知的理论高差之差称为水准路线的高差闭合差,用 f_h 表示。

附合水准路线的高差闭合差为

$$f_h=\sum h-(H_{终}-H_{始}) \tag{2-5}$$

闭合水准路线的高差闭合差为

$$f_h=\sum h \tag{2-6}$$

支水准路线的高差闭合差为

$$f_h = \sum h_{往} + \sum h_{返} \tag{2-7}$$

(二)普通水准测量高差闭合差的允许值

为了保证测量成果的精度,水准测量路线的高差闭合差不允许超过一定的范围,否则应重测。水准路线高差闭合差的允许范围称为高差闭合差的允许值。普通水准测量时,平地和山地的允许值按下式计算。

平地

$$f_{h允} = \pm 40\sqrt{L} \quad (\text{mm}) \tag{2-8}$$

式中 L——水准路线的总长度,km。

山地

$$f_{h允} = \pm 12\sqrt{n} \quad (\text{mm}) \tag{2-9}$$

式中 n——水准路线的总测站数。

(三)高差闭合差的调整

对于附合水准路线和闭合水准路线来说,当高差闭合差满足允许值时,可以进行调整,即将产生的闭合差科学合理地分配在各测段中。因在进行水准测量时观测条件相同,可认为各测站产生的观测误差是相等的。所以,水准路线高差闭合差的调整原则是:各测段高差闭合差的调整值的大小与测段的长度或测站数成正比。即测段距离愈长或测站数愈多,那么该测段应调整的数值就愈大,反之愈小。调整值的符号与高差闭合差的符号相反。

调整值用 v 表示,如第 i 测段水准测量的高差闭合差的调整值为

$$v_i = -\frac{f_h}{\sum L} \times L_i \tag{2-10}$$

式中 $\sum L$——路线的总长度,km;

L_i——第 i 测段水准路线的长度,km。

式(2-10)也可表示为

$$v_i = -\frac{f_h}{\sum n} \times L_i \tag{2-11}$$

式中 $\sum n$——路线的总测站数;

n_i——第 i 测段水准路线的测站数。

当按式(2-10)或式(2-11)计算出各段的调整值后,将各测段的观测高差值与该测段的调整值取代数和,求得各测段经调整后的高差值。即

$$h_i = h'_i + v_i \tag{2-12}$$

式中 h'_i——第 i 测段的观测高差值。

对于支水准路线来说,调整后的高差值就为往返观测符合要求后测量结果的平均高差值。即按下式计算:

$$h = \frac{|h_{往}| + |h_{返}|}{2} \tag{2-13}$$

取往测高差的符号。

二、高程的计算

对于附合水准路线或闭合水准路线来讲，须根据起点的已知高程加上各段调整后的高差依次推算各所求点的高程。即

$$H_i = H_{i-1} + h_i \quad (i = 1,2,3,\cdots) \tag{2-14}$$

推算到终点已知高程点上时，应与该点的已知高程相等。否则，说明计算有误，找出原因，重新计算。

对于支水准路线来说，因无法检核，在计算中要仔细认真，确认计算无误后方能使用计算成果。

图 2-25 是一条附合水准路线，作为算例，其计算的步骤与结果按表 2-2 进行。

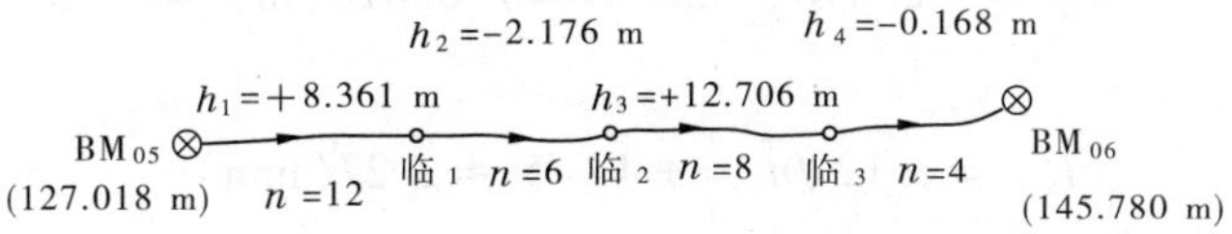

图 2-25　附合水准路线算例

表 2-2　附合水准路线高差闭合调整与高程计算

点号	测站点 n	实测高差 h' (m)	高差改正数 v (m)	改正后高差 h (m)	高程 H (m)	备注
(1)	(2)	(3)	(4)	(5)	(6)	(7)
BM_{05}					127.018	已知
	12	+8.361	+0.016	+8.377		
临$_1$					135.395	
	6	−2.176	+0.008	−2.168		
临$_2$					133.227	
	8	+12.706	+0.010	+12.716		
临$_3$					145.943	
	4	−0.168	+0.005	−0.163		
BM_{06}					145.780	已知
	$\sum n=30$	$\sum h' = +18.723$	$\sum v = +0.039$	$\sum h = +18.762$		

辅助计算如下。

高差闭合差为

$$f_h = \sum h - (H_{06} - H_{05}) = +18.723 - 18.762 = -0.039(\text{m}) = -39(\text{mm})$$

高差闭合差允许值为

$$f_{h允} = \pm 12\sqrt{n} = \pm 12\sqrt{30} = \pm 65(\text{mm})$$

$|f_h| < |f_{h允}|$，观测合格。

闭合水准测量路线的高程计算，除高差闭合差按式(2-6)计算外，其闭合差的调整方法、允许值的大小均与附合水准路线相同。

支水准路线的高程计算可参照下面的实例进行。

如图 2-26 所示，已知水准点 A 的高程 $H_A = 1\,048.653$ m。欲求得 1 点的高程，往测高差

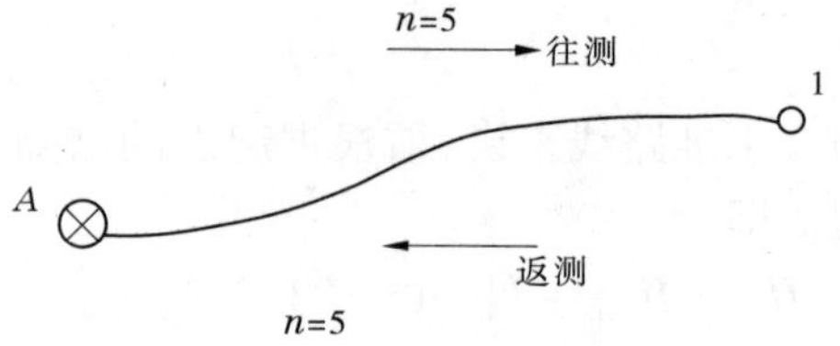

图 2-26　支水准路线算例

为 $h_{往}$ = +2.418 m，返测高差为 $h_{返}$ = −2.436 m。往测和返测各设了 5 个站。则 1 点高程计算方法如下。

高差闭合差：

$$f_h = h_{往} + h_{返} = +2.418 - 2.436 = -0.018(\text{m}) = -18(\text{mm})$$

闭合差允许值：

$$f_{h允} = \pm 12\sqrt{n} = \pm 12\sqrt{5} \approx \pm 27(\text{mm})$$

$|f_h| < |f_{h允}|$，观测合格。

取往测和返测高差绝对值的平均值作为 A、1 两点间的高差，其符号与往测符号相同。即

$$h_{A1} = \frac{|+2.418| + |-2.436|}{2} = +2.427(\text{m})$$

那么 1 点的高程为

$$H_1 = H_A + h_{A1} = 1\,048.653 + 2.427 = 1\,051.080(\text{m})$$

任务六　水准仪的检验与校正

水准仪是进行高程测量的主要工具。水准仪的功能是提供一条水平的视线，而水平视线是依据水准管轴呈水平位置来实现的，如图 2-27 所示。一台合格的水准仪必须满足以下几个条件：①水准管轴应与视准轴平行；②圆水准器轴应与仪器竖直轴平行；③十字丝的横丝应与竖直轴垂直。其中，水准管轴与视准轴平行是水准仪应满足的主要条件。

满足上述条件的目的是达到水准测量原理的要求，从而获得可靠的观测数据，以保证最后结果达到精度要求。由于仪器在长期的使用过程中不合理的操作、运输途中的振动等因素，使得水准仪不完全满足上述条件。为此，在进行水准测量之前，对所使用的水准仪必须进行检验，检验后不满足条件的还须校正，只有全部条件满足后水准仪才能进行水准测量。

仪器检验与校正的顺序原则是前一项检验不受后一项检验的影响，或者说后一项检验不破坏前一项检验条件的满足。因此，水准仪检验与校正应按下列顺序进行，不能颠倒。

一、圆水准器轴应平行于仪器竖直轴

（一）检验

转动三个脚螺旋使圆水准器气泡居中，然后将水准仪望远镜旋转 180°，若气泡仍然居中，说明此项条件已满足；若气泡不居中，则说明此项条件不满足，必须进行校正。

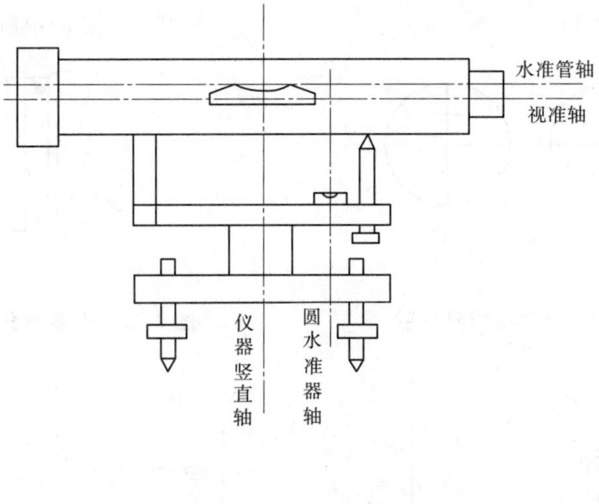

图 2-27 水准仪的主要轴线关系

(二)校正

校正是用装在圆水准器下面的三个校正螺丝完成的,如图 2-28 所示。用校正针转动三个校正螺丝,使气泡向中心位置移动一半的偏差量。这时,圆水准器轴已与仪器竖直轴平行了。再转动脚螺旋使气泡向中心位置移动另一半的偏差量,即这时圆水准器气泡已经居中,两轴已处于铅垂状态了。这样反复进行,直到望远镜转到任何方向上时,圆水准器气泡都居中。

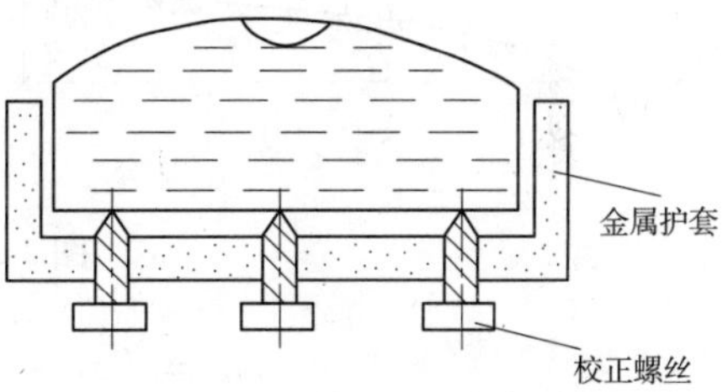

图 2-28 圆水准轴检验

二、十字丝横轴应垂直于竖直轴

(一)检验

整平仪器,用望远镜中十字丝横丝的一端与远处同仪器等高的一个明显点状目标相重合,拧紧制动螺旋,如图 2-29(a)所示。

转动微动螺旋,若目标从横丝的一端至另一端始终在横丝上移动,说明此项条件已经满足;若目标偏离横丝,如图 2-29(b)所示,则说明此项条件不满足,须进行校正。

(二)校正

旋开目镜的护罩,露出十字丝分划板座的三个固定螺丝,如图 2-30 所示。用小改锥轻轻松开固定螺丝,转动十字丝分划板座,使横丝的一端与目标重合,并轻轻旋紧三个固定螺丝。然后检验此项,直到满足条件。

三、水准管轴应平行于视准轴

(一)检验

1. 求出正确高差

如图 2-31(a)所示,在平坦的地面上选择相距约 80 m 的 A、B 两点,放置尺垫或打木桩。在 A、B 的中点 C 上安置水准仪,用双仪高法测出 A、B 两点间高差 h_{AB}(两次高差之差不超过 ±5 mm,取其平均值)。由图 2-31(a)可以看出

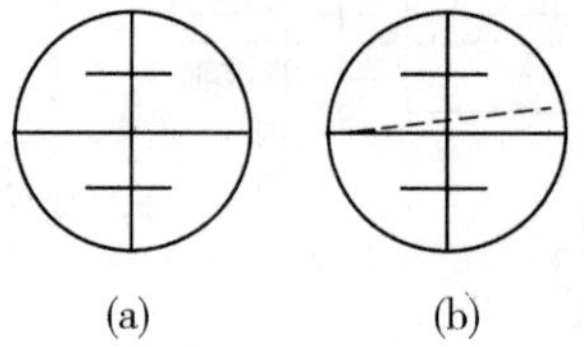

图 2-29　十字丝横丝检验

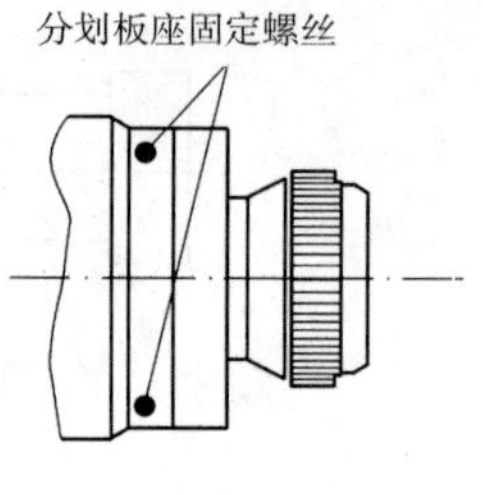

图 2-30　十字丝分划板校正设备

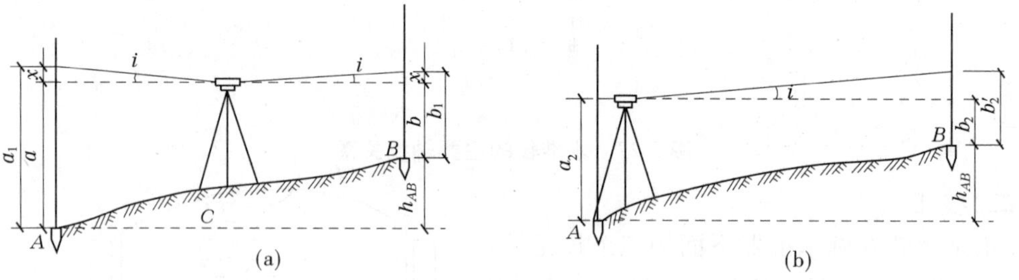

图 2-31　水准管轴检验

$$h_{AB} = (a_1 - x) - (b_1 - x) = a_1 - b_1$$

因为仪器到两尺的距离相等，即使水准管轴与视准轴不完全平行，对读数产生的误差 x 相等，在计算高差时相互抵消，测出的高差 h_{AB} 就是正确高差。

2. 计算正确的前视读数，并判断条件是否满足

如图 2-31(b)所示，把水准仪搬到离 A 点约 3 m 处，精确调平后读得 A 尺上的读数为 a_2，因为仪器离 A 点很近，i 角引起的读数误差很小，可忽略不计，即认为 a_2 读数正确。由 a_2 和高差 h_{AB} 就可计算出 B 点标尺上水平视线的读数 b_2。即

$$b_2 = a_2 - h_{AB}$$

然后，转动仪器照准 B 点标尺，精确调平后读取水准标尺读数为 b'_2。如果 $b_2 = b'_2$，说明两轴平行；否则，两轴不平行而存在 i 角，其值为

$$i = \frac{b'_2 - b_2}{D_{AB}} \tag{2-15}$$

式中　D_{AB}——A、B 两点间的距离。

测量规范规定，当 DS_3 水准仪 i 角绝对值大于 20″时，需要进行校正。

（二）校正

转动微倾螺旋，使水准读数为正确读数 b_2，这时视准轴水平，而水准管气泡不居中（符合水准器半气泡影像错开），如图 2-32 所示。先用校正针松开水准管一端左、右校正螺丝 a 和 b，再调节上、下校正螺丝 c 和 d，升高或降低水准管的一端，使气泡重新居中（符合水准器两个半气泡影像吻合），然后旋紧各校正螺丝。此项校正需要反复进行，直到条件满足要求。

在实际工作中也可用平行线法进行该项的检验与校正。

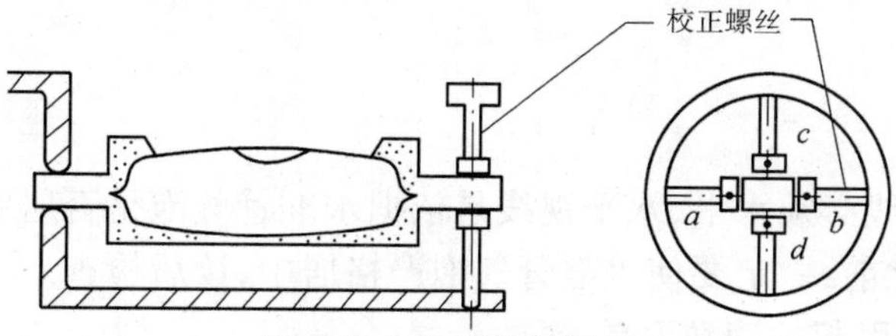

图 2-32　水准管轴校正

如图 2-33 所示，在两面墙（电杆）中间安置水准仪。精确调平后分别在两面墙上十字丝横丝瞄准处画一横线 a_1 和 b_1。把仪器搬至距其中一面墙前约 3 m 处，同样在墙上画出一横线 a_2，量取 a_1、a_2 间距 l，在另一面墙上从 b_1 量取 l 得 b_2 横线（与 a_2 方向一致）。精确调平后照准 b_2 横线，若能瞄准 b_2，说明两轴平行；否则，两轴不平行，当差值绝对值大于 3 mm 时就应校正。

水准管轴平行于视准轴的检验应定期进行。

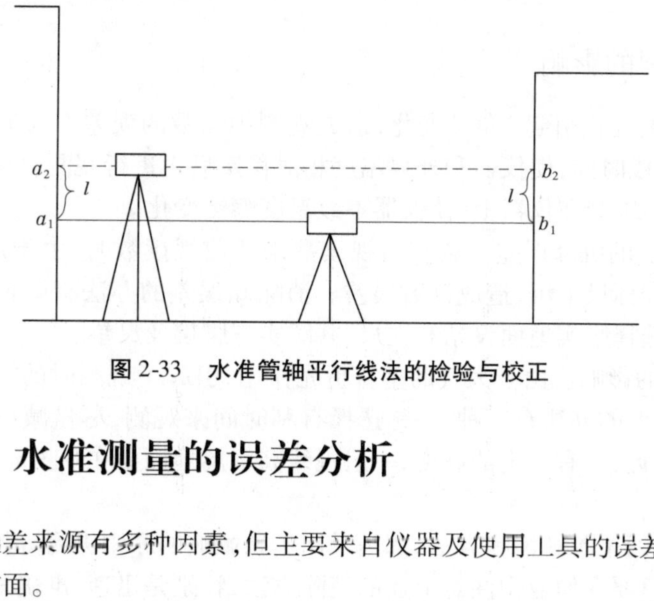

图 2-33　水准管轴平行线法的检验与校正

任务七　水准测量的误差分析

水准测量的误差来源有多种因素，但主要来自仪器及使用工具的误差、观测误差和外界因素的影响三个方面。

一、仪器及使用工具的误差

（一）水准管轴和视准轴不完全平行引起的误差

这项误差是水准测量的主要误差，虽然在水准仪的检验与校正中已得到检验和校正，但不可能将 i 角完全消除，还会有残余的误差。观测时，虽然尽量使前后视距相等，尽可能地减小 i 角对读数的影响，但也难以完全消除。所以，观测中还要避免阳光直射仪器，以防引起 i 角的变化。精度要求高时，利用不同时间段进行往返观测，以消除因 i 角变化引起的误差。

（二）水准标尺误差

水准标尺刻划不均匀、不准确、尺身变形等都会引起读数误差，因此对水准尺要进行检定。对于刻划不准确和尺身变形的尺子，不能使用。对于尺底的零点差，采用在每测段设置偶数站的方法来消除。

二、观测误差

(一)观测误差

水准仪观测时视线必须水平,水平视线是依据水准管气泡是否居中来判断的,为消除此项误差,每次在读数之前,一定要使水准管气泡严格居中,读后检查。

(二)标尺不垂直引起的读数误差

标尺不垂直,读数总是偏大,特别是观测路线总是上坡或下坡时,其误差是系统性的,为了消除此项误差,可在水准标尺上安置经过校正的圆水准器,当气泡居中时,标尺即垂直。

(三)读数误差

读数误差一是来源于视差的影响,二是读取中丝毫米数时的估读不准确的影响。为了消除这两方面的误差,可采用重新调焦来消除视差和按规范要求设置测站与标尺的距离,不要使仪器离标尺太远,造成尺子影像和刻划在望远镜中太小,以致读毫米数时估读误差过大。

三、外界因素的影响

(1)外界温度的变化引起 i 角的变化,造成观测中读数的误差。为消除此项误差,可在安置好仪器后等一段时间,使仪器和外界温度相对稳定后再进行观测。如阳光过强,可打伞遮阳,迁站时用白布罩套在仪器上,使仪器不致温度骤然变化。

(2)仪器和标尺的沉降误差。读完后视读数未读前视读数时,由于尺垫没有踩实或土质松软,致使仪器和标尺下沉,造成读数误差。消除此误差的办法有两种:一是操作读数要准确而迅速;二是选择坚实地面设站和立尺,并踩实三脚架及尺垫。

(3)大气折光的影响。由于大气的垂直折光作用,引起了观测时的视线弯曲,造成读数误差。消减此项误差的办法有三种:一是选择有利时间来观测,尽量减小折光的影响;二是视线距地面不能太近,要有一定的高度,一般视线高度离地面要在 0.3 m 以上;三是使前、后视距相等。

上述各项误差的来源和消除方法,都是采用单独影响的原则进行分析的,而实际作业时是综合性的影响,只要在作业中注意上述的消除方法,特别是迅速、准确地读数,会使各项误差大大减弱,达到满意的精度要求。如有条件可使用自动安平水准仪,它可自行提供水平视线,不需要手动微倾螺旋整平、居中气泡,使观测速度大大提高,有效地消减了一些误差,保证了水准路线的测量精度。

习　题

1. 什么叫水准点、转点、视准轴、水准管轴?
2. 什么叫视差?如何消除视差?
3. 什么叫水准管分划值?圆水准器和管水准器各起什么作用?
4. 水准测量有哪几种路线?
5. 简述水准测量的基本方法。

6. 水准测量中设置转点有何作用？在转点立尺时为什么要放置尺垫？何点不能放置尺垫？

7. 设 A 为后视点，B 为前视点，A 点高程为 93.533 m，当后视读数为 1.025 m，前视读数为 1.674 m 时，高差是多少？B 点比 A 点高还是低？B 点高程是多少？绘图说明。

8. 水准测量中的主要误差有哪些？如何消除？

模块三　角度测量

教学内容

本模块主要包括角度测量的原理、经纬仪的认识与使用、角度测量的方法、角度测量误差分析等内容。重点是水平角测量的方法。

学习目标

了解经纬仪的构造,掌握经纬仪的操作方法;理解水平角和竖直角及其测量原理;掌握水平角的观测方法与计算,竖直角的观测与计算;了解角度测量的误差及其减弱措施。

任务一　角度测量原理

一、水平角的概念及测量原理

地面上两相交方向线垂直投影在水平面上的夹角称为水平角,通常用 β 表示。如图 3-1 所示,设 A、B、C 为地面上任意三点,将这三点沿铅垂线方向投影到水平面 P 上,得相应的 a、b、c 三点,水平面上 ab 与 ac 两条直线的夹角 β,即为地面上的 AB 与 AC 两个方向线之间的水平角。由图 3-1 可见,水平角 β 即为通过 AB 与 AC 两个铅垂面和水平面 P 的交线 ab 与 ac 的夹角。如果过 A 点的铅垂线 Oa 上任一点作一水平面,则它和这两个铅垂面的交线所夹的角也一定等于水平角 β。

因此,在 A 点铅垂线上 O 点处水平地放置一个有度刻划的圆盘(称为水平度盘),圆盘的圆心与 O 点重合,并使圆盘处于水平状态,圆盘上设有可以绕圆心转动的望远镜,它不但能在水平面内转动,以照准不同方向的目标,而且也能上下转动,以照准不同高度的目标,并且上下转动时视线保持在同一铅垂面内。当望远镜照准地面点 B 时,构成 OB 的铅垂面,在圆盘上可读一数值为 n,当望远镜再照准地面点 C 时,构成 OC 的铅垂面,在圆盘上又可读一数值为 m,则这两个方向线所夹的水平角为

$$\beta = m - n \tag{3-1}$$

水平角没有负值,取值范围为 0°～360°。

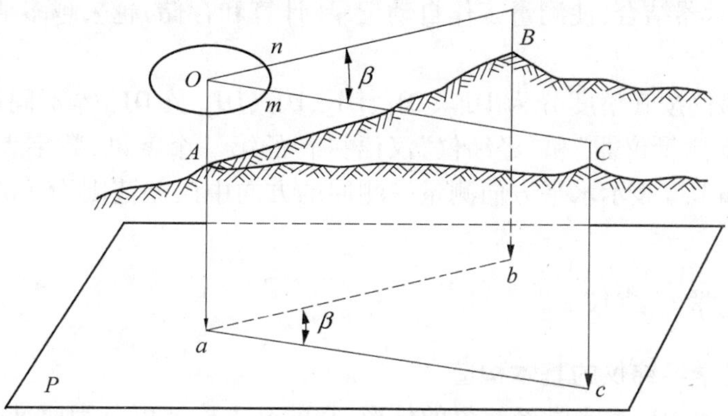

图 3-1 水平角及其测量原理

二、竖直角的概念及测量原理

在同一铅垂面内，照准方向线与水平线的夹角称为竖直角，通常用 α 表示。照准方向线在水平线之上时称为仰角，角值为正值；照准方向线在水平线之下时称为俯角，角值为负值。

如图 3-2 所示，在过 A、B、C 的铅垂面中 A 点处，放置一个铅垂的圆盘（称为竖直度盘），圆盘上有度刻划。当照准 B 点时，其方向线 AB 与水平线 AO 在圆盘上的夹角，即为 AB 方向线的竖直角（$+\alpha$）。同理，当照准 C 点时，其方向线 AC 与水平线 AO 在圆盘上的夹角，即为 AC 方向线的竖直角（$-\alpha$）。

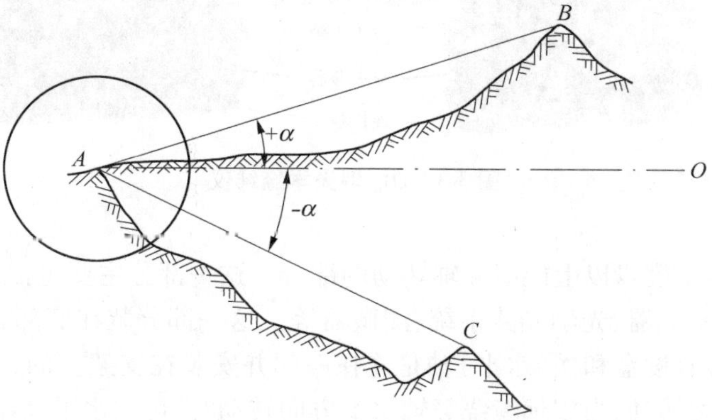

图 3-2 竖直角及其测量原理

任务二 角度测量的仪器与工具

角度测量用到的仪器是经纬仪。经纬仪是根据水平角、竖直角测量原理制成的测角仪器。根据读数系统的不同，经纬仪可分为游标经纬仪、光学经纬仪及电子经纬仪。游标经纬仪采用金属圆盘及游标读数设备，其体积大、密封性差，目前已被光学经纬仪所取代。光学经纬仪采用光学玻璃度盘及测微器读数设备，它质量轻，稳定性好，读数精度高，使用方便。电子经纬仪采用光电扫描度盘和角—码转换读数设备，测角精度高，自动显示角度值，与光电测距仪、数字记示器结合，使测量工作自动记录、计算和存储，越来越多地应用于建筑施工测量与测设之中。

国产光学经纬仪按其精度分为 DJ_{07}、DJ_1、DJ_2、DJ_6、DJ_{15} 及 DJ_{60} 等不同等级。其中，“D”和“J”分别为“大地测量仪器”和“经纬仪”汉语拼音的第一个字母，数字表示该仪器所能达到的精度指标。如 DJ_6 表示水平方向测量一测回的方向中误差范围为 ±6″的大地测量经纬仪。

一、DJ_6 型光学经纬仪

（一）DJ_6 型光学经纬仪的基本构造

如图 3-3 所示为 DJ_6 型光学经纬仪的外形，它的基本构造可分为照准部、水平度盘和基座三个部分。

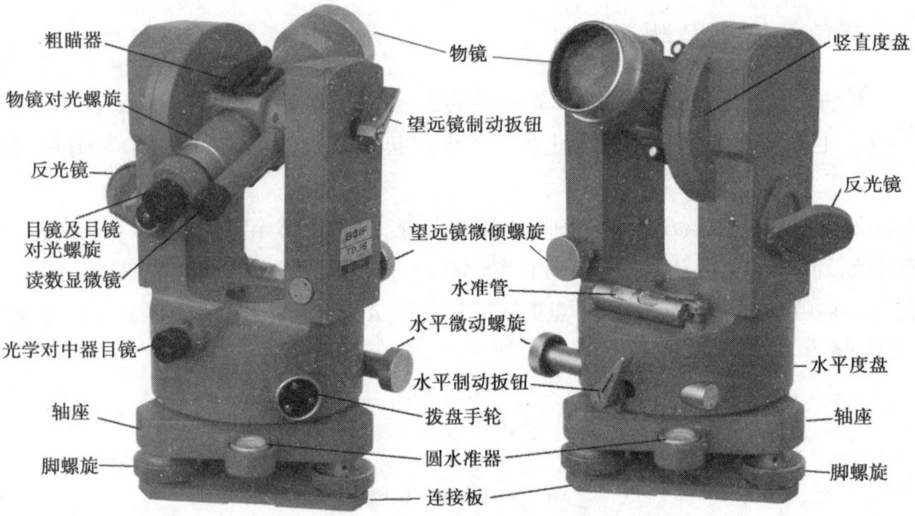

图 3-3　DJ_6 型光学经纬仪

1. 照准部

照准部是指水平度盘以上能绕竖轴转动的部分。这一部分主要包括望远镜、竖直度盘、照准部水准管、圆水准器、光学光路系统、测微器等。这一部分装在底部有竖轴的 U 形支架上，其中望远镜、竖直度盘和横（水平）轴是连在一起并安装在支架上的，当望远镜上下转动时，竖直度盘也随之转动；当望远镜绕竖轴水平方向转动时，可在水平度盘上读取刻划读数。望远镜无论上下、水平方向转动都可借助各自的制动螺旋和微动螺旋固定在任何一个部位。

照准部上的光学对中器（或采用垂球）及水准管在安置仪器时可使水平度盘的圆心位于地面点的铅垂线上，并能使水平度盘处于水平位置。

2. 水平度盘

水平度盘和竖直度盘都是用玻璃制成而精确刻划的圆盘，按顺时针方向由 0°～360°进行刻划。

水平度盘的空心外轴套在度盘旋转轴套外，而照准部的竖轴则穿过度盘和外轴中心，插入度盘旋转轴套内，然后插入基座的轴套内。拧紧轴座固定螺丝就可使照准部连同水平度盘与基座固定在一起。因此,在使用仪器的过程中,切勿松动该螺丝,以免仪器上部与基座脱离而坠地。

水平度盘可根据测角的需要,使用水平度盘读数变换手轮(也称为拨盘手轮)来改变度盘上的读数位置。按下拨盘手轮,可使水平度盘与照准部扣合,转动照准部时,水平度盘一起转动而读数不变。弹起拨盘手轮,可使水平度盘与照准部分离,转动照准部可读取水平度盘上不同方向的读数。瞄准一个目标方向后,采用拨盘手轮可任意设置水平度盘的读数。

3. 基座

基座是支承仪器上部并与三脚架起连接作用的一个构件,它主要由轴座、三个脚螺旋和连接板组成。

仪器与三脚架连接时,必须将三脚架头上的中心螺旋旋入基座的连接板上,并使之固紧。基座上的三个脚螺旋是用来整平仪器而设置的,因脚螺旋升高、降低的幅度较小,所以在整平仪器时,须使三脚架的架头大致水平。否则,三个脚螺旋升高、降低到极限位置也无法整平仪器。

(二)测微装置与读数方法

DJ_6 型光学经纬仪的水平度盘和竖直度盘直径很小,度盘最小分划一般为 1°,小于度盘最小分划的读数必须借助光学测微装置读取。DJ_6 型光学经纬仪通常采用测微尺读数装置或单平板玻璃测微器。由于测微装置不同,读数方法也不同,这里只介绍测微尺读数装置。

在光学光路中装一条格尺,在视场中格尺的长度等于度盘最小分划的长度,尺的零刻划就是读数的指标线,此种装置称为测微尺。如图 3-4 所示为读数显微镜内所看到的度盘及测微尺的影像,注有"H"(或"水平")的是水平度盘读数窗;注有"V"(或"竖直")的是竖直度盘的读数窗。度盘刻划为 0°~360°,每 1°为一格,测微尺上刻 60 小格,恰好等于度盘上每格的宽度,故测微尺上每个小格为 1′,可估计到 0.1′(6″)。每 10 个分划注记一个数字,注记的增加方向与度盘上注记的增加方向相反。

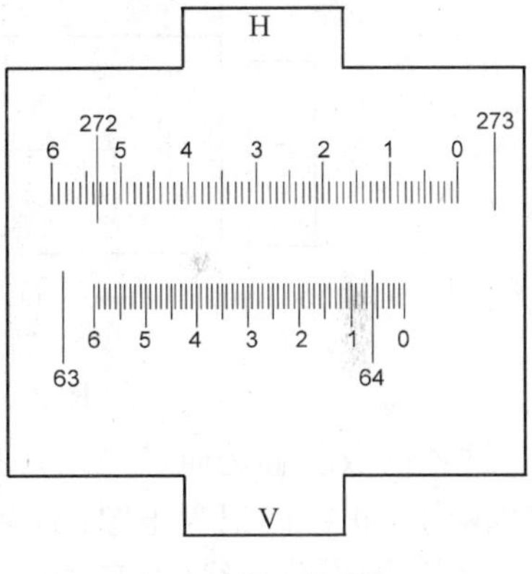

图 3-4 测微尺读数装置

读数时,先调节读数显微镜目镜,使度盘及测微尺影像清晰。然后,读取位于测微尺上的度刻线的注记度数,再以度刻线为指标从测微尺零分划开始数整格数(每一格即为 1′),不足一格的将其分成 10 等份,每 1 份为 6″,把各部分相加就为完整的读数。在图 3-4 中,水平度盘读数为 272°53′18″,竖直度盘读数为 64°06′00″。

二、DJ_2 型光学经纬仪

如图 3-5 所示为 DJ_2 型光学经纬仪的外形,各部件的名称如图所注。

DJ_2 型光学经纬仪的结构与 DJ_6 型光学经纬仪相比,除望远镜的放大倍数较大、水平度盘水准管的灵敏度较高、度盘分划值较小外,主要表现在读数的方法不同,其余基本相同。

DJ_2 型光学经纬仪利用度盘 180°对径分划线影像重合法(相对于 180°对径方向两个指标读数取其平均值),来读取一个方向上的读数,可消除度盘偏心的影响。从 DJ_2 型光学经纬仪读数显微镜中只能看到一种度盘的影像,根据需要转动换像手轮,选择所需度盘的影

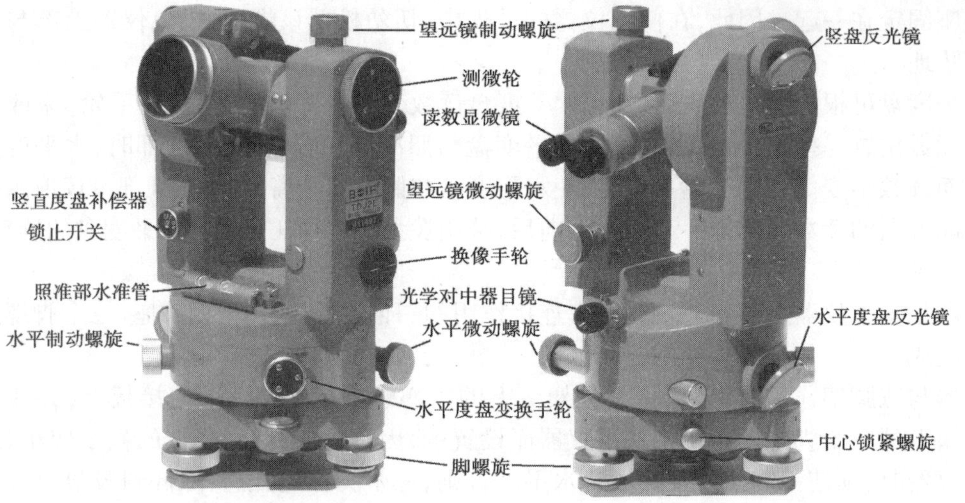

图 3-5　DJ_2 型光学经纬仪

像，如图 3-6 所示。读数窗为度盘刻划的影像，最小分划值为 20′，左图小窗中为测微尺影像，左侧注记为分，右侧注记为秒。从 0′刻到 10′，最小分划值 1″，可估读到 0.1″。

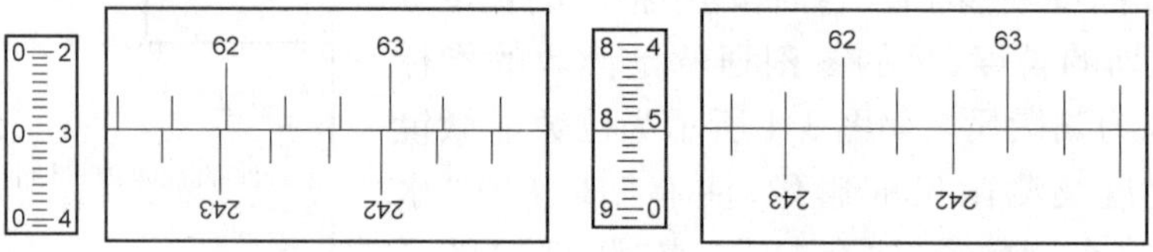

(a)　(b)

图 3-6　DJ_2 型光学经纬仪测微读数装置

这种读数装置是通过一系列光学部件的作用，将度盘直径两端分划的影像同时反映到读数窗内。正字注记为正像，倒字注记为倒像。转动测微轮，使测微尺由 0′移动到 10′时，度盘的正、倒像分划线做相反方向的移动，各自移动度盘最小分划值的一半（10′）。

读数时，先转动测微轮，使正、倒像分划线精确地重合，如图 3-6（b）所示，然后找出正像在左、倒像在右，且相距最近相差 180°的一对度盘分划线，按正像注记读出度数，并数出两条相差 180°的分划线之间的格数，将此格数乘以度盘分划值的一半（10′），即得到应读的整 10′数。利用测微窗的横指标线读取不足 10′的分、秒数，三者相加即为完整的读数。如图 3-6（b）所示的读数为 62°28′51.0″。

为了简化读数，防止读错，新型的 DJ_2 型光学经纬仪采用了数字化读数。当度盘的正、倒像分划线重合后，10′数由中间小窗（或由符号“▽”指出）直接读取，不足 10′的读数从测微窗读取。如图 3-7（a）所示读数为 74°47′16.0″，如图 3-7（b）所示读数为 94°12′44.6″。

三、电子经纬仪

与光学经纬仪比较，电子经纬仪是利用光电转换原理和微处理器自动测量度盘的读数并将测量结果输出到仪器显示窗显示，如将其与电子手簿连接，可以自动储存测量结果。

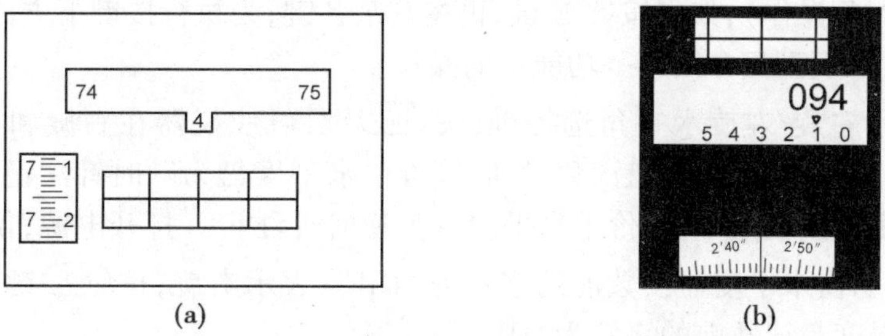

图 3-7 DJ_2 型光学经纬仪数字化读数装置

如图 3-8 所示为南方测绘公司生产的 ET－02 电子经纬仪，各部件的名称见图中注记。ET－02 一测回方向观测中误差为 ±2"，最小显示角度为 1"，竖盘指标自动归零补偿采用液体电子传感补偿器。仪器可与南方测绘、拓普康、徕卡、索佳、常州大地等公司生产的光电测距仪及电子手簿连接，组成速测全站仪，完成野外数据的自动采集。

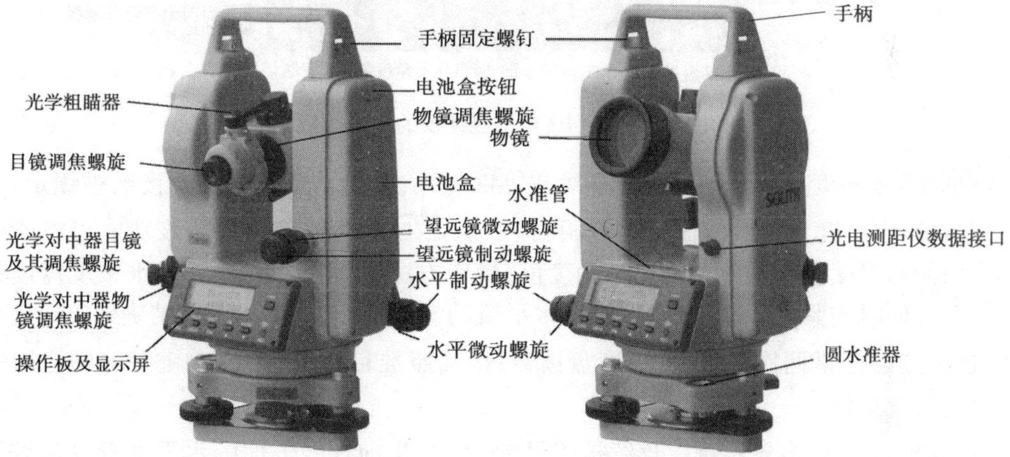

图 3-8 ET－02 电子经纬仪

仪器使用 NiMH 高能可充电电池供电，一块充满电的电池可供仪器连续使用 8～10 h；设有双面操作面板，每个操作面板都有完全相同的一个显示窗和 7 个功能键，便于正、倒镜观测；望远镜的十字丝分划板和显示窗均有照明光源，以便于在黑暗环境中作业。

下面着重介绍一下 ET－02 电子经纬仪操作面板（如图 3-9 所示）上各个键的功能和仪器设置的方法。

（一）键盘功能

仪器操作面板如图 3-9 所示，右上角的 PWR 键为电源开关键。当仪器处于关机状态时，按下 PWR 键 2 s 后可打开仪器电源；当仪器处于开机状态时，按下 PWR 键 2 s 后可关闭仪器电源。在测站安置好仪器，打开仪器电源，显示窗字符"HR"的右边显示的为当前视线方向的水平度盘读数；显示窗字符"V"的右边将显示"OSET"字符，它提示用户应指示竖盘指标归零。向上或向下转动望远镜，当视准轴通过水平视线位置时，显示窗字符"V"右边的字符"OSET"将变成当前视准轴方向的竖盘读数值，即可开始角度测量。

除电源开关键外，其余 6 个键都具有两种功能，一般情况下，仪器执行按键上方注记文字的第一功能（测角操作）；如先按(MODE)键，再按其余各键，为执行按键下方注记文字的第二功能（测距操作）。下面只介绍第一功能键的操作。

(R/L)键：显示右旋/左旋水平角选择键，按(R/L)键，可使仪器在右旋和左旋之间切换。右旋是仪器向右旋转时，水平度盘读数增加，等价于水平度盘为顺时针注记；左旋是仪器向左旋转时，水平度盘读数减小，等价于水平度盘为逆时针注记。打开电源，仪器自动处于右旋状态，此时，显示窗水平度盘读数前的字符为“HR”，表示右旋；按(R/L)键，仪器处于左旋状态，显示窗水平度盘读数前的字符为“HL”。

图 3-9　ET－02 电子经纬仪的操作面板

(HOLD)键：水平度盘读数锁定键。连续按(HOLD)键两次，当前的水平度盘读数被锁定，此时转动照准部，水平度盘读数值保持不变，再按一次(HOLD)键为解除锁定。该功能可将所照准目标方向的水平度盘读数配置为已知角度值，操作方法是，转动照准部，当水平度盘读数接近已知角度值时旋紧水平制动螺旋，转动水平微动螺旋，使水平度盘读数精确地等于已知角度值；连续按(HOLD)键两次，锁定水平度盘读数；精确照准目标后，按(HOLD)键解除锁定即完成水平度盘配置操作。

(OSET)键：水平度盘置零键。连续按(OSET)键两次，当前视线方向的水平度盘读数被置为0°00′00″。

(V/%)键：竖直角以角度制显示或以斜率百分数显示切换键。按(V/%)键，可使显示窗“V”字符后的竖直角以角度制显示或以斜率百分数显示。

例如，当竖盘读数以角度制显示，盘左位置的竖盘读数为 87°48′25″时，按(V/%)键后的竖盘读数应为 3.82%，转换公式为 $\tan\alpha = \tan(90° - 87°48'25'') = 3.82\%$。

(☼)键：显示窗和十字丝分划板照明切换开关。照明灯关闭时，按(☼)键为打开照明灯；再按一次(☼)键，关闭照明灯。打开照明灯后 10 s 内如没有进行任何按键操作，仪器自动关闭照明灯，以节省电源。

（二）仪器设置

ET－02 电子经纬仪可设置的内容如下：

（1）角度测量单位：360°，400gon，640 mil（出厂设置为 360°）。

（2）竖直角零方向的位置：天顶为零方向或水平为零方向（出厂设置为天顶为零方向）。

（3）自动关机时间：30 min 或 10 min（出厂设置为 30 min）。

(4)角度最小显示单位:1″或 5″(出厂设置为 1″)。

(5)竖盘指标零点补偿:自动补偿或不补偿(出厂设置为自动补偿)。

(6)水平度盘读数经过 0°、90°、180°、270°时蜂鸣或不蜂鸣(出厂设置为蜂鸣)。

(7)选择与不同类型的测距仪连接(出厂设置为与南方测绘公司的 ND3000 红外测距仪连接)。

若用户要修改上述仪器设置内容,可在关机状态,按住 CONS 键不放,再按住 PWR 键 2 s 时间打开电源开关,至三声蜂鸣后松开 CONS 键,仪器进入初始设置模式状态。

按 MEAS 键或 TRK 键可使闪烁光标向左或向右移动到要更改的数字位,按▲键或▼键可使闪烁数字在 0 与 1 间变化,根据需要完成设置后,按 CONS 键确认,即可退出设置状态,返回正常测角状态。

(三)角度测量

由于 ET－02 是采用光栅度盘测角系统,当转动仪器照准部时,即自动开始测角,所以观测员精确照准目标后,显示窗将自动显示当前视线方向的水平度盘和竖盘读数,不需要再按任何键。仪器操作非常简单。

任务三 经纬仪的使用

一、安置经纬仪

使用经纬仪测量角度之前,首先要将经纬仪安置在测站点上,同时要使仪器的水平度盘的圆心与地面上标志中心处在同一铅垂线上,这项操作称为对中。此外,水平度盘还必须处于水平状态,这项操作称为整平。

(一)对中

对中的目的是使经纬仪水平度盘的分划中心安置在测站点的铅垂线上,其方法有如下两种。

1. 垂球对中法

如图 3-10 所示,首先将三脚架打开,安置在地面测站点上,调整好三脚架的高度,拧紧架腿上的固定螺丝,并使架头大致水平,挂上垂球,移动三脚架使垂球尖与地面标志大致对准,踩实三脚架,然后用中心螺丝连接经纬仪,最后移动基座,使垂球尖与地面标志点严格对准并拧紧中心螺丝。垂球对中误差范围不应超过 ±3 mm。

2. 光学对中器对中法

(1)打开三脚架,使架头大致水平,大致对中,安放经纬仪,拧紧中心螺丝。

(2)转动光学对中器目镜调焦螺旋,使对中器分划板清晰,拉出或推进对中器的镜管,使地面标志点影像清晰,如图 3-11 所示。如光学对中器分划板中心与地面标志点偏离过大,可移动三脚架,使分划板中心与地面标志点接近。

图 3-10　垂球法对中

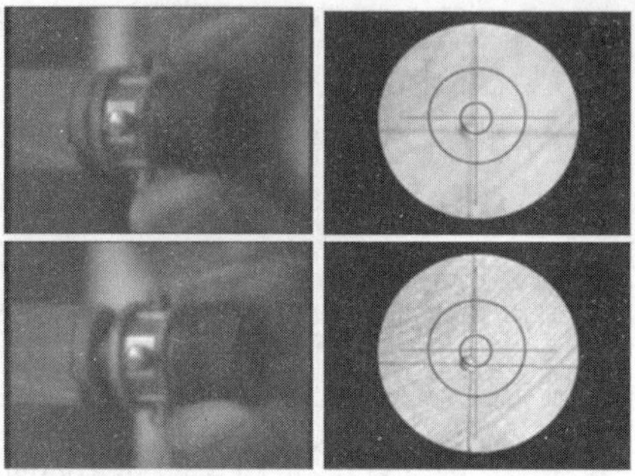

图 3-11　光学对中器调焦

(3)转动脚螺旋,使地面标志点对准对中器分划板中心。

(4)利用伸缩三脚架架腿概略整平,使圆水准器气泡居中,再转动脚螺旋,使照准部水准管气泡居中。

(5)检查地面标志点是否在对中器分划板中心,如偏离很小,可移动基座使其精确对中。否则,重复(2)、(3)、(4)项操作。

采用光学对中器应使对中、整平工作反复进行,一般对中误差范围不应超过 ±1 mm。

(二)整平

整平的目的是让经纬仪的竖轴处于铅垂位置,使水平度盘处于水平状态,它是通过转动脚螺旋使照准部水准管气泡居中来完成的。其操作方法如下。

(1)概略整平:转动三个脚螺旋使圆水准器的气泡居中。

(2)精确整平:如图 3-12(a)所示,首先转动照准部,使水准管轴和任意两脚螺旋的连线平行,分别用两手相对方向转动这两个脚螺旋使气泡居中,然后转动仪器 90°,如气泡偏离中点时,再转动第三个脚螺旋使其居中,如图 3-12(b)所示。这项操作需反复进行,直到仪器转到任何方向时,气泡都处在居中位置。

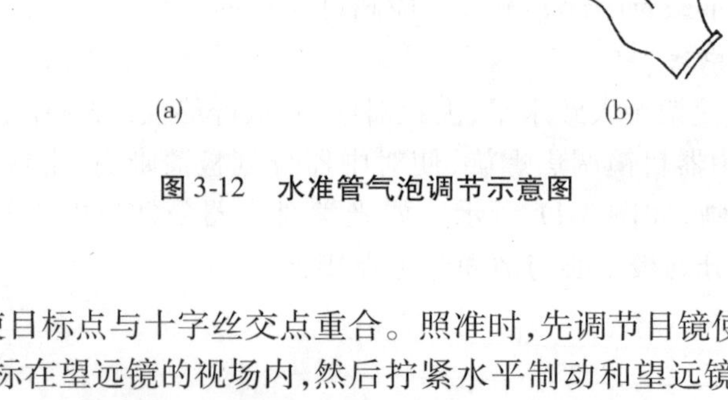

(a)　　(b)

图 3-12　水准管气泡调节示意图

二、照准目标

照准的目的是使目标点与十字丝交点重合。照准时,先调节目镜使十字丝清晰,利用粗瞄器照准目标,使目标在望远镜的视场内,然后拧紧水平制动和望远镜制动螺旋,转动物镜调焦螺旋使目标清晰,再调节微动螺旋精确地照准目标,并消除视差。

当测量水平角时,为了减小目标的偏心误差,应尽量瞄准目标的底部。当测量竖直角时,目标点要和十字丝的横丝相切,为了减小十字丝横丝不水平的误差,照准目标时尽量使目标接近竖丝。

三、读数和置数

(一)读数

读数的目的是读出照准方向的度盘和测微尺数字(读数)。读数时,先打开经纬仪上的反光镜并对读数显微镜目镜进行调焦,使度盘和测微尺影像清晰,然后按测微装置类型和前述的读数方法读数。

(二)置数

置数的目的是在照准目标时,使水平度盘的读数为所需安置的读数。

置数是借助于经纬仪上的水平度盘读数变换手轮(拨盘手轮)完成的,其方法是:先用盘左(竖直度盘位于望远镜左侧,也称为正镜;反之为盘右)精确照准目标,调节水平度盘读数变换手轮,使水平度盘读数为所需的读数,即可开始观测。

任务四　角度测量的方法

一、水平角的观测方法

(一)测回法

土木工程测量中,水平角的观测方法通常采用测回法。

当观测方向不多于三个时,以盘左和盘右分别观测各方向之间的水平角的方法称为测回法。如图3-13所示,要观测的水平角为∠ABC,具体观测方法如下:

(1)在测站点B上安置经纬仪,对中、整平。

(2)用盘左位置照准左边的目标A,并将水平度盘置数,所置的度盘读数略大于零,读取读数$a_{左}$,记入表3-1中。

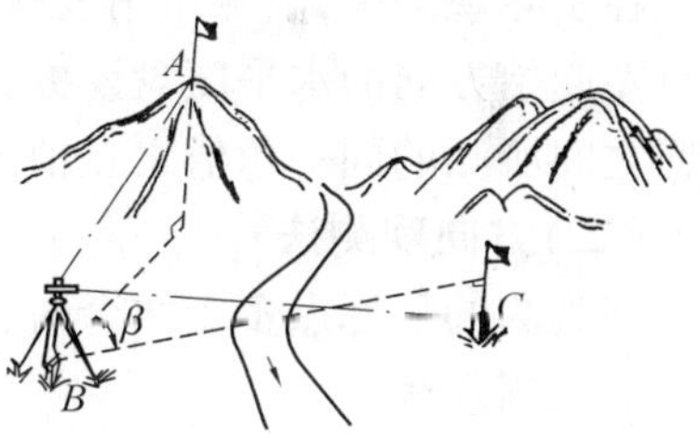

图3-13　水平角观测示意图

(3)顺时针方向转动照准部照准右边的目标C,读取读数$c_{左}$,记入手簿。计算上半测回的角值:

$$\beta_{左} = c_{左} - a_{左} \tag{3-2}$$

(4)纵转望远镜,旋转照准部成盘右位置,照准右边目标C,读取读数$c_{右}$,记入手簿。

(5)逆时针方向转动照准部,照准左边目标A,读取读数$a_{右}$,记入手簿。计算下半测回的角值:

$$\beta_{右} = c_{右} - a_{右} \tag{3-3}$$

对于DJ_6型光学经纬仪,上、下半测回所测的水平角其角值的差值范围为±40″时,取其平均值作为一测回的观测结果,即

$$\beta = \frac{1}{2}(\beta_{左} + \beta_{右}) \tag{3-4}$$

表 3-1　测回法观测手簿

测站	盘位	目标	读数（°　′　″）	半测回角值（°　′　″）	一测回角值（°　′　″）	各测回平均角值（°　′　″）	备注
B（第一测回）	左	A	0　03　18	97　16　18	97　16　15	97　16　12	
		C	97　19　36				
	右	C	277　19　36	97　16　12			
		A	180　03　24				
B（第二测回）	左	A	90　02　06	97　16　06	97　16　09		
		C	187　18　12				
	右	C	7　18　24	97　16　12			
		A	270　02　12				

否则应重测。

技术提示：在水平角的观测和计算中，如果把两个目标点分别称为左目标和右目标，相应水平度盘的读数分别称为左目标读数和右目标读数，那么计算就容易识记了。观测者面向测角的分角线方向，左侧的目标点称为左目标，右侧的目标点称为右目标，则水平角的计算公式为：水平角 β = 右目标读数 - 左目标读数，如果右目标读数小于左目标读数，则水平角 β = 右目标读数 + 360° - 左目标读数。

在实际观测中，当测角精度较高时，对一个角值按规定要观测多个测回，每测回都要改变盘左起始方向的水平度盘读数，每测回变动计数大小可按计算 $180°/n$（n 为测回数）。各测回之间所测的同一角值之差值范围为 ±24″，否则应重测。

（二）方向观测法

当观测的目标点多于两个时，一般采用方向观测法，也叫全圆测回法。

1. 观测方法

如图 3-14 所示，测站点为 O，观测方向有 A、B、C、D 四个。在 O 点安置仪器，在 A、B、C、D 四个目标中将选择一个标志十分清晰的点作为零方向。

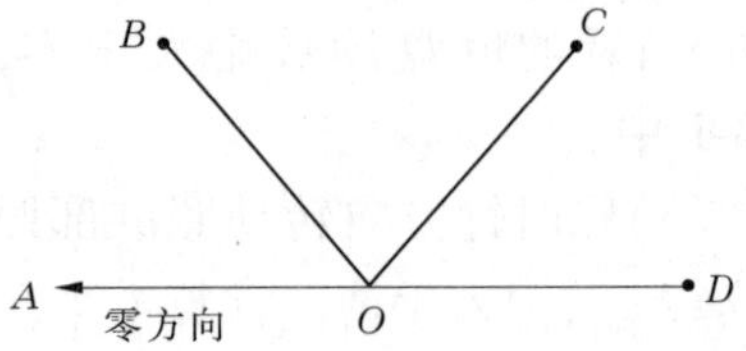

图 3-14　方向观测法示意图

以 A 点为零方向时的一测回观测操作步骤如下：

上半测回操作：盘左瞄准 A 点的标志，将水平度盘读数置为略大于 0°（称 A 点方向为零方向），检查照准情况后读取水平读盘读数并记录表中。松开制动螺旋，顺时针方向旋转照准部，依次瞄准目标 B、C、D 点照准标志进行观测，其观测顺序是 $A \to B \to C \to D \to A$ 最后返回到零方向 A 的操作称为上半测回归零，两次观测零方向 A 的读数之差称为归零差。

下半测回操作：纵转望远镜，盘右瞄准 A 点的标志，读数并记录，松开制动螺旋，逆时针转动照准部，依次照准 D、C、B、A 点的照准标志进行观测，其观测顺序是 $A \to D \to C \to B \to A$，最后返回到零方向 A 的操作称为下半测回归零。

至此,一个测回观测完成。

2. 计算步骤

(1)计算 $2C$ 值(两倍照准误差)。

理论上,相同方向的盘左、盘右观测值应该相差 180°,如果不是,其偏差值称为 $2C$,计算公式为

$$2C = 盘左读数 - (盘右读数 \pm 180°) \tag{3-5}$$

式(3-5)中,盘右读数大于 180°时取“-”号,小于 180°时取“+”号,计算结果填入表 3-2 中第(6)栏。

(2)计算方向观测的平均值。

$$平均读数 = [盘左读数 + (盘右读数 \pm 180°)]/2 \tag{3-6}$$

使用式(3-6)计算时,最后的平均读数为换算到盘左读数的平均值,也即盘右读数通过加或减 180°后,应基本等于盘左读数,计算结果填入表 3-2 中第(7)栏。

(3)计算归零后方向值的平均值。

先计算零方向两个方向值的平均值(见表 3-2 中括号内的数值),再将各方向值的平均值减去括号内的零方向值的平均值,计算结果填入表 3-2 中第(8)栏。

(4)计算各测回归零后方向值的平均值。

取各测回同一方向归零后方向值的平均值,计算结果填入表 3-2 中第(9)栏。

表 3-2　方向观测法记录与计算手簿

测站	测回数	目标	读数		2C=左-(右±180°)(″)	平均读数=[左+(右±180°)]/2(° ′ ″)	归零后方向值(° ′ ″)	各测回归零方向值的平均值(° ′ ″)
			盘左(° ′ ″)	盘右(° ′ ″)				
(1)	(2)	(3)	(4)	(5)	(6)	(7)	(8)	(9)
						(0 02 06)		
O	1	A	0 02 06	180 02 00	+6	0 02 03	00 00 00	
		B	51 15 42	231 15 30	+12	51 15 36	51 13 30	
		C	131 54 12	311 54 00	+12	131 54 06	131 52 00	
		D	182 02 24	2 02 24	0	182 02 24	182 00 18	
		A	0 02 12	180 02 06	+6	(0 02 09)		
						(90 03 32)		
O	2	A	90 03 30	270 03 24	+6	90 03 27	00 00 00	00 00 00
		B	141 17 00	321 16 54	+6	141 16 57	51 13 25	51 13 28
		C	221 55 42	41 55 30	+12	221 55 36	131 52 04	131 52 02
		D	272 04 00	92 03 54	+6	272 03 57	182 00 25	182 00 22
		A	90 03 36	270 03 36	0	90 03 36		

(5)计算各目标间的水平角。

根据表 3-2 中第(9)栏的各测回归零后方向值的平均值,可以计算出任意两个方向之间的水平角。

3. 方向观测法的限差。

中华人民共和国行业标准《城市测量规范》(CJJ/T 8—2011)规定,方向观测法的限差应符合表 3-3 的规定。

表 3-3 方向观测法的各项限差

经纬仪型号	半测回归零差	一测回内 2C 互差	同一方向值各测回较差
DJ_2	8″	13″	9″
DJ_6	18″	—	24″

当照准点竖直角超过 ±3°时,该方向的 2C 较差可按同一观测时间段内的相邻测回进行比较,其差值仍按表 3-3 的规定。此方法比较应在手簿中注明。

在表 3-2 的计算中,两个测回的归零差分别为 6″和 12″,小于限差要求的 18″;B、C、D 三个方向值两测回较差分别为 5″、4″、7″,小于限差要求的 24″。观测结果满足规范的要求。

二、竖直角的观测方法

竖直角主要用于三角高程计算或将观测的倾斜距离化算为水平距离。

(一)竖直度盘的构造

如图 3-15 所示为光学经纬仪竖直度盘构造的示意图。由竖直角测量原理可知,要求安装在横轴(水平轴)一端的竖直度盘与横轴相垂直,且二者的中心重合。度盘分划按 0° ~ 360°进行注记,其形式有顺时针方向与逆时针方向注记两种,指标为可动式,其构造特点有以下几点:

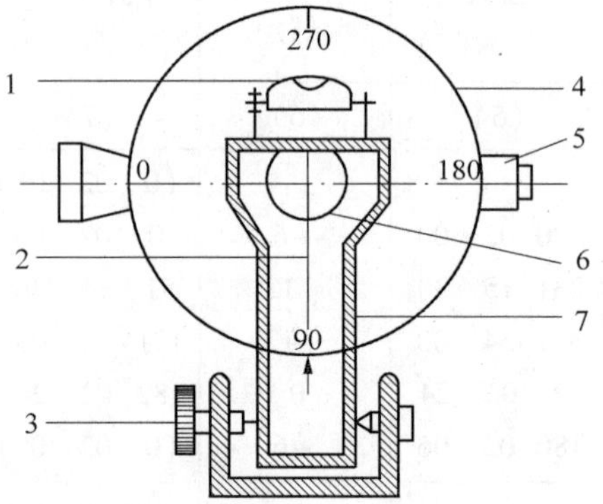

1—指标水准管;2—读数指标;3—指标水准管微动螺旋;4—竖直度盘;5—望远镜;6—水平轴;7—框架

图 3-15 竖直度盘构造示意图

(1)竖直度盘、望远镜固定在一起,当望远镜绕横轴(水平轴)上下转动时,竖直度盘随着转动,而指标不一起转动。

(2)读数指标、指标水准管、指标水准管微动框架三者连成一体,而且指标的方向与指标水准管轴垂直。当转动指标水准管微动螺旋时,通过其框架使指标及其水准管做微量运动,当气泡居中时,水准管轴水平而指标就处于正确位置(铅垂位置)。

(3)竖盘读数指标的正确位置是:当望远镜。视线水平,且指标水准管气泡居中时,指标在竖直度盘上的读数应为 90°或 90°的倍数(180°、270°、0°),称为水平视线读数,又称为起始读数。如图 3-16 所示的起始读数为 90°。

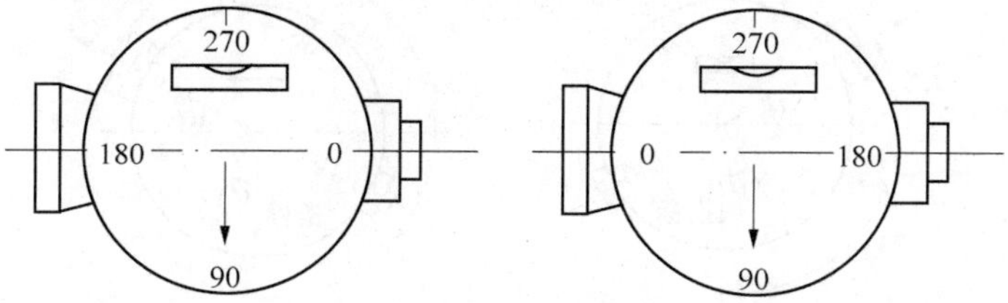

图 3-16 竖直度盘

（二）竖直角的计算公式

竖直度盘的注记形式有顺时针和逆时针两种，如图 3-17 所示。它们计算竖直角的公式有所不同。在观测之前，应确定出竖直度盘的注记形式，以便写出其计算公式。

确定方法如下：

（1）盘左位置，逐渐抬高望远镜的物镜，若竖直度盘读数随之减小，则为顺时针注记。如图 3-17（a）所示，盘左时视线水平，竖直度盘读数为 90°，当抬高物镜照准目标时，竖直度盘读数为 L，则竖直角计算公式为

$$\alpha_{左} = 90° - L \tag{3-7}$$

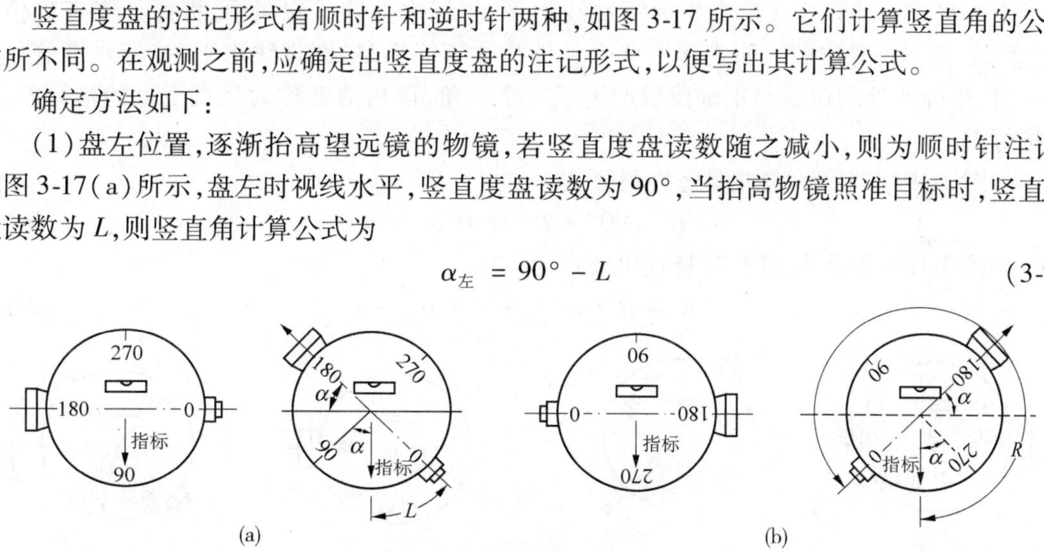

图 3-17 顺时针注记竖盘

如图 3-17（b）所示，盘右时视线水平，竖直度盘读数为 270°，当抬高物镜，瞄准同一目标时，竖直度盘读数为 R，则竖直角计算公式为

$$\alpha_{右} = R - 270 \tag{3-8}$$

（2）盘左位置，逐渐抬高望远镜，若竖直度盘读数随之增大，则为逆时针注记。如图 3-18 所示，同样道理可确定出竖直角的计算公式为

$$\left.\begin{aligned}\alpha_{左} &= L - 90° \\ \alpha_{右} &= 270° - R\end{aligned}\right\} \tag{3-9}$$

技术提示：在竖直角的计算中，可以将以上式（3-7）~式（3-9）合写为

$$\alpha = \pm（目标读数 - 起始读数） \tag{3-10}$$

式（3-10）中括号前正负号的取法为：

抬高物镜，若竖盘读数随之减小，取负号；

抬高物镜，若竖盘读数随之增大，取正号。

式（2-10）中的目标读数是指照准目标时的竖直度盘的读数，起始读数是指望远镜视线水平时竖直读盘对应的读数。

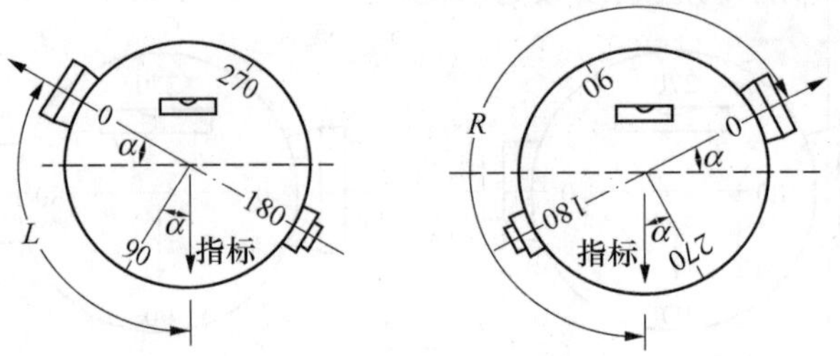

图 3-18　逆时针注记竖盘

（三）竖直度盘的指标差

上述竖直角计算公式是在望远镜视线水平、指标水准管气泡居中、指标处于正确位置（铅垂）条件下推导出的。而实际上这个条件往往不能满足，即视线水平、指标水准管气泡居中时，指标所处的位置与正确位置产生了一个 x 角，该角值就称为竖直度盘的指标差，简称指标差。

如图 3-19（a）所示，盘左时竖直角公式为

$$\alpha = 90° - L - x = \alpha_{左} - x \tag{3-11}$$

如图 3-19（b）所示，盘右时竖直角公式为

$$\alpha = R - 270° + x = \alpha_{右} + x \tag{3-12}$$

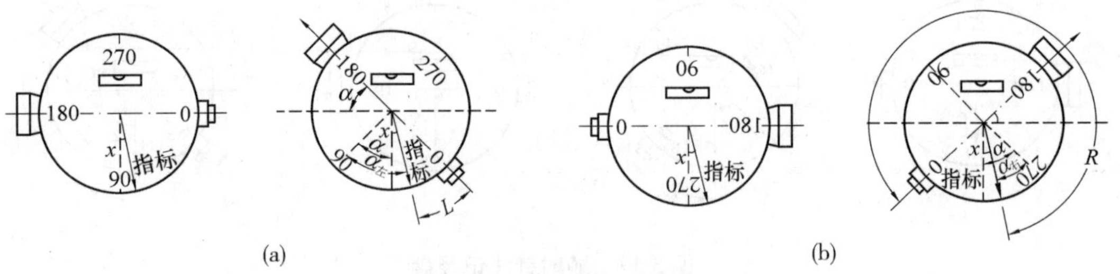

(a)　(b)

图 3-19　竖盘指标差示意图

因式（3-11）与式（3-12）两式相等

$$\alpha_{左} - x = \alpha_{右} + x$$

所以

$$x = \frac{1}{2}(\alpha_{左} - \alpha_{右}) \tag{3-13}$$

$$= \frac{1}{2}(360° - R - L)$$

指标差有正、有负。当 x 为正时，指标偏于正确位置的右侧（如图 3-19 所示）；当 x 为负时，指标偏于正确位置的左侧。

取盘左、盘右观测的平均值，即把式（3-11）和式（3-12）相加，就可求得正确的竖直角值

$$\alpha = \frac{1}{2}(\alpha_{左} + \alpha_{右}) = \frac{1}{2}(R - L - 180°) \tag{3-14}$$

由此可见，尽管竖直盘读数中包含有指标差，但取盘左、盘右角值的平均值，就可消除指标差的影响，从而求得正确的竖直角值。

以上公式是按顺时针注记的竖直度盘推导出的，同样也适用于逆时针注记的竖直度盘。

（四）竖直角的观测与记录

如图 3-20 所示，欲观测 OM、ON 方向线的竖直角，其观测过程及记录、计算方法如下：

（1）在测站点 O 上安置仪器，对中、整平；判别水平视线读数（起始读数）：调成盘左位置，将望远镜置于大致水平，看竖盘读数接近于 0°、90°、180°、270°中的哪一个，如接近 90°，即可定出盘左时的起始读数为 90°，则盘右时的起始读数为 270°。

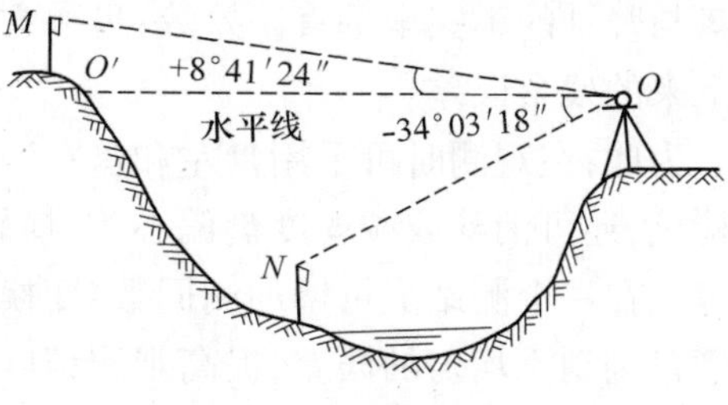

图 3-20　竖直角观测示意图

（2）盘左观测：照准目标点 M，使十字丝横丝精确地切于目标的顶端。转动竖直度盘指标水准管微动螺旋，使指标水准管气泡居中，读取竖直度盘读数 L（81°18′42″），记入表 3-4 竖直角观测手簿中。

（3）盘右观测：再照准 M 点，调平指标水准管气泡，读取竖直度盘读数 R（278°41′30″），记入手簿中。

表 3-4　竖直角观测手簿

测站	目标	竖直度盘位置	竖直度盘读数	半测回竖直角	指标差	一测回竖直角	备注
(1)	(2)	(3)	(4)	(5)	(6)	(7)	
O	M	左 右	81°18′42″ 278°41′30″	+8°41′18″ +8°41′30″	−6″	+8°41′24″	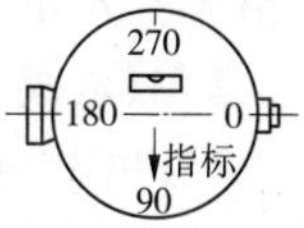
	N	左 右	124°03′30″ 235°56′54″	−34°03′30″ −34°03′06″	−12″	−34°03′18″	

（4）由式（3-10）或式（3-7）和式（3-8）计算出半测回的角值，记入手簿中。

（5）由式（3-13）和式（3-14）计算出指标差及一测回竖直角值，记入手簿中。

同理，可观测出目标 N 的竖直角。

在竖直角观测的过程中，每次读数之前必须调平指标水准管气泡，使指标处于正确位置才能读数，因此操作复杂，影响工效，有时甚至因遗忘这步操作而发生错误。为此，近年来有些经纬仪上采用了竖盘指标自动归零装置，观测时只要打开自动归零开关，就可读取竖直度盘读数，从而提高了竖直角测量的速度和精度。前面图 3-3 所示仪器就采用了竖盘指标自动归零装置。

此外，指标差 x 可用来检查观测质量。同一测站上观测不同目标时，指标差的变动范围不相同，DJ_6 型光学经纬仪不超过 ±25″，DJ_2 型光学经纬仪不超过 ±15″。

任务五　角度测量的误差分析及减弱措施

一、水平角观测误差

（一）仪器误差

仪器误差一方面来自生产厂家在制造仪器时的度盘偏心差、度盘刻划不均匀误差、水平度盘与竖轴的不完全垂直误差等；另一方面来自在使用仪器之前的检验与校正的不完善，遗留下来的残余误差。

为此，在观测时可采用盘左和盘右两盘位观测，取其平均值作为最后结果，这不但能相互检核，还可消除或减弱度盘偏心差、横轴与竖轴不完全垂直误差、$2C$ 照准误差、竖盘指标差等。在一个测站上可增加测回数，变换起始方向的读数，取各测回的平均值，来消除或减弱度盘刻划不均匀的误差，提高观测精度。

（二）观测误差

1. 对中误差和目标偏心差

安置仪器时，竖轴的铅垂线和地面角顶的标志不重合造成了对中误差，所观测目标的铅垂线和目标地面标志不重合造成了目标偏心误差。为消除这两项误差，在安置仪器时一定要精确地对中和整平。照准目标距离较近时，直接照准标志点，或立铅笔、钉子来代替标杆。距离较远时，标杆一定要立垂直，尽量照准目标的根部，可减弱这项误差的影响。

2. 整平误差

整平误差会引起竖轴倾斜，盘左、盘右观测时影响相同，因此不能消除。应严格整平仪器，观测时竖直角越大，影响也越大。所以，在建筑施工中由底层向高层投测轴线时，一定要严格调平水准管气泡。

3. 照准误差和读数误差

照准误差的来源主要是望远镜的放大倍率、目标形状、人眼的判断能力、目标影像的亮度和清晰度。

读数误差主要来源于读数设备，如果读数设备中的照明情况不佳，显微镜的目镜未调好焦距，观测者的读数技术又不熟练，估读的极限误差则可能大大增加。因此，在观测时一定要仔细进行调焦，并消除视差，读数时估读要尽量准确。

（三）外界条件的影响

在观测水平角时如遇大风，仪器则不稳定。地面的辐射热也会导致大气的不稳定，大气的透明度会影响照准目标的精确度，气温的骤冷骤热会影响仪器的正常状态，地面的坚实程度又影响仪器的稳定性，等等，这些外界因素都会影响观测的精度。然而，这些不利因素又不可能完全避免，所以在工作中尽量选择有利的外界条件，避开不利因素，消减这些不利因素的影响。

二、竖直角观测误差

（一）竖直度盘分划误差、指标差和偏心差

竖直度盘分划误差、指标差和偏心差均为仪器误差，其中度盘的分划误差无法消除，但其本身极小，可忽略不计。指标差可采用盘左、盘右两个盘位观测，计算竖直角的平均值，可以消除。偏心差影响甚大，偏心差是竖直度盘的旋转中心和分划中心不一致造成的，可采用对向观测竖直角的方法来消减此项误差。

（二）竖直度盘指标水准管气泡居中误差

竖直度盘的指标位置正确与否，是靠指标水准管气泡居中与否来判断的。因此，每次读取竖直度盘读数时必须使指标水准管气泡居中。

（三）照准误差和读数误差

照准误差和读数误差与水平角的影响大致相同。

习　题

一、选择题

1. 水平角测量常用的方法是(　　)。

A. 测回法　　B. 中间法　　C. 双仪高法　　D. 双面尺法

2. 经纬仪竖盘按顺时针方向注记，当视线水平时盘左竖盘读数为90°，用该仪器观测一高处目标，盘左读数为75°10′24″，则此目标的竖直角为(　　)。

A. +57°10′24″　　B. −14°49′36″　　C. +14°49′36″　　D. −57°10′24″

3. 水准管轴与仪器竖轴的关系是(　　)。

A. 互相垂直　　B. 相交　　C. 互相平行　　D. 异面直线

4. 在角度观测时，采用盘左和盘右两盘位观测取其平均值作为最后结果的方法不能消除或减弱下列哪项误差。(　　)

A. 度盘偏心差　　B. 整平误差　　C. 竖盘指标差　　D. 2C 照准误差

5. 经纬仪测量水平角时，正倒镜瞄准同一方向所读的水平方向值理论上应该相差(　　)。

A. 0°　　B. 90°　　C. 180°　　D. 270°

二、简答题

1. 测量水平角时应该照准目标的什么部位？为什么？

2. 什么叫作竖直度盘指标差？

3. 对中与整平的目的分别是什么？如何进行？

4. 简述测回法观测水平角一个测回的观测过程。

三、计算题

1. 整理表 3-5 中测回法观测水平角的记录手簿。

表 3-5　水平角观测记录手簿

测站	竖盘位置	目标	水平度盘读数 (°　′　″)	半测回角值 (°　′　″)	一测回角值 (°　′　″)	各测回平均角值 (°　′　″)	备注
O (第一测回)	左	1	0　00　06				
		2	78　48　54				
	右	1	180　00　36				
		2	258　49　06				
O (第二测回)	左	1	90　00　12				
		2	168　49　06				
	右	1	270　00　30				
		2	348　49　12				

2. 整理表 3-6 中竖直角观测手簿，并分析有无指标差存在。

表 3-6　竖直角观测记录手簿

测站	目标	竖盘位置	竖盘读数 (°　′　″)	半测回竖直角 (°　′　″)	指标差 (″)	一测回竖直角 (°　′　″)	备注
O	1	左	72　18　18				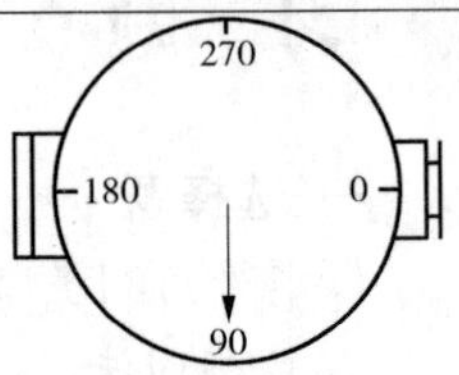
		右	287　42　00				
	2	左	96　32　48				
		右	263　27　30				竖盘顺时针注记

模块四　距离测量

教学内容

本模块主要包括钢尺与距离测量、光电测距仪的认识及使用、视距测量的方法。重点是经纬仪定线与距离测量的方法。

学习目标

熟悉直线丈量的常用工具；理解直线定线的意义与方法、一般直线丈量的方法、钢尺检定的意义与方法；理解直线丈量中存在的误差；掌握光电测距仪的基本原理及使用；正确理解视距测量的原理与方法；具备直线丈量及经纬仪定线的能力。

任务一　钢尺与距离测量

确定地面点的位置，除需要测量地面上两点间的高差及相交直线的水平角和竖直角外，还经常要测量两点间的水平距离及确定某直线的方向。水平距离是指地面上两点垂直投影到水平面上的直线距离，如图 4-1 所示。所以，当地面上直线的两端点高程不同，丈量其水平距离时，抬高高程较低一端的尺子，使尺身水平进行丈量，或直接丈量出其斜距，然后改正成水平距离。根据所用测量仪器与工具不同，距离测量分为钢尺直接丈量、光学视距测量及光电测距仪测量等。任务一主要介绍钢尺与距离测量等。

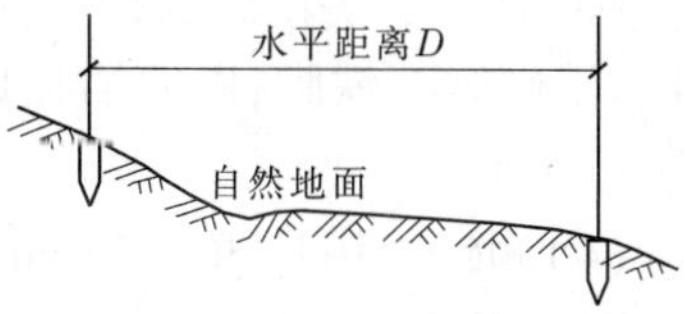

图 4-1　水平距离

一、直线丈量的工具

在地面起伏不大，所量距离不太长时，常用尺子直接丈量两点间的距离。从表面上看，用尺子进行丈量很简单，其实不然，无论从使用范围还是精度要求，它都是测量工作中最基本的环节，应予以足够的重视。

丈量所用的工具有如下几种。

(1)钢尺。一般由带状薄钢片制成，卷放在圆形盒内或金属架上，如图 4-2 所示。宽 15 ~ 20 mm；长度不等，常用的有 20 m、30 m、50 m 等几种。最小分划为毫米，有米、分米、厘米注记。

由于零的点位不同，有端点尺和刻线尺的区分。端点尺是以尺的最外端点作为尺的零点，如图 4-3（a）所示，当从建筑物墙边开始丈量时，较为方便。刻线尺是以尺身前端的一分划线作为尺的零点，如图 4-3（b）所示。在丈量之前，必须注意查看尺的零点、分划及注记，以防出现差错。

由于钢尺抗拉强度高，使用时不易伸缩，故量距精度较高，多用于导线测量、工程测设等。

（2）皮尺。多由麻布及细金属丝编织而成，亦成带状，卷放在圆盒内，一般长为 20 m、30 m、50 m 等几种，如图 4-4 所示。最小分划分为厘米，有分米、米注记，两面涂有防腐油漆。由于皮尺受潮易伸缩，受拉易伸长，尺长变化较大，所以常用于精度较低的量距中，如大比例尺地形测图、概略量距等。

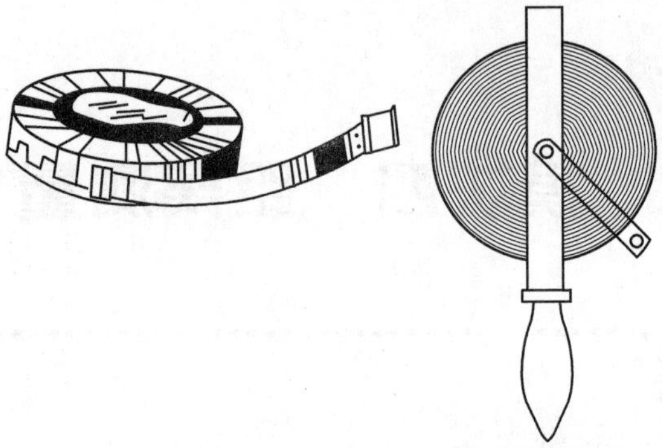

(a) (b)

图 4-2 钢尺

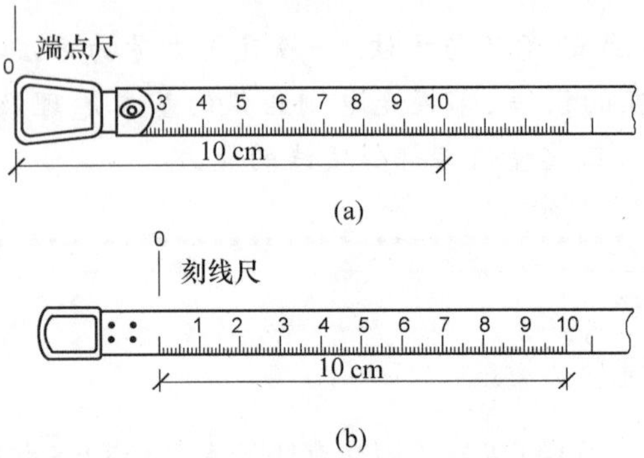

图 4-3 端点尺和刻线尺

图 4-4 皮尺

（3）标杆。多由直径约 3 cm 的木杆制成，一般长为 2 ~ 4 m，杆身涂有红白相间的 20 cm 色段，下端装有铁脚，以便插在地面上或对准点位，用以标定直线点位或作为照准标志，如图 4-5（a）所示。

（4）测钎。用长 30 ~ 40 cm、直径 3 ~ 6 mm 的铁丝制成，上部弯一个小圈，可套入环内，在小圈上系一醒目的红布条，下部尖形，6 ~ 8 根组成一组，用以标定尺点的位置和便于统计所丈量的整尺段数，也可作为照准的标志，如图 4-5（b）所示。

（5）垂球。用钢或铁制成，上大下尖呈圆锥形，一般重为 0.05 ~ 0.5 kg，如图 4-5（c）所示。垂球大头用耐磨的细线吊起后，要求细线与垂球尖在一条垂线上，多用于在斜坡上丈量水平距离时对准尺点。

（6）木桩。用坚硬木料，根据需要制成不同规格的方形[见图 4-5（d）]或圆形木棒，下部尖形，顶面平整，用以标定点位，一般直径为 3 ~ 5 cm，长 20 ~ 25 cm。打入地面后，留有 1 ~ 2 cm 余量，桩顶上画有十字，十字中点常钉小钉，以标示点的精确位置。

另外，还应准备如铁钉、细直线、红铅笔、手锤、弹簧秤、温度计等辅助工具。

二、直线定线

当地面上两点间的距离超过尺子的全长时，量距前必须在通过直线两端点面的竖直面

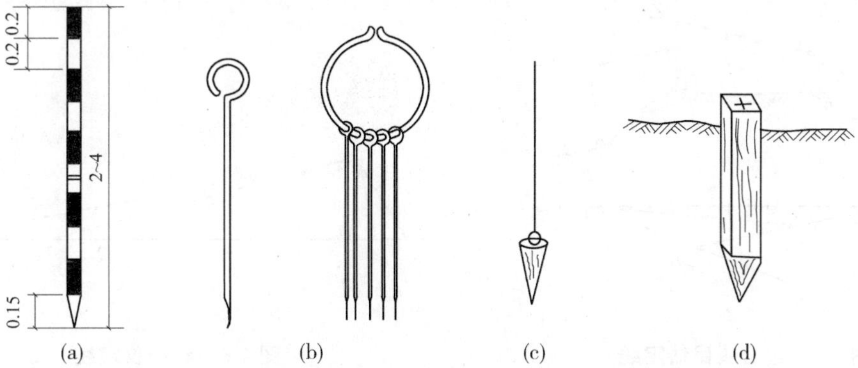

图 4-5　钢尺量距辅助工具　（单位：m）

内定出若干中间点（节点），并竖立标杆或测钎标明直线的位置，以便分段丈量，这种工作称为直线定线。按量距精度要求不同，可用目估法定线和经纬仪定线两种。在平坦地区，一般直线丈量时，直线定线工作常与距离丈量同时进行，即边定线边丈量。

（一）目估法定线

在一般直线丈量时，定线可采用目估法完成。

1. 两点间目估定线

如图 4-6 所示，*AB* 为直线的两个端点，欲测 *A*、*B* 两点之间的距离，须先在 *A*、*B* 之间设立①、②等点。其做法是：先在 *A*、*B* 两点竖立好标杆，观测员甲站在 *A* 点标杆后面，用单眼通过 *A* 标杆一侧瞄准 *B* 标杆同一侧，形成视线；观测员乙拿着一根标杆到欲定节点①处，侧身立好标杆，根据甲的指挥左右移动，当甲观测到①点标杆在 *AB* 同一侧并与视线相切时，喊"好"，乙立即在①点做好标志，这时①点就是直线 *AB* 上的一点。同法可定出②点等位置。

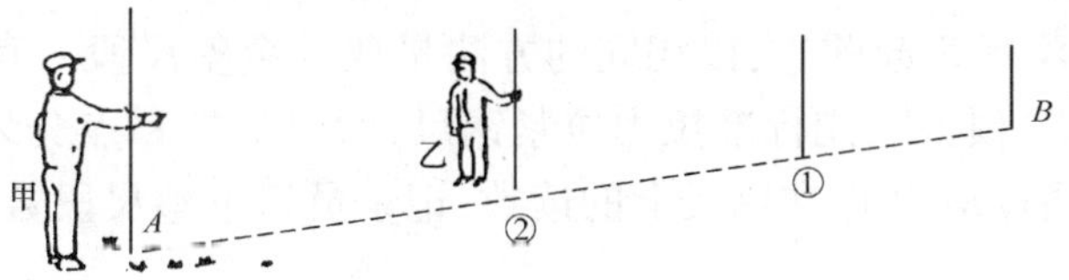

图 4-6　目估定线

2. 过山头目估定线

如果直线 *AB* 通过山丘，两端点互不通视，如图 4-7 所示，可采用过山头目估定线。其做法是：首先，甲选择靠近 *AB* 方向的一点$①_1$立标杆，$①_1$应尽可能靠近 *A* 点并能看见 *B* 点，甲指挥乙把另一标杆立在 $B①_1$ 线上的$②_1$点，$②_1$点应靠近 *B* 点并能看见 *A* 点；然后，乙指挥甲把标杆移到 $A②_1$ 线上的$①_2$点…这样相互指挥，逐渐趋近，一直到①在②*A* 直线上，②在①*B* 直线上时，①、②两点就都在 *AB* 的直线上了。

（二）经纬仪定线

当量距精度要求较高时，必须采用经纬仪定线。图 4-8 所示为在 *A*、*B* 之间定出该直线的位置。其做法是把经纬仪安置在端点 *A* 上，对中、整平、精确地照准 *B* 点后制动照准部。上、下俯仰望远镜指导定线方向，用钢尺或皮尺概略量距，由 *B* 点按略小于一整尺的间距，依次定出 1,2,…,*n* 点并打木桩，在桩顶上精确地定出直线位置，并画一垂线，其交点作为各尺段丈量的起点、终点。

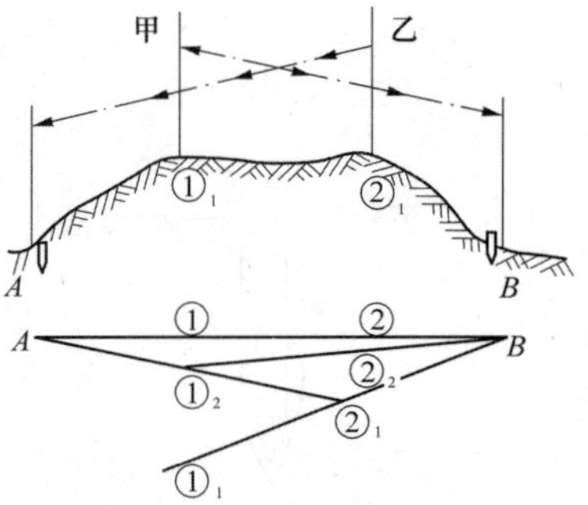

图 4-7　过山头目估定线

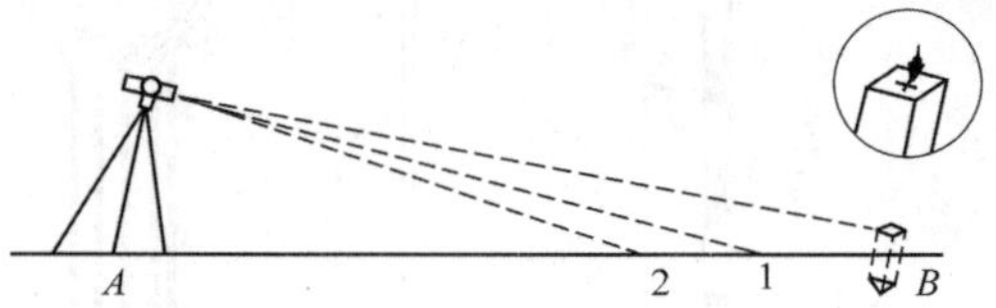

图 4-8　经纬仪定线

三、一般直线丈量的方法

当量距精度为 1/3 000 ~ 1/1 000 时，可用钢尺按一般直线丈量的方法进行。

（一）平坦地段直线丈量

当丈量地面上 A、B 两点间的水平距离时，先在 A、B 点上打入木桩，桩顶钉一小钉表示点位，清除直线上的障碍物，并在直线端点 A、B 的外侧各立一标杆，以标定直线的方向。

丈量工作一般由三人协同作业，一人为后尺员，一人为前尺员，另一人为记录员。后尺员拿钢尺的零端放在 A 处，前尺员持钢尺的末端，携带标杆和测钎沿丈量方向前进，行到一整尺处停下，侧身立好标杆，听从后尺员指挥，左右移动，直到标杆位于 AB 直线上。然后两人用均匀的力拉直钢尺，前尺员喊“预备”，此时两人同时用标准拉力沿 AB 直线拉紧钢尺（一般 30 m 钢尺拉力为 100 N，50 m 钢尺拉力为 150 N），并使之平稳，后尺员把钢尺的零点分划线对准 A 点时喊“好”，这时前尺员用测钎对准钢尺的末端分划垂直地插入地下，定出点 1，即量得第一尺段。

接着，前、后尺员将尺举起前进，以相同的方法量取其余整尺段。直到 B 点前不足一整尺的余尺段，前尺员喊“预备”，用标准拉力拉紧钢尺，后尺员把零点分划对准最后一个测钎时喊“好”，此时前尺员读取 B 点在钢尺上的读数，记录员记下整尺段数及 B 点读数，以上为往量，如图 4-9 所示。

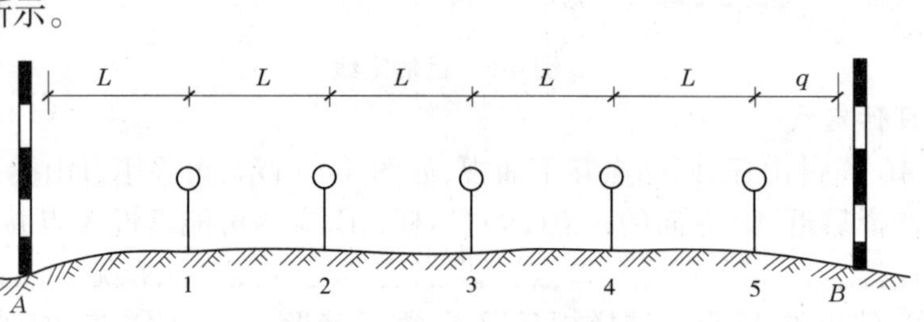

图 4-9　平坦地段直线丈量

A、B 间的水平距离 D_{AB} 可按下式计算：

$$D_{AB} = nL + q \tag{4-1}$$

式中　n——整尺段数；

L——钢尺长度，m；

q——不足一整尺的余长，m。

为了防止丈量错误和检核量距精度，一般要往、返各量一次。返量时要重新定线丈量，取往、返量距离的平均值作为量距结果。量距精度通常用相对误差 K 来衡量。为了便于比较，通常 K 的表示式化为分子为 1 的分数形式，分母数越大，说明精度越高。

$$K = \frac{|D_{往} - D_{返}|}{D_{平均}} = \frac{1}{\frac{D_{平均}}{|D_{往} - D_{返}|}} \tag{4-2}$$

式中，$D_{平均} = \frac{1}{2}|D_{往} + D_{返}|$。

在平坦地区，钢尺量距的相对误差一般应不高于$\frac{1}{3\ 000}$，在量距困难地区，其相对误差也应不高于$\frac{1}{1\ 000}$。适用于工程要求的量距精度见有关规范。量距记录手簿见表 4-1。

表 4-1 距离测量记录手簿 （单位：m）

工程名称：× - × 日期： 年 月 日 量距者：×××，×××

钢尺型号：5 号(30 m) 天气：晴 记录者：×××

测线		整尺段	零尺段	总计	较差	精度	平均值	备注
AB	往	6×30	6.430	186.430	0.040	$\frac{1}{4\ 700}$	186.410	
	返	6×30	6.390	186.390				

在丈量时，也可采用单程双对用两把钢尺同时丈量。

（二）倾斜地段直线丈量

1. 两点间高差不大时

当两点间高差不大时，可抬高钢尺的一端，使尺身水平进行丈量，如图 4-10 所示。欲丈量 A、B 两点间的水平距离，先将钢尺零点分划对准 A 点，拉平钢尺，然后用垂球将钢尺上某分划线投到地面 1 点，此时在尺上读数，即得 A—1 尺段的水平距离，同法丈量 1—2，2—3，3—B 尺段。在丈量 3—B 时应注意使垂球尖对准 B 点。各尺段丈量结果的总和就是欲测的 A、B 两点间的水平距离。

在丈量时，仍要注意拉直钢尺，并使各点位于 AB 直线上。

2. 两点间高差较大时

当两点间高差较大时，如图 4-11 所示，前尺员无法将钢尺尺身水平，可直接丈量 A、B 间的斜距 L，测出地面的倾斜角 α 或 A、B 两点的高差 h，按下式计算出 A、B 两点间的水平距离。

$$D_{AB} = L\cos\alpha \tag{4-3}$$

或

$$D_{AB} = \sqrt{L^2 - h^2} \tag{4-4}$$

（三）钢尺丈量的注意事项

钢尺丈量的注意事项有以下几点：

（1）丈量前，应将钢尺交有关部门进行检定。

（2）丈量时，定线要直，尺子要平，拉力要匀，投点要稳，对点要准。

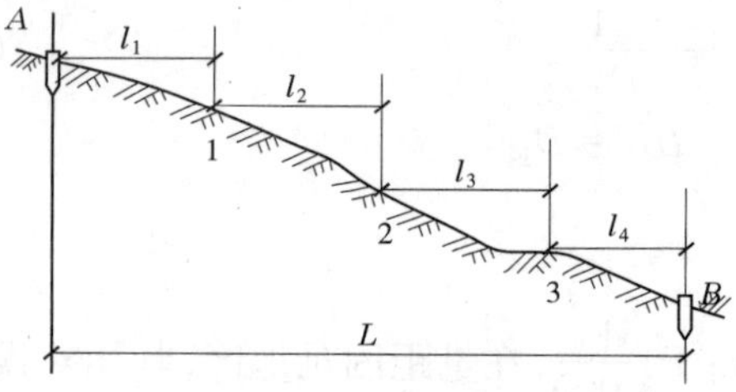

图 4-10 平量法

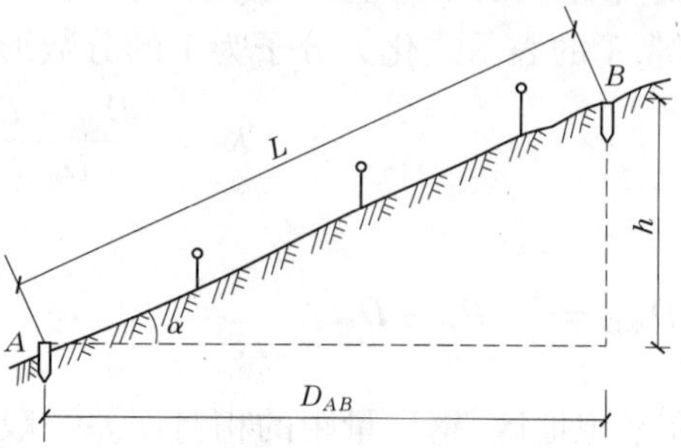

图 4-11 斜量法

(3)注意零点位置，防止"6"与"9"误读，"10"与"4"听错。计算时，不要丢掉整尺段数。

(4)爱护钢尺。钢尺性脆易折，丈量时，不许在地上拖拉，不许行人践踏，不许车辆碾压，不许打卷硬拉。钢尺易锈，用后应擦净泥沙，涂上机油存放。

(5)不准用垂球尖凿地，敲打山石，不准把标杆当"标枪"、测钎当"飞镖"投掷。

(6)收工时，要点清所有工具，以防丢失。

四、钢尺检定

由于钢尺的长度在制造时不可避免地存在着分划误差，在使用期间随着温度及拉力的变化而改变，致使钢尺的名义长度（尺上注明的长度）不等于该尺的实际长度。若使用这样的钢尺丈量距离，其结果一定会有由尺长不准确而引起的误差。在精度要求较高的量距时，必须对所使用的钢尺进行检验，以求得该尺在一定拉力、温度条件下的实际长度，此项工作称为钢尺检定。

（一）尺长方程式

为了满足量距的精度，保证工程质量，测量规范规定每年应对钢尺进行检定，求出它在标准拉力和标准温度下的实际长度，以便对丈量结果加以改正。钢尺检定后，给出尺长随温度而变化的函数式，通常称为尺长方程式，其一般形式为

$$L_t = L_0 + \Delta L + \alpha L_0(t - t_0) \tag{4-5}$$

或

$$L_t = L_0 + \Delta L + aL_0(t - 20\ ℃) \tag{4-6}$$

式中 L_t——钢尺在温度 t 时的长度，m；

L_0——钢尺名义长度，m；

ΔL——钢尺在温度 t_0 时的改正数，等于实际长度与名义长度之差，m；

α——钢尺的线膨胀系数，即温度每变化 1 ℃时钢尺单位长度的变化值（一般取 1.25×10^{-5}/℃）；

t_0——钢尺检定时的温度（或标准温度 20 ℃），℃；

t——钢尺量距时的温度，℃。

例如，某标准尺 A 名义长度为 30 m，标准拉力（100 N）下，当温度 t_0 为 20 ℃时，其尺长改正数为 -0.002 m，又知该尺的膨胀系数为 1.25×10^{-5}/℃，则该尺的尺长方程式为

$$L_t = 30\ \text{m} - 0.002\ \text{m} + 1.25\times10^{-5}/℃ \times (t - 20\ ℃) \times 30\ \text{m}$$

（二）钢尺检定方法

1. 与标准尺比较

在精度要求不高的情况下，可以用检定过的钢尺作标准尺来进行比较。比尺可在室内水泥地面上进行。在地面上贴一张画有“十”字标志的纸，用标准尺的零点分划线对准读“十”字标志，加 100 N 拉力拉紧钢尺，在末端分划处贴另一“十”字标志，使其间距为标准尺的一整尺，记录下此时的温度；然后将被检定的钢尺加 100 N 拉力，多次丈量两标志间的距离，取平均值作为被检钢尺的实际长度，这样就可求得被检尺在此温度下的改正数。

【例 4-1】 设 5 号钢尺为已检定过的标准尺，尺长方程式为

$$L_{t5}=30\ \text{m}+0.004\ \text{m}+1.25\times10^{-5}/℃\times(t-20\ ℃)\times30\ \text{m}$$

被检定的 6 号钢尺长为 30 m，丈量两“十”字标志的结果为 30.007 m，即 6 号尺比 5 号尺短 0.007 m，设比尺时温度为 24 ℃，写出 6 号尺的尺长方程式。

解：由于比尺时拉力、温度条件相同，即可以写出

$$\begin{aligned}L_6&=L_{t5}-0.007\\&=30\ \text{m}+0.004\ \text{m}+1.25\times10^{-5}/℃\times(24\ ℃-20\ ℃)\times30\ \text{m}-0.007\ \text{m}\\&=30\ \text{m}-0.002\ \text{m}\end{aligned}$$

故 6 号钢尺在 24 ℃时的尺长方程式为

$$L_{t6}=30\ \text{m}-0.002\ \text{m}+1.25\times10^{-5}/℃\times(t-24\ ℃)\times30\ \text{m}$$

在例 4-1 中，若将 6 号钢尺尺长方程式改为标准温度 20 ℃，则应进行下列换算

$$\begin{aligned}L_6'&=30\ \text{m}-0.002\ \text{m}+1.25\times10^{-5}/℃\times(20\ ℃-24\ ℃)\times30\ \text{m}\\&=30\ \text{m}-0.003\ \text{m}\end{aligned}$$

故在标准温度 20 ℃时，6 号钢尺的尺长方程式为

$$L_{t6}=30\ \text{m}-0.003\ \text{m}+1.25\times10^{-5}/℃\times(t-20\ ℃)\times30\ \text{m}$$

2. 与标准长度比较

在平坦的地面上选择 A、B 两点，埋设混凝土桩，桩顶设置“十”字标志，并使两桩顶高程相同。用光电测距仪精确测量两标志间距离或用检定过的标准钢尺，按精密量距的方法，多次丈量结果的平均值 D 为其长度。直线 AB 就可称为基准线。为了保证基准线准确可靠，一般要定期对其进行检测。基准线的长度一般为钢尺长度的 5 ~ 10 倍。

钢尺检定时，用被检定的钢尺在该基准线上精密丈量多次，算出平均值 D'，则被检定钢尺量每米的尺长改正数为$\dfrac{D-D'}{D'}$。若被检定钢尺的名义长为 L_0，则该尺的尺长改正数为$\dfrac{D-D'}{D'}L_0$，从而可求得被检定钢尺的尺长方程式。

例如，某钢尺的名义长为 30 m，在温度 $t=12$ ℃时，在某基准线 AB（$D=180.055\ 2$ m）上丈量结果为 180.021 4 m，则被检定的钢尺的尺长改正数为

$$\Delta L=\left(\frac{180.055\ 2-180.021\ 4}{180.021\ 4}\right)\times30=+0.006\ (\text{m})$$

被检定钢尺在 12 ℃时的尺长方程式为

$$L_t=30\ \text{m}+0.006\ \text{m}+1.25\times10^{-5}/℃\times(t-12\ ℃)\times30\ \text{m}$$

若要求标准温度 20 ℃时的尺长方程，要先求钢尺在 20 ℃时的长度，即

$$L = 30\ \text{m} + 0.006\ \text{m} + 1.25 \times 10^{-5}/℃ \times (20\ ℃ - 12℃) \times 30\ \text{m}$$
$$= 30\ \text{m} + 0.009\ \text{m}$$

则在 20 ℃时,被检定钢尺的尺长方程式为

$$L_t = 30\ \text{m} + 0.009\ \text{m} + 1.25 \times 10^{-5}/℃ \times (t - 20\ ℃) \times 30\ \text{m}$$

五、精密直线丈量的方法

一般直线丈量的方法,其量距精度不超过$\frac{1}{5\ 000}$,当量距精度要求较高(如建筑基线、方格网等测设)时,应采用精密直线丈量的方法。由于对某些误差影响做了适当的处理,其精度可达$\frac{1}{10\ 000} \sim \frac{1}{40\ 000}$。精密直线丈量应选用膨胀系数小、经过检定过的钢尺。其具体做法如下所述。

(一)定线

如图 4-12 所示,直线 AB 为待精密丈量的水平距离,清除直线上的障碍物后,即可用经纬仪进行定线。即定线时在 A 点安置经纬仪,瞄准 B 点上的标志,随即在经纬仪视线上用钢尺概量出略短于每一整尺长的位置 1、2、…,各点位均用木桩标定,桩顶要高出地面 3 ~ 5 cm,并在桩顶钉一白铁皮,在白铁皮上画一条与视线 AB 相重合的短线,再画一条与该短线相垂直的线,形成十字,以十字中心为丈量标志。

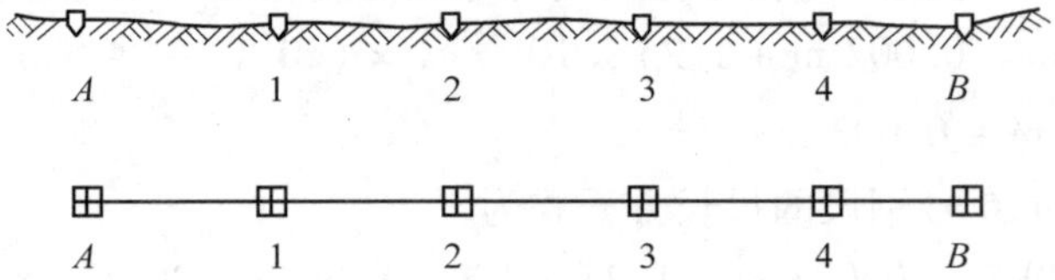

图 4-12 钢尺精密量距定线

(二)量距

量距小组一般由五人组成,两人拉尺,两人读数,一人记录、测温度兼指挥。具体操作步骤如下:

(1)先量 A、1 两桩间的距离,后尺员将弹簧秤挂在尺的零端。前尺员持尺的末端,并使尺的同一侧贴近两端桩顶的标志。

(2)前、后尺员同时用力拉尺,拉力采用标准拉力(一般 30 m 钢尺加拉力 100 N,50 m 钢尺加拉力 150 N)。前尺员以尺上某一分划对准十字线交点时发出读数口令"预备",后尺员看弹簧秤在刻划 100 N 时回答"好"。在喊"好"的同一瞬间,两端的读尺员同时根据钢尺与十字交点相切的分划值,先读毫米,估读到 0.5 mm,然后读厘米、分米、米读数。

(3)每一尺段按上述方法丈量三次,每次均应移动钢尺的位置,三次所得距离的差值范围不得超过 ±3 mm,否则要重量。如在限差之内,则取三次结果的平均值作为此尺段的丈量结果。每量一尺段都要读记温度一次。

(4)用同样方法丈量其他尺段,直至终点。由起点丈量到终点称往测,往测完成后,应调转尺的方向,立即进行返测。

以上读数,记录员立即复诵并将读数记入手簿(见表 4-2)。两端读数相减,即为该尺段

的长度(此表为往测数据)。

表 4-2　精密量距记录计算手簿

钢尺号码:8 号　　尺长方程式:$L_t = 30\ \text{m} + 0.003\ \text{m} + 1.25 \times 10^{-5}/℃ \times (t - 20\ ℃) \times 30\ \text{m}$

读数者:×××,×××

记录计算者:×××　　日期:　年　月　日

尺段编号	实测次数	前尺读数(m)	后尺读数(m)	尺段长度(m)	温度(℃)	高差(m)	温度改正数(mm)	尺长改正数(mm)	倾斜改正数(mm)	改正后尺段长(m)
A—1	1	29.930	0.076	29.854	24.0	+0.372	+1.5	+3.0	−2.3	29.857 2
	2	29.920	0.065	29.855						
	3	29.940	0.084	29.856						
	平均			29.855						
1—2	1	29.920	0.015	29.905	26.5	+0.174	+2.4	+3.0	−0.5	29.910 6
	2	29.930	0.025	29.905						
	3	29.940	0.033	29.907						
	平均			29.905 7						
⋮				⋮			⋮			⋮
4—B	1	18.975	0.075 0	18.900 0	26.0	−0.095	+1.4	+1.9	−0.2	18.902 6
	2	18.954	0.054 5	18.899 5						
	3	18.980	0.081 0	18.899 0						
	平均			18.899 5						
总和										278.388 6

(三)测量桩顶间高差

上述所测量的距离是桩顶间的倾斜距离,为了换算为水平距离,要用水准测量的方法往返观测相邻两尺段桩顶的高差。30 m 尺段高差往返测的较差不应超过 3 mm,50 m 的尺段不应超过 4 mm,在限差内,取平均值作为最后成果。

(四)成果整理

1. 三项改正数计算公式

每尺段的实测距离,要加入尺长改正数、温度改正数和倾斜改正数,求出该段改正后的水平距离。

(1)尺长改正数。尺长改正数按下式计算:

$$\Delta L_d = \frac{L' - L_0}{L_0} L = \frac{\Delta L}{L_0} L \tag{4-7}$$

式中　L——测量的距离(三次尺段长度的平均距离),m;

L'——钢尺实际长度,m;

L_0——钢尺名义长度,m;

ΔL_d——尺长改正数,m。

钢尺实际长度大于名义长度时,尺长改正数为正;反之为负。

(2)温度改正数。温度改正数按下式计算:

$$\Delta L_t = \alpha(t - t_0)L \tag{4-8}$$

式中 L——测量的距离(三次尺段长度的平均距离),m;

α——钢尺的线膨胀系数(一般取 1.25×10^{-5}/℃),/℃;

t——量距时的温度,℃;

t_0——钢尺检定时的温度(一般取 20 ℃),℃。

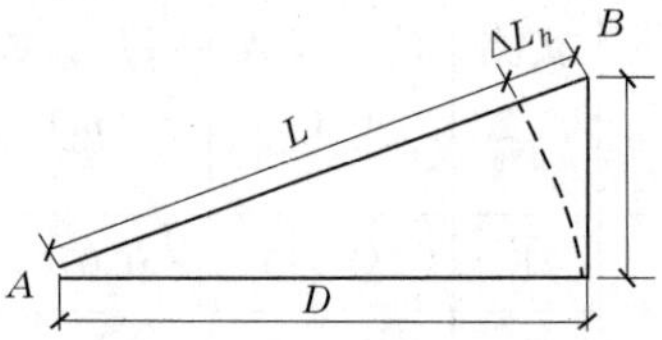

图 4-13 倾斜改正

(3)倾斜改正数。沿桩顶丈量出 L 为斜距,用水准仪测得桩顶间高差为 h,如图 4-13 所示。由图可知

$$\Delta L_h = D - L = (L^2 - h^2)^{\frac{1}{2}} - L$$

$$= L\left[\left(1 - \frac{h^2}{L^2}\right)^{\frac{1}{2}} - 1\right]$$

按级数展开

$$\Delta L_h = L\left[\left(1 - \frac{h^2}{2L^2} - \frac{1}{8}\frac{h^4}{L^4} - \cdots\right) - 1\right]$$

$$= -\frac{h^2}{2L} - \frac{1}{8}\frac{h^4}{L^3} - \cdots$$

当高差不大时,取第一项,则

$$\Delta L_h = -\frac{h^2}{2L} \tag{4-9}$$

式中 h—— 一尺段两端点的高差,m;

L——测量的距离(三次尺段长度的平均距离),m;

ΔL_h——倾斜改正数(倾斜改正数永为负值),m。

考虑上述三项改正,若实际量得的距离为 L,经过改正后的水平距离为 D,则

$$D = L + \Delta L_d + \Delta L_t + \Delta L_h \tag{4-10}$$

【例 4-2】 用 No. 8 钢尺丈量 A—1 尺段长度,该尺名义长度 $L_0 = 30$ m,实际长度 $L' = 30.003$ m,检定时的温度 $t_0 = 20$ ℃,丈量结果见表 4-2,$L = 29.855$ m,丈量时温度 $t = 24.0$ ℃,高差 $h = 0.372$ m,求该尺段的水平距离 D_{A-1}。

解:计算尺长改正数 ΔL_d,由式(4-7)得

$$\Delta L_d = \frac{30.003 - 30}{30} \times 29.855 = +0.003(\text{m})$$

计算温度改正数 ΔL_t,由式(4-8)得

$$\Delta L_t = 1.25 \times 10^{-5} \times (24.0 - 20) \times 29.855 = +0.001\,5(\text{m})$$

计算倾斜改正数 ΔL_h,由式(4-9)得

$$\Delta L_h = -\frac{0.372^2}{2 \times 29.855} = -0.002\,3(\text{m})$$

计算 A—1 尺段的水平距离 D_{A-1},由式(4-10)得

$$D_{A-1} = 29.855 + 0.003 + 0.0015 - 0.0023 = 29.8572(m)$$

同法可计算其他各尺段。

2. 全长的计算

将改正后的各尺段距离相加，便得往测的 A、B 两点间的水平距离，同样算出返测的距离，最后算出往、返测的平均水平距离及相对误差。如果相对误差在限差之内，则取其平均值作为最后观测成果；若相对误差超限，应重新丈量或检查计算过程是否有误。

六、直线丈量的误差分析

用钢尺进行直线丈量时，误差主要来自以下几个方面：

（1）尺长误差。丈量所使用的钢尺虽然已经过检定，并在丈量结果中进行了尺长改正，但由于钢尺检定时的精度一般为1/100 000，因此丈量结果中仍有微小的误差。若使用未检定过的钢尺丈量，则尺长误差更大，并随着距离增长而变大。

（2）拉力误差。拉力的大小会使钢尺的长度产生变化。根据力学定律，若拉力误差为50 N，对于30 m的钢尺会产生1.7 mm的误差。所以，在精密丈量距离时，应使用弹簧秤来控制拉力，使钢尺尽可能与检定时所受拉力相同，以消除拉力对丈量的影响。

（3）温度变化的误差。在大多数情况下丈量时所测的温度是空气温度，并不是钢尺本身的温度。当沿地面丈量时，尺身的温度与空气温度相差较大。例如相差4 ℃时，对30 m的钢尺来说，由此产生的误差可达1.5 mm，为尺长的1/20 000。因此，对于精度要求较高的丈量，应采用多点温度计测出钢尺本身的温度。

（4）尺身不水平的误差。在丈量时，若尺身不水平将会使所量的水平距离增大。对于30 m的钢尺，若目估尺身水平的误差为0.3 m，由此而产生的丈量误差可达1.5 mm。当丈量斜距时，由测量高差不准确而引起的水平距离误差与高差成正比，与所量尺段长成反比。

（5）定线误差。定线不准确将会使所丈量的直线变成折线，使得丈量结果变大。这种情况与钢尺不水平相似，只是钢尺不水平是竖直面内倾斜，而定线不准确是在水平面内偏斜。若尺段偏离直线方向0.3 m，也将产生1.5 mm的定线误差。

（6）钢尺垂曲误差。当悬空丈量时，钢尺因自重而产生下垂，从而使所量距离出现误差。所以，在钢尺检定时应分悬空与平放两种情况进行，得出各自的尺长改正数，计算时若按实际作业情况采用相应的尺长改正数，则可不考虑该项误差。

（7）丈量本身的误差。主要包括钢尺的刻划误差、对点不准确、读数误差及外界条件影响等。一般而言，这些误差在丈量结果中可以抵消一部分，但不能完全消除，这也是丈量工作中的一项重要的误差来源。

由于建筑工程项目较多，对距离丈量的精度要求往往相差很大。因此，丈量距离时应根据不同工程的精度要求采用相应的措施。

任务二　光电测距仪的认识及使用

一、概述

电磁波测距也称光电测距，它是用电磁波（光波、微波）作为载波的测距仪器来测量两点间距离的一种方法，具有测距精度高、速度快、不受地形条件影响等优点，已逐渐代替常规距离测量。

电磁波测距仪按其所采用的载波可分为微波测距仪、激光测距仪、红外测距仪；按测程可分为短程（测距在 3 km 以内）测距仪、中程（测距在 3 ~ 15 km）测距仪、远程（测距在 15 km 以上）测距仪；按光波在测段内传播的时间测定可分为脉冲法测距仪和相位法测距仪。

微波测距仪和激光测距仪多用于远程测距，红外测距仪用于中、短程测距。在工程测量和地形测量中，大多采用相位法短程红外测距仪。

二、测距仪的基本结构

电磁波测距仪主要包括测距仪、反射棱镜两部分。测距仪上有望远镜、控制面板、液晶显示窗、可充电电池等部件；反射棱镜有单棱镜和三棱镜两种，用来反射来自测距仪发射的红外光。

三、相位法测距原理

欲测量 A、B 两点间的水平距离（如图 4-14 所示），在 A 点安置测距仪，B 点安置反光镜。测距仪发出一束红外光由 A 点传到 B 点，再回到 A 点，则 A、B 两点间的水平距离 D 为

$$D = \frac{1}{2}ct \tag{4-11}$$

式中 c——电磁波在大气中的传播速度，m/s；

t——电磁波在所测距离间的往返传播时间，s。

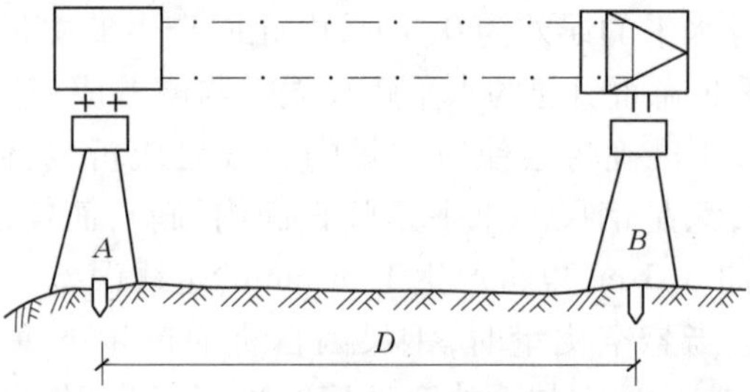

图 4-14 光电测距

由式（4-11）可知，测距的精度取决于测定时间的精度，若要求测距精度达到 ±1 cm，那么时间的精度就要达到 6.7×10^{-11} s，要达到这样高的记时精度是很难的。因此，为了提高测距精度，可采用间接的方法，即将距离与时间的关系转化为距离与相位的关系，从而求出所测距离。

如图 4-15 所示，测距仪在 A 点发射调制光，在 B 点安置反光镜，调制光的频率为 f，周期为 T，相位为 φ，波长的个数为 $\varphi/2$，整波的波长为 λ，D 为欲测 A、B 两点的距离。调制光从发射到接收经过了往返路程，其行程在图 4-15 上表示为 $2D$，则

$$2D = \lambda\frac{\varphi}{2\pi} = \lambda\frac{2\pi N + \Delta\varphi}{2\pi}$$

$$D = \frac{\lambda}{2}(N + \Delta N) \tag{4-12}$$

式中 N——整尺段数；

ΔN——不足一整尺段的余长。

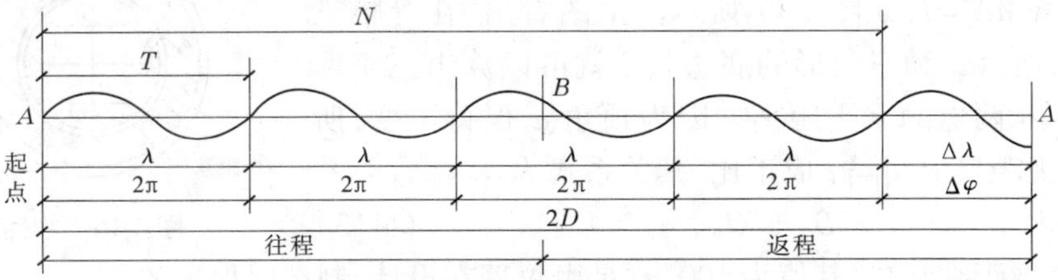

图 4-15 相位法测距原理

测距仪上的测量相位的装置只能分辨 $0 \sim 2\pi$ 相位的变化，即只能测出 ΔN，不能测出 N 值，为了精确测距，一般采用不同频率的调制光进行测量。目前，短程测距仪采用两个调制波的频率：一个频率为 15 MHz，测尺长度为 10 m；一个频率为 150 kHz，测尺长度为 1 000 m。两者衔接起来，1 000 m 以内的测距数字就可直接显示出来。

四、测距仪的使用

(1) 在待测距离的一端（测站点）安置经纬仪和测距仪，经纬仪对中、整平，打开测距仪的开关，检查仪器是否正常。

(2) 在待测距离的另一端安置反射棱镜，反射棱镜对中、整平后，使棱镜反射面朝向测距仪方向。

(3) 在测站点上用经纬仪望远镜瞄准目标棱镜中心，按下测距仪操作面板上的测量功能键进行测量距离，显示屏即可显示测量结果。

五、测距仪使用的注意事项

(1) 在阳光直射或雨天作业，一定要撑伞。

(2) 测线两侧或镜站反面应避开发热物体和反射物体。

(3) 若能见度低或大气湍流强烈时，为提高接收系统的信噪比，可增多反射镜块数，以增加回光信号强度，提高测距精度。

(4) 电池要注意及时充电，不用时电池要充电后存放。

任务三 视距测量的方法

视距测量是利用望远镜内视距丝装置，根据几何光学原理，同时测得水平距离和高差。这种方法具有操作方便、快捷，不受地形条件限制等优点，虽精度较低，但能满足一般碎部点的精度要求，因此被广泛地应用于碎部测量中。

一、视距测量的原理

（一）视线水平时的距离与高差公式

在光学仪器的望远镜内部装有视距丝装置，如图 4-16 所示。在望远镜十字丝平面上，刻有与十字丝横丝平行的上、下两条短横丝 n 和 m，这两条短横丝就称为视距丝。因为上、下视距丝在物镜上的间隔和物镜的焦点构成一固定角，因此从这两根视距丝引出去的视线在竖直面内所夹的角度 φ 也是固定角。该角的两边在尺上截得一段距离 $MN = l$，如图 4-17 所示。由图看出，在等腰三角形中，已知顶角 φ 和三角形的底边长 l 就可以算出三角形的高 D，即 A、B 两点的水平距离。因为顶角 φ 保持不变，所以距离 D 与视距尺上间隔 l 成正比，其关系式为

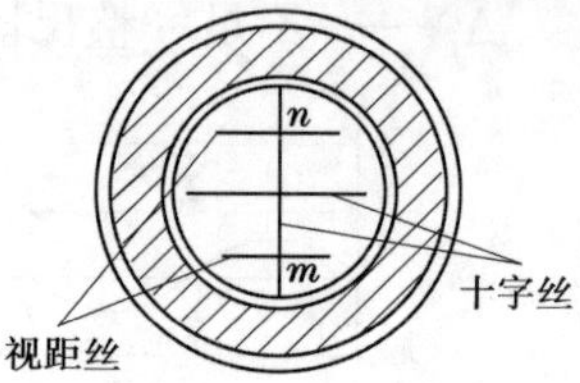

图 4-16　视距丝

$$D = Kl \tag{4-13}$$

式中　K——视距乘常数，其值为 100，它是由仪器在设计、制造时保证的。

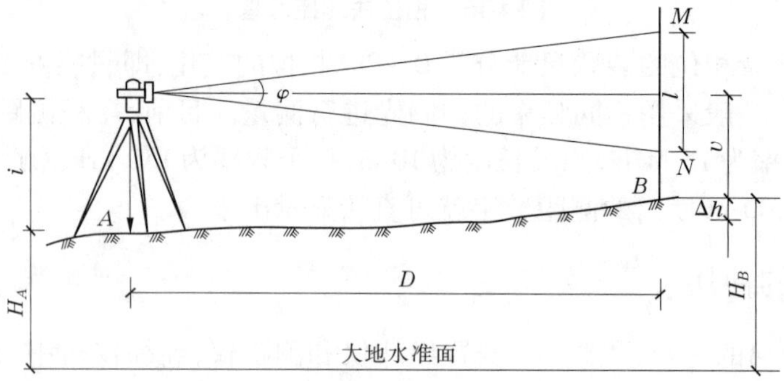

图 4-17　视线水平时的距离与高差

由图 4-17 可写出 A、B 两点间的高差 h，即

$$h = i - v \tag{4-14}$$

式中　i——仪器高，m；

v——中丝读数，称为照准高。

如果 A 点高程 H_A 为已知，则可求得 B 点的高程 H_B 为

$$H_B = H_A + i - v \tag{4-15}$$

或

$$H_B = H_i - v$$

式中，$H_i = H_A + i$。

（二）视线倾斜时水平距离和高差的计算公式

式(4-13)和式(4-14)适用于视线水平，且视线垂直于视距尺的情况。当地面起伏较大，如图 4-18 所示，必须使视线倾斜时才能读取尺间隔 l。由于视线不垂直于视距尺，因而不能应用上面公式。若能把视线倾斜时在视距尺上读取的尺间隔 $MN(l)$ 换算成视线与视距尺相垂直的尺间隔 $M'N'(l')$，就可利用式(4-13)计算倾斜距离 D'，再根据 D' 和竖直角 α，即可按三角函数关系计算出水平距离 D 和高差 h。

由于 φ 角很小，约 34′，所以可把 $\angle MM'E$ 和 $\angle NN'E$ 近似地看成直角。而 $\angle MEM'$、$\angle NEN'$ 均等于竖直角 α，因此

$$M'N' = M'E + EN' = ME\cos\alpha + EN\cos\alpha = MN\cos\alpha$$

或

$$l' = l\cos\alpha$$

由式(4-13)可得倾斜距离

$$D' = Kl' = Kl\cos\alpha \tag{4-16}$$

由图 4-18 可看出 A、B 两点间的水平距离为

$$D = D'\cos\alpha$$

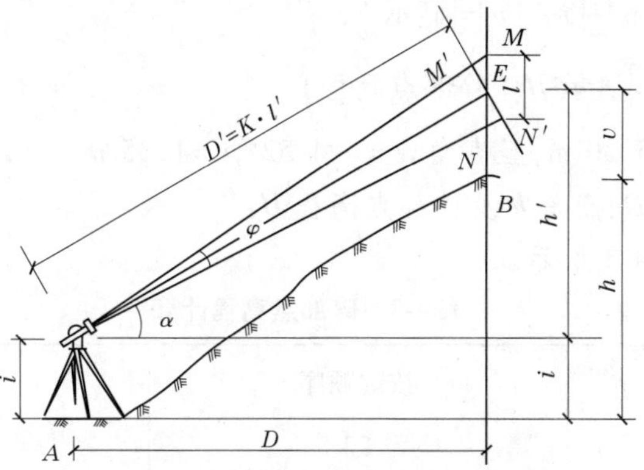

图 4-18 视线倾斜时水平距离和高差

把式(4-16)代入上式得

$$D = Kl\cos^2\alpha \tag{4-17}$$

A、B 两点的高差为

$$h = h' + i - v$$

式中 h'——初算高差。

$$h' = D'\sin\alpha = Kl\cos\alpha\sin\alpha = \frac{1}{2}Kl\sin2\alpha \tag{4-18}$$

或

$$h' = D\tan\alpha$$

所以

$$h = \frac{1}{2}Kl\sin2\alpha + i - v \tag{4-19}$$

式(4-17)、式(4-19)是视距测量的基本公式。

二、视距测量的一测站操作

视距测量的一测站操作按以下顺序进行。

(1)在测站点上安置经纬仪,对中、整平。

(2)量取仪器横轴中心到测站点的铅垂距离 i,即为仪器高。

(3)照准测站上所立的视距尺(水准尺),制动照准部,转动望远镜,使十字丝横丝位于尺上拟定读数(根据具体情况可选择不同的读数)附近,制动望远镜,调节微动螺旋使视距丝上丝卡在一整分米处,读取上下丝截得的尺间隔数 l。

(4)调节望远镜微动螺旋,使横丝严格卡在拟定读数 v 上,调节竖直度盘指标水准管气泡,读取竖直角 α。

(5)由式(4-17)和式(4-19)就可计算出测站点与碎部点之间的水平距离 D 和高差 h。

三、视距测量的计算方法

因碎部测量需要测绘大量地物、地貌特征点,所以视距测量的计算量很大。传统的计算法是查视距计算表,求得水平距离和高差。由于计算器的普及,实际测量中,可采用电子计算器,根据式(4-17)和式(4-18)按照下列操作顺序进行,计算水平距离和高差、高程。

[DEG]状态:Kl [×] α [MIN] [COS] [x^2] [×]显示 D,

RM tan + i − v = 显示 h,

\+ H_A = 显示 H_S(碎部点高程)。

【例 4-3】 $Kl=115.30$ m,竖直角 $\alpha=-4°52'$,$i=1.35$ m,$v=1.78$ m,测站点高程 $H_A=300.62$ m,求水平距离 D、高差 h 及碎部点高程 H_S。

解:计算过程如表 4-3 所示。

表 4-3 碎部点高程计算

输入数据	按键顺序	显示
Kl(115.30)	×	Kl(115.30)
α(−4°52′)	MIN	α(−4.866 666 6)
	COS	cosα(0.996 394 8)
	x^2	$\cos^2\alpha$(0.992 802 6)
	×	D(114.470)
	RM	α(−4.866 666 6)
	tan	tanα(−4.866 666 6)
	+	−9.746 471 0
i(1.35)	−	−8.396 471 0
v(1.78)	+	h(−10.18)
H_A(300.62)	=	H_S(290.44)

四、视距测量的误差及注意事项

(一)视距测量的误差来源

1. 用视距丝读取尺间隔的误差

用视距丝在视距尺上读数的误差与尺子最小分划的宽度、距离的远近、望远镜的放大倍率及成像清晰情况有关。因此,读数误差的大小应视具体使用的仪器及作业条件而定。

2. 视距尺倾斜误差

视距尺倾斜,使所测距离产生系统误差,其影响随地面倾斜度的增加而增加。此外,扶尺不稳也影响所测距离的精度。

3. 外界影响

外界影响主要是垂直折光影响。由于通过上、下丝的光线经过不同密度的空气时,产生竖直折光差,越接近地面,折光差越大,这种误差与距离的平方成正比;其次是空气对流使视距尺影像不稳定,尤其是在视线接近地面,水汽蒸发,以及烈日暴晒下更为严重。

4. 视距乘常数 K 的误差

由于气温的变化，改变了物镜的焦距和视距丝的间隔，因此视距乘常数 K 不严格为 100，若 K 值在 100 ± 0.1 时，便可当做 100，否则应测定 K 值。

另外，竖直角观测的误差也将影响视距测量的精度。

综合上述误差对视距测量的影响，从试验资料分析，在比较良好的观测条件下，视距测量的精度一般为距离的 $\frac{1}{300} \sim \frac{1}{200}$；当观测条件较差或立尺不垂直时，只有 $\frac{1}{100}$ 甚至更低。

（二）视距测量的注意事项

视距测量的注意事项有以下几个方面：

（1）观测前，应对仪器进行检验和校正，测定视距乘常数 K 和竖直度盘指标差 x。

（2）应使视线离开地面约 1.5 m，并避免烈日下作业。

（3）观测时，应仔细调焦，使成像清晰，消除视差。读数时尽量不变动眼睛位置。

（4）视距尺上应装置水准器，以保证视距尺立成垂直状态。

习　题

1. 什么是直线定线？丈量时为什么要进行直线定线？如何进行直线定线？

2. 简述直线丈量的一般方法和精密方法。

3. 某钢尺名义长为 30 m，在 5 ℃时加标准拉力丈量的实长为 29.992 m，问此时该钢尺的尺长方程式如何表达？在标准温度 20 ℃时，其尺长方程式又如何表达？（设其膨胀系数 $\alpha = 0.000\,012\,0/℃$）

4. 试述光电测距的基本原理。光电测距仪如何实现测距？

5. 试述视距测量的基本原理及视距测量的误差来源及消减方法。

模块五　直线定向与误差的基本知识

教学内容

本模块主要包括直线定向的表示、坐标方位角的推算、点位坐标的计算、衡量精度的标准、算数平均值及其中误差,加权平均值及其中误差。重点是坐标方位角推算的方法,点位坐标的计算方法。

学习目标

了解测量工作中常用的标准方向线;理解方位角和象限角的定义及方位角的推算方法;掌握点位坐标的计算方法;了解测量误差的概念和分类、偶然误差的特性、衡量误差的指标;了解算数平均值及其中误差的计算方法、加权中误差及其中误差的计算方法。

任务一　标准方向的认识

在测量工作中经常要确定两点间平面位置的相对关系,除需要测量两点之间的水平距离外,还需要确定这条直线的方向。确定一条直线与标准方向之间所夹的水平角的工作称直线定向。因此,要确定直线的方向,首先要选定一标准方向线,作为直线定向的依据,然后由该直线与标准方向线之间的水平角来确定其方向。

测量工作中常用的标准方向线有真子午线、磁子午线和坐标纵轴。

一、真子午线方向

通过地面上某点指向地球南北极的方向线,称为该点的真子午线。真子午线方向可用天文观测的方法来测定。

二、磁子午线方向

磁针在地球磁场作用下自由静止时所指的方向称为磁子午线方向。磁子午线方向可采用罗盘仪测定。

由于地磁的南北极与地球的南北极并不重合,因此通过地面上某点的磁子午线与真子午线也不一致,它们之间的夹角称为磁偏角 δ,如图 5-1 所示。

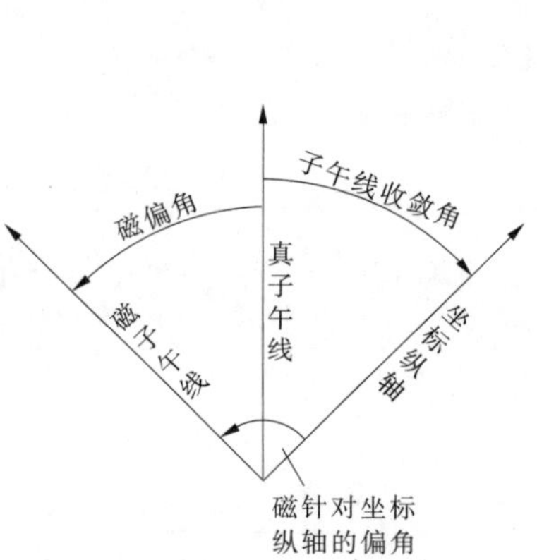

图 5-1　标准方向线

三、坐标纵轴方向

平面直角坐标系中的坐标纵轴方向常用来作为直线定向的标准方向线。

由于真子午线是向两极收敛的,所以通过地面上某点的真子午线方向和坐标纵线方向通常是不一致的。它们之间的夹角称为子午线收敛角,用 γ 表示。

任务二　直线定向的表示方法

一、方位角

测量工作中,常采用方位角来表示直线的方向。以标准方向线指北方向为准,顺时针旋至某直线所夹的水平角称为方位角。方位角的变化范围是 0°~360°。

(一)真方位角

以真子午线指北方向为准,顺时针旋至某直线所夹的水平角称为真方位角,一般用 A 表示。

(二)磁方位角

以磁子午线指北方向为准,顺时针旋至某直线所夹的水平角称为磁方位角,一般用 A_m 表示。

(三)坐标方位角

以坐标纵轴指北方向为准,顺时针旋至某直线所夹的水平角称为坐标方位角,一般用 α 表示。

测量工作中,一般采用坐标方位角表示直线的方向。直线的方位角及其关系如图 5-2 所示。

如图 5-3 所示,直线 AB 有两个方向,从 A 到 B 的方向为正方向,从 B 到 A 的方向为反方向,故直线 AB 有两个方位角 α_{AB} 和 α_{BA},α_{AB} 称为正方位角,α_{BA} 称为反方位角。从图中可知,α_{AB} 与 α_{BA} 存在下述关系:

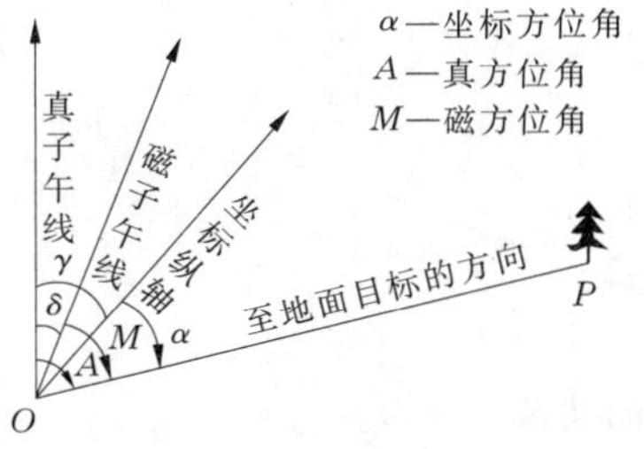

图 5-2　直线的方位角及其关系

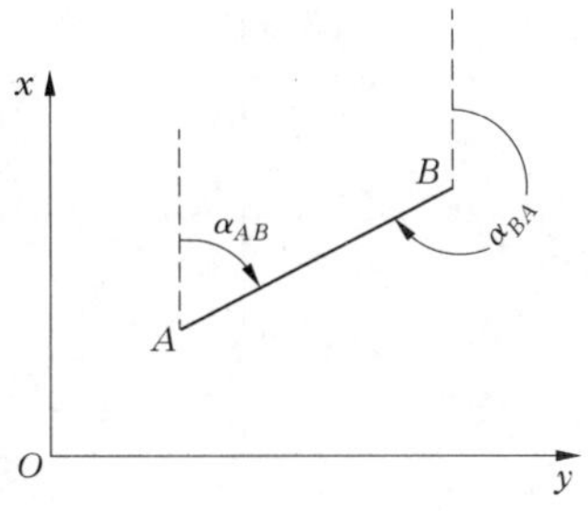

图 5-3　正、反坐标方位角的关系

$$\alpha_{BA} = \alpha_{AB} + 180°$$

所以

$$\alpha_{反} = \alpha_{正} \pm 180° \tag{5-1}$$

二、象限角

在测量工作中,有时也用象限角表示直线的方向。直线与坐标纵线有两个夹角,其中与坐标纵线所夹的锐角,称为象限角,一般用 R 表示。象限角的变化范围是 0°~90°。

如图 5-4 所示，通过直线起点 O 的纵轴（南北方向线）和横轴（东西方向线）将平面划分为四个象限。直线 OP_1 位于第Ⅰ象限，象限角是 R_1，直线 OP_2 位于第Ⅱ象限，象限角是 R_2，直线 OP_3，位于第Ⅲ象限，象限角是 R_3，直线 OP_4 位于第Ⅳ象限，象限角是 R_4。

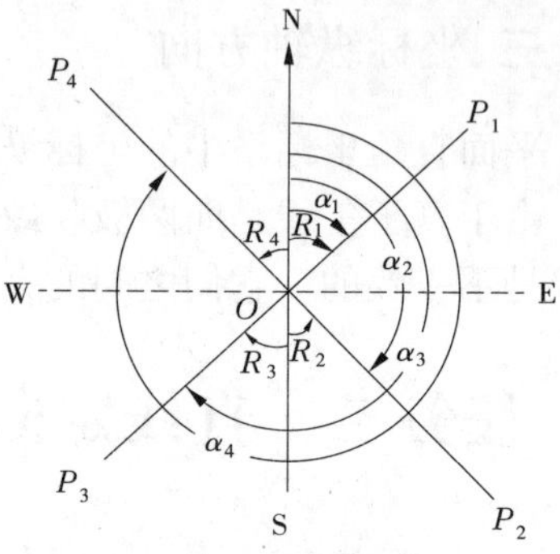

图 5-4　象限角

从图中可知，直线的方位角与象限角存在下述关系。

象限角是有方向性的。用象限角来表示直线的方向，必须注明直线所处的象限。第Ⅰ象限记为“北东”，第Ⅱ象限记为“南东”，第Ⅲ象限记为“南西”，第Ⅳ象限记为“北西”。

表 5-1　坐标方位角与象限角之间的关系

象限	坐标方位角与象限角之间的关系
第Ⅰ象限	$\alpha = R$
第Ⅱ象限	$\alpha = 180° - R$
第Ⅲ象限	$\alpha = 180° + R$
第Ⅳ象限	$\alpha = 360° - R$

三、坐标方位角的推算

测量工作中，一般不直接测定每条直线的坐标方位角，而是根据已知边的方位角和观测的水平角来推算未知边的方位角。如图 5-5 所示，从起点 1 到终点 4 是一条折线。假定 α_{12} 已知，在 B、C 点上分别设站观测了水平角 β_2、β_3，现在来推算 23 边、34 边的方位角 α_{BC}、α_{CD}。

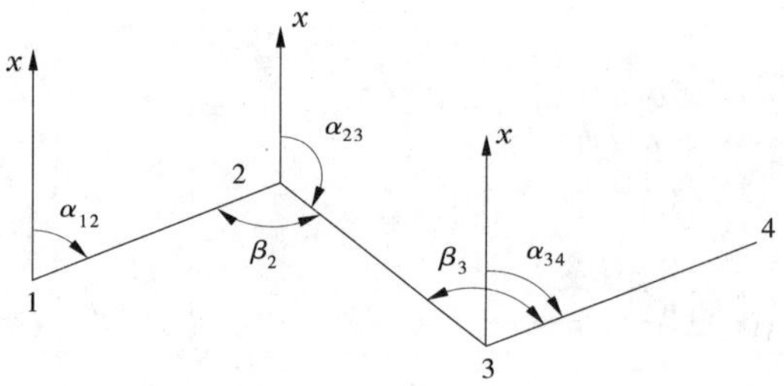

图 5-5　坐标方位角的推算

这里，推算路线的方向为：12—23—34。由图 5-5 中可以看出

$$\alpha_{23} = \alpha_{21} - \beta_2 = \alpha_{12} + 180° - \beta_2$$

$$\alpha_{34} = \alpha_{32} + \beta_3 = \alpha_{23} + 180° + \beta_3$$

由于 β_2 在路线前进方向的右侧，该转折角称为右角；β_3 在路线前进方向的左侧，该转折角称为左角。

因此，可以归纳出推算坐标方位角的一般公式为

$$\alpha_{前} = \alpha_{后} + \beta_{左} \pm 180° \qquad (5\text{-}2)$$

$$\alpha_{前} = \alpha_{后} - \beta_{右} \pm 180° \tag{5-3}$$

在式(5-2)、式(5-3)中,若前两项之和大于180°,则应减去180°;若前两项之和小于180°,则加上180°。

四、磁方位角的测定

(一)罗盘仪的构造

如图5-6所示,罗盘仪主要由磁针、刻度盘和望远镜三部分组成。

磁针是由磁铁制成的,磁针被支撑在度盘中心的顶针上。当它静止时,一端指北,一端指南,指北端一般涂有黑漆,南端缠绕有细铜丝。罗盘盒内有一小杠杆,不用时应旋紧杠杆螺旋,使磁针离开顶针,避免顶针受不必要的磨损。

罗盘仪的刻度盘按逆时针方向从0°注记到360°,度盘的刻划一般以1°或30′为单位,每隔10°有一数字注记,如图5-7所示。

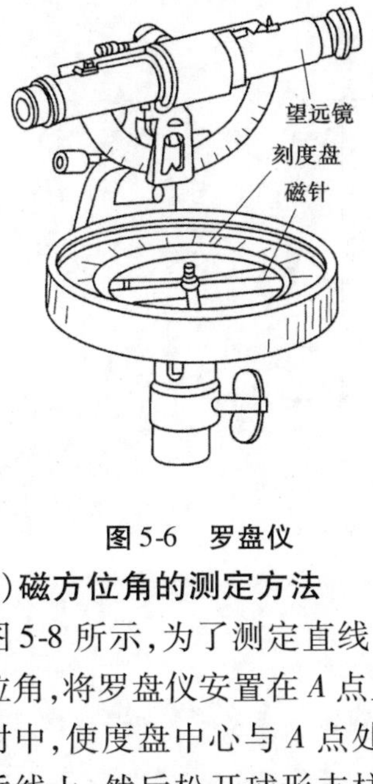

图5-6　罗盘仪

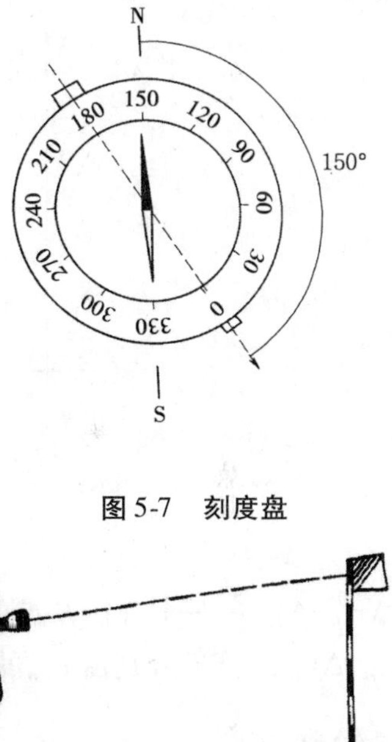

图5-7　刻度盘

(二)磁方位角的测定方法

如图5-8所示,为了测定直线*AB*的磁方位角,将罗盘仪安置在*A*点上,用垂球对中,使度盘中心与*A*点处于同一铅垂线上,然后松开球形支柱上的螺旋,上下俯仰度盘位置使度盘上的水准气泡居中,再固定度盘。放松磁针,使之自由转动。转动罗盘仪,用望远镜照准*B*点,当磁针静止时,磁针北端所指的度盘刻度即为直线*AB*的磁方位角。

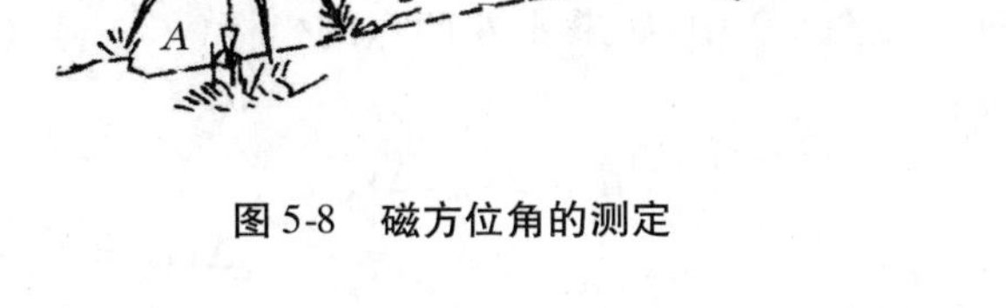

图5-8　磁方位角的测定

使用罗盘仪进行测量时,附近不能有任何铁器。并要避开高压线,否则磁针会发生偏转影响测量结果。观测时必须等待磁针静止才能读数,读数完毕后应将磁针固定,以免顶针被磨损。若磁针摆动相当长的时间还静止不下来,表明仪器使用太久,磁针的磁性不足,应进行充磁。

任务三　点位坐标计算

一、坐标正算

根据已知点到未知点的水平距离和方位角计算未知点平面直角坐标的方法称为坐标正算。

如图 5-9 所示，已知起点 A 点的坐标(x_A，y_A)，以及 AB 两点间的水平距离 D_{AB}，方位角为 α_{AB}，则 B 点的坐标(x_B，y_B)可用下述公式计算

$$\left.\begin{aligned}\Delta x_{AB} &= D_{AB}\cos\alpha_{AB}\\ \Delta y_{AB} &= D_{AB}\sin\alpha_{AB}\end{aligned}\right\} \tag{5-4}$$

$$\left.\begin{aligned}x_B &= x_A + \Delta x_{AB}\\ y_B &= y_A + \Delta y_{AB}\end{aligned}\right\} \tag{5-5}$$

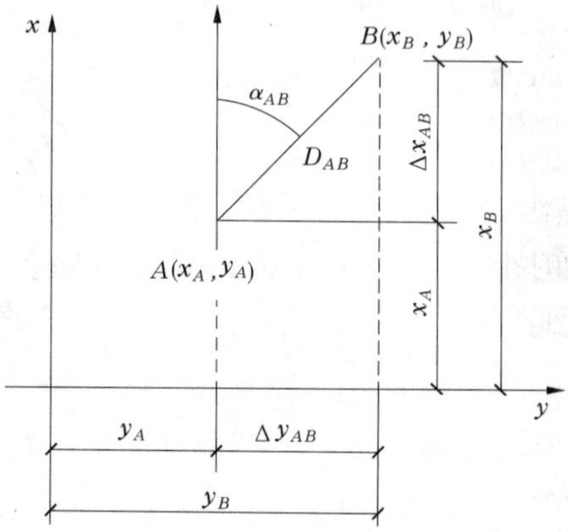

图 5-9　坐标正算

式中　Δx_{AB}、Δy_{AB}——A 点到 B 点的纵、横坐标增量。

Δx_{AB}、Δy_{AB}的符号分别由 α_{AB}的余弦、正弦函数确定。

二、坐标反算

根据两点的平面直角坐标，反过来计算它们之间水平距离和方位角的方法，称为坐标反算。在图 5-9 中，如果 A、B 两点的坐标(x_A，y_A)、(x_B，y_B)已知，则方位角 α_{AB}可按下述方法计算：

(1)计算坐标增量 Δx_{AB}、Δy_{AB}

$$\left.\begin{aligned}\Delta x_{AB} &= x_B - x_A\\ \Delta y_{AB} &= y_B - y_A\end{aligned}\right\} \tag{5-6}$$

(2)计算象限角 R_{AB}

$$R_{AB} = \mathrm{arc}\frac{|\Delta y_{AB}|}{|\Delta x_{AB}|} \tag{5-7}$$

(3)根据 Δx_{AB}、Δy_{AB}的符号，按表 5-2 中所列，确定 R_{AB}所在的象限，并以相应公式计算

方位角 α_{AB}。

A、B 两点间的水平距离 D_{AB} 可以按下列公式计算：

$$D_{AB} = \sqrt{\Delta X^2_{AB} + \Delta Y^2_{AB}} = \sqrt{(X_B - X_A)^2 + (Y_B - Y_A)^2} \tag{5-8}$$

$$\alpha_{AB} = \tan^{-1}\frac{\Delta Y_{AB}}{\Delta X_{AB}} = \tan^{-1}\frac{Y_B - Y_A}{X_B - X_A} \tag{5-9}$$

注意：计算坐标方位角时，得到的角值只是象限角，还必须根据坐标增量的正负，按表5-2决定坐标方位角所在的象限，再将象限角换算为坐标方位角。

表 5-2 方位角和象限角的关系

Δx_{AB}	Δy_{AB}	R_{AB}所在象限	α_{AB}计算公式
+	+	Ⅰ	$\alpha_{AB} = R_{AB}$
−	+	Ⅱ	$\alpha_{AB} = 180° - R_{AB}$
−	−	Ⅲ	$\alpha_{AB} = 180° + R_{AB}$
+	−	Ⅳ	$\alpha_{AB} = 360° - R_{AB}$

任务四 衡量精度的标准

本学习任务主要讲述测量误差的概念及误差的分类；偶然误差的特性；衡量精度的指标（中误差、相对中误差和极限误差）；误差传播规律；同精度重复观测数据处理及精度评定等内容。重点是偶然误差特性和精度评定指标；难点是误差传播规律。

一、测量误差概述

在测量工作中，大量实践表明，当对某个量进行多次重复观测时，不论测量仪器有多么精密，观测多么仔细，在同一量的各观测值之间，或在各观测值与其理论值之间仍存在差异。例如，观测某一闭合水准路线，各测站的高差之和不等于零；又如对一个三角形的三个内角进行观测，其内角和往往不等于理论值180°等。这些现象都说明测量结果不可避免地存在着误差。研究观测误差的来源及其规律，采取各种措施消除或减小其误差影响，是测量工作者的一项主要任务。

（一）测量误差的来源

观测误差产生的原因是多方面的。概括起来主要有以下三个方面。

1. 仪器误差

由于测量工作所使用的仪器本身存在一定的误差，如钢尺的刻划误差、经纬仪的度盘偏心等，因此会给测量值带来不可避免的误差。

2. 观测者误差

测量工作离不开人的参与，由于观测者感觉器官的鉴别能力有限，在仪器安置、照准、读数等方面都会产生误差。同时，观测者的技术水平、工作态度及状态都对测量成果的质量有直接影响。

3. 外界条件的影响

测量时外界自然条件，如温度、湿度、风力、气压、大气折光等因素都会对观测结果产生一定的影响。

观测条件的好坏决定了观测值质量的高低。例如，仪器的精度高些，观测者操作认真、熟练，选择最佳的气象条件，观测时所产生的误差就相应小一些，观测值的质量就会相应提高。反之，观测条件差，观测值的质量就相应降低。

由于任何观测值都会含有误差，因此对误差要做进一步的研究，以便对不同的误差采取不同的措施，达到消除或减弱误差对测量成果造成影响的目的。

在测量过程中，有时还会出现错误，称为粗差。测量中粗差是绝对不允许存在的，如测量角度时目标瞄准错误、记录或计算产生差错等。含有粗差的观测值不能使用，一旦发现粗差，该观测值必须舍弃并重测。在观测中，必须避免出现粗差，发现粗差的有效方法是进行必要的重复观测，通过进行严密的检核、验算等发现并消除粗差。

（二）测量误差的分类

观测误差按其对测量结果影响的性质，可分为系统误差、偶然误差两种。

1. 系统误差

在相同的观测条件下，对某量进行一系列观测，如误差出现的符号和数值均相同或按一定的规律变化，这种误差称为系统误差。

例如，用名义长度为 30 m 的钢尺丈量距离，该钢尺的实际长度为 30.015 m，则每丈量一尺段就会产生 15 mm 的系统误差，且随着尺段的倍数呈累积性。

系统误差在测量成果中具有累积性，对测量结果的影响很大。但是，系统误差具有一定的规律性，可以用以下方法进行处理：

(1)用计算的方法加以改正。例如，用钢尺量距时，对观测值经过尺长改正和温度改正，消除尺长误差和温度变化误差对钢尺的影响。

(2)用一定的观测方法加以消除。例如，在水准测量时，采用前后视距离相等的方法消除 i 角的影响；在经纬仪测角中，用盘左、盘右观测取中数的方法可以消除视准轴误差、横轴误差和竖盘指标差等的影响。

(3)检校仪器。对测量时所采用的仪器进行检验和校正，把误差减小到最小程度。例如，经纬仪照准部管水准器轴不垂直于仪器竖轴的误差对水平角的影响。对于这类系统误差，只能按规定的要求对仪器进行精确检校，并在观测中仔细整平，将其影响减少到允许范围内。

2. 偶然误差

1) 偶然误差

在相同的观测条件下，对某量进行一系列的观测，如果观测误差出现的符号和数值均呈偶然性，即从表面现象看，误差的符号和大小没有规律性，这种误差称为偶然误差(或随机误差)。例如，经纬仪测角时的照准误差、水准仪在水准尺上读数时的估读误差等。

由于系统误差与偶然误差在观测过程中往往是同时发生的，当系统误差设法消除或减小后，决定观测精度的关键因素就是偶然误差。所以，在本模块中讨论的测量误差主要以偶然误差为主。

2）偶然测量的特性

对于单个偶然误差，观测前不能预知其出现的符号和大小，但就大量偶然误差总体看，则具有一定的统计规律，而且随着观测次数的增加，偶然误差的统计规律愈明显。

下面用一个实例来说明偶然误差的规律性。例如，在相同的观测条件下，独立地观测三角形三个内角，由于存在观测误差，三角形三内角之和不等于180°，真值与观测值之差Δ称为真误差。

真误差 = 观测值 - 真值

$$\Delta = L - X \tag{5-10}$$

【例5-1】 在某地观测了198个三角形，算出了198个真误差，按其正负号的大小排列，取误差区间为0.5″，统计出各误差区间误差出现的个数，列入表5-3。

表5-3　偶然误差统计

误差区间	正误差个数	负误差个数	总和
0.0″~0.5″	30	31	61
0.5″~1.0″	25	25	50
1.0″~1.5″	18	19	37
1.5″~2.0″	12	11	23
2.0″~2.5″	8	8	16
2.5″~3.0″	3	4	7
3.0″~3.5″	2	2	4
3.5″以上	0	0	0
总和	98	100	198

由表5-3可以看出误差的分布规律为：

（1）小误差的个数比大误差的个数多。

（2）绝对值相同的正负误差区间出现的个数基本相等。

（3）最大误差不超过3.5″。

在实际测量工作中，大量的统计结果证明，偶然误差具有以下特性：

（1）在一定的观测条件下，偶然误差的绝对值不超过一定的限值。

（2）绝对值较小的误差出现的概率大。

（3）绝对值相等的正负误差出现的误差概率大致相同。

（4）同一量的等精度观测，当观测次数无限增加时，其偶然误差的算术平均值趋于零，即

$$\lim_{n\to\infty}\frac{[\Delta]}{n} = 0 \tag{5-11}$$

式中　n——观测次数；

$[\Delta] = \Delta_1 + \Delta_2 + \cdots + \Delta_n$。

二、衡量精度的指标

研究测量误差最主要的目的,就是衡量测量成果的精度。所谓精度,就是指误差分布的密集或离散的程度。在一定的条件下,对某一量进行观测,如果误差分布较为密集,即离散度较小,则表示其观测质量较好,也就是说,这一组观测精度较高;反之,如果误差分布较为离散,即离散度较大,则表示其观测质量较差,也就是说,这一组观测精度较低。

下面介绍几种常用的精度指标。

(一)中误差

设在相同的观测条件下,对某量进行了 n 次观测,得到一组观测值 L_1、L_2、…、L_n,计算出真误差为 $\Delta_1,\Delta_2,\cdots,\Delta_n$,则各个真误差的平方和的平均值的平方根,称为中误差,用 m 表示,即

$$m = \pm\sqrt{\frac{\Delta_1^2+\Delta_2^2+\cdots+\Delta_n^2}{n}} = \pm\sqrt{\frac{[\Delta\Delta]}{n}} \tag{5-12}$$

式中 m——观测值的中误差;

$[\Delta\Delta]=\Delta_1^2+\Delta_2^2+\cdots+\Delta_n^2$;

n——观测次数。

【例 5-2】 设有两组等精度观测,其真误差分别为

第一组 $-3''$、$+3''$、$-1''$、$-3''$、$+4''$、$+2''$、$-1''$、$-4''$;

第二组 $+1''$、$-5''$、$-1''$、$+6''$、$-4''$、$0''$、$+3''$、$-1''$。

试求这两组观测值的中误差。

解:

$$m_1 = \pm\sqrt{\frac{(-3)^2+3^2+(-1)^2+(-3)^2+4^2+2^2+(-1)^2+(-4)^2}{8}} = \pm 2.8''$$

$$m_2 = \pm\sqrt{\frac{1^2+(-5)^2+(-1)^2+6^2+(-4)^2+0^2+3^2+(-1)^2}{8}} = \pm 3.3''$$

比较 m_1 和 m_2 可知,第一组观测值的精度要比第二组高。

(二)极限误差

中误差是反映误差分布的密集或离散程度的,不代表个别误差的大小,要衡量某一观测值的质量,还要引入极限误差的概念。极限误差也称为容许误差,简称限差。由偶然误差的第一特性可知,在一定条件下,误差的绝对值不会超过一定的限值,这个限值就是允许误差。在测量工作中,如果观测误差绝对值小于容许误差,则认为该观测值合格。如果观测误差的绝对值大于容许误差,就认为观测值不合格。

实践证明,在等精度观测中,绝对值大于 2 倍中误差的偶然误差出现的概率为 4.6%;大于 3 倍中误差的偶然误差出现的概率为 0.3%,这已经是概率接近于零的事件。所以,实际工作中,通常采用 3 倍中误差作为容许误差。

$$\Delta_{限} = 3m \tag{5-13}$$

精度要求较高时,也有的采用 2 倍中误差作为容许误差。

$$\Delta_{限} = 2m \tag{5-14}$$

当某观测值的误差超过了容许误差,则认为该观测值含有粗差,应舍去不用或重测。

（三）相对误差

中误差是一种绝对误差，对于衡量精度来说，有时用绝对误差很难判断观测结果精度的高低。

例如，用钢尺丈量了两段距离，分别是 100 m 及 300 m，两段距离的中误差均为 ±0.05 m。虽然两者的中误差相同，但就单位长度的精度而言，两者并不相同，后者精度显然高于前者，因此引入相对误差这一精度指标。

相对误差即绝对误差与相应观测值之比，通常化成分子为 1 的分数形式：

$$K = \frac{|中误差|}{观测值} = \frac{|m|}{d} = \frac{1}{\frac{d}{|m|}} \tag{5-15}$$

在例 5-2 中，相对误差分别为

$$K_1 = \frac{1}{2\ 000}$$

$$K_2 = \frac{1}{6\ 000}$$

距离为 300 m 的相对误差小于距离为 100 m 的相对误差。丈量 300 m 的精度要高些。

任务五　算术平均值及其中误差

一、算术平均值

设对某量进行 n 次等精度观测，观测值分别为 L_1、L_2、…、L_n，它们的算数平均值为

$$L = \frac{L_1 + L_2 + \cdots + L_n}{n} = \frac{[L]}{n} \tag{5-16}$$

设某量的真值是 x，则观测值的真误差可表示为

$$\left.\begin{aligned} \Delta_1 &= L_1 - x \\ \Delta_2 &= L_2 - x \\ &\vdots \\ \Delta_n &= L_n - x \end{aligned}\right\} \tag{5-17}$$

将上式左右两端相加，得

$$\Delta_1 + \Delta_2 + \cdots + \Delta_n = L_1 + L_2 + \cdots + L_n - nx$$

即

$$[\Delta] = [L] - nx \tag{5-18}$$

等式两端同除以 n，得

$$\frac{[\Delta]}{n} = \frac{[L]}{n} - x \tag{5-19}$$

将式(5-16)代入式(5-19)得

$$L = \frac{[\Delta]}{n} + x \tag{5-20}$$

当观测次数无限大时，偶然误差的算术平均值趋近于零，此时观测值的算术平均值趋近于真值。

$$\lim_{n \to \infty} L = x \tag{5-21}$$

但在实际工作中,观测次数总是有限的,因此测量上通常把观测值的算术平均值称为真值的最或然值,并把它作为观测结果。

二、算术平均值的中误差

在衡量观测结果的精度时,除要求出观测值的中误差,还要求出观测值的算术平均值的中误差,作为评定观测值最后结果的精度。

根据误差理论,若观测值的中误差为 M,则算术平均值的中误差 M 为

$$M = \pm \frac{m}{\sqrt{n}} \tag{5-22}$$

算术平均值的中误差 M 与观测次数的平方根成反比。增加观测次数可以提高算术平均值的精度。

【例 5-3】 对一水平角观测了 4 个测回,结果见表 5-4,求该角的算术平均值及算术平均值的中误差。

表 5-4　水平角观测结果及改正数计算

测回	观测值 (°　′　″)	V (″)	VV (″)
1	48　25　20	−21	441
2	48　25　10	−11	121
3	48　24　36	23	529
4	48　24　50	9	81
平均	48　24　59	$[V]=0$	1 172

解:

平均值　$L = 48°24'59''$　　$[V]=0$

观测值的中误差　$m' = \pm\sqrt{\frac{[VV]}{n-1}} = \sqrt{\frac{1\ 172}{4-1}} = \pm 19.8''$

算术平均值的中误差 $M = \pm\frac{m'}{\sqrt{n}} = \pm\frac{19.8''}{\sqrt{4}} = \pm 9.9''$

任务六　加权平均值及其中误差

一、不等精度观测和观测值的权

在测量实践中,除等精度观测外,还有不等精度观测。此时,求多次观测的最或然值就不能简单地用算术平均值,而是需要用“加权平均值”的方法求解。

某一观测值的误差越小,精度越高,其权越大;反之,其误差越大,精度越小,其权越小。中误差用 m 表示,权用 P 表示,用公式表示为

$$P_i = \frac{C}{m_i^2} \tag{5-23}$$

式中,C 为任意常数。等于 1 的权称为单位权,而权等于 1 的观测值称为单位权观测值,单位观测值的中误差称为单位权中误差。在测量工作中,一般取一次观测、一个测回或单位长度等的测量误差作为单位权中误差。

二、加权平均值及其中误差

对某一未知量进行一组不等精度观测:$L_1, L_2, \cdots, L_n$,其中误差为 $m_1, m_2, \cdots, m_n$,则观测值的权为 $P_1, P_2, \cdots, P_n$。按照误差理论,此时应按下式取其加权平均值,作为该量的最或然值:

$$x = \frac{P_1L_1 + P_2L_2 + \cdots + P_nL_n}{P_1 + P_2 + \cdots + P_n} = \frac{[PL]}{P}$$

上式可以写成线性函数的形式:

$$x = \frac{P_1}{[P]}L_1 + \frac{P_2}{[P]}L_2 + \cdots + \frac{P_n}{[P]}L_n$$

根据误差传播公式,得到

$$m_x = \sqrt{\left(\frac{P_1}{[P]}\right)^2 m_1^2 + \left(\frac{P_2}{[P]}\right)^2 m_2^2 + \cdots + \left(\frac{P_n}{[P]}\right)^2 m_n^2}$$

可化为

$$m_x = m_o \sqrt{\frac{P_1}{[P]^2} + \frac{P_2}{[P]^2} + \cdots + \frac{P_n}{[P]^2}}$$

因此,加权平均值的中误差为

$$m_x = \frac{m_0}{\sqrt{[P]}} \tag{5-24}$$

加权平均值的权为所有观测值的权之和:

$$P_x = [P] \tag{5-25}$$

三、单位权中误差的计算

在处理不等精度的测量成果时,需要根据单位权中误差来计算观测值的权和加权平均值的中误差。单位权中误差一般取某一类观测值的基本精度,例如,水平角观测的一测回的中误差等。根据一组对同一量的不等精度观测,可以估算本类观测值的单位权中误差。

如对同一量的 n 个不等精度观测,得到

$$\begin{aligned} m_o^2 &= P_1 m_1^2 \\ m_o^2 &= P_2 m_2^2 \\ &\vdots \\ m_o^2 &= P_n m_n^2 \end{aligned}$$

取以上各式的总和,并除以 n,得到

$$m_o^2 = \frac{[Pm^2]}{n} = \frac{[Pmm]}{n}$$

用真误差Δ_i代替中误差m_i，得到在观测量的真值已知时用真误差求单位权中误差的公式：

$$m_o = \sqrt{\frac{[P\Delta\Delta]}{n}} \tag{5-26}$$

在观测值真值未知的情况下，用观测值的加权平均值x代替真值X；用观测值的改正值V_i代替真误差Δ_i，得到按不等精度观测值的改正值计算单位权中误差的公式；

$$m_o = \sqrt{\frac{[PVV]}{n-1}} \tag{5-27}$$

习　题

1. 什么叫直线定向？
2. 测量上作为定向依据的标准方向有几种？
3. 什么叫方位角？方位角有几种？
4. 什么叫象限角？方位角和象限角有何关系？
5. 测量误差分为哪几类？测量误差的来源有哪几个方面？
6. 什么叫中误差、极限误差、相对误差？
7. 如何取算术平均值？算术平均值的中误差怎样计算？

模块六　小地区控制测量

教学内容

本模块主要包括控制测量、导线测量、三角测量的概念、导线测量、三四等水准测量内外业工作、三角高程测量的内业与外业计算；重点是导线测量、三四等水准测量内外业工作的全部内容。

学习目标

学习本模块，要理解控制测量、导线测量、三角测量的概念；掌握导线测量、三四等水准测量内外业工作的全部内容；了解三角高程测量的内业与外业计算。

任务一　控制测量基本知识

测量学的主要任务之一是为国家建设提供设计和施工所需要的地形图。为了防止测量误差的累积，提高测量的精度和速度，测量工作必须遵循“先控制，后碎部”的工作步骤。即先建立控制网，再以控制网为基础进行碎部测量。

控制测量分为平面控制测量和高程控制测量。平面控制测量是测定控制点的平面位置，高程控制测量是测定控制点的高程。

一、平面控制测量

平面控制测量常用以下两种方法。

（一）三角测量

三角测量是在地面上选择一系列具有控制作用的控制点，组成互相连接的三角形且扩展成网状，称为三角网，如图 6-1 所示。在控制点上，用精密仪器将三角形的三个内角测定出来，并测定其中一条边长，然后根据三角公式解算出各点的坐标。用三角测量方法确定的平面控制点称为三角点。

（二）导线测量

导线测量是在地面上选择一系列控制点，将相邻点连成直线而构成折线形，称为导线网，如图 6-2 所示。在控制点上，用精密仪器依次测定所有折线的边长和转折角，根据解析几何的知识解算出各点的坐标。用导线测量方法确定的平面控制点称为导线点。

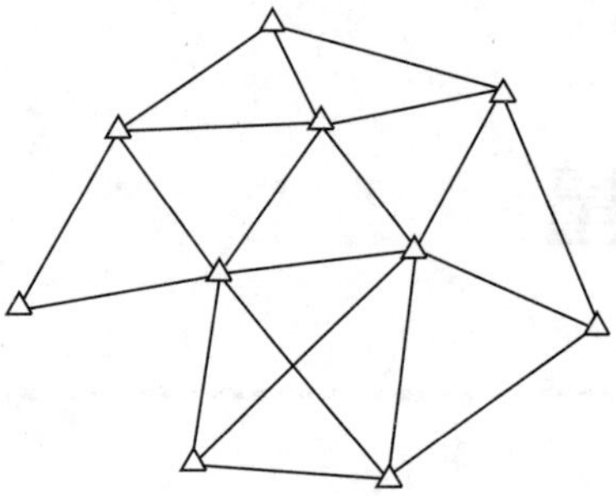

图 6-1　三角网

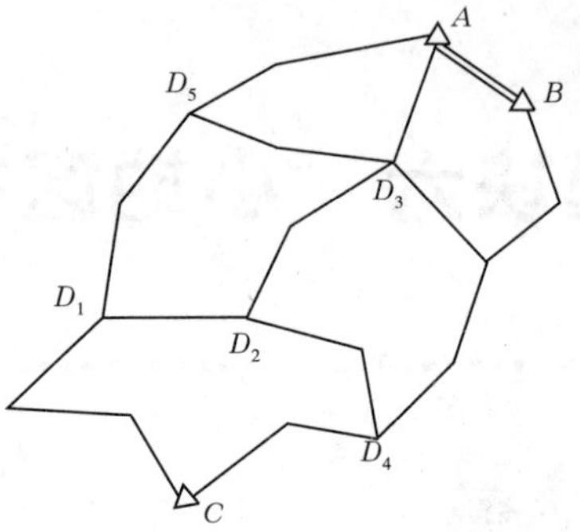

图 6-2　导线网

二、高程控制测量

高程控制测量的主要方法是水准测量。在全国范围内测定一系列统一而精确的地面点的高程所构成的网称为高程控制网。国家高程控制网的建立,也是按照由高级到低级,由整体到局部的原则进行的。按施测次序和施测精度同样分为四个等级,即一、二、三、四等。一等水准网是国家高程控制的骨干,二等水准网布设于一等水准环内,是国家高程控制网的全面基础;三、四等水准网是在二等水准网的基础上进一步加密,直接为测图和工程提供必要的高程控制。

用于小区域的高程控制网,应根据测区面积的大小和工程的需要,采用分级建立。通常是先以国家水准点为基础,在测区内建立三、四等水准路线,再以三、四等水准点为基础,测定等外(图根)水准点的高程。水准点的间距,一般地区为 2 ~ 3 km,城市建筑区为 1 ~ 2 km,工业区小于 1 km。一个测区至少设立三个水准点。

三、国家控制网

在全国范围内建立的控制网,称为国家控制网。它是全国各种比例尺测图的基本控制,并为确定地球形状和大小提供研究资料。国家控制网是用精密测量仪器和方法,依照施测精度按一、二、三、四等四个等级建立的,它的低级点受高级点逐级控制。

国家平面控制网主要布设成三角网,采用三角测量的方法。如图 6-3 所示,一等三角锁是国家平面控制网的骨干;二等三角网布设于一等三角锁环内,是国家平面控制网的全面基础;三、四等三角网为二等三角网的进一步加密。

国家高程控制网布设成水准网,采用精密水准测量的方法。如图 6-4 所示,一等水准网是国家高程控制网的骨干;二等水准网布设于一等水准环内,是国家高程控制网的全面基础;三、四等水准网为国家高程控制网的进一步加密。

四、城市控制网

在城市地区,为测绘大比例尺地形图进行市政工程和建筑工程放样,在国家控制网的控制下而建立的控制网称为城市控制网。

城市平面控制网分为二、三、四等和一、二级小三角网,或一、二、三级导线网。最后,再

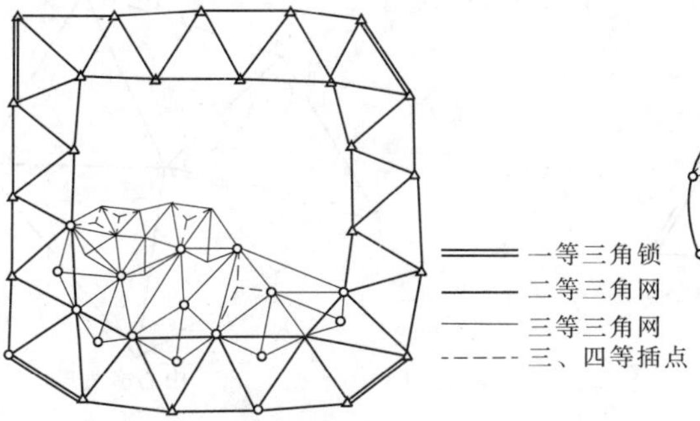

图6-3　三角测量法

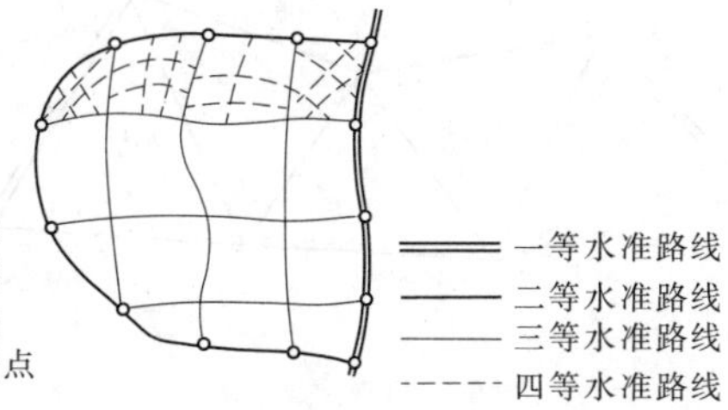

图6-4　精密水准测量法

布设直接为测绘大比例尺地形图所用的图根小三角和图根导线。

城市高程控制网分为二、三、四等,在四等以下再布设直接为测绘大比例尺地形图用的图根水准测量。

直接供地形测图使用的控制点,称为图根控制点,简称图根点。测定图根点位置的工作,称为图根控制测量。图根控制点的密度(包括高级控制点),取决于测图比例尺和地形的复杂程度。平坦开阔地区图根点的密度一般不低于表6-1的规定;地形复杂地区、城市建筑密集区和山区,可适当加大图根点的密度。

表6-1　图根点的密度

测图比例尺	1:500	1:1 000	1:2 000	1:5 000
图根点密度(点/km^2)	150	50	15	5

五、小地区控制测量

在小范围内(面积15 km^2 以下)建立的控制网,称为小地区控制网。小地区控制网在可能的条件下应与国家控制网联系起来,如果测区内或附近无国家控制点,或有国家控制点而不便连测时,则可建立测区的独立控制网。为小区域大比例尺测图建立的控制网,称为图根控制网。

在面积为15 km^2内为满足需要进行的平面控制测量称为小区域平面控制测量。小三角测量是小区域建立控制测量的一种常用方法,在地面上选定一些控制点,将相邻控制点连接成若干个连续的三角形,这些控制点称为三角点。测量所有的内角,测量一到两条边(或称基线),用近似平差的计算方法进行角度调整,不考虑地球曲率影响,应用正弦定律计算各三角形边长,最后根据已知边的方位角和已知点的坐标按导线计算的方法计算各三角点的坐标。与导线测量相比较,小三角测量的特点是边长短、量距工作量少、测角任务重、计算时不考虑地球曲率影响、采用近似平差计算的方法处理观测结果。根据测区已知控制点和实际地形情况,小三角测量布设的形式有:单三角锁、中心多边形、大地四边形、线形三角锁等,如图6-5所示。另外,根据测量元素的不同,有测角网、测边网和边角网三种。在三角网中测量一条或两条基线,观测所有的内角,这种网称为测角网。如果用测距仪测量全部边长,不测角度,这种网称为测边网。为了提高精度,观测边又测角的网称为边角网。本模块主要介绍测角网的近似平差计算方法。

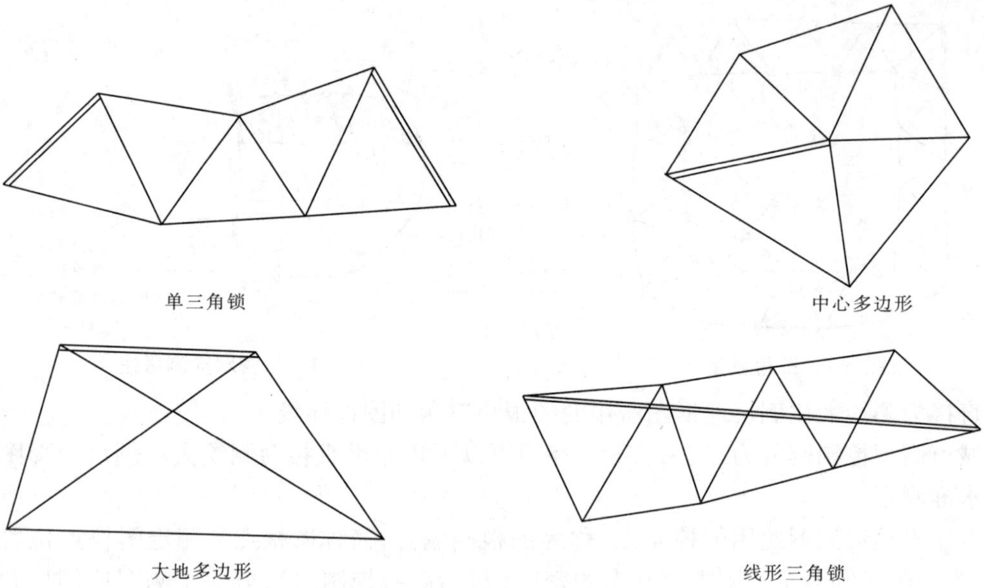

图 6-5　小三角布设形式

根据测区大小和精度要求，小三角测量可以分为一级、二级和图根小三角三个等级，其面积的大小与控制网的建立见表 6-2，小三角测量主要技术指标见表 6-3。

表 6-2　小区域平面控制网的建立

测区面积（km^2）	首级控制	图根控制
1 ~ 15	一级小三角（或一级导线）	两级图根
0.5 ~ 2	二级小三角（或二级导线）	两级图根
0.5 以下		图根三角（或图根导线）

表 6-3　小三角测量技术指标

等级	平均边长（m）	测角中误差（″）	三角形个数	起始边相对中误差	最弱边相对中误差	测回数		三角形最大闭合差（″）	方位角闭合差（″）
						DJ_6	DJ_2		
一级小三角	1 000	±5	6 ~ 7	1/40 000	1/20 000	6	2	±15	
二级小三角	500	±10	6 ~ 7	1/20 000	1/10 000	2	1	±30	
图根小三角	≤测图最大视距的 1.7 倍	±20	≤13	1/2 0000		1		±60	$\pm 40\sqrt{n}$

注：1. n 为传递方位角的测站数。

2. 当测区最大测图比例尺为 1:1 000 时，一、二级小三角的边长可适当放长，但最长不应超过表中规定的 2 倍。

任务二 导线测量的外业工作

导线测量是平面控制测量的一种常用的方法,主要用于带状地区、隐蔽地区、城建区、地下工程、线路工程等控制测量。

所谓导线,就是将测区内的相邻控制点连成一系列的折线。构成导线的控制点称为导线点,折线称为导线边。导线测量就是用测量仪器测定各转折角和各导线边长及起始边的方位角,根据已知数据和观测数据计算导线点(控制点)坐标的工作。

随着测绘科学技术的不断发展,电磁波测距和电子计算机技术的广泛应用,以导线测量的方法来建立平面控制网得到迅速推广。

一、导线的形式

根据测区的具体情况和要求,导线可布设成下列形式。

(一)闭合导线

起止于同一个已知控制点的导线称为闭合导线。如图 6-6 所示,从一高级已知点 A 出发,经过一系列的导线点如 2、3、4、5 点,最后又回到原出发点 A ,构成一闭合多边形。闭合导线本身具有严密的几何条件,具有检核的作用。

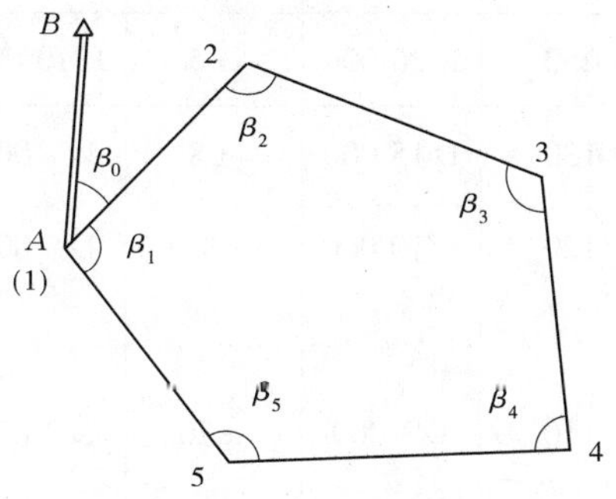

图 6-6 闭合导线

(二)附合导线

布设在两个已知控制点之间的导线称为附合导线。如图 6-7 所示,从一已知控制点 A 开始,经过若干点如 1、2、3,最后附合到另一个已知点 D,形成附合导线。

(三)支导线

从一已知控制点出发,形成自由向前伸展,既不回到原出发点,也不附合到另一已知控制点上的导线称为支导线。如图 6-8 所示,B 点为一已知控制点,1、2 为支导线点。由于支导线没有校核条件,在测量中若发生错误,无法检核,所以规范规定支导线中的未知点数不得超过两个点。

（四）无定向附合导线

由一个已知点出发，经过若干个导线点，最后附合到另一个已知点上，但起始边方位角不知道，且起、终两点不通视，只能假设起始边方位角，这样的导线称为无定向附合导线，适用于狭长地区。

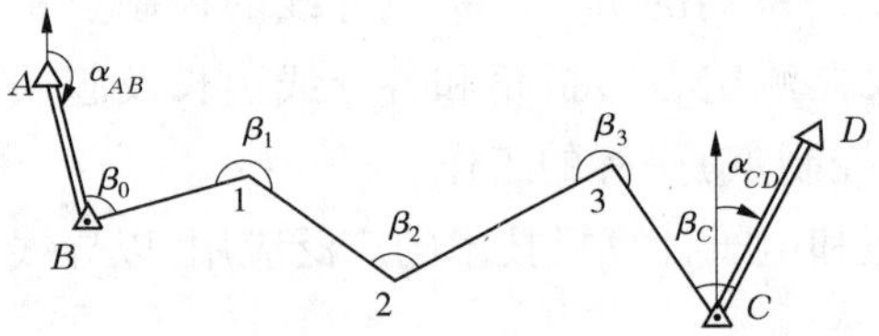

图 6-7　附合导线

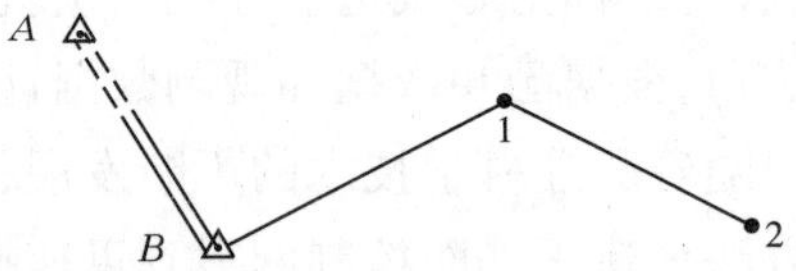

图 6-8　支导线

导线按精度可分为一、二、三级导线和图根导线，其主要技术要求列入表 6-4。表中 n 为测角个数。

表 6-4　导线的主要技术要求

等级	测图比例尺	导线长度（m）	平均边长（m）	往返丈量较差相对误差	测角中误差（″）	导线全长相对闭合差	测回数		角度闭合差（″）
							DJ_2	DJ_6	
一级		2 500	250	1/20 000	±5	1/10 000	2	4	$\pm 10\sqrt{n}$
二级		1 800	180	1/15 000	±8	1/7 000	1	3	$\pm 16\sqrt{n}$
三级		1 200	120	1/10 000	±12	1/5 000	1	2	$\pm 24\sqrt{n}$
图根	1∶500	500	75						
	1∶1 000	1 000	110	1/3 000	±20	1/2 000		1	$\pm 60\sqrt{n}$
	1∶2 000	2 000	180						

二、导线测量的外业工作

导线测量的外业工作包括踏勘选点、角度测量、边长测量及导线连接测量。其工作内容如下。

（一）踏勘选点

踏勘选点之前，应先到有关部门收集原有地形图、高一级控制点的坐标和高程，以及这些已知点的位置详图。然后按坐标把已知点展绘在原有的地形图上，在图上规划导线的布设方案。最后带上所规划的导线网图，到实地选定各点点位并建立标志。

现场选点应注意如下事项：

(1)相邻导线点间应互相通视，以便测角和测边(如果采用钢尺量距，地势应较为平坦)。

(2)点位应选在土质坚实处，以便于保存标志和安置仪器。

(3)视野开阔，便于测绘周围的地物和地貌。

(4)导线点数量要足够，密度要均匀，以便控制整个测区。

(5)导线边长最好大致相等，尽量避免过短或过长。平均边长如表6-3所示。

导线点位置选定后，要在每一点位上打一木桩，桩顶钉一小钉，作为临时性标志。一、二、三级导线点应埋设混凝土桩，如图6-9所示。为了便于寻找，应在附近房角或电线杆等明显处，用红漆写明导线点方位和编号，并量出导线点与附近固定地物点的距离，绘一草图，并注明尺寸。

(二)测边

导线边长可用电磁波测距仪或全站仪单向测定，也可以用检定过的钢尺往返丈量，但均应满足表6-3的要求。

(三)测角

导线的转折角分为右角和左角，在前进方向右侧的水平角称为右角，在左侧的水平角称为左角。对于附合导线，可测其左角，也可测其右角，但全线要统一。对于闭合导线，可测其内角，也可测其外角，若测其内角并按逆时针方向编号，其内角均为左角，反之均为右角。角度观测采用测回法，各等级导线的测角要求均应满足表6-4的要求。

(四)导线连接测量

导线与高级控制点进行连测，以此取得坐标和方位角的起始数据，称为连接测量。

附合导线的两端均是已知点，在已知点上所测的转折角β_B、β_C(见图6-10)称为连接角，*AB*和*CD*为连接边。

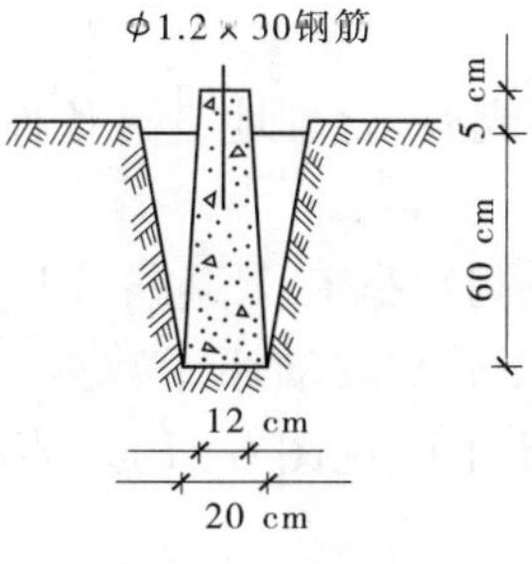

图6-9　混凝土桩

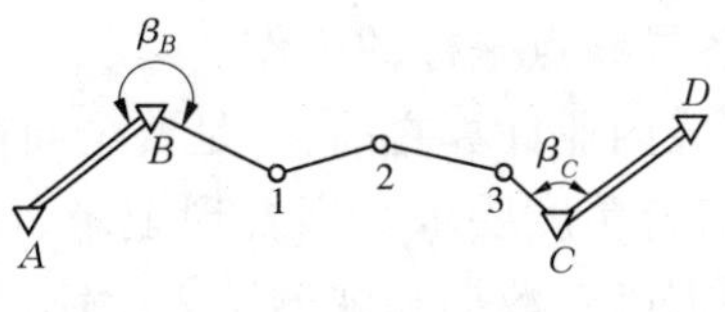

图6-10　附合导线连接测量

如果没有高一级控制点可以连测，在测区布设的是独立闭合导线，这时，需要在第一点上测出第一条边的磁方位角，并假定第一点的坐标，作为起始数据。

(五)导线测量记录

表6-5是导线测量的外业记录。记录字体要端正、清楚，不能涂改，并妥善保存。

表 6-5　导线测量记录

测站	竖盘位置	目标	水平度盘读数（°　′　″）	角值（左角）（°　′　″）	平均角值（°　′　″）	距离测量 端点号	距离测量 边长(m)	备注
1	左	4	0　37　00	87 25 36	87 25 30	1－4	136.85	略　图
		2	88　02　36					
	右	4	180　37　18	87 25 24		1－2	178.76	
		2	268　02　42					
2	左	1	32　13　30	85 18 00	85 18 06	2－1	178.78	
		3	117　31　30					
	右	1	212　14　00	85 18 12		2－3	125.82	
		3	297　32　12					
3	左	2	95　03　30	98 39 54	98 39 36	3－2	125.81	
		4	193　43　24					
	右	2	275　03　00	98 89 18		3－4	162.91	
		4	13　42　18					
4	左	3	224　34　17	98 36 13	88 36 04	4－3	162.93	测定磁方位角 $\alpha_{12}=245°30'$
		1	313　10　30					
	右	3	44　34　36	88 35 54		4－1	136.85	
		1	133　10　30					

任务三　导线测量的内业工作

导线测量的内业计算，即是在导线测量外业工作完成后，合理地进行各种误差的计算和调整，计算出各导线点坐标的工作。

在进行导线内业计算之前，一是要全面检查外业观测数据有无遗漏，记录、计算是否正确，成果是否符合精度要求。当发现记录、计算有错时，不要改动原始数据，要认真反复校核。二是要根据已知数据和观测结果绘制外业成果注记图（见图 6-11）。当确定外业成果符合要求后，才进行内业的计算。

一、测量坐标正反算

（一）坐标正算

$$\Delta x = D\cos\alpha_{AB},\ \Delta y = D\sin\alpha_{AB}$$

$$x_B = x_A + \Delta x = x_A + D\cos\alpha_{AB} \tag{6-1}$$

$$y_B = y_A + \Delta y = y_A + D\sin\alpha_{AB} \tag{6-2}$$

(二)坐标反算

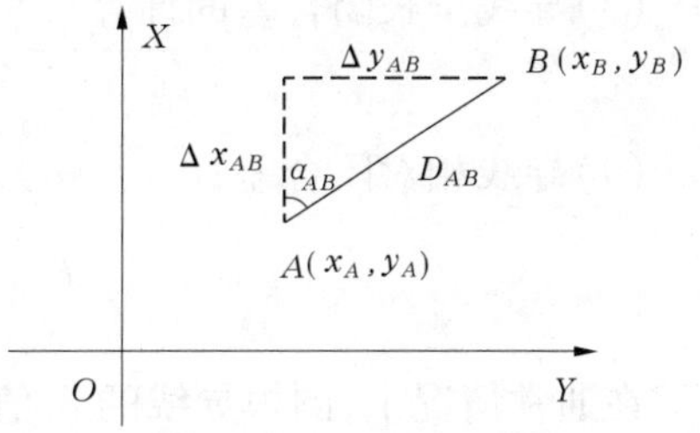

图 6-11　坐标计算图示

$$\tan\alpha_{AB} = \Delta y_{AB}/\Delta x_{AB} = \frac{y_B - y_A}{x_B - x_A}$$

$$D = \Delta y_{AB}/\sin\alpha_{AB} = \Delta x_{AB}/\cos\alpha_{AB}$$

$$D = \sqrt{\Delta x_{AB}^2 + \Delta y_{AB}^2} = \sqrt{(x_B - x_A)^2 + (y_B - y_A)^2} \tag{6-3}$$

测量坐标正反算详细计算方法参考模块五中任务三点位坐标计算。

二、闭合导线的内业计算

(一)角度闭合差的计算和调整

(1)角度闭合差f_β计算。

内角和观测值$\sum\beta_{测}$与理论值$\sum\beta_{理}$之差f_β称为闭合导线角度闭合差;

$$f_\beta = \sum\beta_{测} - \sum\beta_{理} = \sum\beta_{测} - (n-2)\times 180° \tag{6-4}$$

(2)计算角度闭合差允许值$f_{\beta允}$。

按导线转折角观测和限差表的规定计算。

(3)判断精度。当$f_\beta \leqslant f_{\beta允}$时,满足精度要求;当$f_\beta \geqslant f_{\beta允}$时,不满足精度要求,须重测。

(4)计算角度改正数。

方法:闭合差按相反符号平均分配到各角上;当f_β不能整除时,余数分在短边上。

(二)导线边方位角的计算

可根据第一条边的方位角和调整后的内角(左角),推算其他各边的方位角,其公式为:

$$\alpha_{前} = \alpha_{后} \pm 180° + \beta_{左} \tag{6-5}$$

式中　$\beta_{左}$——改正后的左角。

当采用式(6-5)算得的α值超过360°时,应减去360°。由最后一边的方位角推算而得第一边的方位角,其值应等于它的起始值,如不等,表明计算有错误。

(三)坐标增量计算及坐标增量闭合差的调整

(1)坐标增量的计算。

按坐标正算公式计算各边的坐标增量,其公式如下:

$$\Delta x_i = D_i\cos\alpha_{i(i+1)},\quad \Delta y_i = D_i\sin\alpha_{i(i+1)}\quad (i = 1,2,\cdots,n) \tag{6-6}$$

计算位数取到cm。

(2)坐标增量闭合差的计算。

$$f_x = \sum\Delta X_{测}$$

$$f_y = \sum\Delta Y_{测} \tag{6-7}$$

式中　f_x——纵坐标增量闭合差;

　　　f_y——横坐标增量闭合差。

(3)导线全长闭合差的计算

$$f = \sqrt{f_x^2 + f_y^2} \tag{6-8}$$

(4)导线相对闭合差

$$K = \frac{f}{\sum D} = \frac{1}{\sum D/f} = \frac{1}{N} \tag{6-9}$$

在通常情况下,图根导线的 K 值不应超过 1/2 000,困难地区也不应超过 1/1 000。

(5)计算坐标增量改正值

$$\begin{aligned} \delta_{x_i} &= -\frac{f_x}{\sum D} D_i \\ \delta_{y_i} &= -\frac{f_y}{\sum D} D_i \end{aligned} \tag{6-10}$$

式中　δ_{x_i}、δ_{y_i}——第 i 条边纵、横坐标增量改正值;

D_i——第 i 条边的边长。

(四)计算导线点的坐标

根据起点的已知坐标及调整之后的坐标增量逐一推求。算完最后一点,还要推算起点的坐标,推算得出的坐标应等于已知坐标。

(五)闭合导线的内业计算算例

表 6-6 为一闭合导线计算算例,外业观测数据均标注在示意图中。

闭合导线坐标推算时,从已知点 A 开始,推算出 B、C、D 点的坐标,最后推算回到 A 点,应与原来 A 点坐标相同,作为推算坐标的检核。

三、附合导线的内业计算

(一)附合导线的内业计算

如图 6-12 为一附合导线,它的起点 1 和终点 3 分别与高一级的控制点 A、B 和 C、D 连接,后者的坐标为已知,可按坐标反算公式计算起始边和终了边的方位角,即

$$\begin{aligned} \alpha_{AB} &= \arctan \frac{y_B - y_A}{x_B - x_A} \\ \alpha_{CD} &= \arctan \frac{y_D - y_C}{x_C - x_C} \end{aligned} \tag{6-11}$$

附合导线与闭合导线的计算步骤基本相同,但几何条件不同,角度闭合差和坐标增量闭合差的计算就有所不同。

1. 角度闭合差的计算

根据两端方向已知的特点,可由导线起始边的方位角 α_{AB} 和左角 β_i,推算得终了边的方位角 α'_{CD},即

$$\alpha'_{CD} = \alpha_{AB} + n \times 180^\circ + \sum \beta \tag{6-12}$$

表 6-6　闭合导线计算　　　　计算者：× × ×　检查者：× × ×

点号	观测角 β (° ′ ″)	改正数 (″)	改正后角值 (° ′ ″)	坐标方位角 (° ′ ″)	距离 D (m)	坐标增量 Δx (m)	坐标增量 Δy (m)	改正后坐标增量 Δx (m)	改正后坐标增量 Δy (m)	坐标 x (m)	坐标 y (m)	点号
(1)	(2)	(3)	(4) = (2) + (3)	(5)	(6)	(7)	(8)	(9)	(10)	(11)	(12)	(13)
4												4
				215 53 17								
1	89 36 30	+13	89 36 43							500.000	500.000	1
				125 30 00	105.221	−0.024 −61.102	+0.020 +85.662	−61.126	+85.682			
2	107 48 30	+12	107 48 42							438.874	585.682	2
				53 18 42	80.182	−0.018 +47.906	+0.015 +64.298	+47.888	+64.313			
3	73 00 20	+12	73 00 32							486.762	649.995	3
				306 19 14	129.343	−0.029 +76.610	+0.025 −104.214	+76.581	−104.189			
4	89 33 50	+13	89 34 03							563.343	545.806	4
				215 53 17	78.165	−0.017 −63.326	+0.015 −45.821	−63.343	−45.806			
1										500.000	500.000	1
Σ	359 59 10	+50	360 00 00		392.911	(−0.088) +0.088	(+0.075) −0.075	0.000	0.000			

辅助计算：

$$\sum\beta_{测} = 359°59'10''$$
$$-)\ \sum\beta_{理} = 360°$$
$$f_\beta = -50''$$
$$f_{\beta容} = \pm 60''\sqrt{4} = \pm 120''$$

$f_x = \sum\Delta x = +0.088$　　$f_y = \sum\Delta y = -0.075$

导线全长闭合差 $f = \pm\sqrt{f_x^2 + f_y^2} = \pm 0.116(\text{m})$

相对闭合差 $K = \dfrac{f}{\sum D} = \dfrac{1}{3\ 390}$

容许相对闭合差 $K_{容} = \dfrac{1}{2\ 000}$

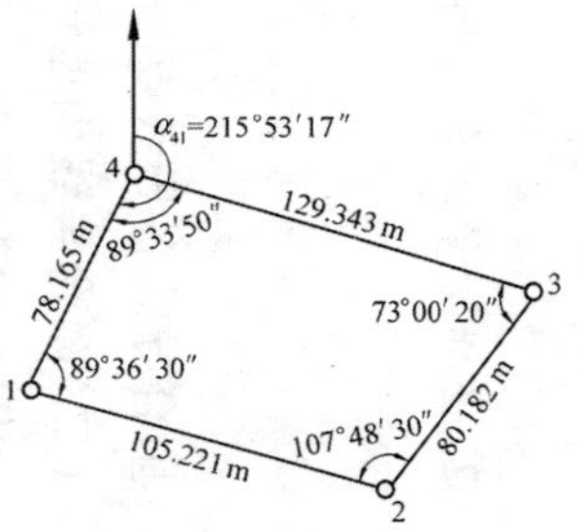

由式(6-12)计算得到的方位角应减去若干个 360°,使其角值在 0° ~360°。

附合导线的角度闭合差为

$$f_{\beta} = \alpha'_{CD} - \alpha_{CD} \tag{6-13}$$

2. 坐标增量闭合差的计算

$$\begin{aligned} f_x &= \sum \Delta x_{测} - (x_C - x_B) \\ f_y &= \sum \Delta y_{测} - (y_C - y_B) \end{aligned} \tag{6-14}$$

附合导线各导线点坐标计算的其他内容,同闭合导线。

(二)附合导线内业计算算例

如图 6-12 所示为一附合导线算例,外业观测数据均标注在图中,内业计算见表 6-7。

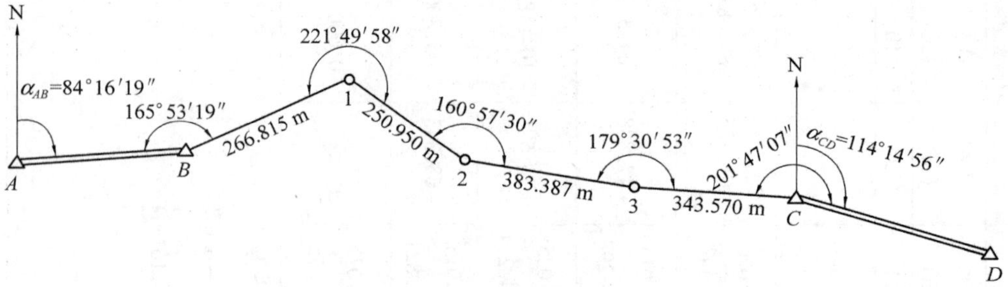

图 6-12 附合导线算例

四、支导线计算

支导线中没有检核条件,因此没有闭合差产生,导线转折角和计算的坐标增量均不需要进行改正。支导线的计算步骤为:

(1)根据观测的转折角推算各边的坐标方位角。

(2)根据各边坐标方位角和边长计算坐标增量。

(3)根据各边的坐标增量推算各点的坐标。

五、测角交会定点

小区域平面控制网的布设,一般采用导线测量和小三角测量的方法。当测区内已有控制点的数量不能满足测图或施工放样需要时,也经常采用交会法测量来加密控制点。测角交会法布设的形式有前方交会法、侧方交会法和后方交会法。

(一)前方交会法

前方交会法如图 6-13 所示,AB 为两个相邻的已知点,待求点 P,通过观测角 α 和 β,计算 P 点坐标,称为前方交会。为了进行检核和提高测量 P 点的精度,在实际工作中,采用三个已知点进行交会,由两个三角形分别计算待求点(P)的坐标,符合要求,取两组坐标的平均值作为 P 点的坐标。

表 6-7　附合导线坐标计算　　　　计算者：× × ×　检查者：× × ×

点号	观测 β (° ′ ″)	改正数 (″)	改正后角值 (° ′ ″)	坐标方位角 (° ′ ″)	距离 D (m)	坐标增量 Δx (m)	坐标增量 Δy (m)	改正后坐标增量 Δx (m)	改正后坐标增量 Δy (m)	坐标 x (m)	坐标 y (m)	点号
(1)	(2)	(3)	(4)	(5)	(6)	(7)	(8)	(9)	(10)	(11)	(12)	(13)
A												A
				84 16 19								
B	165 53 19	-2	165 53 17							2 293. 735	4 479. 548	B
				70 09 36	266. 815	- 0. 003 + 90. 556	+ 0. 005 + 250. 978	+ 90. 553	+ 250. 983			
1	221 49 58	-2	221 49 56							2 384. 288	4 730. 531	1
				111 59 32	250. 950	- 0. 003 - 93. 976	+ 0. 005 232. 690	- 93. 979	+ 232. 695			
2	160 57 30	-2	160 57 28							2 290. 309	4 963. 226	2
				92 57 00	383. 387	- 0. 005 - 19. 731	+ 0. 007 + 382. 879	- 19. 736	+ 382. 886			
3	179 30 53	-2	179 30 51							2 270. 573	5 346. 112	3
				92 27 51	343. 570	- 0. 004 - 14. 772	+ 0. 006 + 343. 252	- 14. 776	+ 343. 258			
C	201 47 07	-2	201 47 05							2 225. 797	5 689. 370	C
				114 14 56								
D												D
Σ	929 58 47	-10	929 58 37		1 244. 722	- 37. 923	+ 1 209. 799	- 37. 938	+ 1 209. 822			

辅助计算：

$\alpha_{AB} = 84°16'19''$

$+)\sum\beta_{测} = 929°58'47''$

$= 1\,014°15'06''$

$-)5 \times 180° = 900°$

$\alpha'_{CD} = 114°15'06''$

$-)\alpha_{CD} = 114°14'56''$

$f_\beta = +10''$

$f_{\beta容} = \pm 10''\sqrt{n} = \pm 22''$

$\sum\Delta x = -37.923$　　$\sum\Delta y = +1\,209.799$

$-)x_C - x_B = -37.938$　　$-)y_C - y_B = +1\,209.822$

$f_x = +0.015$　　$f_y = -0.023$

导线全长闭合差 $f = \pm\sqrt{f_x^2 + f_y^2} \approx \pm 0.027(\text{m})$

相对闭合差 $K = \dfrac{0.027}{1\,244.722} = \dfrac{1}{46\,100}$

容许相对闭合差 $K_{容} = \dfrac{1}{15\,000}$

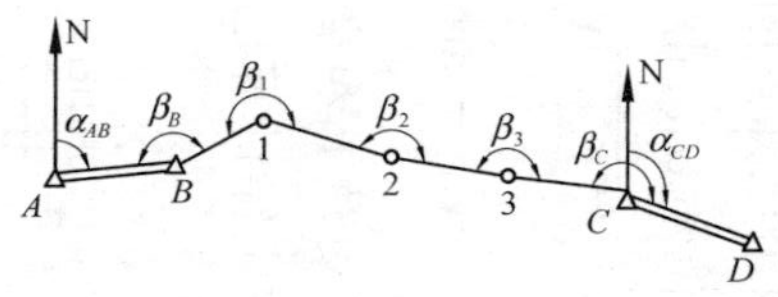

注：本例为一级导线。

1. 已知点坐标反算

根据两个已知点的坐标，计算两点间的边长 c 及坐标方位角 α_{AB}，得

$$c = \sqrt{(X_B - X_A)^2 + (Y_B - Y_A)^2} \tag{6-15}$$

$$\alpha_{AB} = \arctan \frac{Y_B - Y_A}{X_B - X_A} \tag{6-16}$$

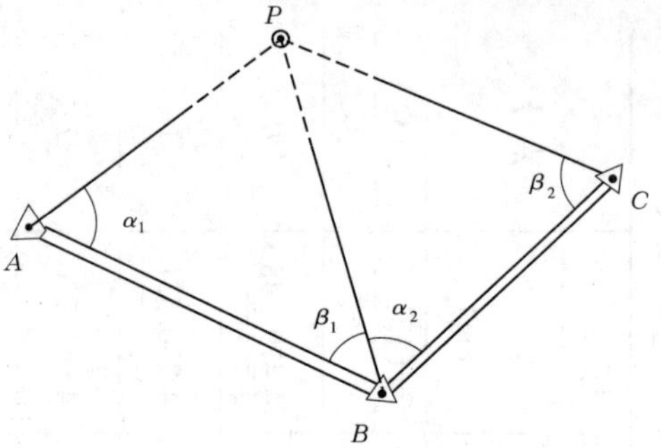

图 6-13 前方交会

2. 待定边边长和坐标方位角计算

按正弦定律计算已知点至待定点的边长 a、b：

$$\left.\begin{aligned} a &= \frac{c\sin\alpha}{\sin\gamma} = \frac{c\sin\alpha}{\sin(\alpha+\beta)} \\ b &= \frac{c\sin\beta}{\sin\gamma} = \frac{c\sin\beta}{\sin(\alpha+\beta)} \end{aligned}\right\} \tag{6-17}$$

按下式计算待定边的坐标方位角：

$$\left.\begin{aligned} \alpha_{AP} &= \alpha_{AB} - \alpha \\ \alpha_{BP} &= \alpha_{BA} + \beta = \alpha_{AB} + \beta \pm 180^\circ \end{aligned}\right\} \tag{6-18}$$

3. 待定点坐标计算

根据已算得的待定边的边长和坐标方位角，按坐标正算法，分别从已知点 A、B 计算至待定点 P 的坐标增量：

$$\left.\begin{aligned} \Delta X_{AP} &= b\cos\alpha_{AP} \\ \Delta Y_{AP} &= b\sin\alpha_{AP} \end{aligned}\right\} \tag{6-19}$$

$$\left.\begin{aligned} \Delta X_{BP} &= a\cos\alpha_{BP} \\ \Delta Y_{BP} &= a\sin\alpha_{BP} \end{aligned}\right\} \tag{6-20}$$

然后分别从 A、B 点计算待定点 P 的坐标，两次算得的坐标可以作为检核：

$$\left.\begin{aligned} X_P &= X_A + \Delta X_{AP} \\ Y_P &= Y_A + \Delta Y_{AP} \end{aligned}\right\} \tag{6-21}$$

$$\left.\begin{aligned} X_P &= X_B + \Delta X_{BP} \\ Y_P &= Y_B + \Delta Y_{BP} \end{aligned}\right\} \tag{6-22}$$

4. 直接计算待定点坐标的公式

将以上公式经过化算，可以得到直接计算待定点 P 的坐标的公式，推导如下：

由于 $\Delta X_{AP} = X_P - X_A$，$\alpha_{AP} = \alpha_{AB} - \alpha$，因此式(6-19)可以写成

$$X_P - X_A = b\cos(\alpha_{AB} - \alpha) = b(\cos\alpha_{AB}\cos\alpha + \sin\alpha_{AB}\sin\alpha)$$

$$Y_P - Y_A = b\sin(\alpha_{AB} - \alpha) = b(\sin\alpha_{AB}\cos\alpha - \cos\alpha_{AB}\sin\alpha)$$

而

$$\cos\alpha_{AB} = \frac{X_B - X_A}{c}, \sin\alpha_{AB} = \frac{Y_B - Y_A}{c}$$

因此

$$\left.\begin{aligned} X_P - X_A &= \frac{b}{c}\sin\alpha[(X_B - X_A)\cot\alpha + (Y_B - Y_A)] \\ Y_P - Y_A &= \frac{b}{c}\sin\alpha[(Y_B - Y_A)\cot\alpha + (X_A - X_B)] \end{aligned}\right\} \tag{6-23}$$

按正弦定律 $\frac{b}{c}=\frac{\sin\beta}{\sin\gamma}$ 计算,将等号左边已知数据 X_A、X_B 移到右边,可推算出直接计算待定点坐标的余切公式:

$$\left.\begin{aligned} X_P &= \frac{X_A\cot\beta + X_B\cot\alpha + (Y_B - Y_A)}{\cot\alpha + \cot\beta} \\ Y_P &= \frac{Y_A\cot\beta + Y_B\cot\alpha + (X_A - X_B)}{\cot\alpha + \cot\beta} \end{aligned}\right\} \tag{6-24}$$

如果将 $\cot\alpha = 1/\tan\alpha$,$\cot\beta = 1/\tan\beta$ 代入式(6-24)进行计算,则得到前方交会直接计算待定点坐标的正切公式:

$$\left.\begin{aligned} X_P &= \frac{X_A\tan\alpha + X_B\tan\beta + (Y_B - Y_A)\tan\alpha\tan\beta}{\tan\alpha + \tan\beta} \\ Y_P &= \frac{Y_A\tan\alpha + Y_B\tan\beta + (X_A - X_B)\tan\alpha\tan\beta}{\tan\alpha + \tan\beta} \end{aligned}\right\} \tag{6-25}$$

由于可以直接用计数器进行正切函数计算,因此使用正切公式比使用余切公式更方便。前方交会的算例见表 6-8。

表 6-8　前方交会计算表

略图与公式	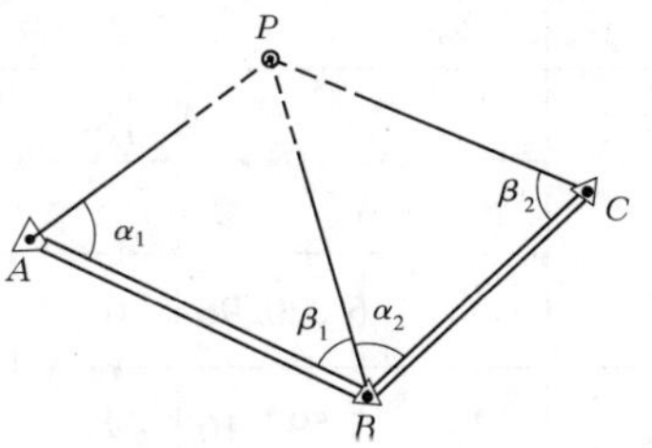 $X_P=\frac{X_A\cot\beta+X_B\cot\alpha+(Y_B-Y_A)}{\cot\alpha+\cot\beta}$ $Y_P=\frac{Y_A\cot\beta+Y_B\cot\alpha+(X_A-X_B)}{\cot\alpha+\cot\beta}$							
已知数据	X_A	1 659.232 m	Y_A	2 355.537 m	X_B	1 406.593 m	Y_B	2 654.051 m
	X_B	1 406.593 m	Y_B	3 654.051 m	X_C	1 589.736 m	Y_C	2 987.304 m
观测值	α_1	69°11′04″	β_1	59°42′39″	α_2	51°15′22″	β_2	76°44′30″
坐标值	X_{P1}	1 869.200 m	Y_{P1}	2 735.228 m	X_{P2}	1 869.208 m	Y_{P2}	2 735.226 m
中数	X_P	1 869.204 m	Y_P	2 735.227 m				
计算与校核	测图比例尺 1:500　$f_{允} = \pm 0.3 \times 500 = \pm 150$ mm　$f = \sqrt{8^2+2^2} = \pm 8$ mm $< \pm 150$ mm　$X_P = 1\ 869.204$ m　$Y_P = 2\ 735.227$ m							

（二）侧方交会

如图 6-14 所示是侧方交会测量的布设形式，侧方交会的计算先解出控制点 A 上的角 α，由图可知，$\alpha = 180° - (\beta - \gamma)$，其交会点 P 的坐标值可根据三角形 ABP 用余切公式进行计算，计算格式和前方交会相似，见表 6-9。

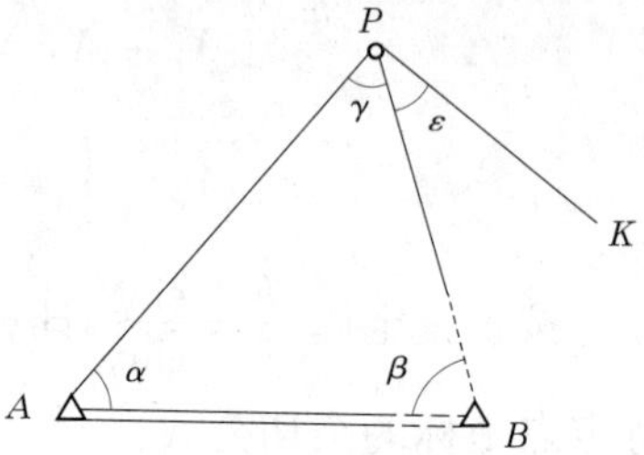

图 6-14　侧方交会

为了检查侧方交会点点位的精度，应根据算得的 P 点坐标和 B、K 两点的已知坐标反算出方位角 α_{PB}、α_{PK} 及距离 D_{PK}。$\angle BPK$ 的计算值 $\varepsilon_{算} = \alpha_{PB} - \alpha_{PK}$，与实测的角值 $\varepsilon_{测}$，有一个角度差 $\Delta\varepsilon$，即

$$\Delta\varepsilon = \varepsilon_{算} - \varepsilon_{测}$$

在 1∶5 000 及 1∶10 000 比例尺测图中，$|\Delta\varepsilon|$ 应小于或等于 $0.15M\rho/D_{PK}$；在 1∶5 000 ~ 1∶2 000 比例尺测图中，$|\Delta\varepsilon|$ 则应小于或等于 $0.20\,M\rho/D_{PK}$（M 为测图比例尺的分母）。

表 6-9　侧方交会算例

坐　标　计　算							
原理图		野外略图		计算公式			
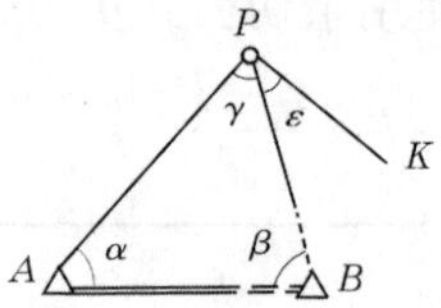		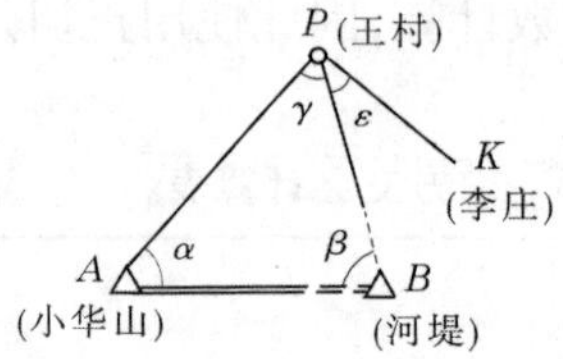		$X_P = \dfrac{X_A\cot\beta + X_B\cot\alpha + (Y_B - Y_A)}{\cot\alpha + \cot\beta}$ $Y_P = \dfrac{Y_A\cot\beta + Y_B\cot\alpha + (X_A - X_B)}{\cot\alpha + \cot\beta}$			
点名		观测角值		坐　标			
				X		Y	
A	小华山	α	47°59′42″	X_A	6 220.96	Y_A	28 186.48
B	河堤	β	63°33′46″	X_B	5 597.16	Y_B	28 452.78
P	王村	γ	68°26′32″	X_P	6 009.57	Y_P	28 804.33
K	李庄			X_K	5 595.97	Y_K	28 849.64
	α_{PB}	220°26′43″		$\varepsilon_{测}$	56°39′42″	D_{PK}	416.07
检　核	α_{PK}	173°44′53″					
	$\varepsilon_{计}$	56°41′50″		$\Delta\varepsilon$	2′08″	$\Delta\varepsilon_{允}$	2′29″
计　算与校　核	测图比例尺 1∶500　　$\Delta\varepsilon_{允} \leqslant \dfrac{0.2M\rho}{D_{PK}} = \pm 2'29''$　　$\Delta\varepsilon = \varepsilon_{计} - \varepsilon_{测} = 2'08''$						

（三）后方交会

从一待定点 P 向三个已知点 A、B、C 观测水平角方向值 R_a、R_b、R_c，计算 P 点的坐标的方法，称为后方交会，如图 6-15 所示。已知点 A、B、C 按顺时针排列，待定点 P 可以在已知点所组成的 $\triangle ABC$ 之内，也可以在其外。但是，当 A、B、C、P 处于四点共圆的位置时，用后方交会这种方法就无法确定 P 点的位置（坐标）。因此，四点共圆称为危险圆。

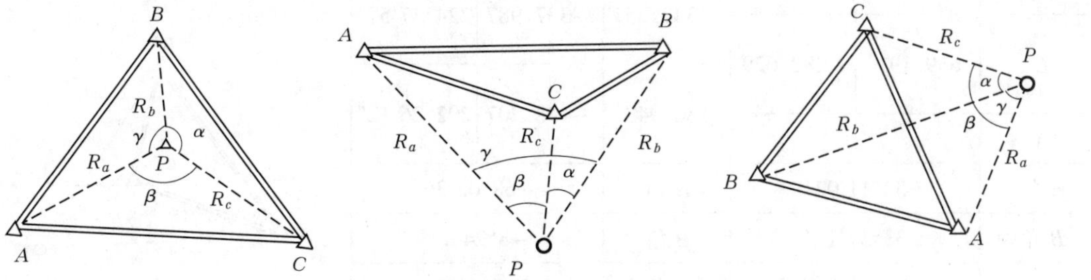

图 6-15　后方交会布设形式

（四）后方交会坐标计算的重心公式

设已知点 A、B、C 所构成的已知三角形的三个内角即命名为 A、B、C 角，如图 6-15 所示，在 P 点对 A、B、C 三点观测的水平方向值 R_a、R_b、R_c 也构成三个水平角为 α、β、γ，并规定：

$$\left.\begin{aligned}\alpha &= R_c - R_b\\ \beta &= R_a - R_c\\ \gamma &= R_b - R_a\end{aligned}\right\} \tag{6-26}$$

$$\left.\begin{aligned}P_A &= \frac{1}{\cot A - \cot\alpha} = \frac{\tan\alpha\tan A}{\tan\alpha - \tan A}\\ P_B &= \frac{1}{\cot B - \cot\beta} = \frac{\tan\beta\tan B}{\tan\beta - \tan B}\\ P_C &= \frac{1}{\cot C - \cot\gamma} = \frac{\tan\gamma\tan C}{\tan\gamma - \tan C}\end{aligned}\right\} \tag{6-27}$$

则待定点 P 的坐标值为

$$\left.\begin{aligned}X_P &= \frac{P_AX_A + P_BX_B + P_CX_C}{P_A + P_B + P_C}\\ Y_P &= \frac{P_AY_A + P_BY_B + P_CY_C}{P_A + P_B + P_C}\end{aligned}\right\} \tag{6-28}$$

式中　X_A、Y_A，X_B、Y_B，X_C、Y_C——三个已知点的坐标。

如果把 P_A、P_B、P_C 看作三个已知点 A、B、C 的权，则待定点 P 的坐标值是三个已知点坐标的加权平均值。

表 6-10　后方交会算例

已知点坐标反算方位角						后方交会图形及观测值	
已知点	X	Y	ΔX	ΔY	方位角	$R_a=0°00'00''$ $R_b=8°24'14''$ $R_c=76°26'50''$ 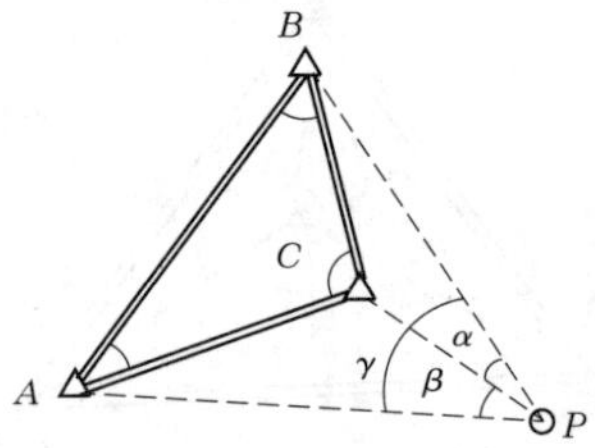	
A	840.134	844.422	161.408	776.194	78°15′10″		
B	1 001.542	1 620.616	-342.351	-337.987	224°37′57″		
C	659.191	1 282.629	180.943	-438.207	292°26′12″		
A							
A 角	34°11′02″		α 角	-68°02′36″			
B 角	33°37′13″		β 角	-8°24′14″			
C 角	112°11′45″		γ 角	76°26′50″			
三角之和	180°00′00″		三角之和	180°00′00″			
$\cot A$	1.472 345 7		$\cot\alpha$	-0.403 146 7		$P_A=\dfrac{1}{\cot A-\cot\alpha}$	0.533 193 3
$\cot B$	1.503 965 9		$\cot\beta$	-6.768 807 6		$P_B=\dfrac{1}{\cot B-\cot\beta}$	0.120 878 4
$\cot C$	-0.408 007 6		$\cot\gamma$	0.241 053 2		$P_c=\dfrac{1}{\cot c-\cot\gamma}$	-1.540 687 7
待定点 P 坐标计算	$X_P=\dfrac{P_AX_A+P_BX_B+P_CX_C}{P_A+P_B+P_C}=503.700$ $Y_P=\dfrac{P_AY_A+P_BY_B+P_CY_C}{P_A+P_B+P_C}=1\ 500.078$					$P_A+P_B+P_c$	-0.886 616 0

任务四　高程控制测量

一、高程控制网概述

（一）高程控制测量概述

精确测定控制点高程的工作称为高程控制测量。高程控制测量首先要在测区建立高程控制网，为测绘地形图或建筑物施工放样以及进行科学研究工作提供必要的高程控制基础，我国在全国范围内建立了统一的高程控制网，高程控制网由一系列的水准点构成，沿水准路线按一定的距离埋设固定的标志称为水准点，水准点分为临时性水准点和永久性水准点，等级水准点埋设永久性标志，三、四等水准点埋设普通标石，普通水准标石见图 6-16。图根水准点可根据需要埋设永久性或临时性水准点，临时性水准点埋设木桩或在水泥板或石头上用红油漆画出临时标志表示。

（二）国家高程控制网

国家高程控制网分为一、二、三、四等四个等级。一、二等水准网是国家高程控制的基础,一、二等水准路线一般沿着铁路、公路进行布设,形成闭合水准网或附合水准网,用精密水准测量方法测定其高程;三、四等水准测量主要用于一、二等水准测量的加密,作为地形测量和工程测量的高程控制,布设闭合水准路线和附合水准路线。水准网见图6-17,国家一、二等水准测量技术指标在此不再详述。

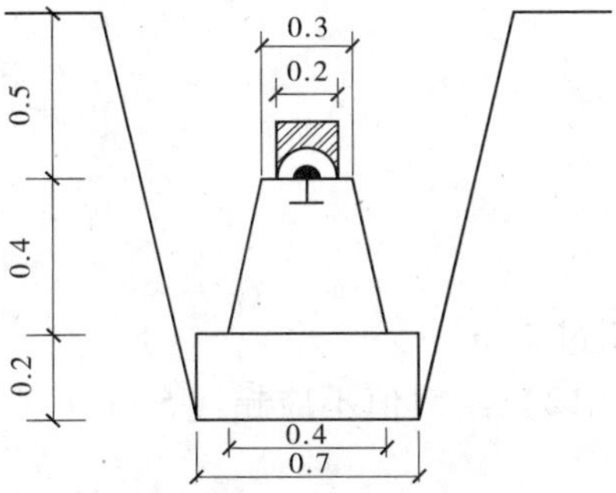

图6-16 混凝土普通水准标石 (单位:m)

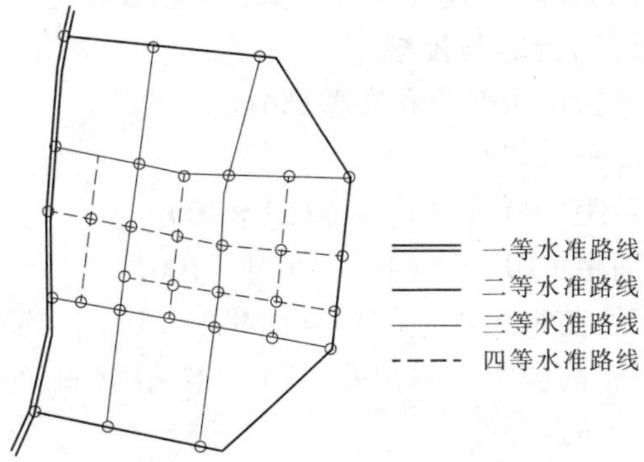

图6-17 等级水准网布设示意图

(三)图根高程控制网

为了满足测图的需要,测定图根点的高程称为图根控制测量,图根高程控制网可以布设为水准网及三角高程网。

(四)高程控制网的施测方法

三、四等高程控制网的施测方法一般采用水准测量方法,图根高程网可采用水准测量方法或三角高程测量方法施测。

在地形测量中,高程控制测量一般分为基本高程控制和加密高程控制,基本控制测量一般采用三、四等及以上等级水准测量,加密高程控制一般采用五等水准测量及三角高程测量。本模块主要介绍三、四等水准测量和三角高程测量。

二、三、四等水准测量

(一)三、四等水准测量的技术要求

三、四等水准测量的技术要求见表6-11。

表6-11 三、四等水准测量的技术要求

项目 等级	使用 仪器	高差闭合 差限差 (mm)	视线 长度 (m)	前后视 距离差 (m)	前后视 距累积差 (m)	黑红面 读数差 (mm)	黑红面所测 高差之差 (mm)
三	DS_3	$\pm 12\sqrt{L}$	≤75	≤2	≤5	2	3
四	DS_3	$\pm 20\sqrt{L}$	≤100	≤3	≤10	3	5

(二)三、四等水准测量观测方法

三、四等水准测量主要采用双面水准尺观测法,除各种限差有所区别外,观测方法大同小异。现以三等水准测量的观测方法为例加以说明。

按下列顺序进行观测，并记于手簿中，见表6-12：

(1)读取后视尺黑面读数：下丝(1)，上丝(2)，中丝(3)。

(2)读取前视尺黑面读数：下丝(4)，上丝(5)，中丝(6)。

(3)读取前视尺红面读数：中丝(7)。

(4)读取后视尺红面读数：中丝(8)。

(三)计算与校核

分为视距部分和高差部分。

1.视距部分

后距 (9) = [(1) - (2)] ×100。

前距 (10) = [(4) - (5)] ×100。

后、前视距离差(11) = [(9) - (10)]，绝对值不超过2 m。

后、前视距离累积差(12) = 本站的(11) + 前站的(12)，绝对值不应超过5 m。

2.高差部分

后视尺黑、红面读数差(13) = K_1 + (3) - (8)，绝对值不应超过2 mm。

前视尺黑、红面读数差(14) = K_2 + (6) - (7)，绝对值不应超过2 mm。

上两式中的K_1、K_2分别为两水准尺的黑、红面的起点差，又称尺常数。

黑面高差(16) = (3) - (6)。

红面高差(17) = (8) - (7)。

黑红面高差之差(15) = [(16) - ((17) ±0.100)] = [(13) - (14)]，绝对值不应超过3 mm。

高差中数(18) = 1/2[(16) + (17) ±0.100]作为该两点测得的高差。

当整个水准路线测量完毕，应逐页校核计算有无错误，校核方法是：

先计算Σ(3)、Σ(6)、Σ(7)、Σ(8)、Σ(9)、Σ(10)、Σ(16)、Σ(17)、Σ(18)，而后用下式校核：

Σ(9) - Σ(10) = (12)末站

当测站总数为奇数时 1/2[Σ(16) + Σ(17) ±0.100] = Σ(18)

当测站总数为偶数时 1/2[Σ(16) + Σ(17)] = Σ(18)

最后算出水准路线总长度 L = Σ(9) + Σ(10)

(四)三、四等水准测量的成果整理

根据三、四等水准测量高差闭合差的限差要求，采用普通水准测量的闭合差的调整及高程计算方法，计算各水准点的高程。

三、三角高程测量

在山区或高层建筑物上，若用水准测量作高程控制，则困难大且速度慢，这时可考虑采用三角高程测量。三角高程测量分为测距仪三角高程测量和经纬仪三角高程测量两种。

三等水准测量手簿见表6-12。

表 6-12　三等水准测量手簿　（$K_1=4.787$，$K_2=4.687$）

测站编号	点号	后尺 下丝 上丝 后距(m) 前后视距差(m)	前尺 下丝 上丝 前距(m) 累积差	方向及尺号	水准尺读数(m) 黑	水准尺读数(m) 红	K＋黑－红(mm)	高差中数(m)
		(1) (2) (9) (11)	(4) (5) (10) (12)	后 前 后－前	(3) (6) (16)	(8) (7) (17)	(13) (14) (15)	(18)
1	BM_1—Z_1	1.614 1.156 45.8 +1.0	0.774 0.326 44.8 +1.0	后1 前2 后－前	1.384 0.551 +0.833	6.171 5.239 +0.932	0 −1 +1	+0.832 5
2	Z_1—Z_2	2.188 1.682 50.6 +1.2	2.252 1.758 49.4 +2.2	后2 前1 后－前	1.934 2.008 −0.074	6.622 6.796 −0.174	−1 −1 0	−0.074 0
3	Z_2—Z_3	1.922 1.529 39.3 −0.5	2.066 1.668 39.8 +1.7	后1 前2 后－前	1.726 1.866 −0.140	6.512 6.554 −0.042	+1 −1 +2	−0.141 0
4	Z_3—BM_2	2.041 1.622 41.9 −1.1	2.220 1.790 43.0 +0.6	后2 前1 后－前	1.832 2.007 −0.175	6.520 6.793 −0.273	−1 +1 −2	−0.174 0
校核		Σ(9)＝177.6 Σ(10)＝177.0 (12)末站＝+0.6 总距离＝354.6			Σ(3)＝6.876 Σ(6)＝6.432 Σ(16)＝+0.444 Σ(8)＝25.825 Σ(7)＝25.382 Σ(17)＝+0.443 1/2[Σ(16)＋Σ(17)]＝ +0.443 5＝Σ(18)			Σ(18) ＝+0.443 5

(一)三角高程测量的主要技术要求

三角高程测量的主要技术要求,是针对竖直角测量的技术要求,一般分为两个等级,即四、五等,其可作为测区的首级控制,技术要求见表6-13。

表6-13 电磁波测距三角高程测量的主要技术要求

等级	仪器	测距边测回数	竖直角测回数		指标差较差(″)	竖直角较差(″)	对向观测高差较差(mm)	附合或环线闭合差(mm)
			三丝法	中丝法				
四	DJ_2	往返各一次	—	3	≤7	≤7	$40\sqrt{D}$	$20\sqrt{\sum D}$
五	DJ_2	1	1	2	≤10	≤10	$60\sqrt{D}$	$30\sqrt{\sum D}$

注:D为电磁波测距边长度(km)。

(二)三角高程测量的原理

三角高程测量是根据两点间的水平距离和竖直角计算两点的高差,求出所求点的高程。

如图6-18所示,在A点安置仪器,用望远镜中丝瞄准B点觇标的顶点,测得竖直角α,并量取仪器高i和觇标高v,若测出A、B两点间的水平距离D,则可求得A、B两点间的高差,即

$$h_{AB} = D\tan\alpha + i - v \tag{6-29}$$

B点高程为

$$H_B = H_A + D\tan\alpha + i - v \tag{6-30}$$

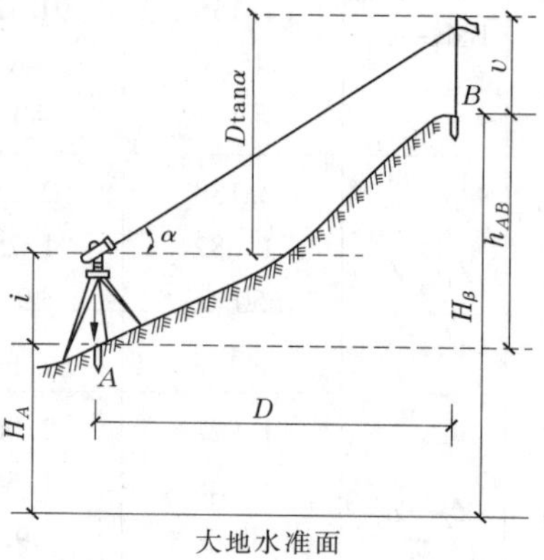

图6-18 三角高程测量原理

三角高程测量一般应采用对向观测法,如图6-18所示,即由A向B观测称为直觇,再由B向A观测称为反觇,直觇和反觇称为对向观测。采用对向观测的方法可以减弱地球曲率和大气折光的影响。对向观测所求得的高差较差不应大于0.1D(D为水平距离,以km为单位,其结果以m为单位)。取对向观测的高差中数为最后结果,即

$$h_{中} = \frac{1}{2}(h_{AB} - h_{BA}) \tag{6-31}$$

式(6-30)适用于A、B两点距离较近(小于300 m)的三角高程测量,此时水准面可近似看成平面,视线视为直线。当距离超过300 m时,就要考虑地球曲率及观测视线受大气折光的影响。

(三)三角高程测量的观测和计算

三角高程测量的观测与计算应按以下步骤进行:

(1)安置仪器于测站上,量出仪器高i;觇标立于测点上,量出觇标高v。

(2)用经纬仪或测距仪采用测回法观测竖直角α,取其平均值为最后观测成果。

(3)采用对向观测,其方法同前两步。

(4)用式(6-29)和式(6-30)计算高差和高程。

三角高程路线,尽可能组成闭合测量路线或附合测量路线,并尽可能起闭于高一等级的水准点上。若闭合差f_h在表6-11所规定的容许范围内,则将f_h反符号按照与各边边长成正

比例的关系分配到各段高差中,最后根据起始点的高程和改正后的高差,计算出各待求点的高程。

习 题

1. 控制测量的目的是什么?小地区平面、高程控制网是如何建立的?
2. 导线布设形式有哪几种?试绘图说明。
3. 简述导线计算的步骤,并说明闭合导线与附合导线在计算中的异同点。
4. 闭合导线的点号按顺时针方向编号与按逆时针方向编号,其方位角计算有何不同?
5. 进行三、四等水准测量时,一测站的观测程序如何?怎样计算?
6. 在什么情况下采用三角高程测量?为什么要采用对向观测?
7. 如表6-14所列数据,试计算闭合导线各点的坐标。导线点号为逆时针编号。

表6-14 闭合导线计算

点号	观测角(° ′ ″)	坐标方位角(° ′ ″)	边长(m)	坐标(m)	
				x	y
1	125 52 04			500.00	500.00
		97 58 08	100.29		
2	82 46 29				
			78.96		
3	91 08 23				
			137.22		
4	60 14 02				
			78.67		
1					

8. 小三角测量的特点是什么?其外业工作有哪几项?
9. 如图6-14中以前方交会法测定P点,根据下列已知数据,计算P点的坐标。

(1) $\begin{cases} x_A = 3\ 646.35\ \text{m} \\ y_A = 1\ 054.54\ \text{m} \end{cases}$。 (2) $\begin{cases} x_B = 3\ 873.96\ \text{m} \\ y_B = 1\ 772.68\ \text{m} \end{cases}$。 (3) $\begin{cases} x_C = 4\ 538.45\ \text{m} \\ y_C = 1\ 862.57\ \text{m} \end{cases}$。

(4) $\begin{cases} \alpha_1 = 64°03'30'' \\ \beta_1 = 59°46'40'' \end{cases}$。 (5) $\begin{cases} \alpha_2 = 55°30'36'' \\ \beta_2 = 72°44'47'' \end{cases}$。

10. 根据表6-15所列数据,试计算附合导线各点的坐标。

11. 已知A点高程为258.26 m,A、B两点间水平距离为624.42 m,在A点观测B点:$\alpha = +2°38'07''$,$i = 1.62$ m,$S = 3.65$ m,在B点观测A点:$\alpha = -2°23'15''$,$i = 1.51$ m,$S = 2.26$ m,求B点高程。

12. 如表6-16所示为四等水准测量的记录手簿,试完成表中各种计算和计算校核。

表 6-15　附合导线计算

点号	左角观测角(° ′ ″)	坐标方位角(° ′ ″)	边长(m)	坐标(m) x	坐标(m) y
A					
		50 00 00			
B	253 34 54			1 000.00	1 000.00
			125.37		
1	114 52 36				
			109.84		
2	240 18 48				
			106.26		
C	227 16 12			936.97	1 291.22
		166 02 54			
D					

表 6-16　四等水准测量计录手簿

测站编号	后尺 下丝 / 上丝 后距 / 视距差 d	前尺 下丝 / 上丝 前距 / ∑d	方向及尺号	标尺读数 黑	标尺读数 红	K+黑-红	高差中数	备注
1	1.842	1.213	后	1.628	6.315			$K_1=4.687$ $K_2=4.787$
	1.415	0.785	前	0.999	5.787			
			后－前					
2	1.645	2.033	后	1.364	6.150			
	1.082	1.459	前	1.746	6.434			
			后－前					
3	1.918	1.839	后	1.620	6.306			
	1.322	1.253	前	1.546	6.334			
			后－前					
4	1.774	0.910	后	1.576	6.364			
	1.388	0.526	前	0.718	5.405			
			后－前					
检核								

模块七　全站仪的认识及使用

教学内容

本模块主要包括全站仪的测量原理；全站仪的认识及使用，重点是全站仪的基本测量功能和程序测量功能。

学习目标

了解全站仪的测量原理；认识全站仪的组成结构；熟悉全站仪的使用过程；掌握全站仪的基本测量功能；掌握全站仪的程序测量功能。

任务一　全站仪的测量原理

全站仪是随着计算机和电子测距技术的发展，近代电子科技与光学经纬仪结合的新一代既能测角又能测距的仪器，它是在电子经纬仪的基础上增加了电子测距的功能，使得仪器不仅能够测角，而且能测距，并且测量的距离长、时间短、精度高。全站仪是有三维坐标测量系统，测量结果自动显示，能与外围设备交换信息的多功能测量仪器。任务一主要介绍全站仪的基本组成和测量原理。

一、全站仪的基本组成

全站仪由电子测角、电子测距、电子补偿、微机处理装置四部分组成，由于微机处理装置由微处理器、存储器、输入部分和输出部分组成，因此全站仪本身就具有计算功能，再通过微处理器对测量得到的距离、水平角、竖直角等信息和输入的棱镜常数、温度、气压等参数加以处理，从而得出计算数据。在仪器的内部固化了测量计算程序，计算过程由程序自动完成，仪器的设计框架如图 7-1 所示。

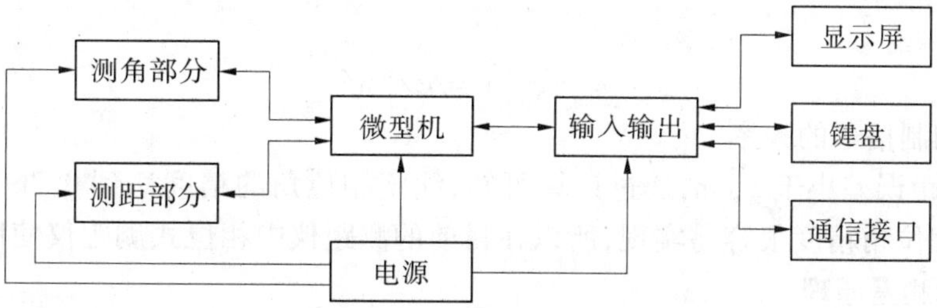

图 7-1　仪器的设计框架

二、全站仪测量原理

(一)角度测量原理

全站仪的测角部分与电子经纬仪类似,它是采用光电扫描和电子元件自动读数和液晶显示,电子测角虽然采用度盘,但它与光学读数法不同,它是从度盘上“读”到电信号,再把电信号转换为数字并在液晶屏上显示角度值。电子测角的度盘主要有三种形式:编码度盘、光栅度盘、动态度盘。在测量角度时仅仅依靠电子度盘刻制的分划,无论采用哪种度盘都无法到达角度测量的精度要求,因此都必须采用适当的角度电子测微器技术来提高角度分辨率,才能达到角度测量的精度要求。

(二)距离测量原理

全站仪的测距原理与电子测距仪的测距原理相似,即电磁波测距,它是以电磁波作为载波,传输光信号来测量距离的一种方法。它的基本原理是利用仪器发出的光波(光速 C 已知),通过测定出光波在测线两端点间往返传播的时间 t 来测量距离 D,如图 7-2 所示。

$$D = Ct/2 \tag{7-1}$$

式中乘以 1/2 是因为光波往返传播经历了 2 倍的路程。

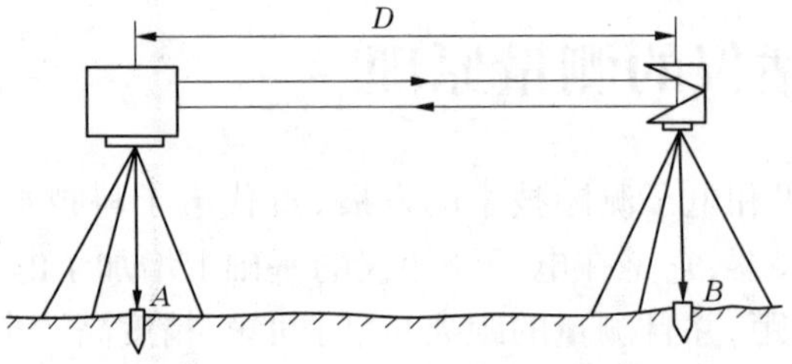

图 7-2　距离测量示意图

按测定时间 t 的方法,电磁波测距仪主要分为以下两种类型:

(1)脉冲式测距仪。这种直接测定仪器发出的脉冲信号往返的时间 t 的测距方法称为脉冲式测距仪。由式(7-1)可知测距的关键在于测出往返的传播时间 t,电磁波在空气中的传播速度约 30 万 km/s,因此若时间有 1 μs(10^{-6} s)的误差,则距离会有 150 m 的误差,所以测距对时间的要求非常高,假使要求测距误差小于 1 cm,通过计算可知,计时精度须达到 $0.666\,7 \times 10^{-10}$ s,目前计时精度欲达到 10^{-10} s,困难较大,由于时间的计时精度大,因此在使用上受到很大的限制。

(2)相位式测距仪。它是测定仪器发射的测距信号返回时的滞后相位 φ 来间接计算出传播时间 t,

$$t = \varphi/\omega = \varphi/2\pi f \tag{7-2}$$

式中　f——调制信号的频率。

若要求测距误差小于 1 cm,通过计算可知,测定相位角的精度达到 0.36°即可,而达到 0.36°的测定相位角精度很容易实现,所以在目前的测距仪中相位式测距仪使用广泛。

(三)坐标测量原理

全站仪的坐标测量原理是用极坐标法直接测定待定点坐标,其实质是在已知测站点同时采集角度和距离经微处理器实时进行数据处理,由显示器输出测量结果。

任务二 全站仪的认识

目前,市场上使用的全站仪主要有日本拓普康(Topcon)公司的 GTS 系列,尼康(Nikon)公司的 DTM 系列,宾得(Pentax)公司的 PTS 系列,索佳(Sokkia)公司的 SET 系列,瑞士莱卡(Leica)公司的 TC 与 TPS 系列,美国天宝(Trimble)公司的全站仪,国产的全站仪有南方测绘公司的 NTS 系列和科利达、苏一光等。如图 7-3 所示列举了一些不同品牌的全站仪。

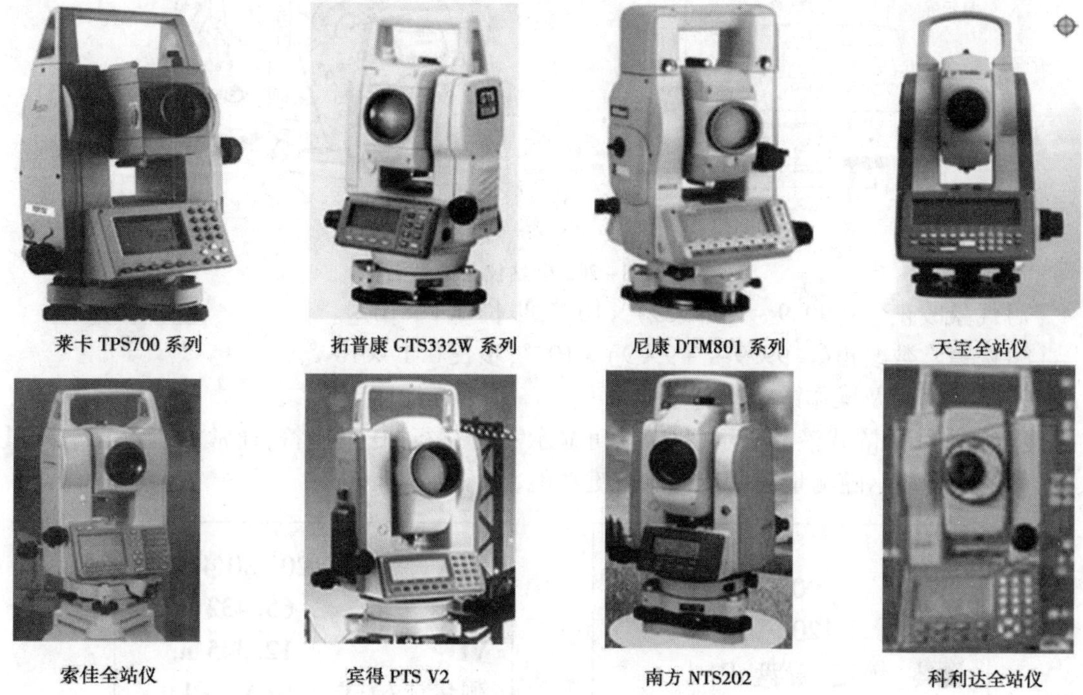

图 7-3 不同品牌全站仪

全站仪的种类很多,不同厂家、不同型号的全站仪在系统操作使用上有所不同,但是基本构造类似,并且全站仪的基本测量原理与测量方法和光学的测量仪器基本一致。所以,在此以拓普康(Topcon)公司的科维牌 TKS - 202 系列全站仪为例说明全站仪的操作与使用,如图 7-4 所示。

(一)全站仪各部件名称与功能

TKS - 202 全站仪各部件名称如图 7-4 所示。

(二)主要技术指标

TKS - 202 系列全站仪的主要技术指标如下:

(1)测角精度为 ±2″。

(2)测距精度为 $\pm(2\ mm + 2\times10^{-6}D)$。

(3)最大测程(单棱镜)为 2 km。

(4)测距时间(精测)1.2 s。

(5)双轴自动补偿范围 ±3′。

(6)使用温度 -20 ~ 50 ℃。

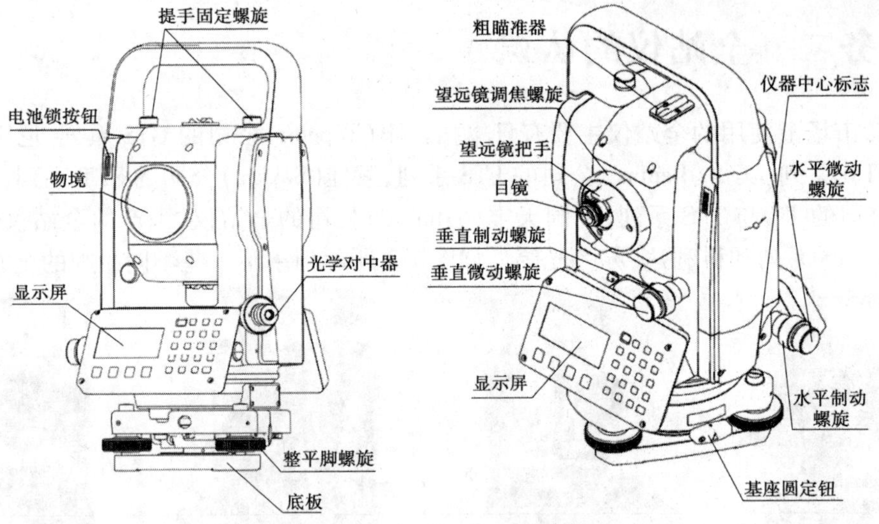

图 7-4　TKS－202 全站仪各部件名称

(7)气象改正($-999.9 \sim +999.9$)$\times 10^{-6}$,步长 0.1×10^{-6}。

(8)棱镜常数改正($-99.9 \sim +99.9$)$\times 10^{-6}$,步长 0.1×10^{-6}。

(9)操作面板及操作键功能简介。

显示屏采用点阵式液晶显示(LCD),可显示 4 行每行 20 个字符,通常前三行显示测量数据,最后一行显示随测量模式变化的按键功能,如图 7-5 所示。

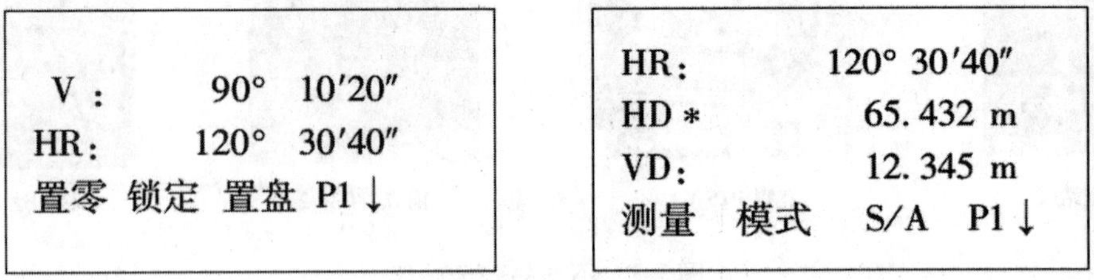

图 7-5　显示屏示例

表 7-1　显示符号说明

屏幕显示	内容	屏幕显示	内容	屏幕显示	内容
V%	竖直角(坡度)	HD	水平距离	NEZ	XY 坐标和高程
HR	水平角(右角)	VD	高差	*	EDM 电子测距正在进行
Hl	水平角(左角)	SD	倾斜距离	m/f/i	显示测距的单位

(三)测量前的准备工作

(1)电池充电。在进行测量工作前,首先应将全站仪电池充好电。全站仪的充电方式有两种:一种是把充电器与全站仪直接连接充电,也可采用汽车点烟器口提供的电源;另一种是把电池取出放到座充上进行充电。

(2)安置仪器。全站仪的安置与经纬仪一样,包括对中、整平两项工作。其方法也与经纬仪相同,一般的全站仪通过光学对中器进行对中,也有一些先进的仪器可以通过激光对中装置进行对中。当仪器对中、整平完成后就可以进行全站仪测量了。

表 7-2 操作键的说明

键	名称	功能
☆	星键	设置或显示下列项目: 显示屏的对比度 背景光 倾斜改正 设置音响模式
	坐标测量键	坐标测量模式
	距离测量键	距离测量模式
ANG	角度测量键	角度测量模式
POWER	电源键	电源开关
MENU	菜单键	在菜单模式与测量模式之间切换
ESC	退出键	返回上一层模式或取消
ENT	确认键	在输入完成后按此键
F1 - F4	软键功能键	对应于显示屏的软键功能信息

任务三 全站仪的应用测量

全站仪的基本测量功能包括电子测角(水平角、竖直角)、电子测距两部分。出厂设置的角度单位为度(degree),距离单位为米(meter),温度单位为摄氏度℃(Temp),气压单位为帕斯卡(Pa)。

一、全站仪角度测量

竖直度盘的三种格式,可以根据需要选择竖直度盘的不同格式:

(1)天顶距[Zenith]:竖直角的 0 方向为望远镜垂直指向天顶。

(2)水平 0[Vertical]:望远镜水平为 0°。

(3)水平 0 ±90[Vertgo]:望远镜水平为 0°,上至 90°,下至 -90°。

下面以水平角为例说明角度测量的方法。

架好仪器后,进入角度测量模式,在测角模式下,盘左精确瞄准起始目标,按下 F1 键,屏幕提示是否将水平角读数设置为 0°00′00″,按下 F3 键确认,即将水平度盘读数置为 0,瞄准终点方向,此时水平度盘读数 HR 即为盘左的观测角值,旋转照准部和望远镜,使得仪器盘右瞄准终点方向目标置零,设置仪器计数方向为 HL,此时瞄准起始目标水平度盘读数 HL 即为盘右的观测值,根据观测的限差确定上、下半测回是否超限,若超限,则重新观测,否则取两次观测的平均值作为一测回的观测值,角度测量模式如表 7-3 所示。

表 7-3　角度测量模式

页数	软键	显示	功能
1	F1	置零	水平角置为 0°00′00″
	F2	锁定	水平角读数锁定
	F3	置盘	通过键盘设置水平角
	F4	P1	显示第 2 页软键功能
2	F1	倾斜	设置倾斜改正开关,若选择开则显示倾斜改正值
	F2	复测	角度重复测量模式
	F3	V%	垂直角坡度(%)显示
	F4	P2	显示第 3 页软键功能
3	F1	H－蜂鸣	仪器每转动 90°是否发出蜂鸣声的设置
	F2	R/L	水平角右/左计数方向的转换
	F3	竖盘	垂直角显示格式的切换
	F4	P3	显示第 1 页软键功能

二、全站仪距离测量

距离测量模式如表 7-4 所示。

由于光线在空气中的传播速度并非常数,它会随着大气的温度和压力而变,仪器在标准大气压(1 013. 25 hPa)和温度为 15 ℃时大气改正数为 0。因此,在距离测量之前,首先通过菜单设置好棱镜常数和大气改正数。大气改正数可根据设置大气压(P)和外界温度(t)通过下列公式计算:

$$k_a = [279.85 - 79.585P/(273.15 + t)] \times 10^{-6} \tag{7-3}$$

式中　P——大气压,mmHg;

　　t——外界温度,℃。

正确输入完棱镜常数、大气压、外界温度,照准反射棱镜中心,按下距离测量键,全站仪自动测出两点之间的水平距离(HD)、高差(VD)、倾斜距离(SD)。根据测量精度的要求,可以选择精测、粗测两种模式进行测距。

表 7-4　距离测量模式

页数	软键	显示	功能
1	F1	测量	启动测量
	F2	模式	设置测量模式精测/粗测/跟踪
	F3	S/A	设置音响模式
	F4	P1↓	显示第 2 页软键功能
2	F1	偏心	偏心测量模式
	F2	放样	放样测量模式
	F3	m/f/i	米、英尺、英寸的变换
	F4	P2↓	显示第 1 页软键功能

三、全站仪坐标测量

全站仪可以直接测设出点的三维坐标,即 $N(x)$、$E(y)$ 和 $Z(H)$ 坐标。坐标测量模式如表 7-5 所示。

表 7-5　坐标测量模式

页数	软键	显示	功能
1	F1	测量	开始测量
	F2	模式	设置测量模式精测/粗测/跟踪
	F3	S/A	设置音响模式
	F4	P1↓	显示第 2 页软键功能
2	F1	镜高	输入棱镜高
	F2	仪高	输入仪器高
	F3	测站	输入测站点(仪器站)坐标
	F4	P2↓	显示第 3 页软键功能
3	F1	偏心	偏心测量模式
	F2	—	—
	F3	m/f/i	米、英尺、英寸的变换
	F4	P3↓	显示第 1 页软键功能

测量步骤:

(1)在已知控制点上安置全站仪,在另外一个已知点(后视点)上架设棱镜,在角度测量模式下,将水平度盘读数设置为后视方向的坐标方位角值。

(2)照准目标点,选择坐标测量模式,进入第二功能页,在此页设置仪器高、棱镜高及测站点坐标等值。

(3)按下测量键,全站仪自动测量目标点的坐标值,为了防止错误的发生,应先测后视点的坐标,将测出的坐标值与已知的数据进行对比,完全无误后方可进行操作。

四、全站仪程序测量

(一)悬高测量(REM)

为了得到不能放置棱镜的目标点高度,只须将棱镜架设于目标点所在铅垂线上的任意一点后进行悬高测量,如图 7-6 所示。

(二)对边测量(MLM)

对边测量功能,即测量两个目标棱镜之间的水平距离(dHD)、斜距(dSD)、高差(dVD)和水平角(HR),如图 7-7 所示。也可以调用坐标数据文件进行计算。对边测量有两种形式:

(1)MLM－1 ($A-B$,$A-C$)形式,即测量 $A-B$,$A-C$,$A-D$,…;

(2)MLM－2 ($A-B$,$B-C$)形式,即测量 $A-B$,$B-C$,$C-D$,…。

对边测量在道路横断面测量中应用十分广泛。

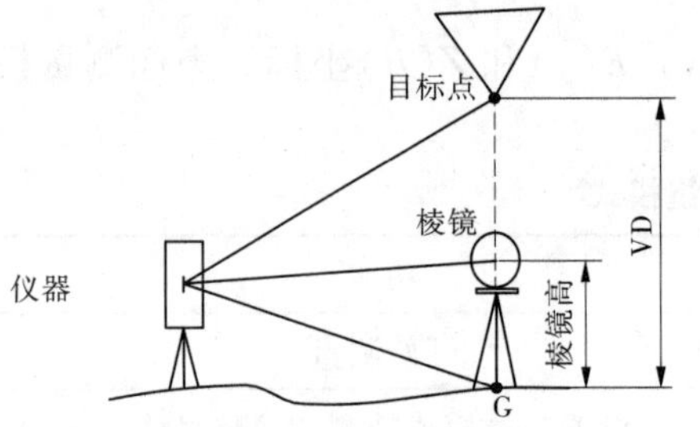

图 7-6　悬高测量示意图

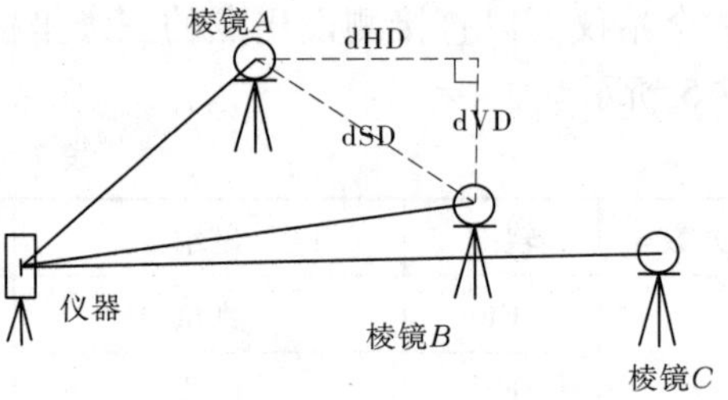

图 7-7　对边测量示意图

（三）面积测量

利用全站仪的面积测量模式，可在实地进行面积测量工作，并能自动计算显示所测地块的面积，特别适合于小范围的土地面积测量。面积测量时点的坐标可以实时测得，也可以从内存数据中调用。

面积测量的操作步骤如下：

（1）在适当位置处安置全站仪，选择面积测量模式，并设置单位。

（2）按显示屏上的提示依次输入被测点点号、棱镜高，被测点点号也可从内存的文件中调用。

（3）在待观测的面积边界上按顺时针方向分别在各转折点 1、2、3…处竖立棱镜，并依次进行观测。观测完毕，仪器就会显示出该多边形的面积。

注意：

（1）如果图形边界线相互交叉，则面积不能被正确计算。

（2）坐标文件数据和测量数据不能混合计算面积。

（3）如果坐标数据文件不存在，面积计算就会自动利用测量数据来进行。

（4）测量面积所用的点数是没有限制的。

全站仪的程序测量功能还有放样测量、后方交会测量、偏心测量等。

习　题

1. 全站仪主要由哪些部件组成？
2. 试述全站仪的安置过程。
3. 简述坐标测量步骤。
4. 科维 TKS－202 全站仪☆键主要有哪些功能？
5. 使用全站仪在测量距离之前都需要设置哪些常数？为什么？
6. 全站仪所显示的数据中 S、V、N、E、Z 分别表示什么？HD、VD、SD 又表示什么？
7. 进行三维坐标测量时除输入测站点坐标外，还须输入什么？
8. 简述如何用全站仪测量地面上一个四边形面积。

模块八 GNSS 测量的原理及应用

教学内容

本模块主要包括 GPS 系统简介、GLONASS 系统简介、北斗卫星导航系统简介、GNSS RTK 测量技术的应用。重点是 GNSS RTK 测量技术的应用。

学习目标

熟悉卫星定位技术特点,理解 GPS 误差来源;掌握 GPS 星座组成;了解 GLONASS 系统的特点;掌握北斗星座的组成及其技术优势;知晓 GNSS RTK 的硬件设备组成;会使用 GNSS RTK 设备进行数据采集。

任务一 GPS 系统简介

1973 年 12 月,美国国防部批准美国海陆空三军联合研制新一代卫星导航定位系统,即为目前的全球定位系统(Global Positioning System,GPS)。GPS 系统自 1974 年以来,经历了方案论证、系统研制和生产试验三个阶段,是继阿波罗计划、航天飞机计划之后的又一个庞大的空间计划。

一、GPS 星座

1978 年 2 月 22 日,第一颗 GPS 试验卫星发射成功。1989 年 2 月 14 日,第一颗 GPS 工作卫星发射成功,宣告 GPS 系统进入了营运阶段。1994 年 3 月 28 日完成第 24 颗工作卫星的发射工作。GPS 共发射了 24 颗卫星(其中,21 颗为工作卫星,3 颗为备用卫星,目前的卫星数已经超过 32 颗),如图 8-1 所示,卫星均匀地分布在 6 个相对于赤道倾角为 55°的近似圆形轨道上,卫星距离地球表面的平均高度为 20 200 km,运行速度为 3 800 m/s,运行周期为 11 h 58 min。

这样,对于地面观测者来说,每天将提前 4 min 见到同 1 颗 GPS 卫星,位于地平线以上的卫星颗数随着时间和地点的不同而不同,最少可见到 4 颗,最多可以见到 11 颗,满足了在用 GPS 信号导航定位时,为了解算测站的三维坐标,必须观测 4 颗 GPS 卫星的基本要求。每颗 GPS 工作卫星都发出用于导航定位的信号,GPS 用户正是利用这些信号来进行导航定位工作的。GPS 卫星的编号方式主要有:①按发射先后次序编号(01 ~ 24);②按卫星信号所采用的伪随机噪声码(PRN)的不同编号;③国际编号(第一部分表示该星发射年代,第二部分表示该年中发射卫星的序号,字母 A 表示发射的有效负荷);④按轨道位置顺序编号。在导航定位测量中,一般采用 PRN 编号 GPS 卫星已设计了三代:Block1、Block2 和 Block3,

GPS 卫星的主体呈圆柱形,两侧设有两块双叶太阳能板,能自动对日定向,以保证卫星正常供电。每颗卫星配置 4 台高精度原子钟(2 台铷钟和 2 台铯钟),这是卫星的核心设备。它将发射基准频率信号,为 GPS 定位提供高精度的时间基准。

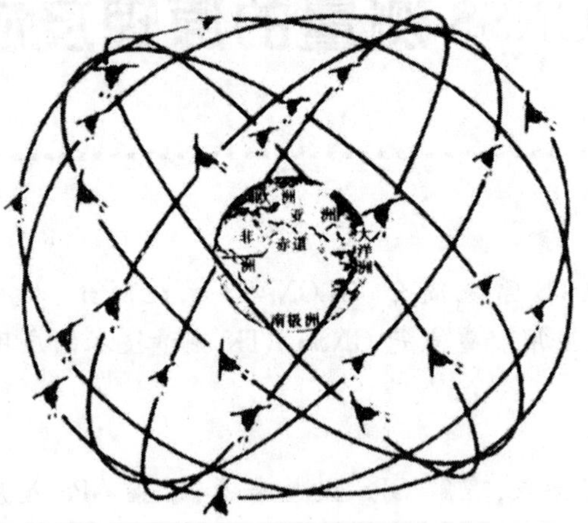

图 8-1　GPS 卫星星座

GPS 卫星星座的分布保障了在地球上任何地点、任何时刻至少有 4 颗卫星被同时观测,加之卫星信号的传播和接收不受天气的影响,因此 GPS 是一种全球性、全天候的连续定时定位系统。

GPS 卫星星座每颗卫星可覆盖全球约 38% 的面积。卫星的分布可保证在地球上任何地点、任何时刻,能同时观测到 4 颗以上的卫星。

在 GPS 设计之初,美国国防部的主要目的是使 GPS 系统能够为海陆空三军提供实时、全天候和全球性的导航服务,并用于情报收集、核暴监测和应急通信等一些军事活动。GPS 卫星运行性能表明,GPS 系统不仅能够达到上述目的,而且能够进行厘米甚至毫米级精度的静态定位,实现米级甚至亚米级精度的动态定位。随着 GPS 系统的开发应用,被广泛地应用于飞机、船舶和各种载运工具的导航、高精度的大地测量、精密工程测量、地壳形变测量、地球物理测量、航天发射和卫星回收等技术领域。

二、GPS 地面控制站

地面控制站由一系列全球分布的地面站组成,这些地面站可分为卫星监测站、主控站和信息注入站。地面控制站的主要功能是卫星控制和任务控制,卫星控制指使用跟踪遥测遥控链路上传监控指令对卫星星座进行管理,任务控制指对轨道测定和时钟同步等导航任务进行全面控制和管理。

GPS 地面控制站由分布在全球的若干个跟踪站所组成的监控系统构成。下面对地面控制站进行简要介绍,根据其作用的不同,这些跟踪站又被分为主控站、监控站和注入站。图 8-2 是 GPS 地面跟踪站分布图。

(一)主控站

(1)根据各监控站的观测数据,计算出卫星的星历、卫星钟的改正参数和大气层的修正参数等,并把这些数据传送到注入站。

(2)将这些数据通过注入站注入卫星中。

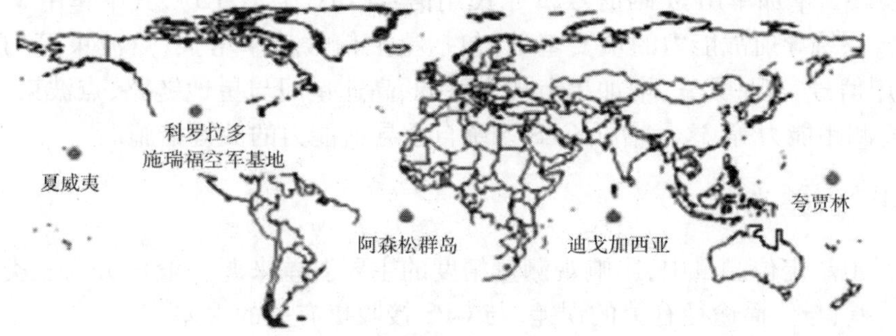

图 8-2 GPS 地面跟踪站分布图

(3)提供全球定位系统的时间基准。各测站和 GPS 卫星的原子钟,均应与主控站的原子钟同步,或测出其间的钟差,并把这些钟差信息编入导航电文,送到注入站。

(4)对卫星进行控制,向卫星发布指令,当工作卫星出现故障时,调度备用卫星,替代失效的工作卫星。

(5)具有监控站的功能。

(6)调整偏离轨道的卫星,使之沿预定的轨道运行。

GPS 主控站只有一个,设在美国科罗拉多(Colorado)的联合空间执行中心(CSOC)。

(二)监控站

监控站是在主控站直接控制下的数据自动采集中心。站内设有 GPS 接收机、高精度原子钟、计算机各一台和若干台环境数据传感器。接收机对 GPS 卫星进行连续观测,以采集数据和监测卫星的工作状况。原子钟提供时间基准,而环境传感器收集有关当地的气象数据。所有观测资料由计算机进行初步处理,并储存和传送到主控站,用以确定卫星的轨道。GPS 现有 5 个地面站均具有监测站的功能,除主控站外,其他 4 个分别位于夏威夷(Hawaii)、阿森松(Ascension)、迪戈加西亚(Diego Garcia)、夸贾林(Kwajalein),监控站的作用是接收卫星信号,监测卫星的工作状态。

(三)注入站

注入站的主要任务是在主控站的控制下将主控站推算和编制的卫星星历、钟差、导航电文和其他控制指令等,注入相应卫星的存储系统,并检测注入星系的正确性。注入站的作用是将主控站计算出的卫星星历和卫星钟的改正数等注入卫星中去,GPS 注入站现有三个,分别设在印度洋的迪戈加西亚、南大西洋阿森松和北太平洋的夸贾林。注入站的主要设备包括一台直径为 3.6 m 的天线,一台 C 波段发射机和一台计算机。整个 GPS 的地面监控部分,除主控站外均无人值守。各站间用现代化的通信网络联系起来,在原子钟和计算机的驱动与精确控制下,各项工作实现了高度的自动化和标准化。

GPS 是目前部署最完善、卫星技术最先进、定位精度最高、普及最广的卫星导航系统。为了保持、增强美国在全球卫星导航领域的领先优势与主导地位,美国实施了 GPS 系统现代化计划,发展最新的 GPSⅢ卫星,构建现代化的 GPS 运控段(OCX),全面提升 GPS 系统军事与民用服务的性能,增强 GPS 系统民用导航服务的竞争能力,增强对抗条件下 GPS 系统的军用导航服务能力。GPS 系统空间段星座卫星数量、导航信号、卫星功能等均将出现重大变化,主要包括三个方面:其一,星座卫星数量增加至 30 颗以上,以改善星座几何分布,提升服务性能;其二,增加军用 M 码信号、3 个民用信号(L1C、L2C、L5),其中军用 M 码信号是美国增强 GPS 系统导航战能力的重要基础,包括星上信号功率增强、点波束等均需通过先进的 M 码军用信号实现;其三,增加星上功率可调、高速星间与星地链路、点波束、搜索与救援和被动激光测距能力等,这是增强 GPS 系统自主导航能力的关键措施。

三、GPS 误差来源

在 GPS 卫星定位测量中,影响观测量精度的主要误差来源一般可分为三类:与 GPS 卫星有关的误差、与传播途径有关的误差、与 GPS 接收机有关的误差。

(一)与 GPS 卫星有关的误差

1. 卫星星历误差

卫星星历误差是指卫星星历给出的卫星空间位置与卫星实际位置间的偏差,由于卫星空间位置是由地面监控系统根据卫星测轨结果计算求得的,所以又称为卫星轨道误差。它是一种起始数据误差,其大小取决于卫星跟踪站的数量及空间分布、观测值的数量及精度、轨道计算时所用的轨道模型及定轨软件的完善程度等。星历误差是 GPS 测量的重要误差来源。

2. 卫星钟差

卫星钟差是指 GPS 卫星时钟与 GPS 标准时间的差别。为了保证时钟的精度,GPS 卫星均采用高精度的原子钟,但它们与 GPS 标准时之间的偏差总量仍在 1 ~ 0.1 ms 以内,由此引起的等效误差将达到 30 ~ 300 km。这是一个系统误差,必须加于修正。

3. SA 干扰误差

SA 误差是美国军方为了限制非特许用户利用 GPS 进行高精度点定位而采用的降低系统精度的政策,简称 SA 政策,它包括降低广播星历精度的 ε 技术和在卫星基本频率上附加一随机抖动的 δ 技术。实施 SA 技术后,SA 误差已经成为影响 GPS 定位误差的最主要因素。虽然美国在 2000 年 5 月 1 日取消了 SA,但是战时或必要时,美国可能恢复或采用类似的干扰技术。

SA 技术的主要内容是:①在广播星历中有意地加入误差,使定位中的已知点(卫星)的位置精度大为降低;②有意地在卫星钟的钟频信号中加入误差,使钟的频率产生快慢变化,导致测距精度大为降低。

4. 相对论效应的影响

这是由于卫星钟和接收机所处的状态(运动速度和重力位)不同引起的卫星钟和接收机钟之间的相对误差。

(二)与传播途径有关的误差

1. 电离层折射

在地球上空距地面 50 ~ 100 km 的电离层中,气体分子受到太阳等天体各种射线辐射产生强烈电离,形成大量的自由电子和正离子。当 GPS 信号通过电离层时,与其他电磁波一样,信号的路径要发生弯曲,传播速度也会发生变化,从而使测量的距离发生偏差,这种影响称为电离层折射。对于电离层折射,可用 3 种方法来减弱它的影响:①利用双频观测值,利用不同频率的观测值组合来对电离层的延迟进行改正。②利用电离层模型加以改正。③利用同步观测值求差,这种方法对于短基线的效果尤为明显。

2. 对流层折射

对流层的高度为 40 km 以下的大气底层,其大气密度比电离层更大,大气状态也更复杂。对流层与地面接触并从地面得到辐射热能,其温度随高度的增加而降低。GPS 信号通过对流层时,也使传播的路径发生弯曲,从而使测量距离产生偏差,这种现象称为对流层折射。减弱对流层折射的影响主要有 3 种措施:①采用对流层模型加以改正,其气象参数在测站直接测定。②引入描述对流层影响的附加待估参数,在数据处理中一并求得。③利用同步观测量求差。

3. 多路径效应

测站周围的反射物所反射的卫星信号(反射波)进入接收机天线,将和直接来自卫星的信号(直接波)产生干涉,从而使观测值偏离,产生所谓的"多路径误差"。这种由多路径的信号传播引起的干涉时延效应被称作多路径效应。减弱多路径误差的方法主要有:①选择合适的站址。测站不宜选择在山坡、山谷和盆地中,应离开高层建筑物。②选择较好的接收机天线,在天线中设置径板,抑制极化特性不同的反射信号。

(三)与 GPS 接收机有关的误差

1. 接收机钟差

GPS 接收机一般采用高精度的石英钟,接收机的钟面时与 GPS 标准时之间的差异称为接收机钟差。把每个观测时刻的接收机钟差当作一个独立的未知数,并认为各观测时刻的接收机钟差间是相关的,在数据处理中与观测站的位置参数一并求解,可减弱接收机钟差的影响。

2. 接收机的位置误差

接收机天线相位中心相对测站标石中心位置的误差,称为接收机位置误差。其中,包括天线置平和对中误差,量取天线高误差。在精密定位时,要仔细操作,以尽量减少这种误差影响。在变形监测中,应采用有强制对中装置的观测墩。在实际工作中,若使用同一类天线,在相距不远的两个或多个测站同步观测同一组卫星,可通过观测值求差来减弱相位偏移的影响。但这时各测站的天线均应按天线附有的方位标进行定向,使之根据罗盘指向磁北极。

3. 接收机天线相位中心偏差

在 GPS 测量时,观测值都是以接收机天线的相位中心位置为准的,而天线的相位中心与其几何中心,在理论上应保持一致。但是观测时天线的相位中心随着信号输入的强度和方向不同而有所变化,这种差别称为天线相位中心的位置偏差。这种偏差的影响可达数毫米至厘米。而如何减少相位中心的偏移是天线设计中的一个重要问题。

四、差分 GPS(DGPS)原理

根据差分 GPS 基准站发送的信息方式可将差分 GPS 定位分为三类,即位置差分、伪距差分和相位差分。这三类差分方式的工作原理是相同的,即都是由基准站发送改正数,由用户站接收并对其测量结果进行改正,以获得精确的定位结果。所不同的是,发送改正数的具体内容不一样,其差分定位精度也不同。

(一)位置差分原理

这是一种最简单的差分方法,任何一种 GPS 接收机均可改装和组成这种差分系统。

安装在基准站上的 GPS 接收机观测 4 颗卫星后便可进行三维定位,解算出基准站的坐标。由于存在着轨道误差、时钟误差、SA 影响、大气影响、多路径效应及其他误差,解算出的坐标与基准站的已知坐标是不一样的,存在误差。基准站利用数据链将此改正数发送出去,由用户站接收,并且对其解算的用户站坐标进行改正。

最后得到的改正后的用户坐标已消去了基准站和用户站的共同误差,例如卫星轨道误差、SA 影响、大气影响等,提高了定位精度。以上先决条件是基准站和用户站观测同一组卫星的情况。位置差分法适用于用户与基准站间距离在 100 km 以内的情况。

(二)伪距差分原理

伪距差分是目前用途最广的一种技术。几乎所有的商用差分 GPS 接收机均采用这种技术。国际海事无线电委员会推荐的 RTCMSC - 104 也采用了这种技术。

在基准站上的接收机要求获取它至可见卫星的距离,并将此计算出的距离与含有误差的测量值加以比较。利用一个 $\alpha-\beta$ 滤波器将此差值滤波并求出其偏差。然后将所有卫星的测距误差传输给用户,用户利用此测距误差来改正测量的伪距。最后,用户利用改正后的伪距来解出本身的位置,就可消去公共误差,提高定位精度。

与位置差分相似,伪距差分能将两站公共误差抵消,但随着用户到基准站距离的增加又出现了系统误差,这种误差用任何差分法都是不能消除的。用户和基准站之间的距离对精度有决定性影响。

(三)载波相位差分原理

测地型接收机利用 GPS 卫星载波相位进行的静态基线测量获得了很高的精度(10^{-6} ~ 10^{-8})。但为了可靠地求解出相位模糊度,要求静止观测一两个小时或更长时间。这样就限制了在工程作业中的应用。于是探求快速测量的方法应运而生。例如,采用整周模糊度快速逼近技术(FARA)使基线观测时间缩短到 5 min,采用准动态(stop and go),往返重复设站(re - occupation)和动态(kinematic)来提高 GPS 作业效率。这些技术的应用对推动精密 GPS 测量起了促进作用。但是,上述这些作业方式都是事后进行数据处理,不能实时提交成果和实时评定成果质量,很难避免出现事后检查不合格造成的返工现象。

差分 GPS 的出现,能实时给定载体的位置,精度为米级,满足了引航、水下测量等工程的要求。位置差分、伪距差分、伪距差分相位平滑等技术已成功地用于各种作业中。随之而来的是更加精密的测量技术——载波相位差分技术。

载波相位差分技术又称为 RTK 技术(real time kinematic),是建立在实时处理两个测站的载波相位基础上的。它能实时提供观测点的三维坐标,并达到厘米级的高精度。

与伪距差分原理相同,由基准站通过数据链实时将其载波观测量及站坐标信息一同传送给用户站。用户站接收 GPS 卫星的载波相位与来自基准站的载波相位,并组成相位差分观测值进行实时处理,能实时给出厘米级的定位结果。

实现载波相位差分 GPS 的方法分为两类:修正法和差分法。前者与伪距差分相同,基准站将载波相位修正量发送给用户站,以改正其载波相位,然后求解坐标。后者将基准站采集的载波相位发送给用户台进行求差解算坐标。前者为准 RTK 技术,后者为真正的 RTK 技术。

RTK 和在此基础上发展的 VRS 在有效范围内都能达到厘米级的定位精度。

要确知卫星所处的准确位置,首先要通过深思熟虑,优化设计卫星运行轨道,而且要由监测站通过各种手段,连续不断监测卫星的运行状态,适时发送控制指令,使卫星保持在正确的运行轨道。将正确的运行轨迹编成星历,注入卫星,且经由卫星发送给 GPS 接收机。正确接收每个卫星的星历,就可确知卫星的准确位置。

这个问题解决了,接下来就要解决准确测定地球上某用户至卫星的距离。卫星是远在地球上层空间,又是处在运动之中,不可能像在地上量东西那样用尺子来量,那么又是如何来做的呢?

五、卫星定位技术特点

卫星定位技术是目前测绘领域应用最为广泛的技术,它以高精度、全天候、高效率、多功能、易操作等特点著称,比其他测量定位技术具有更强的优势。

(一)定位精度高

GPS 可为各类用户连续提供动态目标的三维位置、三维速度及时间信息。随着 GPS 定位技术及数据处理技术的发展,其精度还将进一步提高。

大量的试验和工程应用表明,用载波相位观测量进行静态相对定位,在小于 50 km 的基线上,相对定位精度可达 $1\times10^{-6}\sim2\times10^{-6}$,而在 100 ~ 500 km 的基线上可达 $10^{-6}\sim10^{-7}$。随着观测技术与数据处理方法的改善,有望在大于 1 000 km 的距离上,相对定位精度达到或优于 10^{-8},在实时动态(RTK)定位和实时伪距差分(RTD)定位方面,定位精度可达到厘米级和分米级,能满足各种工程测量的要求。

(二)全天候测量

GPS 卫星较多,且分布均匀,保证了全球地面被连续覆盖,使得在地球上任何地点、任何时候都能进行观测工作。通常情况下,除雷雨天气不宜观测,一般不受天气状况的影响。因此,GPS 定位技术的发展是对经典测量技术的一次重大突破。一方面,它使经典的测量理论与方法产生了深刻的变革;另一方面,也进一步加强了测量学与其他学科之间的相互渗透,从而促进了测绘科学技术的现代化发展。

(三)高效率测量

目前,利用经典的静态相对定位模式,观测 20 km 以内的基线所需的观测时间,对于单频接收机在 1 h 左右,对于双频接收机仅需 15 ~ 20 min。采用实时动态定位模式,流动站初始观测 15 ~ 20 min 进行初始化,然后可随时定位,每站观测仅需几秒钟。利用 GPS 技术建立控制网,可缩短观测时间,提高作业效益。

利用 GPS 进行导航可实时确定运动目标的三维位置和速度,既可实时保障运动载体沿预定航线运行,又可选择最佳路线。特别是对军事上动态目标的导航,具有十分重要的意义。

(四)多功能、用途广

GPS 不仅可以用于测量、导航,还可以用于测速、测时。测速的精度可达 0.1 m/s,测时的精度可达几十纳秒。其应用领域不断扩大。

卫星定位观测站之间无需通视。经典测量技术需要保持良好的通视条件,又要保障测量控制网的良好图形结构。而 GPS 测量只要求测站 15°以上的空间视野开阔,与卫星保持通视即可,并不需要观测站之间相互通视,因而不再需要建造觇标。这一优点即可大大减少测量工作的经费和时间(一般造标费用占总经费的 30% ~50%),同时也使选点工作变得非常灵活，完全可以根据工作的需要来确定点位，可省去经典测量中的传算点、过渡点的测量工作，可提供全球统一的三维地心坐标。经典大地测量将平面和高程采用不同方法分别施测。

GPS 测量中，在精确测定观测站平面位置的同时，可以精确测量观测站的大地高程。GPS 测量的这一特点，不仅为研究大地水准面的形状和确定地面点的高程开辟了新途径，同时也为航空物探、航空摄影测量及精密导航提供了重要的高程数据。GPS 定位是在全球统一的 WGS - 84 坐标系统中计算的，因此全球不同点的测量成果是相互关联的。

不过也应指出，GPS 测量虽然不要求观测站之间相互通视，但为了方便常规方法联测的需要，在布设 GPS 点时，应该保证至少一个方向通视。

（五）易操作

GNSS 测量的自动化程度很高。对于智能型接收机，在观测中测量员的主要任务只是安装并开关仪器、量取天线高、采集环境的气象数据、监视仪器的工作状态，而其他工作，如卫星的捕获、跟踪观测和记录等均由仪器自动完成，结束观测时，仅需关闭电源，收好接收机，便可完成野外数据采集任务。

如果在一个测站上需要做较长时间的连续观测，还可实行无人值守的数据采集，通过网络或其他通信方式，将所采集的观测数据传送到数据处理中心，实现全自动化的数据采集与处理。用户接收机一般质量较轻、体积较小。

任务二　GLONASS 系统简介

格洛纳斯全球导航卫星系统（GLONASS）是由苏联（现由俄罗斯）国防部独立研制和控制的第二代军用卫星导航系统，与美国的 GPS 相似，该系统也开设民用窗口。

格洛纳斯（GLONASS）是俄文 GLObalnaya NAvigatsionnaya Sputnikovaya Sistema 的首字母。GLONASS 系统已经于 2011 年 1 月 1 日在全球正式运行。根据俄罗斯联邦太空署信息中心提供的数据（2012 年 10 月 10 日），目前有 24 颗卫星正常工作、3 颗维修中、3 颗备用、1 颗测试中。

GLONASS 系统标准配置为 24 颗卫星，而 18 颗卫星就能保证该系统为俄罗斯境内用户提供全部服务。该系统卫星分为“格洛纳斯”和“格洛纳斯 - M”两种类型，后者使用寿命更长，可达 7 年。研制中的“格洛纳斯 - K”卫星的在轨工作时间可达 10 ~ 12 年。

GLONASS 技术可为全球海陆空以及近地空间的各种军、民用户全天候、连续地提供高精度的三维位置、三维速度和时间信息。GLONASS 在定位、测速及定时精度上则优于施加选择可用性（SA）之后的 GPS，因为俄罗斯向国际民航和海事组织承诺将向全球用户提供民用导航服务。

一、GLONASS 卫星星座

苏联在全面总结 CICADA 第一代卫星导航定位系统优劣的基础上，认真吸收了美国 GPS 系统的成功经验，自 1982 年 10 月开始研制发射第二代导航卫星——GLONASS 卫星，至 1996 年，共发射 24 + 1 颗卫星，经数据加载、调整和检验，于 1996 年 1 月 18 日系统正式运行，主要为军用。GLONASS 卫星均匀地分布在 3 个轨道平面内，轨道倾角为 64.8°。卫星距离地面高度为 19 100 km。卫星的运行周期为 11 h 15 min,GLONASS 卫星星座如图 8-3 所示。

民用无任何限制,不收费。民用的标准精度为:水平精度为 50 ~ 70 m,垂直精度为 75 m,测速精度为 15 cm/s,授时精度为 1 s。GLONASS 卫星的平均工作寿命超过 4.5 年。1999 年底补网发射了 3 颗卫星,至 2000 年初,该系统只有 7 颗卫星保持连续工作。2000 年 10 月补网又发射了 3 颗卫星。

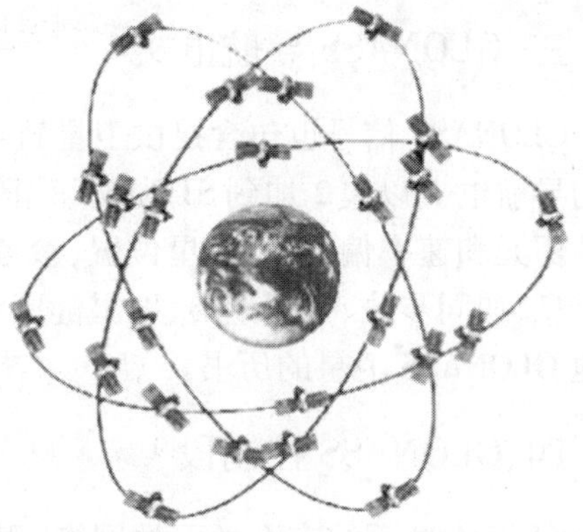

图 8-3 GLONASS 卫星星座

二、GLONASS 卫星与信号

至今,GLONASS 已经发射过 6 种型号的卫星。1982 年 10 月到 1985 年 5 月间发射了第一批称为 Block I 的 10 颗卫星,1985 年 5 月到 1986 年 9 月间发射了 6 颗 Block IIa 卫星,1987 年 4 月至 1988 年 5 月间发射了 12 颗 Block IIb 卫星,其中 6 颗卫星因发射故障而丧失。第四个型号是 Block IIv(v 是俄文字母的第三个字母的英文音译)。到 2005 年底,俄罗斯已经部署了 60 个 IIv 卫星。随后的每一代卫星都包含设备功能增强和使用寿命的增加。

2001 年 12 月 1 日发射了一颗 GLONASS - M 卫星(第五种型号的原型卫星,用于现代化),同时发射的还有两颗 Block IIv,包括 2003 年 12 月 10 日和 2006 年 12 月 26 日的两次一箭三星发射中,分别各带有一颗 GLONASS - M 卫星。2005 年 12 月 25 日发射升空了两颗 GLONASS - M 卫星。新设计的现代化 GLONASS 卫星提供了许多改进,包括更好的星载电子设备、更长的使用寿命,和 L2 民用信号以及改进的导航信息。除 2011 年 2 月 26 日和 2014 年 11 月 30 日发射的两颗 GLONASS - K1(有时简称为 GLONASS - K)卫星外,自 2005 年 12 月以来发射的所有 GLONASS 卫星都是 GLONASS - M 卫星。GLONASS - K1 卫星与前面五种型号的卫星明显不同。它们更轻,提高了时钟稳定性,并将卫星设计寿命延长至 10 年。它们还在首次包括伴随传统频分多址信号的第三频率上,加上了国际上流行的码分多址(CDMA)信号。所有的 GLONASS 卫星都是由雷舍特涅夫信息卫星系统股份公司制造。

与其他 GNSS 不同的是,GLONASS 的传统信号使用 FDMA,而不是 CDMA。与传统的 GPS 信号一样,GLONASS 信号包括两个伪随机噪声(PRN)测距码,类似于 GPSC/A 码(标准精度 ST 码)和 P 码(精密精度 VT 码),调制到 L1 和 L2 载波上。GLONASS ST 码也已经在 GLONASS - M 卫星的 L2 频率上传输。GLONASS ST 码长 511 个码片,码率为每秒 511 kbt,重复间隔为 1 ms。VT 码是 33 554 432 个码片,每秒 5.11 Mbt。代码序列被截断以给出 1 s 的重复间隔。与 GPS 卫星不同的是,所有的 GLONASS 卫星都传输相同的编码。他们从工作频率为 5 MHz 的板载原子频率标准(AFS)中获取信号时序和频率。从 BlockII 到 GLONASS - M 系列的各种 GLONASS 卫星系列在每个卫星上有三个铯原子频率综合器(AFS)。发送的信号像 GPS 信号一样是右旋圆极化的,具有可比较的信号强度。GLONASS - K1 在新的 L3 频率(1 202.025MHz)上传输 CDMA 信号,GLONASS - K2 还将在 L1 和 L2 频率上提供 CDMA 信号。

三、GLONASS 导航电文

GLONASS 信号也包含提供卫星轨道、时钟和其他信息的导航电文。单独地每秒 50 比特的导航电文以模2 加到 ST 和 VT 代码上。ST 码电文包括来自 GLONASS 系统时间的卫星时钟历元和速率偏移;以卫星位置、参考时期的速度和加速度矢量表示的卫星星历表;和附加信息,如同步位、数据期龄、卫星健康状况、UTC(SU)和 GLONASS 系统时间偏移量和所有其他 GLONASS 卫星的历书。

四、GLONASS 控制段

GLONASS 系统有个地面站网络,用于监测和维护卫星星座,并确定卫星的轨道和其运行的空间航行服务行为。跟踪网络仅在苏联境内使用观测站,辅之以卫星激光测距台,以帮助确定轨道,因此所有的 GLONASS 卫星都包含激光反射器。

五、GLONASS 性能

系统误差历年来不断有所改善,目前达到 1 ~2 m。与第一批 GLONASS - M 卫星相比,最新 GLONASS - M 卫星的星载 AFS 具有更好的性能。相对一天的稳定性从 10^{-13} 提高到 2.4×10^{-14}。使用 GLONASS 广播轨道和时钟的误差水平可能导致伪距定位误差大约比 GPS 提供的误差大 2 倍。

六、GLONASS 发展

苏联的第一颗 GLONASS 卫星是在 1982 年 10 月 12 日发射升空的。GLONASS 计划是 1976 年提出来的,3 年后便付诸研发行动。当时,由于苏联的火箭发射能力强大,一开始计划就是用一箭三星的方式发射卫星。由于多次发射失败和卫星工作寿命较短,所以一直发射到 70 多颗卫星时,到 1996 年格洛纳斯卫星星座才达到额定工作的 24 颗,宣布正式投入完全服务。可惜好景不长,由于苏联的解体和俄罗斯的经济困难,格洛纳斯星座的卫星数量至 2002 年最低降到 7 颗卫星,维持正常工作的卫星为 6 颗。

从 2003 年开始,格洛纳斯系统又进入复苏阶段。以每年差不多发射 6 颗卫星的速度回归,加上卫星寿命有所增加,所以到 2011 年 12 月 8 日,格洛纳斯星座又恢复到 24 颗卫星的完全工作状态,并基本能够保持。

俄罗斯 2012 年出台的《GLONASS 系统 2012 ~2020 年维护、发展及应用计划》包括研制和部署新的 GLONASS - K、地面段现代化、发展星基增强系统等。GLONASS 系统未来的定位精度将可以与美国 GPS 系统抗衡,预计在 2020 年将赶超 GPS,定位精度将达 0.6 m。

任务三　北斗卫星导航系统简介

一、北斗概述

(一)概述

北斗卫星导航系统(简称北斗系统)是我国着眼于国家安全和经济社会发展需要,自主建设、独立运行的卫星导航系统，是为全球用户提供全天候、全天时、高精度的定位、导航和授时服务的国家重要空间基础设施。

随着北斗系统建设和服务能力的发展，相关产品已广泛应用于交通运输、海洋渔业、水文监测、气象预报、测绘地理信息、森林防火、通信系统、电力调度、救灾减灾、应急搜救等领域，逐步渗透到人类社会生产和人们生活的方方面面，为全球经济和社会发展注入新的活力。

卫星导航系统是全球性公共资源，多系统兼容与互操作已成为发展趋势。我国始终秉持和践行“中国的北斗，世界的北斗”的发展理念，服务“一带一路”建设发展，积极推进北斗系统国际合作。与其他卫星导航系统携手，与各个国家、地区和国际组织一起，共同推动全球卫星导航事业发展，让北斗系统更好地服务全球、造福人类。

（二）发展历程

20世纪后期，我国开始探索适合国情的卫星导航系统发展道路，逐步形成了三步走发展战略：2000年年底，建成北斗一号系统，向我国提供服务；2012年年底，建成北斗二号系统，向亚太地区提供服务；计划在2020年前后，建成北斗全球系统，向全球提供服务。2035年前还将建设完善更加融合、更加智能的综合时空体系。

（三）发展目标

建设世界一流的卫星导航系统，满足国家安全与经济社会发展需求，为全球用户提供连续、稳定、可靠的服务；发展北斗产业，服务经济社会发展和民生改善；深化国际合作，共享卫星导航发展成果，提高全球卫星导航系统的综合应用效益。

（四）建设原则

我国坚持“自主、开放、兼容、渐进”的原则建设和发展北斗系统。

——自主。坚持自主建设、发展和运行北斗系统，具备向全球用户独立提供卫星导航服务的能力。

——开放。免费提供公开的卫星导航服务，鼓励开展全方位、多层次、高水平的国际合作与交流。

——兼容。提倡与其他卫星导航系统开展兼容与互操作，鼓励国际合作与交流，致力于为用户提供更好的服务。

——渐进。分步骤推进北斗系统建设发展，持续提升北斗系统服务性能，不断推动卫星导航产业全面、协调和可持续发展。

（五）发展计划

目前，我国正在实施北斗三号系统建设。根据系统建设总体规划，2018年底，完成19颗卫星发射组网，完成基本系统建设，向全球提供服务；2020年前后，完成30颗卫星发射组网，全面建成北斗三号系统。

（六）基本组成

北斗系统由空间段、地面段和用户段三部分组成。

——空间段。北斗系统空间段由若干地球静止轨道卫星、倾斜地球同步轨道卫星和中圆地球轨道卫星三种轨道卫星组成混合导航星座。

——地面段。北斗系统地面段包括主控站、时间同步/注入站和监测站等若干地面站。

——用户段。北斗系统用户段包括北斗兼容其他卫星导航系统的芯片、模块、天线等基础产品,以及终端产品、应用系统与应用服务等。

(七)发展特色

北斗系统的建设实践,实现了在区域快速形成服务能力、逐步扩展为全球服务的发展路径,丰富了世界卫星导航事业的发展模式。

北斗系统具有以下特点:一是北斗系统空间段采用三种轨道卫星组成的混合星座,与其他卫星导航系统相比高轨卫星更多,抗遮挡能力强,尤其低纬度地区性能特点更为明显。二是北斗系统提供多个频点的导航信号,能够通过多频信号组合使用等方式提高服务精度。三是北斗系统创新融合了导航与通信能力,具有实时导航、快速定位、精确授时、位置报告和短报文通信服务五大功能。

二、BDS 卫星星座

BDS 卫星星座如图 8-4 所示。

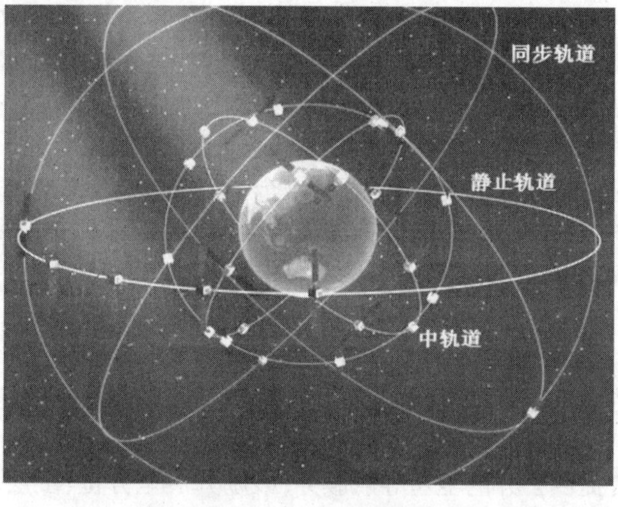

图 8-4 BDS 卫星星座

我国自行研制的第一颗导航定位卫星——北斗导航试验卫星,于 2000 年 11 月 1 日在西昌卫星发射中心发射升空。2000 年 12 月 22 日,第二颗北斗导航试验卫星在西昌卫星发射中心发射成功,这两颗试验卫星构成了我国北斗双星导航定位系统。2003 年 5 月 25 日又发射了导航定位系统的备份卫星,它与前两颗卫星组成了完整的卫星导航定位系统,确保全天候、全天时提供卫星导航信息,北斗双星导航定位系统的服务区域为东经 70° ~ 145°、北纬 5° ~ 55°范围,定位精度为平面 ±20 m,高程 ±10 m,北斗双星导航定位系统具有快速定位、短报文通信、精密授时三大功能。

北斗双星导航定位系统定位的基本原理为空间球面交会测量原理,如图 8-5 所示,地面控制中心站通过两颗卫星向用户询问,用户应答后测量并计算出用户到两颗卫星的距离;然后根据地面控制中心站的数字地图,由地面控制中心站算出用户到地心的距离,再根据两颗卫星和地面控制中心站的已知地心坐标计算出用户的三维位置,由卫星发给用户。

我国的北斗双星导航定位系统综合了天文导航定位和地面无线电导航定位的优点,相当于一个设置在太空的无线电导航台。可以在任何时间、在定位服务区域内的任何地点为用户确定其所在的地理经纬度和海拔高度。北斗双星导航定位系统是国际上首次实现的区

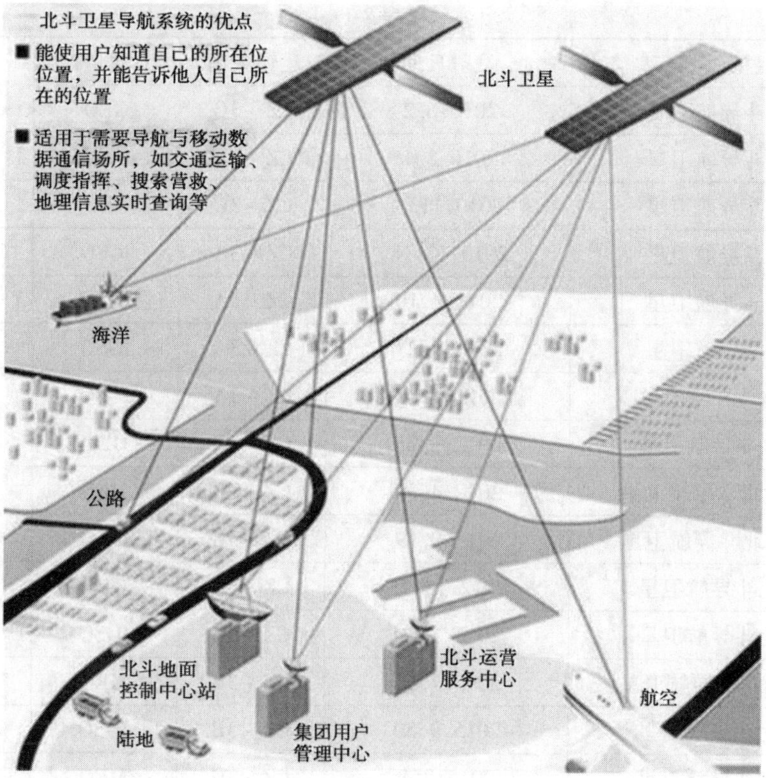

图 8-5 北斗双星定位原理

域导航定位系统，填补了我国卫星导航领域的空白，使中国成为世界上继美、俄之后自主建立卫星导航系统的国家。2007 年 4 月 14 日，我国成功发射了北斗二代系统首颗试验卫星 Compass－M1，拉开了北斗卫星导航系统布网建设的序幕。系统设计由 5 颗地球静止轨道（GEO）卫星和 30 颗非静止轨道卫星组成。经过 5 年发射组网，成功覆盖中国及其周边地区，使中国成为世界上第三个拥有卫星导航定位系统的国家。2012 年 12 月，北斗卫星导航系统完成区域阶段部署，并正式开通实现区域服务能力，各卫星发射情况如表 8-1 所示。目前，系统在亚太区域可为用户提供 10 m 的三维位置服务精度，50 ns 的授时精度和 0.2 m/s 的测速精度。

表 8-1 北斗卫星发射组网情况

卫星	发射日期	运输火箭	轨道	状态
第 1 颗北斗导航试验卫星	2000.10.31	CZ－3A	GEO	退役
第 2 颗北斗导航试验卫星	2000.12.21	CZ－3A	GEO	退役
第 3 颗北斗导航试验卫星	2003.5.25	CZ－3A	GEO	退役
第 4 颗北斗导航试验卫星	2007.2.3	CZ－3A	GEO	退役
第 1 颗北斗导航卫星	2007.4.14	CZ－3A	MEO	退役
第 2 颗北斗导航卫星	2009.4.15	CZ－3C	GEO	退役
第 3 颗北斗导航卫星	2010.1.17	CZ－3C	GEO	正常

续表 8-1

卫星	发射日期	运输火箭	轨道	状态
第 4 颗北斗导航卫星	2010.6.2	CZ-3C	GEO	在轨维护
第 5 颗北斗导航卫星	2010.8.1	CZ-3A	IGSO	正常
第 6 颗北斗导航卫星	2010.11.1	CZ-3C	GEO	正常
第 7 颗北斗导航卫星	2010.12.18	CZ-3A	IGSO	正常
第 8 颗北斗导航卫星	2011.4.10	CZ-3A	IGSO	正常
第 9 颗北斗导航卫星	2011.7.27	CZ-3A	IGSO	正常
第 10 颗北斗导航卫星	2011.12.2	CZ-3A	IGSO	正常
第 11 颗北斗导航卫星	2012.2.25	CZ-3C	GEO	正常
第 12、13 颗北斗导航卫星	2012.4.30	CZ-3B	MEO	正常
第 14、15 颗北斗导航卫星	2012.9.19	CZ-3B	MEO	正常
第 16 颗北斗导航卫星	2012.10.25	CZ-3C	GEO	正常
第 17 颗北斗导航卫星	2015.3.30	CZ-3C	IGSO	在轨试验
第 18、19 颗北斗导航卫星	2015.7.25	CZ-3B	MEO	在轨试验
第 20 颗北斗导航卫星	2015.9.30	CZ-3B	IGSO	在轨试验
第 21 颗北斗导航卫星	2016.2.1	CZ-3C	MEO	在轨试验
第 22 颗北斗导航卫星	2016.3.30	CZ-3A	IGSO	正常
第 23 颗北斗导航卫星	2016.6.12	CZ-3C	GEO	正常
第 24、25 颗北斗导航卫星	2017.11.5	CZ-3B	MEO	正常
第 26、27 颗北斗导航卫星	2018.1.12	CZ-3B	MEO	正常
第 28、29 颗北斗导航卫星	2018.2.12	CZ-3B	MEO	正常
第 30、31 颗北斗导航卫星	2018.3.30	CZ-3B	MEO	正常
第 32 颗北斗导航卫星	2018.7.10	CZ-3A	IGSO	正常
第 33、34 颗北斗导航卫星	2018.7.29	CZ-3B	MEO	正常
第 35、36 颗北斗导航卫星	2018.8.25	CZ-3B	MEO	正常
第 37、38 颗北斗导航卫星	2018.9.19	CZ-3B	MEO	正常
第 39、40 颗北斗导航卫星	2018.10.15	CZ-3B	MEO	正常
第 41 颗北斗导航卫星	2018.11.1	CZ-3B	GEO	在轨测试
第 42、43 颗北斗导航卫星	2018.11.19	CZ-3B	MEO	正常
第 44 颗北斗导航卫星	2019.4.20	CZ-3B	IGSO	正常
第 45 颗北斗导航卫星	2019.5.17	CZ-3C	GEO	正常
第 46 颗北斗导航卫星	2019.6.25	CZ-3B	IGSO	正常

注:GEO 为地球静止轨道,IGSO 为倾斜地球同步轨道,MEO 为中圆地球轨道。

北斗卫星导航系统区域服务组网时的空间部分由5颗地球静止轨道(GEO)、5颗倾斜地球同步轨道(IGSO)、4颗中圆地球轨道(MEO)卫星构成。其中,5颗相隔60°的GEO卫星分别定点于东经58.75°、80°、10.5°、140°、160°。5颗GSO卫星分布于三个轨道面上,其中11、12和13星下点轨迹重合,交点地理经度处于东经118°,14、15分别和1、12处于同一轨道面,与1、12各相位相差23°,交点地理经度处于东经95°:GSO卫星具有与GEO卫星相同的轨道高度,因此具有与地球自转周期相同的轨道周期,但由于轨道倾角大于0°,其星下点轨迹在地面就不是一个点,而是以赤道(东经120°左右)为对称轴的"8"字形,轨道倾角越大,"8"字形的区域也越大。4颗MEO卫星轨道高度为21 528 km,回归周期为7天13圈,分别位于Walker24/3/1星座的第一轨道面7、8相位和第二轨道面3、4相位上确定一个星座的导航范围,最主要的参考因素是位置精度衰减因子(PDOP)和卫星定轨的可实施性,PDP值越小,卫星导航系统的定位精度越高。卫星轨道最北到达55°,PDXP<3的区域仅到达北纬26°(我国福州一线),系统提供开放服务和授权服务两种服务方式,开放服务是在服务区免费提供定位、测速和授时服务;授权服务是向授权用户提供更安全的定位测速、授时和通信服务以及系统完好性信息。

三、BDS北斗导航系统优势

北斗卫星导航系统应用具有五大优势:同时具备定位与通信功能,无需其他通信系统支持融合北斗导航定位系统和卫星导航增强系统两大资源,提供更丰富的增值服务;覆盖中国及周边国家和地区,24小时全天候服务,无通信盲区;定位解算都集中在地面控制中心站,特别适合于大范围移动目标监控与管理自主系统;高强度加密设计,安全、可靠、稳定,适合关键部门应用。

四、北斗系统增强系统介绍

北斗系统增强系统包括地基增强系统与星基增强系统。

北斗地基增强系统是北斗卫星导航系统的重要组成部分,按照"统一规划、统一标准、共建共享"的原则,整合国内地基增强资源,建立以北斗为主、兼容其他卫星导航系统的高精度卫星导航服务体系。利用北斗/GNSS高精度接收机,通过地面基准站网,利用卫星、移动通信、数字广播等播发手段,在服务区域内提供1~2 m、分米级和厘米级实时高精度导航定位服务。系统建设分两个阶段实施,一期为2014~2016年底,主要完成框架网基准站、区域加强密度网基准站、国家数据综合处理系统,以及国土资源、交通运输、中科院、地震、气象、测绘地理信息等6个行业数据处理中心等建设任务,建成基本系统,在全国范围提供基本服务;二期为2017~2018年底,主要完成区域加强密度网基准站补充建设,进一步提升系统服务性能和运行连续性、稳定性、可靠性,具备全面服务能力。

北斗星基增强系统北斗卫星导航系统的重要组成部分,通过地球静止轨道卫星搭载卫星导航增强信号转发器,可以向用户播发星历误差、卫星钟差、电离层延迟等多种修正信息,实现对于原有卫星导航系统定位精度的改进。按照国际民航标准,开展北斗星基增强系统设计、试验与建设。目前,已完成系统实施方案论证,固化了系统在下一代双频多星座(DFMC)SBAS标准中的技术状态,进一步巩固了BDSBAS作为星基增强服务供应商的地位。

任务四　GNSS RTK 测量技术的应用

一、GNSS RTK 概述

将 GNSS 接收机安装在运动载体(如飞机、轮船和汽车)上,对运动载体进行实时定位,称为实时动态定位。动态定位主要包括单点定位、差分定位、RTK 定位等。

将 GNSS 接收机安装在运动载体上,通过测定 GNSS 接收机天线中心的位置来计算载体的运动轨迹,这种定位方式称为动态定位。如果接收机能够一边进行数据采集,一边立刻解算并输出定位结果,这样的动态定位称为实时动态定位。实践中实时测定运动物体的位置更具有应用价值,因此动态定位一般是指实时动态定位仅仅使用一台 GNSS 接收机进行观测,直接获取该接收机天线的空间位置,这种动态定位称为单点动态定位。

若使用两台 GNSS 接收机,一台位于基准站上静止不动,另一台位于流动站上处于运动状态,通过计算基准站和流动站之间的相对位置从而获取流动站的空间位置,这种定位方式称为相对动态定位。相对动态定位通常采用差分模式,称为差分定位。

刻画载体运动轨迹要求定位间隔越小越好。若要求每隔 10 m 对载体定位一次,则载体速度为 1 m/s 时接收机只需每隔 10 s 测量一次,载体速度是 1 000 m/s 时,需每隔 0.01 s 测量一次。载体速度不同对接收机性能要求也不同。根据载体运动速度,动态定位又可分为:①低动态定位,运动速度从每秒几米到几十米;②中等动态定位,运动速度为 100 ~ 1 000 m/s;③高动态定位,运动速度大于 1 000 m/s。

二、差分定位基本思路

差分定位的基本思路是:在基准站上安置一台接收机,在流动站上安置一台接收机,同时观测相同的卫星,获得两台接收机到卫星的伪距、载波相位以及导航电文等信息。同时,基准站还安装有无线电发射机,实时将有关基准站上的信息发送给流动站。流动站接收机根据接收到的信息计算出流动站的位置。

有关基准站的信息包括三种:第一种是位置差,即实测坐标与基准站已知坐标之差;第二种是伪距差,即接收机到卫星的实测伪距与已知距离之差;第三种是载波相位差,即接收机到卫星的实测载波相位与已知载波相位之差。这些信息统称为差分信息。根据差分信息的不同,差分定位可以分为位置差分、伪距差分和载波相位差分三种。

载波相位差分定位的计算方法有两种:如果基准站发送给流动站的差分数据是基准站的载波相位修正量,可以使用修正法来计算;如果基准站发送给流动站的信号不是差分数据,而是基准站的载波相位观测值,可以使用求差法来计算。不管是修正法还是求差法,载波相位差分定位统称为实时动态测量(real time kinematic,RTK)定位。

三、GNSS - RTK 主机介绍

GNSS - RTK 设备包括主机、手簿、电台、天线及其他配件。下面以南方银河 1 为例介绍其基本组成。

（一）GNSS－RTK 主机

银河 1 测量系统如图 8-6 所示。

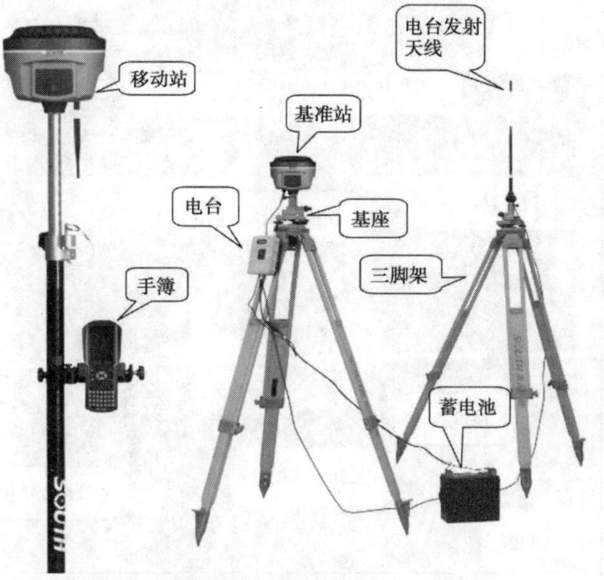

图 8-6 银河 1 测量系统示意图

(1)主机正面如图 8-7 所示。

(2)主机背面如图 8-8 所示。

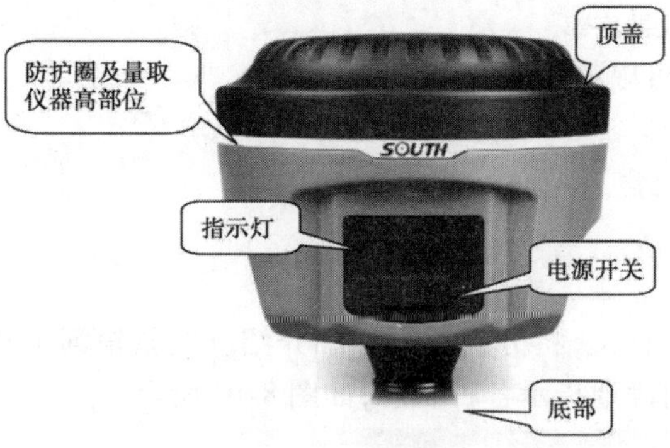

图 8-7 主机正面

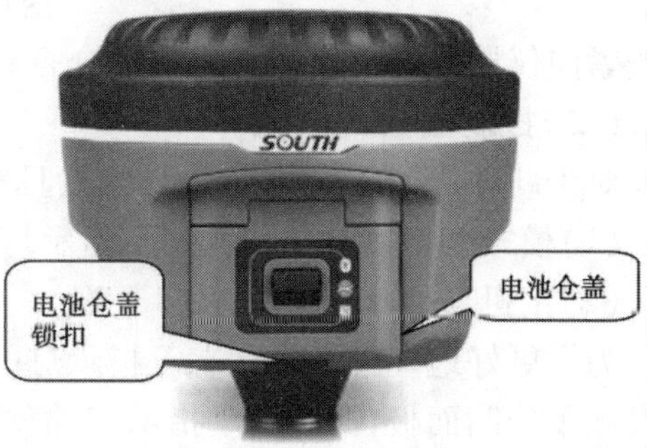

图 8-8 主机背面

(3)仪器底部如图 8-9 所示。

- 五针接口：用于主机与外部数据链连接、与外部电源连接。
- 七针接口：用来连接电脑传输数据。
- 天线接口：安装 GPRS（GSM/CDMA/3G 可选配）网络天线或 UHF 电台天线。
- 连接螺孔：用于固定主机与基座或对中杆。
- 电池仓：用于安放锂电池。
- 卡扣：用于锁紧或打开电池仓盖。

银河 1 的电池安放在仪器背面，安装/取出电池的时候翻转仪器，找到电池仓，电池仓卡

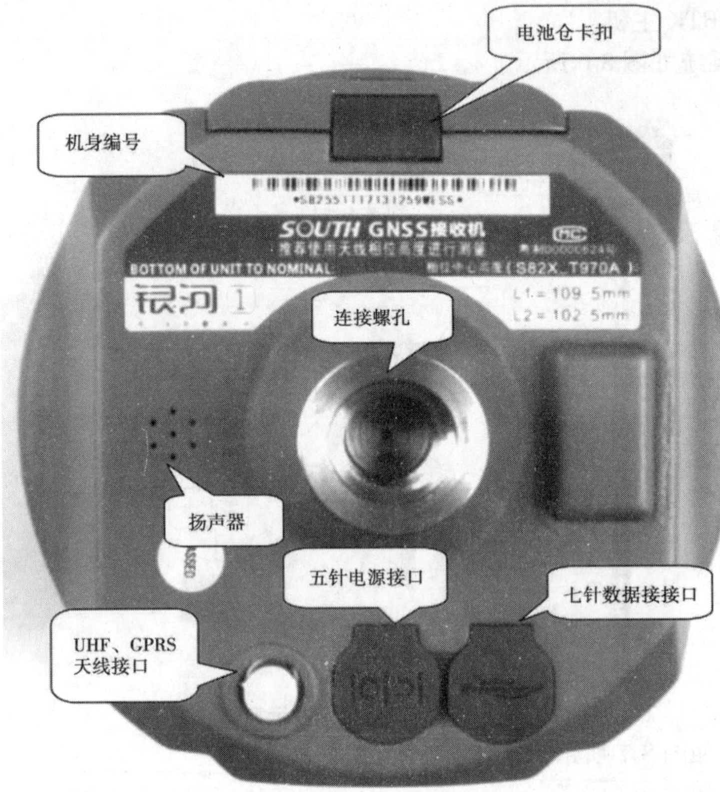

图 8-9　仪器底部

扣按紧向仪器底部下压即可将电池仓打开,就可以将电池安装和取出。

(二)控制面板

对于新款银河 1,主机指示灯依然具有两层含义:

(1)模式切换以及工作状态下指示灯含义。

(2)主机自检状态下指示灯含义。

为了更好地理解两种状态下指示灯的具体含义,将分别进行详细介绍。新款银河 1 重新设计了控制面板,拥有四个指示灯,简单并明确地指示各种状态,如图 8-10 所示。

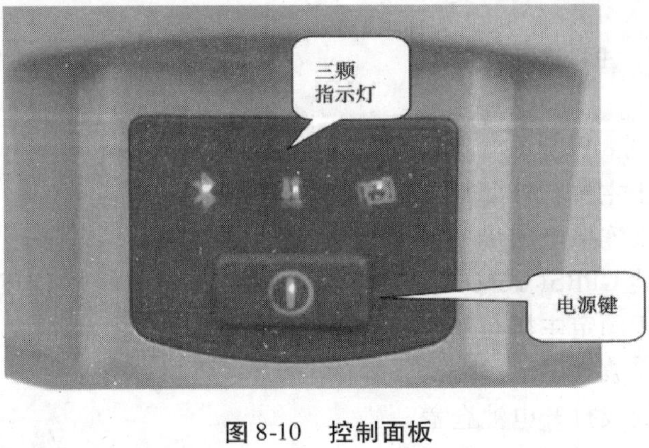

图 8-10　控制面板

表 8-2 为一些典型指示灯的含义。

表 8-2　银河 1 指示灯

指示灯	状态	含义
蓝牙	常灭	未连接手簿
	常亮	已连接手簿
信号/数据	闪烁	静态模式:记录数据时,按照设定采集间隔闪烁
	常亮	基准或移动模式:内置模块收到信号的强度较高
	闪烁	基准或移动模式:内置模块收到信号的强度较差
	常灭	基准或移动模式:内置模块未能收到信号
卫星	闪烁	表示锁定卫星数量,每隔 5 s 循环一次
POWER	常亮	正常电压:内置电池 7.4 V 以上
	闪烁	电池电量不足

(三)模式查看和切换

(1)模式查看。在主机正常工作时,按一下电源键松手,这时会有语音播报当前主机工作模式。

(2)模式切换。主机开机后,通过蓝牙与数据采集手簿相连,通过工程之星数据采集软件对主机工作模式进行设置和切换。

(四)主机自检

在主机指示灯异常或者工作不正常情况下,可使用自动检测功能,也就是主机自检。具体操作如下:

开机,长按[电源]键不放,待关机后电源灯再次亮起,松开按键,开始自检。

自检通过或失败,会有相应的语音播报。自检通过,等待数秒之后,仪器将会自动重启。

自检不通过,则仪器会停留在自检结果状态,而不会重新启动,用以识别问题所在。

四、手簿

北极星 PolarX3 是南方测绘自主生产的工业级三防手簿,拥有全字母全数字键盘,并配备高分辨率 3.5 英寸液晶触摸屏,带来完美的操作体验。该款手簿采用微软 Windows Mobile 操作系统,扩展性能更强,配合南方公司专业级的行业测量软件,为 RTK 测量工作提供强力支持。

(一)手簿介绍

北极星 Polar X3 数据采集手簿是一款在商业和轻工业方面用于实时数据计算的掌上电脑,以 Windows Mobile 为操作系统,在数据通信中应用很广。

北极星 Polar X3 数据采集手簿外部特征如图 8-11 所示。

(二)键盘及功能

如触摸屏出现问题或是反应不灵敏,可以用键盘来实现。不支持同时按两个或多个键,

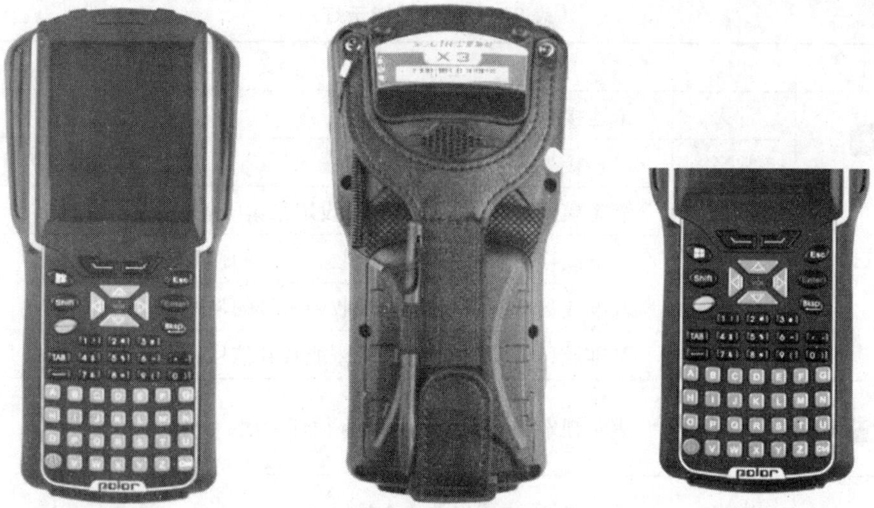

(a) 手簿正面　　(b) 手簿背面　　(c) 键盘

图 8-11　北极星 Polar X3 数据采集手簿外部特征

每次只能按一个键。按键及功能见表 8-3。

表 8-3　按键及功能

功能	按键
开机/关机	电源键
打开键盘背光灯	背光灯键
移动光标	移动光标
同 PC 上 Shift 键功能	[Shift]
输入空格	[- - - -]空格键
输入数字或字母时,光标向左删除一位	[Bksp]
同 PC 上 Ctrl 键功能	[Ctrl]
打开文件夹或文件,确认输入字符完毕	[Enter]
光标右移或下移一个字段	[TAB]
关闭或退出(不保存)	[Esc]
辅助启用字符输入功能	黄色 Shift
辅助启用功能键	蓝键
切换输入法状态	[CTRL + SP]
禁用或启用屏幕键盘	[CTRL + ESC]

1. 功能键

手簿键盘中的[Shift]、[Ctrl]和蓝色键为辅助功能键,所有的功能键均为一次性使用键。

手簿上[Shift]、[Ctrl]和蓝色键的功能同于台式电脑键盘上的功能,只是手簿上不能同时按下两个键。使用功能键时必须先按下该键,再选取要实现的键,而且所有的功能键均为一次性使用键。

2. 按键

(1)[Shift]键。是为显示手簿键盘中字母键上黄色字符和数字键上方的符号所设立的。但连续按下[Shift]键两次,该功能键将被激活,这时,再按下字母键时就会显示该字母对应的希腊字母,按下数字键就会显示数字键上方的符号。

(2)光标键。位于键盘的上方、屏幕的下方并紧挨着屏幕,光标键可以上下左右地移动光标。

(3)[BKSP]键。可以删除左边的一个字符,使光标向左移动。[DEL]键(就是先按光标键再按[BKSP]键)可以删除右边的字符。选中要删除的文件夹,按[DEL]键可删除。

(4)[Ctrl]键。为功能键,它们的功能依赖于下一个按键。

(5)[TAB]键。为切换键,可以使光标移动到右边的下一项。

(6)[ESC]键。一般地,这个键是用来关闭正在运行的窗口,是返回上个窗口的快捷键。

(7)[SPACE]键。此键是用来在两个字符间插入空格的键。

3. 功能键[F1]至[F6]

[F1]至[F6]键为特殊的功能键,其功能可以是用户自定义的。

五、蓝牙连接

(一)蓝牙触碰连接

银河 1 主机支持 NFC 蓝牙配对功能。将 Polar X3 手簿背部(NFC 读取模块在手簿背面,见图 8-12)贴近银河 1 主机电池仓,手簿将自动完成蓝牙配对工作(见图 8-13)。然后即可打开工程之星进行测量相关工作。

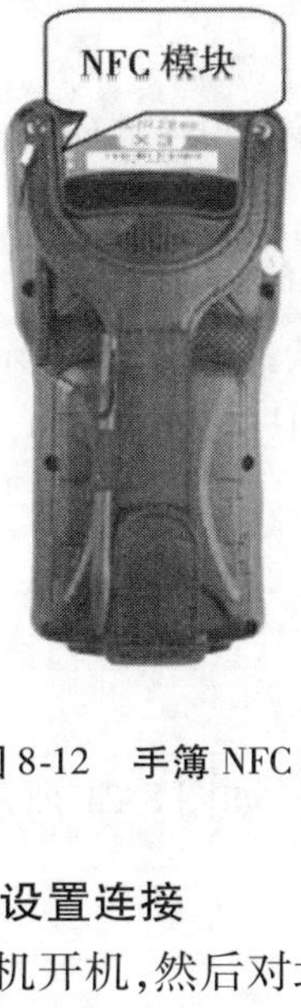

图 8-12 手簿 NFC 模块

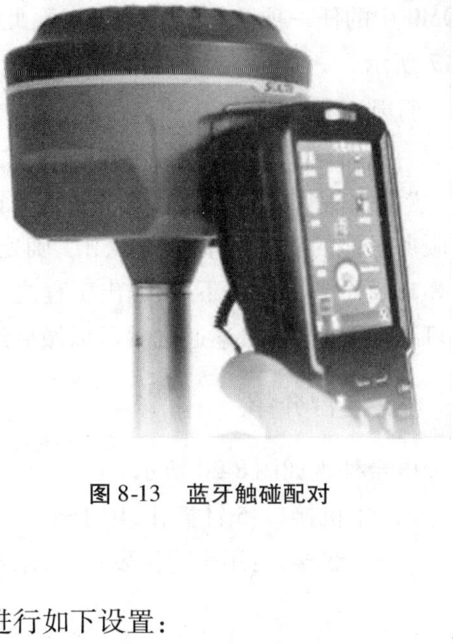

图 8-13 蓝牙触碰配对

(二)蓝牙设置连接

需要将主机开机,然后对北极星 Polar X3 手簿进行如下设置:

（1）"资源管理器"→"设置"→"蓝牙"，如图 8-14 所示。

图 8-14　蓝牙设置连接(一)

（2）在蓝牙设备管理器窗口中选择"添加新设备"，开始进行蓝牙设备扫描。如果在附近（小于 20 m 的范围内）有可被连接的蓝牙设备，在"选择蓝牙设备"对话框将显示搜索结果。如图 8-15 所示。整个搜索过程可能持续 10 s 左右，须耐心等待。

（3）选择"S82…"数据项，点击"下一步"按钮，弹出"输入密码"窗口，直接点击"下一步"跳过。

（4）出现"设备已添加"窗口，点击完成。

（5）再回到"蓝牙"界面，选中"COM 端口"选项卡，选择"新建发送端口"界面。如图 8-16 所示。

（6）选择要连接的 GPS 主机编号，选择"下一步"，在弹出的"端口"界面选择 COM0 – COM9 中的任一项。单击"完成"。至此，手簿连接 GPS 主机蓝牙设置阶段已经完成。如图 8-17 所示。

打开工程之星软件，进入工程之星主界面。点击"提示"窗口中的"OK"。如图 8-18 所示。

"配置"→"端口设置"，在"端口配置"对话框中，端口选择"com1"，与之前连接蓝牙串口服务里面的串口号相同。点击"确定"。如果连接成功，状态栏中将显示相关数据，如图 8-19所示。如果连不通，退出工程之星，重新连接（如果以上设置都正确，此时直接连接即可）。手簿与主机连通之后可以做后续测量。

六、电台介绍

电台外观如图 8-20 所示。

（1）主机接口：5 针插孔，用于连接 GPS 接收机及供电电源，如图 8-21 所示。

（2）天线接口：用来连接发射天线，如图 8-22 所示。

图 8-15　蓝牙设置连接(二)

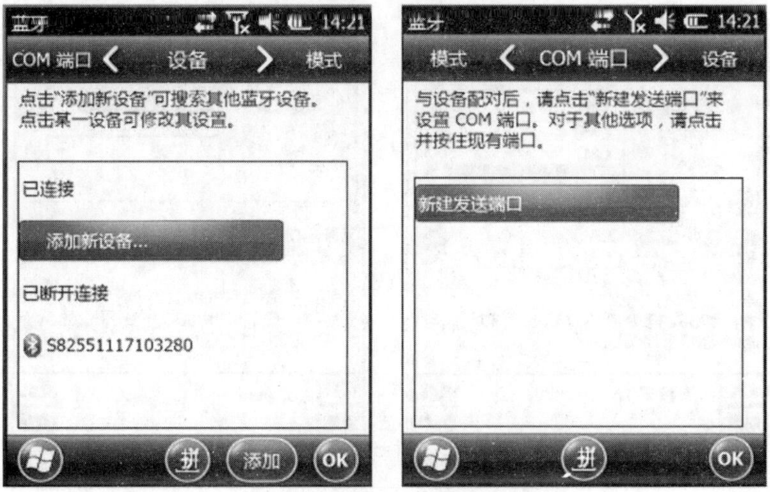

图 8-16　蓝牙设置连接(三)

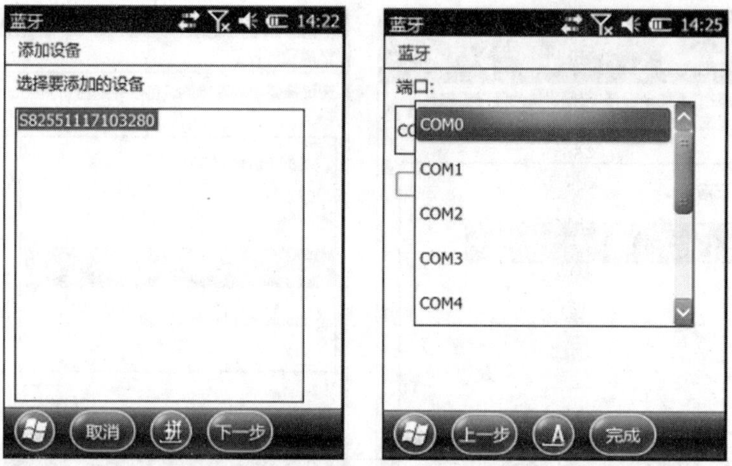

图 8-17　蓝牙设置连接(四)

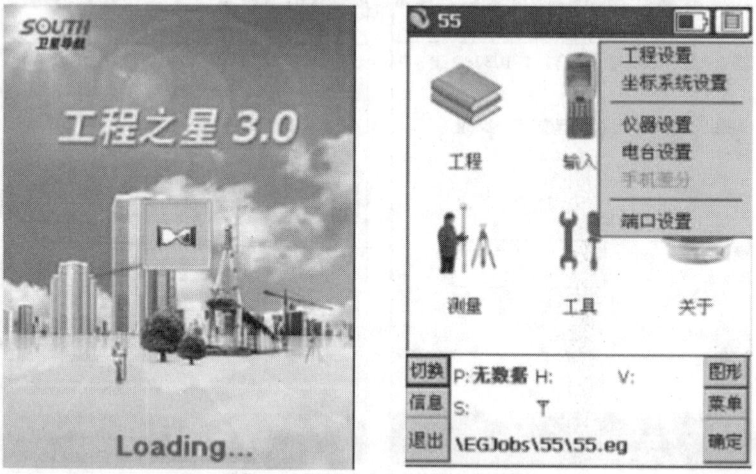

图 8-18　蓝牙设置连接(五)

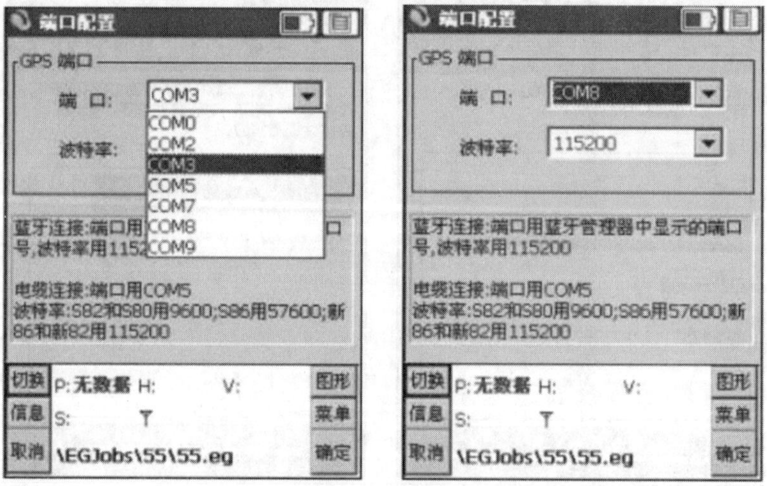

图 8-19　蓝牙设置连接(六)

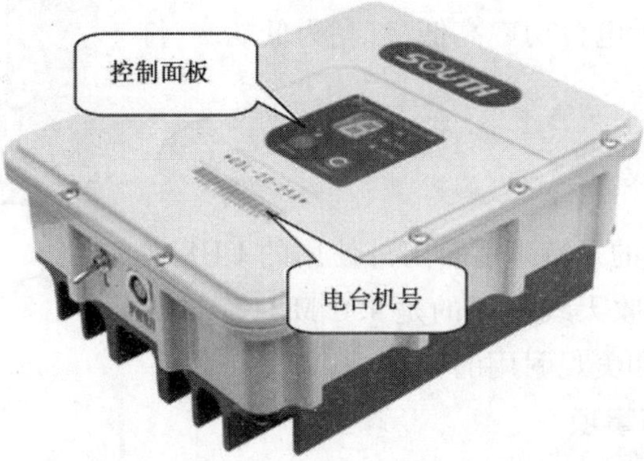

图 8-20　电台外观

图 8-21　主机接口

图 8-22　天线接口

(3)控制面板:控制面板指示灯显示电台状态,按键操作简单方便,一对一接口能有效防止连接错误,如图 8-23 所示。

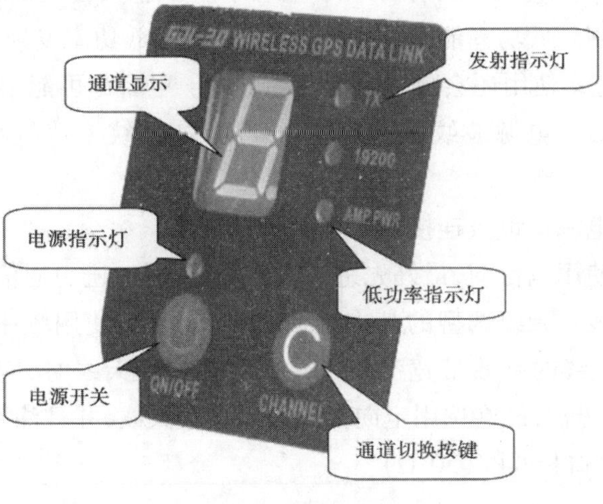

图 8-23　控制面板

(4)ON/OFF 电源开关键:此键控制本机电源开关。左边红灯指示本机电源状态。

(5)CHANNEL 按键开关:为本机切换通道用开关,按此开关可以切换 1 ~ 8、a ~ f 通道。

(6)AMPPWR 指示灯:表示电台功率高低,灯亮为低功率,灯灭则为高功率。

(7)TX 红灯指示:此指示灯每秒闪烁一次表示电台在发射数据状态,发射间隔为 1 s。

(8)功率切换开关(见图8-24):开关调节电台功率,面板上AMPPWR灯指示电台功率高低,灯亮为低功率,灯灭则为高功率。

图8-24　功率开关

七、电台发射天线

电台发射天线采用的是特别适合野外使用的UHF发射天线(见图8-25),接收天线使用的是450 MHz全向天线,天线具有小巧轻便和美观耐用的特点。

(一)电台使用注意事项

(1)蓄电池电量过低。当控制面板上的通道指示灯出现闪烁时,表示此时蓄电池的电量不足,应及时更换蓄电池,否则会出现数据链不稳定或者无法发射的情况。

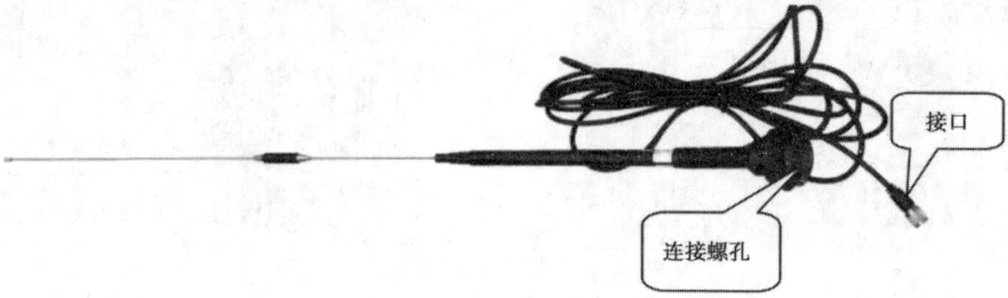

图8-25　UHF发射天线

(2)GDL20电台电源。电压为12~15 V(典型值13.8 V),射频发射功率为25 W,电流7.0 A。

(3)电台发射功率。电台的发射功率与电源的电压有关,使用前请检查电压。

(4)高低功率使用。低功率能满足作业时,尽量使用低功率发射,因为高功率发射会成倍地消耗电池电量,过多使用还会降低电池使用寿命。电台尽可能架设在地势较高的地方。

(5)电源波纹系数。电源波纹系数要小于40 mV,波纹系数越小,对射频谱的影响越小,通信质量越高。

(6)电源连接。电源正负极连接要正确。

(7)电磁环境。使用电台前,最好先进行电磁环境测量,避免通信盲区。

(8)电台匹配天线。天线选型的基本参数有频带宽度、使用频率、增益、方向性、阻抗、驻波比等指标,一般天线的有效带宽为3~5 MHz,在选择天线时,应根据使用的频段来选定。若要进行远距离传输,最好选用定向天线及高增益天线,并且注意天线及馈线的阻抗要与GDL20电台天线接口相匹配(50 Ω)。

(二)建议

(1)使用12 V/36 Ah以上的外挂蓄电池,使用外挂电源时,需保持10 A的稳压电流。

(2)使用蓄电池时要及时充电,不要过量使用电池电量,不然会降低电池使用寿命。

八、差分天线

差分天线如图 8-26 所示，UHF 内置电台基准站模式和 UHF 内置电台移动站模式，需用到 UHF 差分天线。

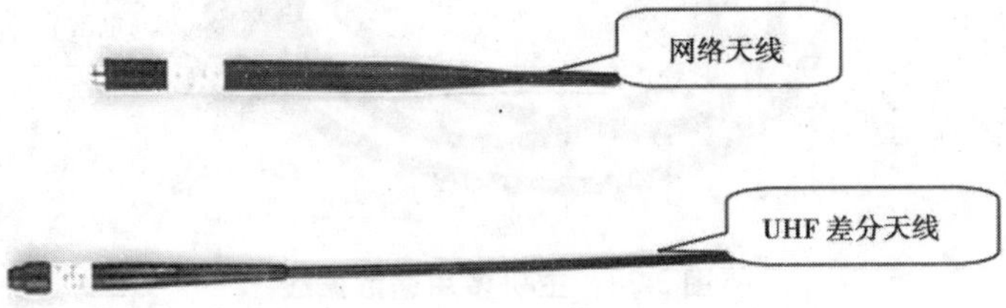

图 8-26　差分天线

九、多用途数据线

(1)电台 Y 形数据线(见图 8-27)。多用途电缆是一条 Y 形的连接线，用来连接基准站主机(五针红色插口)、发射电台(黑色插口)和外挂蓄电池(红黑色夹子)，具有供电、数据传输的作用。

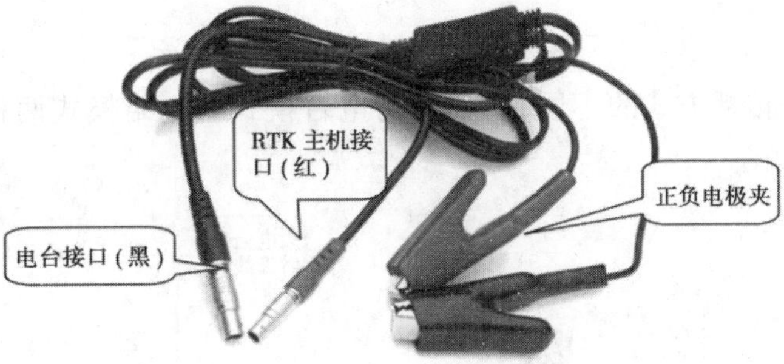

图 8-27　Y 形数据线

(2)主机多用途数据线(见图 8-28)。多用途通信电缆的作用是连接接收机主机和电脑，用于传输静态数据和主机固件的升级。

十、其他配件

其他配件如图 8-29 所示。

十一、RTK 作业(电台模式)

实时动态测量(real time kinematic)简称 RTK。RTK 技术是全球卫星导航定位技术与数据通信技术相结合的载波相位实时动态差分定位技术，包括基准站和移动站，基准站将其数据通过电台或网络传给移动站后，移动站进行差分解算，便能够实时地提供测站点在指定坐标系中的坐标。

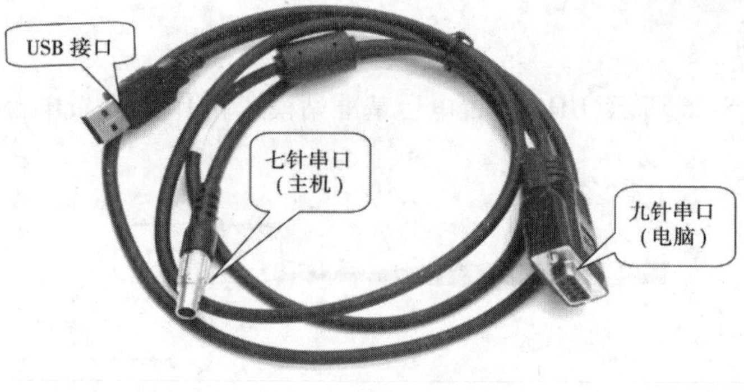

图 8-28　主机多用途数据线

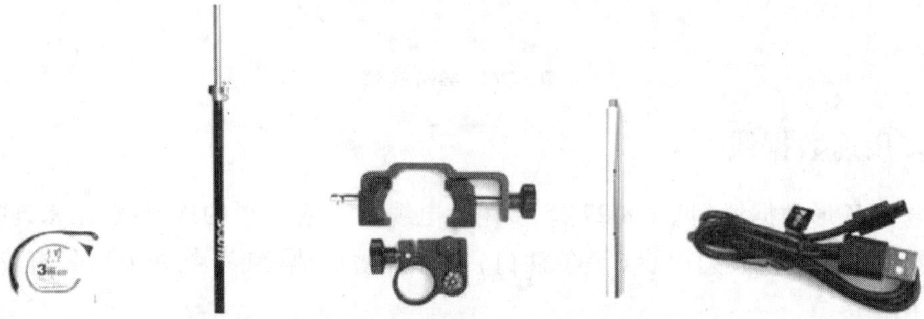

(a) 量高尺　(b) 拉伸对中杆　(c) 手簿托架　(d) 连接杆　(e) 手簿通信电缆

图 8-29　配件

根据差分信号传播方式的不同，RTK 分为电台模式和网络模式两种，本节先介绍电台模式，如图 8-30 所示。

图 8-30　电台模式

(一)架设基准站

基准站要架设避免 GPS 信号的接收以及无线电信号的发射产生不同程度的影响。基准站架设应满足以下基本要求:

(1)周围应便于安装接收设备和操作,视野开阔,视场内障碍物的高度角不宜超过 15°。

(2)基准站架设于地势比较高的地方,便于信号传输。

(3)远离大功率无线电发射源(如电视台、电台、微波站等),其距离不小于 200 m;远离高压输电线和微波无线电信号传送通道,其距离不得小于 50 m。

(4)附近不应有强烈反射卫星信号的物件(如大型建筑物、大面积的水域等)。

(5)架设时尽可能使基准站周围附近的小环境(地形、地貌、植被等)与周围的大环境保持一致,以减少气象元素的代表性误差。

(6)基准站架设在其天线信号可以覆盖已知控制点及测区覆盖的地点。

(7)在满足上述条件的基础上考虑交通便捷的地点,减少人工搬运仪器的距离。

基准站选定地点后,开始架设基准站,具体流程如下:

(1)将接收机设置为基准站外置模式。

(2)架好三脚架,放电台天线的三脚架最好放到高一些的位置,两个三脚架之间保持至少 3 m 的距离。

(3)固定好机座和基准站接收机(如果架在已知点上,要做严格的对中整平),打开基准站接收机。

(4)安装好电台发射天线,把电台挂在三脚架上,将蓄电池放在电台的下方。

(5)用多用途电缆线连接好电台、主机和蓄电池。

重要提示:在使用 Y 形多用途电缆连接主机的时候注意查看五针红色插口上标有红色小点,在插入主机的时候,将红色小点对准主机接口处的红色标记即可轻松插入。连接电台一端的时候进行同样的操作。

(二)启动基准站

第一次启动基准站时,需要对启动参数进行设置,设置步骤如下:

(1)使用手簿上的工程之星连接基准站(见图 8-31)。

(2)操作:配置→仪器设置→基准站设置(主机必须是基准站模式),如图 8-31 所示。

(3)对基准站参数进行设置。一般的基站参数设置只需设置差分格式就可以,其他使用默认参数。设置完成后点击右边的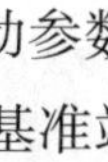,基站就设置完成了。

(4)保存好设置参数后,点击"启动基站"(一般来说基站都是任意架设的,发射坐标是不需要自己输的)。基准站启动成功后界面如图 8-32 所示。

注意:第一次启动基站成功后,以后作业如果不改变配置可直接打开基准站主机即可自动启动。

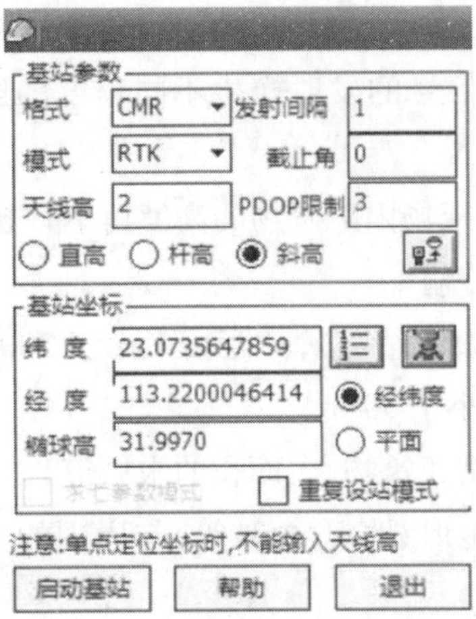

图 8-31 基准站设置界面

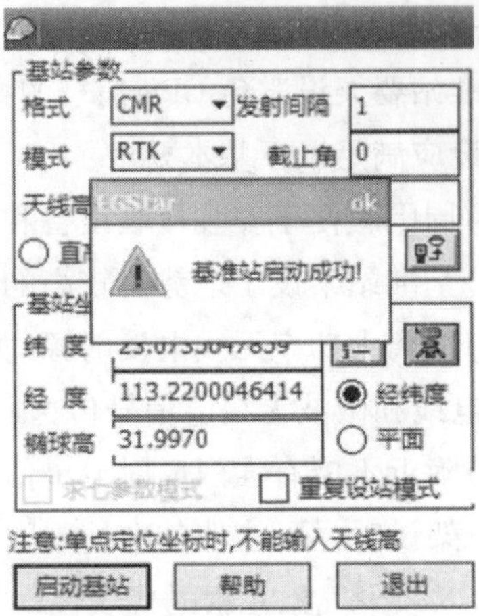

图 8-32 基准站启动成功

(5)设置电台通道。在外挂电台的面板上对电台通道进行设置。

①设置电台通道,共有 8 个频道可供选择。

②设置电台功率,作业距离不够远、干扰低时,选择低功率发射即可。

③电台成功发射后,其 TX 指示灯会按发射间隔闪烁。

(三)架设移动站

确认基准站发射成功后,即可开始移动站的架设(见图 8-33)。步骤如下:

(1)将接收机设置为移动站电台模式。

(2)打开移动站主机,将其固定在碳纤对中杆上面,拧上 UHF 差分天线。

(3)安装好手簿托架和手簿。

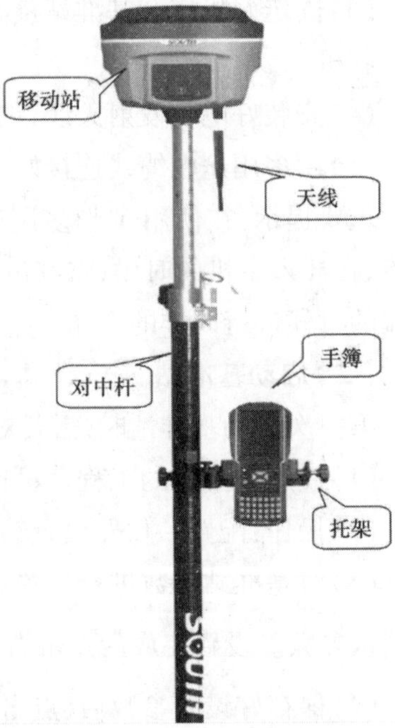

图 8-33 架设移动站

(四)设置移动站

移动站架设好后需要对移动站进行设置才能达到固定解状态,步骤如下:

(1)手簿及工程之星连接。

(2)移动站设置:配置→仪器设置→移动站设置(主机必须是移动站模式),如图 8-34 所示。

(3)对移动站参数进行设置,一般只需要设置差分数据格式,选择与基准站一致的差分数据格式即可,确定后回到主界面。

(4)通道设置:配置→仪器设置→电台通道设置,将电台通道切换为与基准站电台一致的通道号,如图 8-35所示。

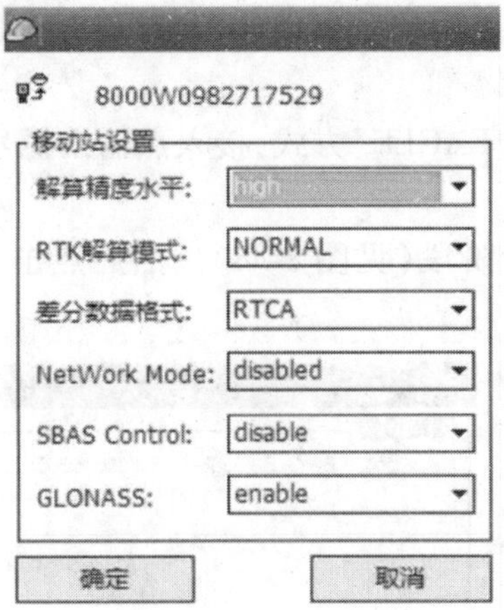

图 8-34　**移动站设置**

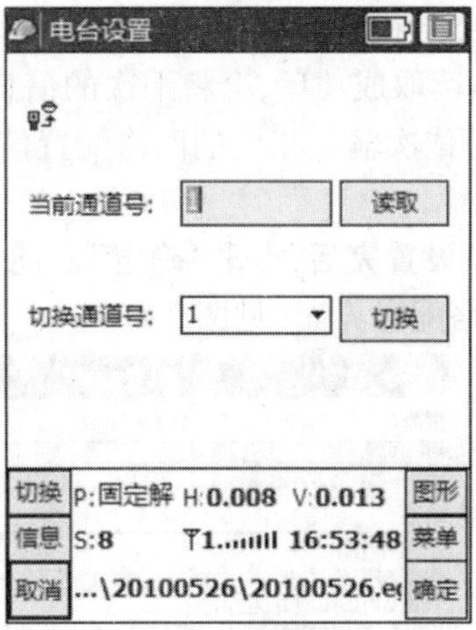

图 8-35　**通道设置**

设置完毕,移动站达到固定解后,即可在手簿上看到高精度的坐标。

十二、RTK 作业(网络模式)

RTK 网络模式与电台模式的主要区别是采用网络方式传输差分数据。因此,在架设上与电台模式类似,工程之星的设置上区别较大,下面分别予以介绍。

(一)网络基准站和移动站的架设

RTK 网络模式与电台模式只是传输方式上的不同,因此架设方式类似,区别在于:

(1)基准站切换为基准站网络模式,无需架设电台,需要安装 GPRS 差分天线。

(2)移动站切换为移动站网络模式,且安装 GPRS 差分天线。

(二)网络基准站和移动站的设置

RTK 网络模式基准站和移动站的设置完全相同,先设置基准站,再设置移动站即可。设置步骤如下:

(1)设置:配置→网络设置(见图 8-36)。

(2)此时需要新增加网络链接,点击"增加"进入设置界面(见图 8-37)。

图 8-36　**网络设置界面**

图 8-37　**设置界面**

注:“从模块读取”功能,是用来读取系统保存的上次接收机使用“网络连接”设置的信息,点击读取成功后,会将上次的信息填写到输入栏。

(3)依次输入相应的网络配置信息、基准站选择“EAGLE”方式,接入点输入机号或者自定义。

(4)设置完后,点击“确定”。此时进入参数配置阶段(见图 8-38)。然后点击“确定”,返回网络配置界面(见图 8-39)。

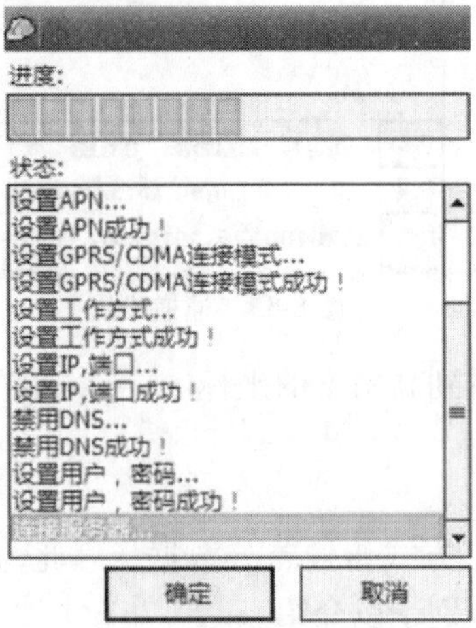

图 8-38　参数配置进度

图 8-39　网络配置界面

(5)连接:主机会根据程序步骤一步一步地进行拨号连接(见图 8-40),下面的对话分别会显示连接的进度和当前进行到的步骤的文字说明(账号密码错误或是卡欠费等错误信息都可以在此处显示出来)。连接成功点“确定”,进入工程之星初始界面。

注:移动站连接连续运行参考站(CORS)的方法与网络 RTK 类似,区别在于方式选择“VRS - NTRIP”。

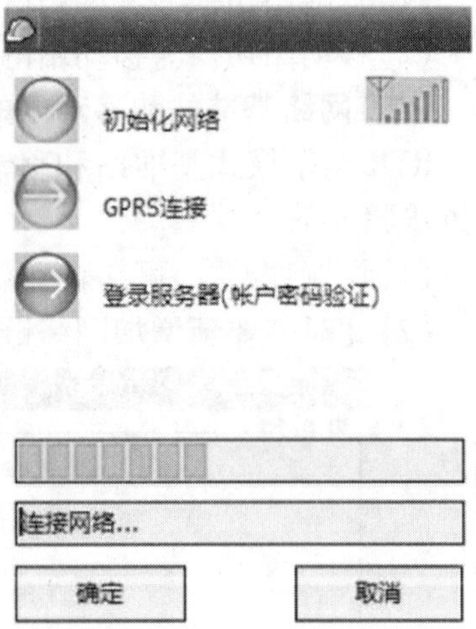

图 8-40　拨号连接界面

十三、测量

移动站在固定状态下就可以进行测量了,打开接收机软件,单击[测量]→[点测量],在实际作业过程中,一般采用当地坐标,在移动站得到固定解进行测量时,接收机软件里所记录的点都是未经过任何转换得到的平面坐标。若要得到与已有成果相符合的坐标,需要做点校正,获取转换参数,或者直接采用七参数。

(一)新建和保存任务

打开接收机软件,单击[文件]→[新建任务],新建任务。输入任务名称,选择和已知点相匹配的[坐标系统],单击[接受]。

单击[文件]→[保存任务],保存任务。

(二)确定坐标系统

打开接收机软件,单击[配置]→[坐标系管理],根据所选取的坐标系统,设置[投影]的参数,包括椭球参数、中央子午线经度等,而[基准转换]、[水平平差]、[垂直平差]都无须设置,在点校正后参数会自动保存在此处。

(三)键入已知点

打开接收机软件,单击[键入]→[点],输入已知点名称(如 K4)和坐标,选中[控制点],单击[保存]。再继续输入其他已知点坐标(如 K5、K6 等)。

(四)点校正

测量已知点,找到已知点(如 K4、K5、K6 等)的实际位置,单击[测量]—[测量点],输入天线高度和测量到的位置,测量出已知点的坐标,分别命名(如 K4 - 1、K5 - 1 等)。所有的已知点必须在同一个基准站坐标基准下,测量后开始进行点校正。

校正方法如下:

单击[测量]→[点校正]。

单击[增加],在[网格点名]和[GPS 点名]两项控件里分别选已知当地平面坐标[K4]和实测的 WGS - 84 坐标[K4 - 1],[校正方法]选[水平和垂直]。再单击[增加],依次分别加入校正点 K5、K6、K5 - 1、K6 - 1 等。

单击[计算]得出校正参数(会出现两个对话框:第一个提示是否将当前坐标系统替换成校正后的坐标系统;第二个提示是否将所有的坐标系统都替换成校正后的坐标系统。一般两个都默认),再单击[确定],完成校正。

注意:有 3 个或以上控制点参与平面点校正后才有水平残差,水平残差一般不要大于 0.015 m;有 4 个或以上的控制点参与垂直点校正后才有垂直残差,垂直残差一般不大于 0.02 m。点校正结束后,就可以直接进行测量工作。

(五)重设当地坐标

在每个测区进行测量或放样的工作时,有时需要几天甚至更长的时间,为了避免每天都重复进行点校正工作或者每次都要麻烦地把基准点架设到已知点上,可以在每天开始测量工作前先做一下[重设当地坐标](此时基准站可任意架设或设置成自启动基准站,而移动站的操作则是找一个已知点做一下平移的过程)。

具体如下:

当多次架设基准站后,软件会自动按架设顺序命名为“基准站 1”“基准站 2”“基准站 3”等。

因为基准站的坐标是基于基准站起算坐标得到的,当起算坐标由于基准站搬站而变化后,需要重设当地坐标,方法如下:

方法 1:基准站 2 若是架设在未知点(自启动,或手簿[此处]启动),那么用移动站再次去测量一个在基准站 1 下测过的精度较高的点 a1,重新测量命名为 a2,单击[文件]→[元素管理器]→[点管理器],在基准站 2 下面选中 a2 点,双击或单击[细节],单击[重设当地坐标],再单击[…],在弹出的列表中选中基准站 1 下测得的 a1 点,单击两次[确定]后即完成重设当地坐标的工作。

方法 2:基准站 2 若是架设在已知点(包括基准站 1 下测过的点),那么可以通过手簿已知点启动的方式,选择基准站 2 所在已知坐标点来启动基准站,并且输入实测的基准站线高。

方法3:基准站2若是架设在已知点(包括基准站1下测过的点),启动方式为自启动,那么可以在[点管理器]里面选中基准站2,单击[细节],将[基准站校正类型]设置为[基站架在已知点],输入已知坐标,单击两次[确定]后即完成坐标改正操作。

注意:基准站若是自启动的方式,因断电重开机后,即使基准站位置没变,也需要做[重设当地坐标]的工作;基准站若是自启动方式,移动站需要在手簿上有测量点的操作后,才会在[点管理器]里面记录下基准站信息。

(六)数据导出

打开接收机软件,单击[文件]→[导出],根据所需要的格式导出坐标,一般选用[点坐标],输入文件名,[显示方式]和[导出的文件类型]一般选用默认,导出数据。再将手簿和电脑连接通信(需要先安装微软同步软件或USB驱动),单击[我的电脑]→[移动设备],进入[我的Windows移动设备]→[Program Files]→[RTKCE]→[Projects],找到相应的任务文件夹,将文件拷出来即可。

习　题

1. 简述卫星定位技术的发展过程。
2. 简述GPS的基本情况及特点。
3. 简述GLONASS的基本情况及特点。
4. 简述北斗卫星导航系统的基本情况和特点。
5. 为什么说GNSS的应用是测绘发展史上的一场革命?
6. GNSS测量技术相对于常观测量技术有什么特点?
7. 简述GPS的组成,并说明各部分的作用。
8. 简述RTK设备的组成。
9. RTK设备为什么要求转换参数,如何求解?
10. 架设RTK基准站需要哪些设置?
11. 若RTK手簿上提示单点解,如何设置将流动站调至固定解状态?
12. 简述基准站架设流程。
13. 简述流动站电台模式设置。
14. 简述流动站CORS模式设置。

模块九　大比例尺地形图的测绘与应用

教学内容

大比例尺地形图的测绘与应用内容包括地形图的基本知识、大比例尺地形图的数字测绘方法及地形图的应用等内容。任务一地形图的基本知识涉及地形图的概念、地形图的比例尺、地形图的图名、图号和图廓、地形图的分幅与编号方法、地形图图式等内容。任务二简要介绍了大比例尺地形图数字测绘方法及成图方法。任务三介绍了地形图的基本应用及部分在工程中的应用内容。

学习目标

掌握地形图的基本知识；简单了解数字测图的过程与方法，正确阅读地形图，掌握地形图的基本应用及地形图在工程设计中的应用的各项内容及方法。要具备在各项实际工程中能够准确灵活地应用地形图的能力。

任务一　地形图的基本知识

一、地形图的概念

地球表面的形状十分复杂，物体种类繁多，地势起伏形态各异，但总体上可分为地物和地貌两大类。具有明显轮廓、固定性的自然形成或人工构筑的各种物体称为地物，如河流、湖泊、草地、森林等属于自然地物，道路、房屋、电线、水渠等属于人工地物。地球表面的自然起伏，变化各异的形态称为地貌，如山地、盆地、丘陵、平原等。地物和地貌统称为地形。

应用相应的测绘方法，通过实地测量，将地面上的各种地形沿铅垂方向投影到水平面上，并按规定的地形图图式符号和一定的比例尺缩绘成图称为地形图。地形图在图上既表示地物的平面位置，又表示地面的起伏状态，即地貌的情况。在图上仅表示地物平面位置的称为地物图。

地形图能客观地反映地面的实际情况，特别是大比例尺地形图是各项工程规划、设计和施工必不可少的基础资料，所以要全面学习地形图的基本知识，才能正确识读和应用地形图，正确进行地形图的测绘工作。

二、地形图的比例尺

(一)比例尺的概念

地形图上任一线段的长度与地面上相应线段的实际水平长度之比,称为地形图的比例尺。当图上 1 cm 代表地面上水平长度 10 m(1 000 cm)时,比例尺就是 1∶1 000。

(二)比例尺的表示方法

比例尺可分为数字比例尺和图示比例尺。

1. 数字比例尺

数字比例尺有分数式和比例式两种。分数式比例尺一般用分子为 1 的分数形式表示。设图上某一直线的长度为 d,地面上相应线段的长度为 D,则该图的比例尺为

$$\frac{d}{D}=\frac{1}{\frac{D}{d}}=\frac{1}{M} \tag{9-1}$$

式中　M——比例尺分母。

分母就是将图上的长度放大到与实地长度一样时的放大倍数。比例式比例尺是用一个比例式 1∶M 来表示的。如 1∶500、1∶1 000 等。

比例尺的大小是以比例尺的比值来衡量的,分母越大,比值越小,比例尺也越小;反之分母越小,比值越大,比例尺也越大。为了满足经济建设和国防建设的需要,需测绘和编制各种不同比例尺的地形图,通常称 1∶100 万、1∶50 万、1∶20 万为小比例尺地形图,1∶10 万、1∶5万、1 ∶2.5 万、1∶1万为中比例尺地形图,1∶5 000、1∶2 000、1∶1 000、1∶500 为大比例尺地形图。按照地形图图式规定,比例尺需标注在外图廓线正下方处。大比例尺地形图的比例尺一般用数字比例尺以比例式来表示,如 1∶500、1∶1 000,也可以用分数式来表示。

比例尺确定后,即可进行图上长度和实际长度的相互换算。例如,在比例尺为 1∶500 的地形图上,如两点代表的实地距离为 50 m,则该两点的图上长度为 10 cm。如已知两点间的图上距离为 5 cm,则该两点的实际长度为 25 m。

2. 图示比例尺

为了直接而方便地进行图上与实地相应水平距离的换算并消除由图纸伸缩引起的误差,常在地形图图廓的下方绘制图示比例尺,用以直接量测图内直线的实际水平距离。最常见的图示比例尺为直线比例尺,图 9-1(a)、图 9-1(b)分别表示 1∶500、1∶2 000 两种直线比例尺。它是在图纸上画两条间距为 2 mm 的平行直线,再以 2 cm 为基本单位,将直线等分为若干大格,然后把左端的一个基本单位分成 20 等份,以量取不足整数部分的数。在小格和大格的分界处注以 0,其他大格分划上注以 0 至该分划按该比例尺计算出的实地水平距离。

量测时,先用分规在地形图上量取某线段的长度,然后将分规的右针尖对准直线比例尺 0 右边的某整分划线,使左针尖处于 0 左边的毫米分划小格之内以便读数。如图 9-1(b)所示,右针尖处于 120 m 分划处,左针尖落在 0 左边的 24.0 m 分划线上,则该线段所代表的实地水平距离为 120 + 24.0 = 144.0(m)。

(三)比例尺精度

在正常情况下,人们用肉眼能分辨出图上两点间的最小距离为 0.1 mm,因此一般在图

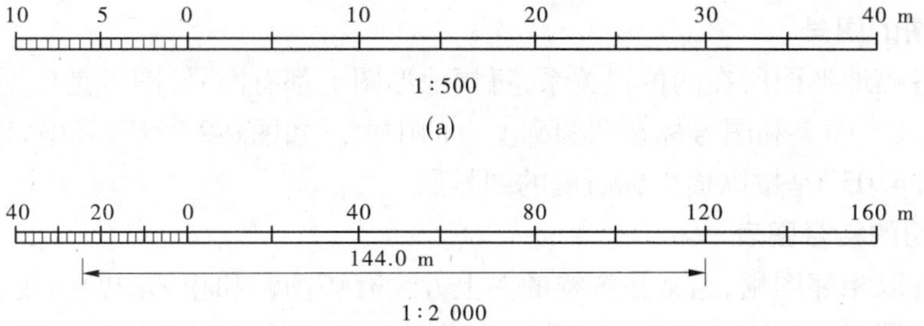

(a)　(b)

图 9-1　直线比例尺

上量度或在实地测图绘制时，就只能达到图上 0.1 mm 的精确性，因此把地形图上 0.1 mm 所代表的实地水平距离，称为比例尺精度，用 ε 表示，即

$$\varepsilon = 0.1\ \text{mm} \times M \tag{9-2}$$

式中　M——比例尺分母。

显然比例尺大小不同，则其比例尺精度的高低也不同，如表 9-1 所示。

表 9-1　相应比例尺的比例尺精度

比例尺	1:500	1:1 000	1:2 000	1:5 000	1:1万
比例尺精度(m)	0.05	0.1	0.2	0.5	1.0

比例尺精度的概念，对测图和设计用图都有重要的意义。例如，测绘 1:2 000 比例尺的地形图时，测量碎部点距离的精度只须达到 0.1 mm×2 000 = 0.2 m，因为量得再精细，图上也是表示不出来的。又如某项工程设计，要求在图上能反映出地面上 0.05 m 的精度，则所选图的比例尺就不能小于 1:500。

不同的测图比例尺有不同的比例尺精度。图的比例尺越大，其表示的地物地貌就越详细，精度也越高，但测图的时间、费用消耗也将随之增加。因此，应从工程规划、施工实际需要的精度出发选择适合的测图比例尺(见表 9-2)，以免比例尺选择不当造成浪费。

表 9-2　测图比例尺的选用

比例尺	用途
1:1万	城市规划设计(城市总体规划、厂址选择、区域位置、方案比较)等
1:5 000	
1:2 000	城市详细规划和工程项目的初步设计等
1:1 000	城市详细规划、管理、地下管线和地下普通建(构)筑工程的现状图、工程项目的施工图设计等

三、地形图的图名、图号和图廓

(一)地形图的图名

图名即本幅图的名称，一般以本图幅中的主要地名、厂矿企业或村庄等的地理名称来命名。

（二）地形图的图号

为了区别各幅地形图所在的位置关系，每幅地形图上都有图号，图号是根据地形图分幅和编号方法编定的，图名和图号标在北图廓上方的中央。如图 9-2 所示，其中“建设新村”是图名，“31.05—54.05”是按纵横坐标所编的图号。

（三）地形图的接合图表

为了便于查取相邻图幅，通常在图幅的左上方绘有该图幅和相邻图幅的接合图表，以表明本图幅与相邻图幅的联系。如图 9-2 所示，接图表中间矩形块画有斜线的代表本幅图，其余为其四邻图幅，四邻图幅分别注明相应的图名或图号。在中比例尺地形图上，除了接图表外，把相邻图幅的图号分别注在东、南、西、北图廓线中间，进一步表明与四邻图幅的相互关系。

（四）地形图的图廓

图廓是地形图的边界线，有内、外图廓之分。如图 9-2 所示，正方形图幅外图廓线以粗线描绘，内图廓线以细线描绘，它也是坐标格网线。内、外图廓相距 12 mm，在其四角标有以 km 为单位的坐标值。图廓内以“+”表示 10 cm × 10 cm 方格网的交点，以此可量测图上任何一点的坐标值。

四、地形图的分幅与编号方法

用于各种工程建设的大比例尺地形图，一般采用矩形分幅，矩形分幅有正方形分幅和长方形分幅两种。即以平面直角坐标的纵、横坐标线来划分图幅，使图廓成长方形或正方形。矩形分幅的规格见表 9-3。

表 9-3　矩形分幅的规格

比例尺	长方形分幅		正方形分幅			图廓坐标值（m）
	图幅大小（cm）	实地面积（km^2）	图幅大小（cm）	实地面积（km^2）	分幅数	
1:5 000	50×40	5	40×40	4	1	1 000 的整倍数
1:2 000	50×40	0.8	50×50	1	4	1 000 的整倍数
1:1 000	50×40	0.2	50×50	0.25	16	500 的整倍数
1:500	50×40	0.05	50×50	0.062 5	64	50 的整倍数

矩形分幅的编号方法有坐标编号法、流水编号法和行列编号法。

坐标编号法是以该图廓西南角点的纵横坐标的千米数来表示该图图号。如一幅 1:2 000比例尺地形图，其西南角点坐标 $x = 84$ km，$y = 62$ km，则其图幅编号为 84.0—62.0。

测区不大、图幅不多时，可在整个测区内按从上到下、从左到右采用流水数字顺序编号，如图 9-3 所示。

行列编号法是将测区所有的图幅，以字母为行号，以数字为列号，以图幅所在行的字母和所在列的数字作为该图幅的编号，如图 9-4 所示。

图 9-2　地形图的图名、图号和图廓

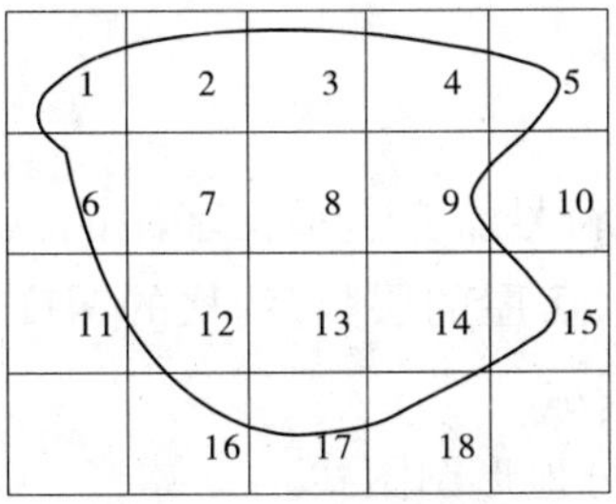

图 9-3　流水编号法

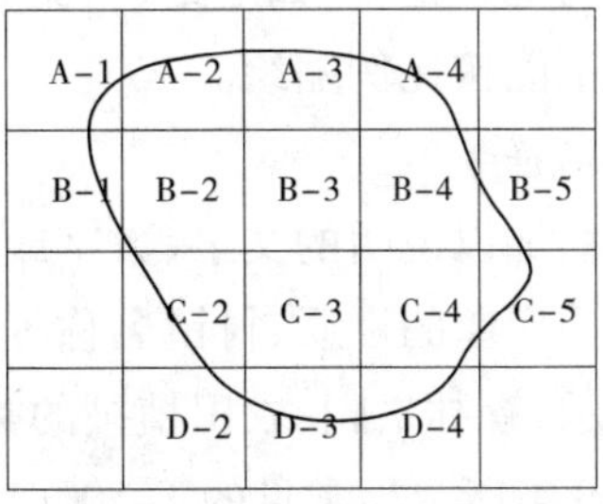

图 9-4　行列编号

如图 9-5 所示的 1∶5 000 图的编号为 40—50。一幅 1∶5 000 图可分为 4 幅 1∶2 000 的图，分别以Ⅰ、Ⅱ、Ⅲ、Ⅳ编号。一幅 1∶2 000 图又分成 4 幅 1∶1 000 图，一幅 1∶1 000 图再分成 4 幅 1∶500 图，均以Ⅰ、Ⅱ、Ⅲ、Ⅳ进行编号。各种比例尺图的编号的编排顺序均为自西向东，自北向南。图中 P 点所在 1∶2 000 比例尺图幅的编号为 40—50—Ⅳ，所在 1∶1 000 比例尺图幅的编号为 40—50—Ⅳ—Ⅱ，所在 1∶500 比例尺图幅的编号为 40—50—Ⅳ—Ⅱ—Ⅲ。

五、地形图图式

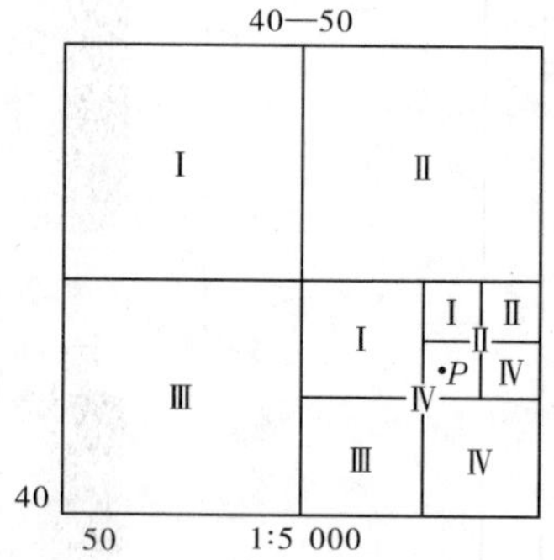

图 9-5　坐标编号法

地形图测绘的主要内容是测区内的地物和地貌，为了便于测图和用图，常用简单明了、准确、易于判断实物的符号表示实地的地物和地貌，这些符号总称为地形图图式。

（一）地物符号

地物分为自然地物和人工地物，在地形图中，地物的类别、形状、大小及其在图中的位置，是用地物符号表示的。根据地物的形状大小和描绘方法的不同，一般将地物符号分为比例符号、非比例符号、线性符号和注记符号等。

1. 比例符号

把地物的平面轮廓按测图比例尺缩绘在图上的符号，称为比例符号，它不但能反映地物的位置，也能反映其大小与形状，如房屋、湖泊、农田、操场等。

2. 非比例符号

当地物较小，很难按测图比例尺在图上画出来，就要用规定的符号来表示，这种符号称为非比例符号，它只能表示地物在图上的中心位置，如控制点、电杆、路灯、独立树等。

3. 线性符号

对于一些带状地物，其长度可按比例尺缩绘，但宽度不能按比例尺缩绘，则需按线性符号表示，它只能表示地物中心线在图上的位置，如公路、围墙、电力线、管道等。

上述符号的使用界限不是固定不变的，这主要取决于地物本身的大小及测图比例尺的大小，测图比例尺越大，用比例符号描绘的地物越多，测图比例尺越小，用非比例符号和线性符号表示的地物越多，如道路、河流等，其宽度在大比例尺图上可以按比例缩绘，而在小比例尺图上则不能按比例缩绘。

4. 注记符号

对地物加以说明的文字、数字或特有符号称为注记符号。它包括文字注记、数字注记、符号注记。房屋的性质、村镇名称等需用文字注记表示，房屋的层数、沟坎的深度等需用数字注记表示，森林果园、农田植被的类别需用符号注记表示。

如表 9-4 所示为常见的 1∶500、1∶1 000、1∶2 000 部分地形图图式。

表 9-4 常见地形图图式(部分)

编号	符号	1:500 1:1 000 1:2 000	编号	符号	1:500 1:1 000 1:2 000
1	三角点 凤凰山—点名 394.468—高程	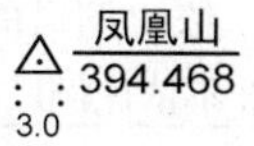	13	有地下室的楼房	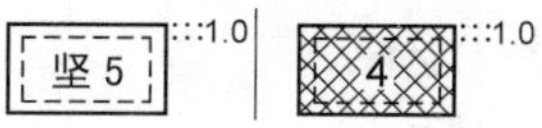
2	小三角点 横山—点名 95.93—高程	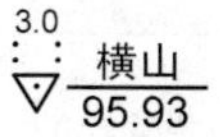	14	街道旁走廊	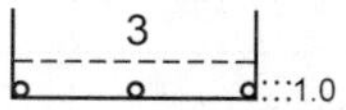
3	图根点 1. 埋石的 N16—点号 84.46—高程 2. 不埋石的 25—点号 62.74—高程	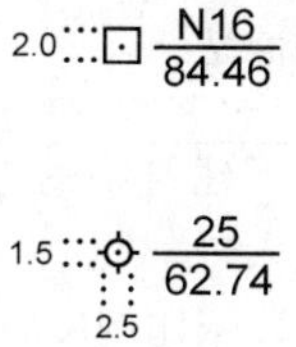	15	吊楼、架空楼房	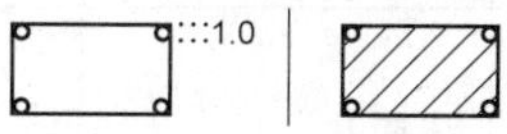
4	水准点 Ⅱ京石5—点名 32.804—高程	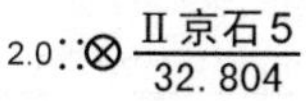	16	破坏房屋	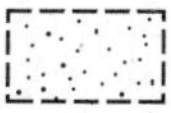
5	坚固房屋 4—房屋层数	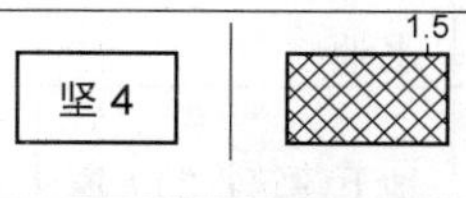	17	台阶	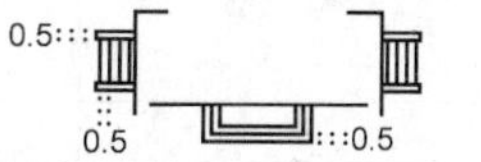
6	普通房屋 2—房屋层数	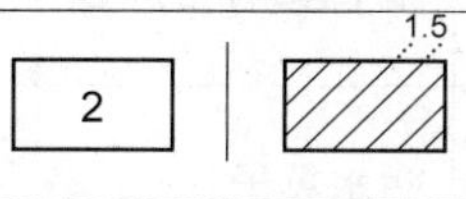	18	门廊	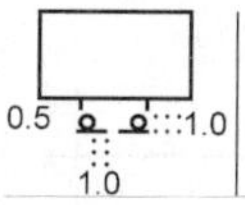 不表示
7	简单房屋	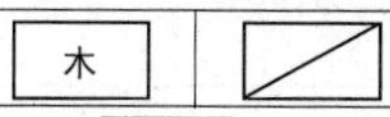	19	室外楼梯	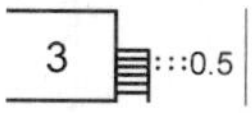 不表示
8	棚房		20	柱廊 1. 无墙壁的 2. 一边有墙壁的	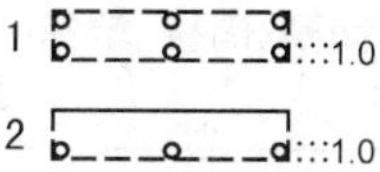
9	窑洞 一、地面上的 1. 住人的 2. 不住人的 二、地面下的	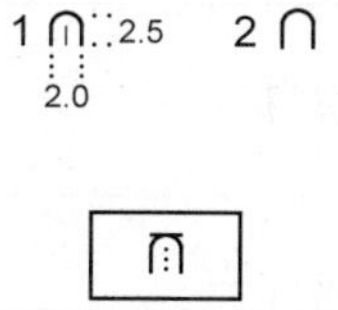	21	厕所	
10	蒙古包 (3 ~ 6 月)—驻扎月份	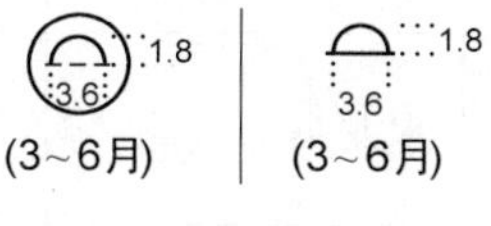	22	温室、菜窖、花房	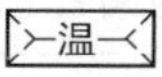
11	建筑物间的悬空建筑		23	打谷场、球场	
12	建筑物下的通道	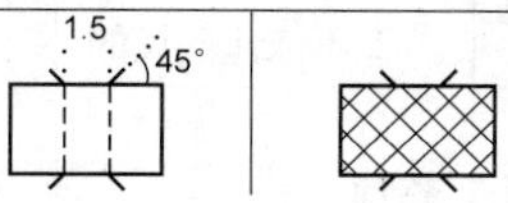	24	纪念像、纪念碑	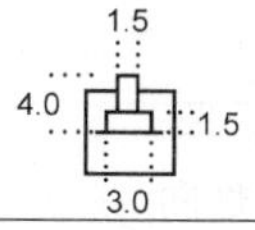
			25	彩门、牌坊、牌楼	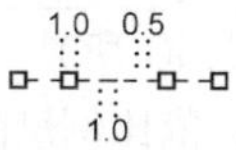
			26	露天设备	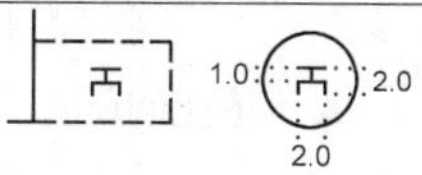

续表 9-4

编号	符号	1:500	1:1 000	1:2 000
27	旗杆	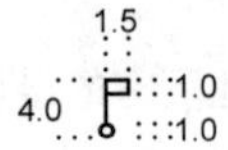		
28	宣传橱窗、语录牌			
29	钻孔			
30	浅探井	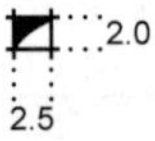		
31	独立坟	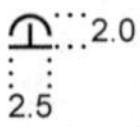		
32	坟地	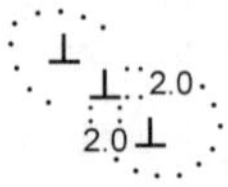		
33	亭	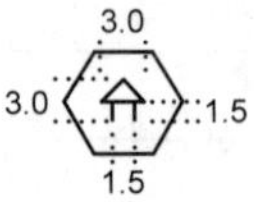		
34	岗亭、岗楼、塑像	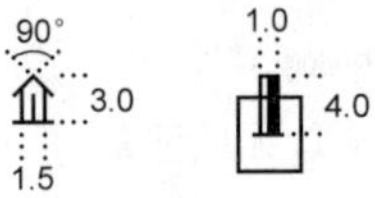		
35	宝塔、经塔	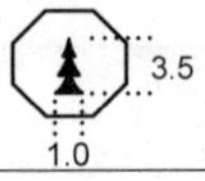		
36	露天舞台、领操台、检阅台	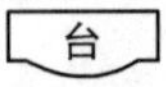		
37	水塔	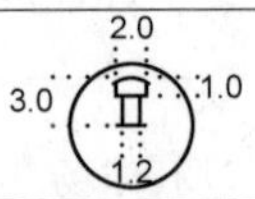		
38	烟囱	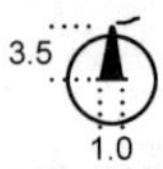		
39	水塔烟囱	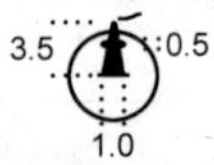		
40	变电室(所) 1. 依比例尺的 2. 不依比例尺的	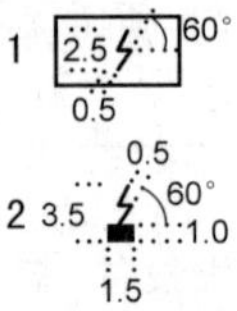		
41	燃料库 1. 依比例尺的 2. 不依比例尺的	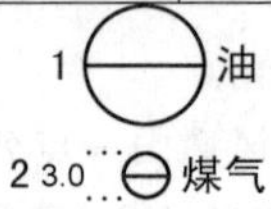		
42	窨	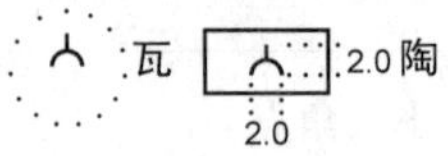		
43	气象站(台)	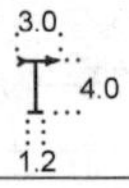		
44	加油站	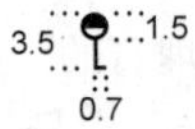		
45	地下建筑物的地表入口 1. 依比例尺的 2. 不依比例尺的	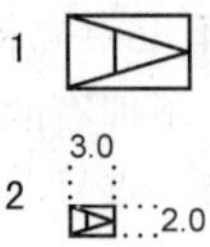		
46	乱掘地			
47	水地、喷水池、污水池	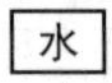		
48	地下建筑物的天窗	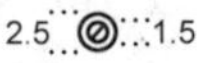		
49	污水箅子	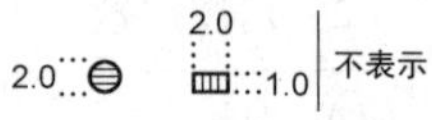		
50	消火栓	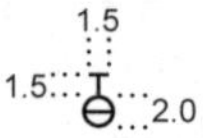		
51	阀门	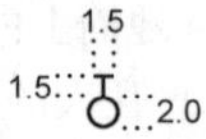		
52	路灯	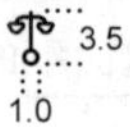		
53	水龙头	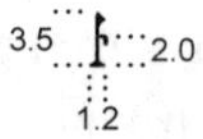		
54	架空索道 1. 依比例尺的 2. 不依比例尺的	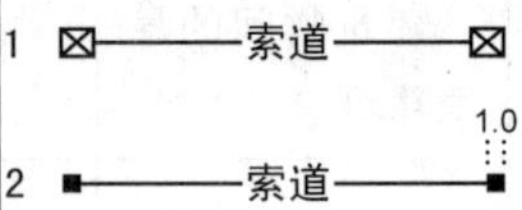		
55	粪池			

续表 9-4

编号	符号	1:500　1:1 000	1:2 000
56	电力线 1. 高压 2. 低压 3. 电杆 4. 电线架 5. 铁塔 6. 电杆上的变压器	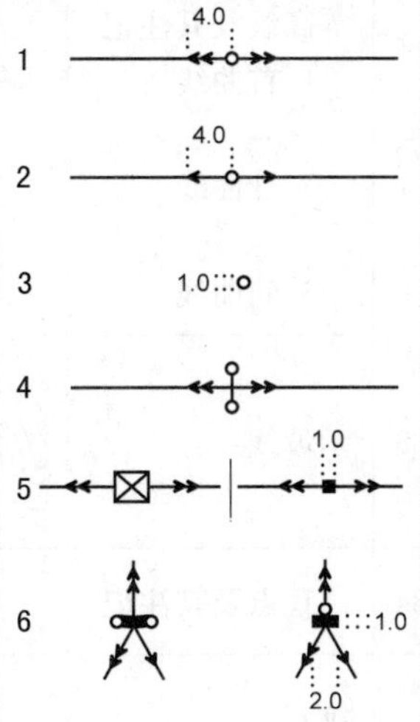	
57	通信线	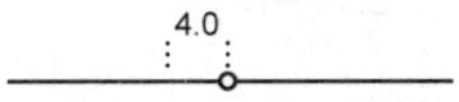	
58	地下电力线及电缆 1. 高压 2. 低压 3. 通信	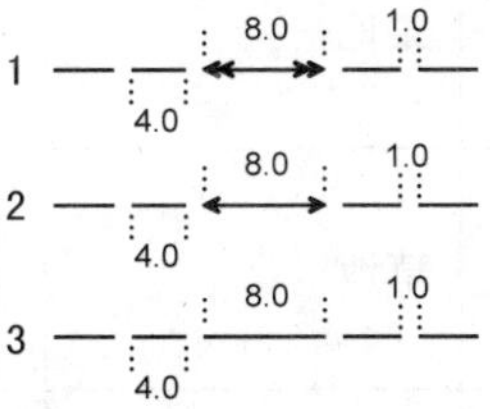	
59	铁丝网	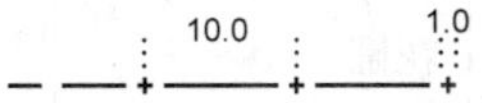	
60	围墙 1. 砖、石及混凝土墙 2. 土壤	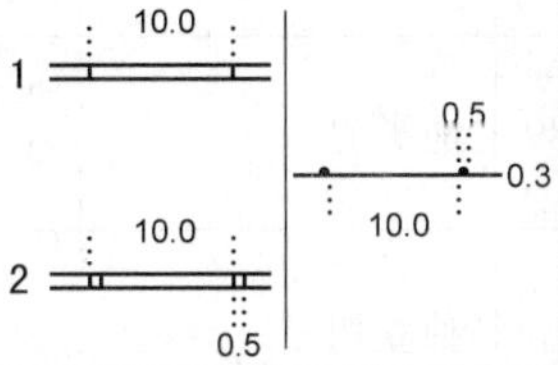	
61	栅栏、栏杆	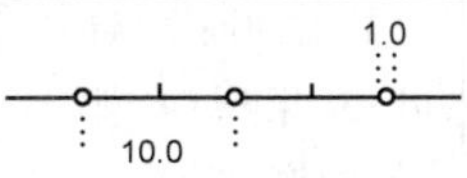	
62	篱笆 活树篱笆	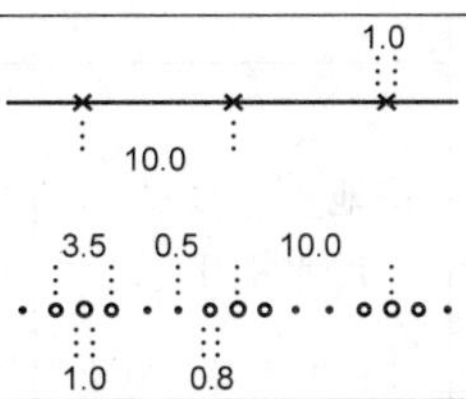	
63	小路		
64	一、管线、架空的 1. 依比例尺的 2. 不依比例尺的 二、地面上的 三、有管堤的 四、地面下的 五、地下检修井 1. 上水 2. 下水 3. 煤气 4. 暖气 5. 通风 6. 石油 7. 电信 8. 电力 9. 不明用途	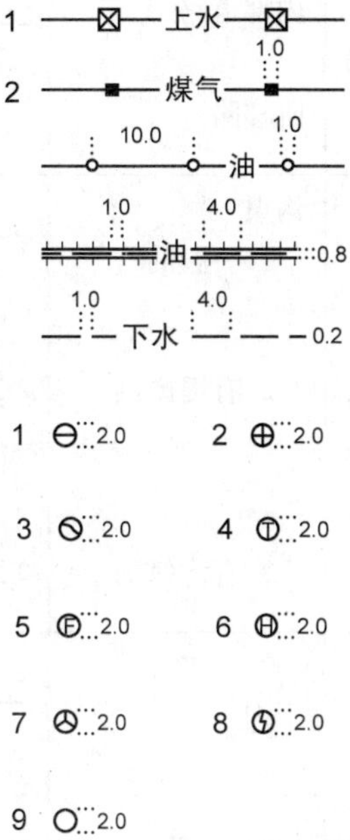	
65	公路		
66	建筑中的公路	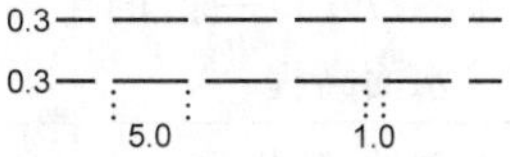	
67	简易公路	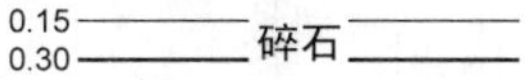	
68	建筑中的简易公路	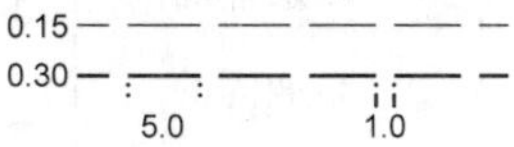	
69	大车路	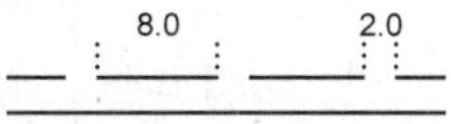	
70	路标、汽车站	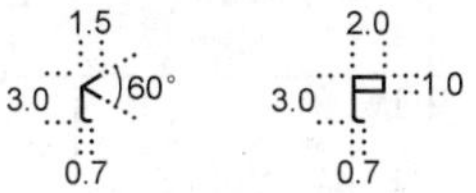	
71	乡村路	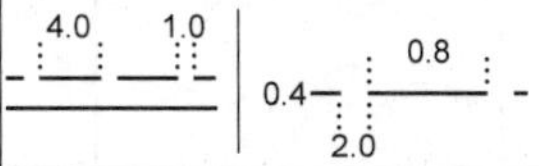	
72	无线电杆、塔 1. 依比例尺的 2. 不依比例尺的		

续表 9-4

编号	符号	1:500　1:1 000	1:2 000
73	内部道路 阶梯路	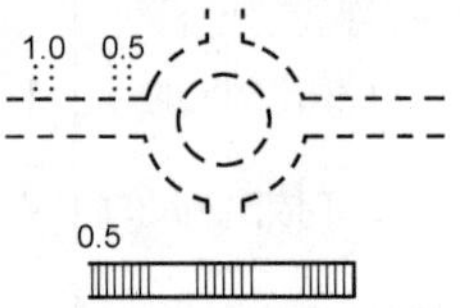	
74	沟渠 1. 一般的 2. 有堤岸的 3. 有沟堑的	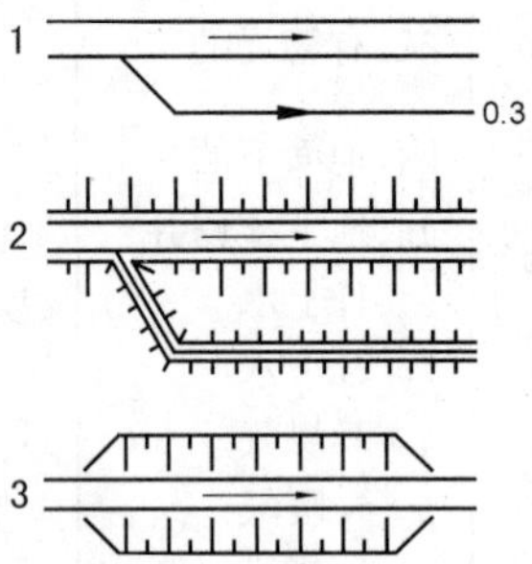	
75	干沟	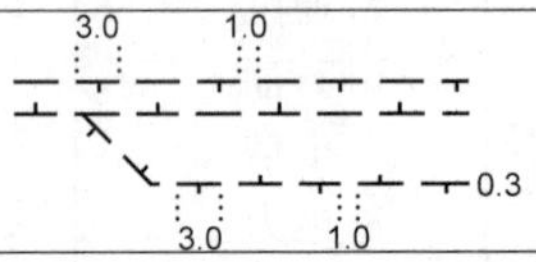	
76	散树、行树	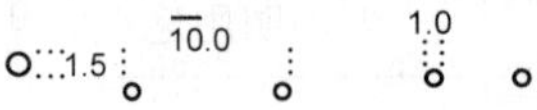	
77	泉、水井 79.39—泉的水面高程	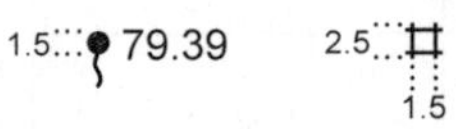	
78	斜坡、陡坎 一、斜坡 1. 未加固的 2. 加固的 二、陡坎 1. 未加固的 2. 加固的	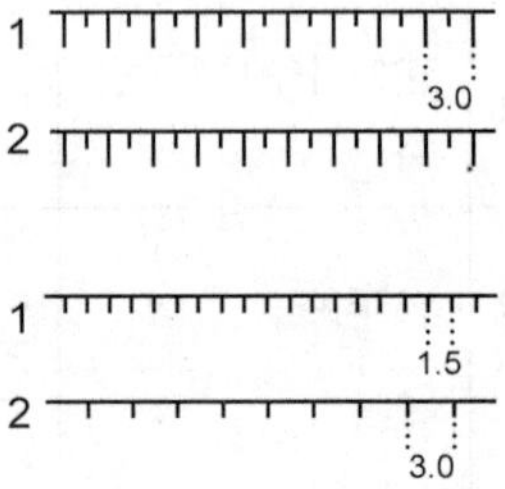	
79	土堤 1. 堤 2. 垄	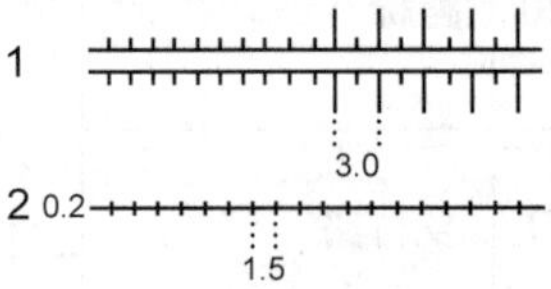	
80	石垄		
81	土堆 4.2—比高		

编号	符号	1:500　1:1 000	1:2 000
82	等高线及其注记 1. 首曲线 2. 计曲线 3. 间曲线	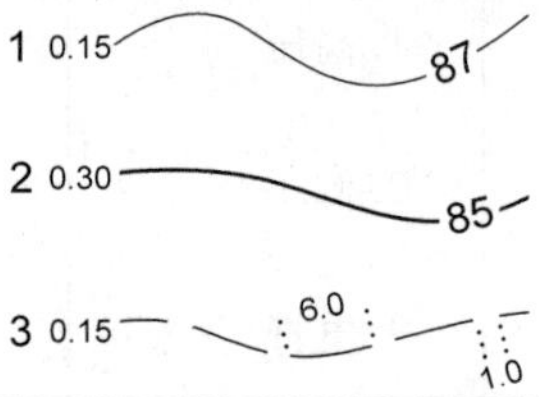	
83	示坡线		
84	高程点及其注记		
85	坑穴 2.8—深度	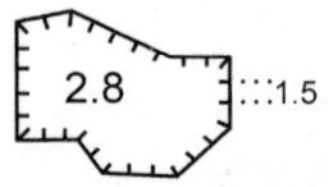	
86	菜地	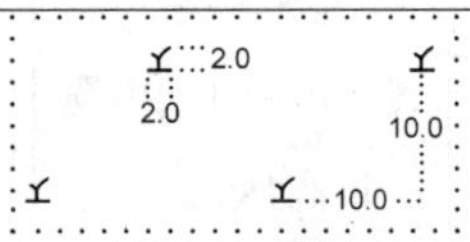	
87	草地	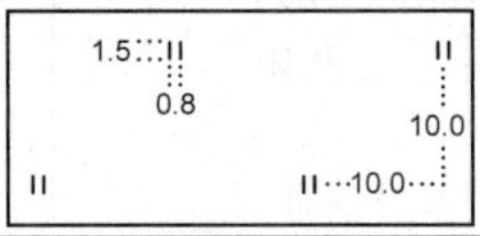	
88	花圃	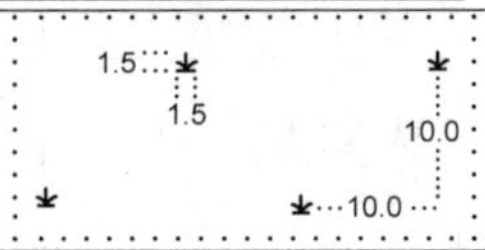	
89	地类界	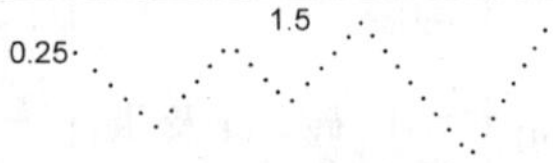	
90	独立树 1. 阔叶；2. 针叶；3. 果树；4. 椰子、棕榈、槟榔	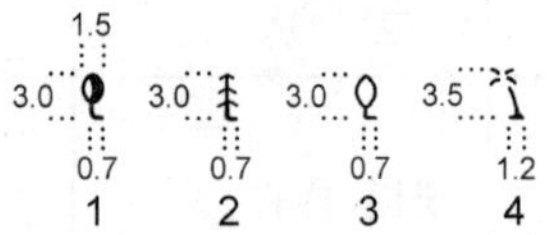	
91	耕地 1. 水稻田 2. 旱地	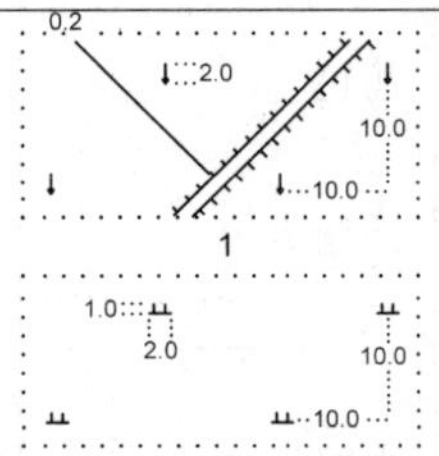	

（二）地貌符号

地形图中地貌是反映地形的高低起伏形态的，在大比例尺地形图上，用等高线和规定的地貌符号来表示地貌。

1. 等高线的概念

等高线就是将地面上高程相等的相邻点连接而成的闭合曲线。如图 9-6 所示，假设有一座位于平静湖水中的小山头，山顶被湖水恰好淹没时的水面高程为 100 m；然后水面下降 5 m 露出山头，此时水面与山坡就有一条交线，而且是闭合曲线，曲线上各点的高程是相等的，这就是高程为 95 m 的等高线；随后水位又下降 5 m，山坡与水面又有一条交线，这就是高程为 90 m 的等高线；以此类推，水位每降落 5 m，水面就与地表面相交留下一条等高线，从而得到一组高差为 5 m 的等高线。各水平面上的等高线沿铅垂方向投影到一个水平面 H 上，并按一定的比例尺缩绘到图纸上，就得到用等高线表示的该地地貌图。这些等高线的形状是由地面的高低起伏状态决定的，并具有一定的立体感。

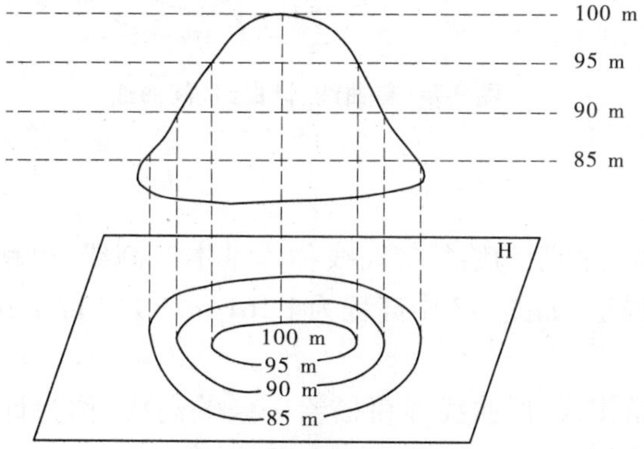

图 9-6　等高线示意图

2. 等高距和等高线平距

相邻两条等高线的高差称为等高距，用 h 表示。同一幅地形图内，等高距是相同的。等高距的大小应综合考虑测图比例尺、地面起伏情况和用图要求等因素确定，见表 9-5。

表 9-5　地形图的基本等高距　（单位：m）

比例尺	地形类别			
	平地	丘陵地	山地	高山地
1:500	0.5	0.5	0.5 或 1	1
1:1 000	0.5	0.5 或 1	1	1 或 2
1:2 000	0.5 或 1	1	2	2

相邻等高线间的水平距离称为等高线平距，用 d 表示。因为同一幅地形图中，等高距是相同的，所以等高线平距的大小是由地面坡度的陡缓所决定的。如图 9-7 所示，地面坡度越陡，等高线平距越小，等高线越密；地面坡度越缓，等高线平距越大，等高线越稀，坡度相同则平距相等，等高线均匀。

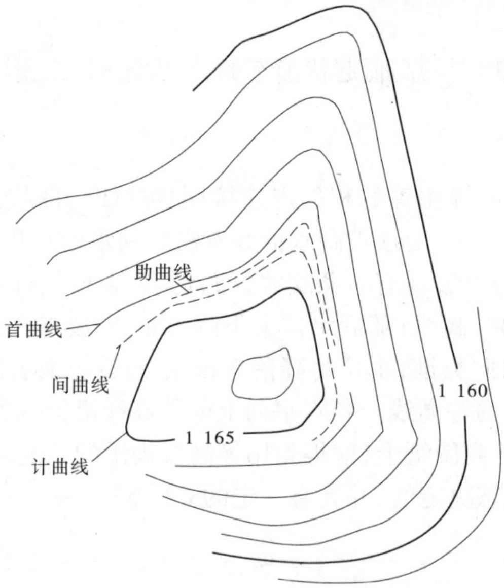

图 9-7　首曲线、计曲线、间曲线

3. 等高线分类

1) 首曲线

在地形图上按基本等高距勾绘的等高线称为基本等高线，也称首曲线。首曲线是用线宽 0.15 mm 的细实线描绘，如图 9-7 中高程为 1 161 m、1 162 m、1 163 m、1 164 m 的等高线。

2) 计曲线

为了识图方便，每隔四条首曲线加粗描绘一条等高线，称为计曲线。计曲线上注记高程，线宽为 0.3 mm，如图 9-7 中的 1 160 m、1 165 m 的等高线。

3) 间曲线、助曲线

当首曲线表示不出局部地貌形态时，则需按 $\frac{1}{2}$ 等高距，甚至 $\frac{1}{4}$ 等高距勾绘等高线。按 $\frac{1}{2}$ 等高距勾绘的等高线称为间曲线，用长虚线表示。按 $\frac{1}{4}$ 等高距测绘的等高线称为助曲线，用短虚线表示。间曲线或助曲线表示局部地势的微小变化，所以在描绘时均可不闭合。如图 9-7 中的虚线所示。

4. 几种基本地貌的等高线

地貌形态各异，一般有山地、洼地、平原、山脊、山谷、鞍部等几种基本地貌。如果掌握了这些基本地貌等高线的特点，就能比较容易地根据地形图上的等高线辨别该地区的地面起伏状态或是根据地形测绘地形图。

1) 山地和洼地(盆地)

凸起而高于四周的高地称为山地，凹入而低于四周的低地称为洼地，图 9-8 为一山地的等高线，图 9-9 为一洼地的等高线。它们都是一组闭合曲线，但等高线的高程降低方向相反。山地外圈的高程低于内圈的高程，洼地则相反，内圈高程低于外圈高程。如果等高线上没有高程注记，区分这两种地形的办法是在某些等高线的高程下降方向垂直于等高线画一些短线,来表示坡度方向,这些短线称为示坡线。

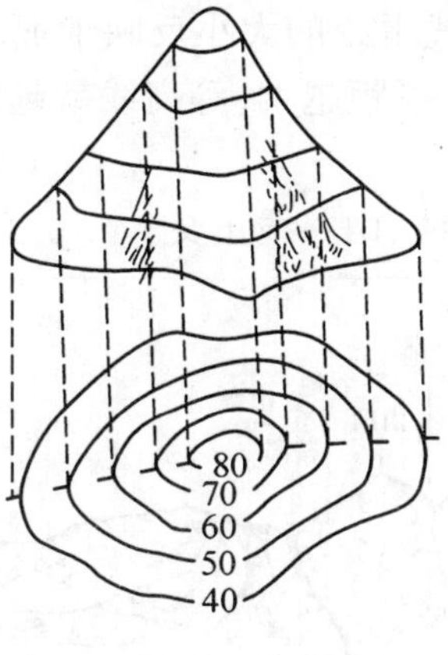

图 9-8　山地等高线

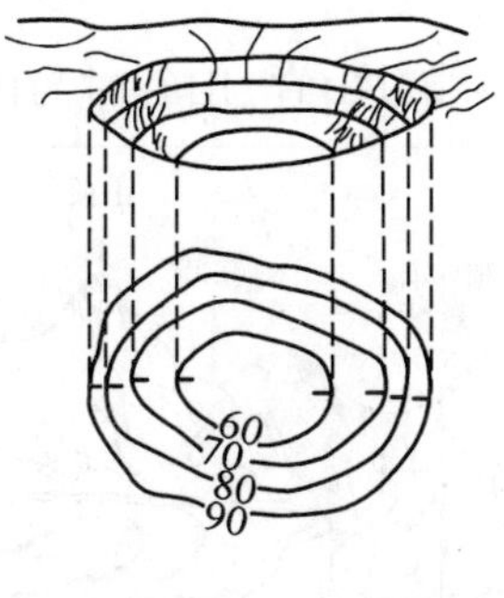

图 9-9　洼地等高线

2)山脊和山谷

沿着一个方向延伸的山脉地称为山脊。山脊最高点的连线称为山脊线或分水线。两山脊间延伸的洼地称为山谷。山谷最低点的连线称为山谷线或集水线。山脊和山谷的等高线均为一组凸形曲线,前者凸向低处(见图 9-10),后者凸向高处(见图 9-11)。山脊线和山谷线与等高线正交,它们是反映山地地貌特征的骨架,称为地性线。

3)鞍部

相邻两山头之间的低凹部分,形似马鞍,俗称鞍部。鞍部是两个山脊和两个山谷会合的地方。它的等高线由两组相对的山脊与山谷等高线组成。如图 9-12 所示。

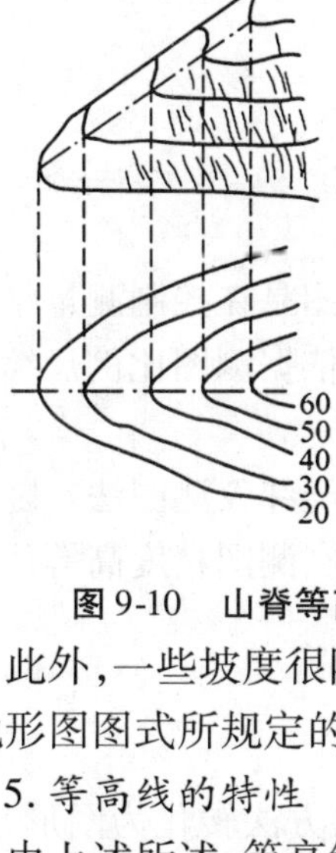

图 9-10　山脊等高线

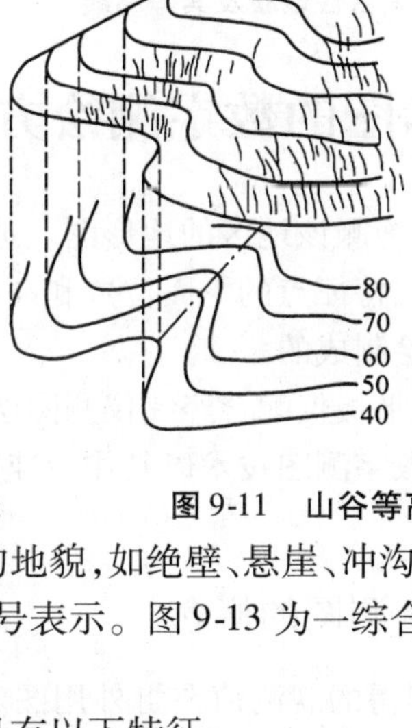

图 9-11　山谷等高线

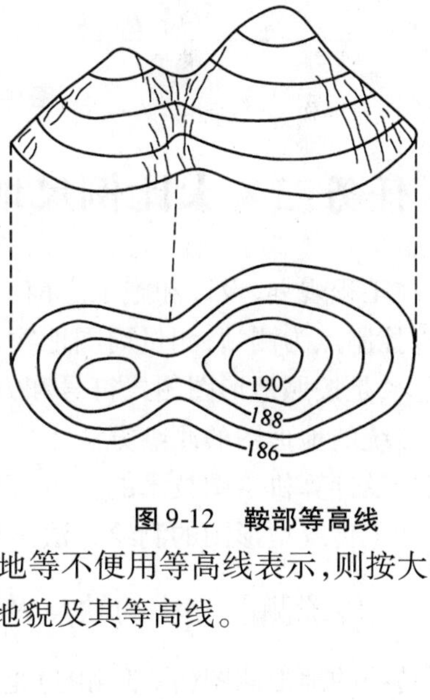

图 9-12　鞍部等高线

此外,一些坡度很陡的地貌,如绝壁、悬崖、冲沟、阶地等不便用等高线表示,则按大比例尺地形图图式所规定的符号表示。图 9-13 为一综合性地貌及其等高线。

5. 等高线的特性

由上述所述,等高线具有以下特征:

(1)等高性,同一条等高线上各点的高程必然相等。

(2)闭合性,等高线是闭合曲线。如不在本图幅内闭合,则在相邻图幅内闭合。所以,勾绘等高线时,不能在图内中断。

(3)非交性,除遇绝壁、悬崖外,不同高程的等高线不能相交。

(4)陡缓性,同幅图内,等高距相同,等高线平距的大小反映地面坡度变化的陡缓。地面坡度越陡,平距越小,等高线越密;坡度越缓,平距越大,等高线就越稀;地面坡度相同,平距相等,等高线均匀。

(5)正交性,等高线过山脊、山谷时与山脊线、山谷线正交。

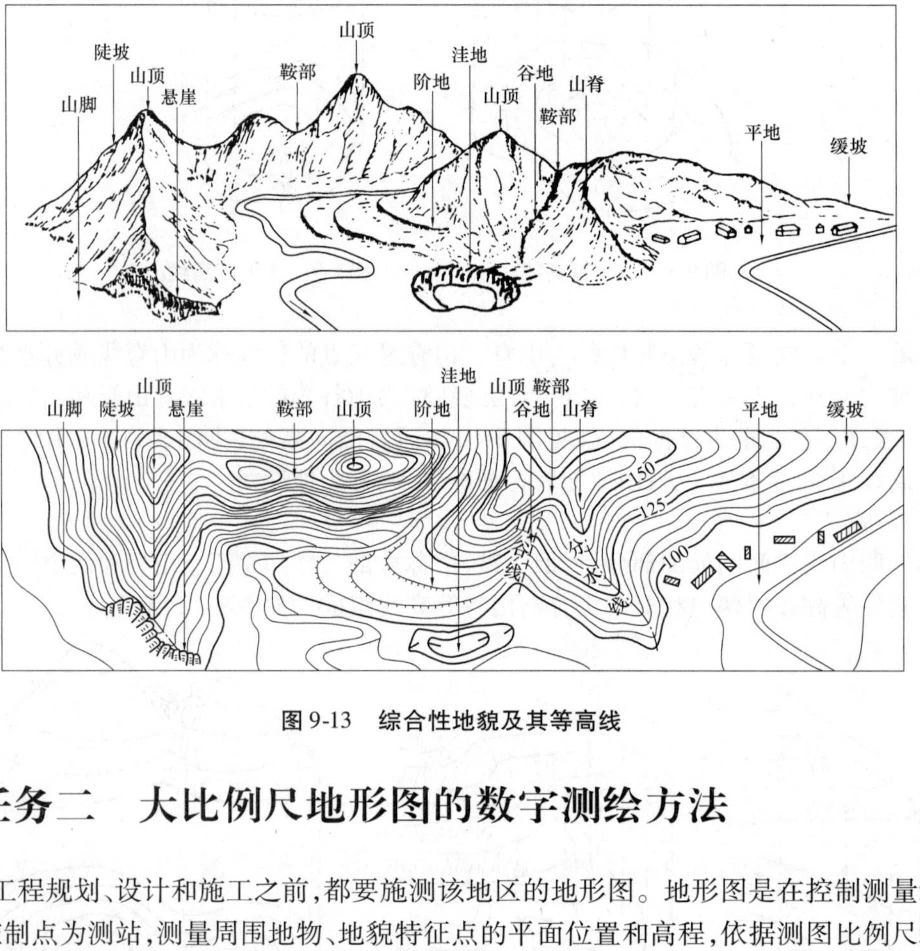

图 9-13　综合性地貌及其等高线

任务二　大比例尺地形图的数字测绘方法

在工程规划、设计和施工之前,都要施测该地区的地形图。地形图是在控制测量结束以后,以控制点为测站,测量周围地物、地貌特征点的平面位置和高程,依据测图比例尺缩绘在图纸上,是按照地形图图式符号和方法绘制成的。

传统的地形图的测绘方法主要有小平板仪配合经纬仪测图法及经纬仪测图法。随着测绘仪器及计算机绘图技术的发展,目前数字测图技术以其作业速度快、测图精度高等优势逐渐取代了传统地形图的测绘方法。

一、传统测图方法的缺点及数字测图的概念

传统的地形测图(白纸测图)是将测得的观测值在野外用图解的方法转化为图形,原图的室内整饰也需在测区驻地完成,因此劳动强度大,人工解析图形信息的精度要比计算机低。另外,纸质图纸上的图形信息要进行变更、修改也极不方便,还会随着图纸变形而产生各种误差,很难适应当前信息剧增、突飞猛进的经济建设的需要。

随着测绘仪器技术及计算机技术日新月异的发展,测绘行业也发生了根本性的技术变

革,数字化技术是当前信息时代的平台,数字化是实现信息采集、存储、处理、传输和再现的关键,20 世纪 80 年代产生的电子速测仪、电子数据终端使野外数据采集摆脱了许多不利因素的影响,精度大大提高,并且向自动化方向发展。计算机技术的发展又使内业机助制图成为可能,并且形成了一套从野外数据采集到内业制图全过程、一体化的测量制图系统,人们通常称该系统为数字测图或机助成图系统。

二、数字测图的基本思想及系统简介

数字测图的基本思想是将地面上的地形和地理要素转换为数字量,然后由电子计算机对其进行处理,得到内容丰富的电子地图,需要时由图形输出设备输出地形图或各种专题图图形。其主要系统组成如图 9-14 所示。

数字测图系统主要由数据输入、数据处理和数据输出三部分组成。

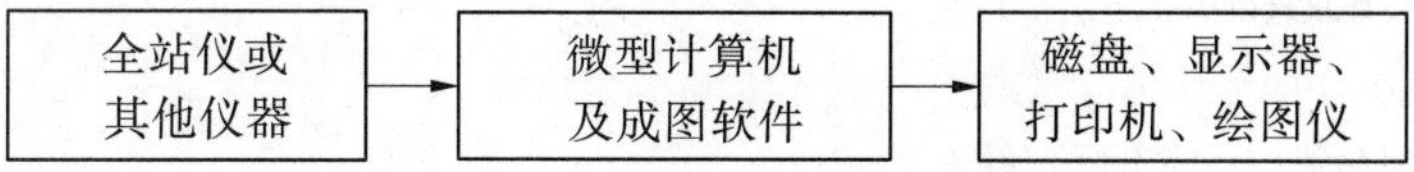

图 9-14　数字测图主要系统组成

三、数字测图的作业过程及作业模式

数字测图的作业过程包括数据采集、数据处理和图形输出三个基本阶段。外业数据采集流程如图 9-15 所示。

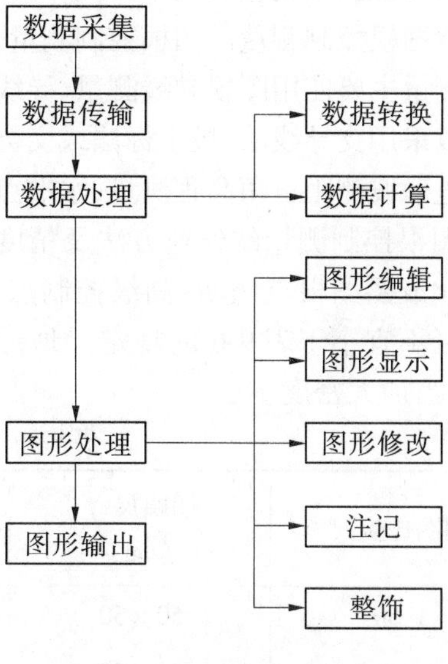

图 9-15　外业数据采集流程

将模拟量转换为数字这一过程通常称为数据采集,数据采集主要有如下几种方法。

(一)野外测量数据采集

野外测量数据采集是使用测量仪器直接在野外进行数据采集。目前,野外数据采集的方法主要有全站仪数据采集和 GNSS RTK 接收机采集野外碎部点的信息数据。地形图的图形由点、线、面三种要素组成。由点按一定的顺序相连构成线,由线可以围合成闭合的图形。所以,点要素是最基本的图形要素。野外数据采集可获得点的定位信息、连接信息及图形的属性信息等三类绘图信息。

(二)原图数字化采集

目前,主要采用扫描矢量化进行数字化原图(已经测绘好的模拟图),然后对原图进行修测,可较快地得到数字图。

四、数字测图的特点及发展趋势

数字测图就是要实现丰富的地形信息和地理信息数字化、作业过程的自动化或半自动化。尽可能缩短野外测图时间,减轻野外劳动强度,而将大部分作业内容安排到室内去完成。同时,电子计算机控制下的机械操作代替了大量手工作业,这样既减轻了劳动强度,又提高了成图的精度。图形实现数字化后可方便地传输、处理和供多用户共享,图形内容的更新与修补十分方便,在图上可方便地提取各项测量数据,进行工程规划设计,图形的保存与管理也特别方便。数字测图能提供现势性强的地理基础信息,其成果经过一定的格式转换后可作为地理信息系统数据库的重要信息源。

五、数字测图的作业程序及作业方法简介

数字测图的作业模式一般采用测记模式,即边用全站仪或 GNSS RTK 采集点的定位信息,边绘制草图记录点的连接信息与属性信息,然后进行内业绘图,测记模式的作业程序从大的方面来说分别为:

(1)图根控制测量。

(2)应用全站仪或 GNSS RTK 接收机进行地物地貌数据采集。

(3)地形草图的绘制。

(4)数据传输。

(5)应用绘图软件生成地形图。

(一)图根控制测量

野外数据采集包含两个阶段,即图根控制测量和地形特征点采集,实施数字测图之前必须先进行图根控制测量。图根控制测量分为图根平面控制测量及图根高程控制测量,图根平面控制测量主要使用图根导线测量,导线点坐标计算成果即可作为图根平面控制点成果。另外,还可以采用支导线法、极坐标法或交会法加密图根点。图根高程控制测量可采用图根水准测量或电磁波测距三角高程测量,水准点的高程计算成果即可作为图根高程控制点成果。

图根控制测量的作业方法及精度要求已在小面积控制测量这一单元中做了详细说明。数字化成图图根点(包括高级控制点)的密度,应根据测图比例尺和地形条件而定,平坦开阔地区不宜小于表 9-6 的规定。地形复杂、隐蔽区及城市建筑区,应以满足测图需要为原则,适当加大密度。

表 9-6　一般地区解析图根点的数量

测图比例尺	图幅尺寸(cm)	解析图根点数量(个)		
		全站仪测图	GPS－RTK 测图	平板测图
1∶50	50×50	2	1	8
1∶1 000	50×50	3	1～2	12
1∶2 000	50×50	4	2	15
1∶5 000	40×40	6	3	30

(二)应用全站仪或 GNSS RTK 接收机进行地物地貌数据采集

地形特征点采集一般需要 3～4 人一组进行,仪器观测员 1 名,绘草图领镜(尺)员 1 名,立镜(尺)员 1～2 名。全站仪地物地貌数据采集的作业步骤如下:

(1)全站仪安置于一个图根控制点上,进入数据采集模式,输入测站点及后视点建立测站后,再测量后视点坐标进行测站检核。然后采集测区范围内的地物地貌特征点数据,将数据存储在建立好的测量数据文件名中。

(2)全站仪数据采集的同时,草图员需及时绘制草图及记录对应点号。

完成了一个测站上全部数据采集工作后应再对后视点进行定向检查,检查无错误后即可搬到相邻测站进行数据采集。全站仪测图的最大测距长度见表9-7的规定。

表9-7 全站仪测图的最大测距长度

比例尺	最大测距长度(m)	
	地物点	地形点
1:500	160	300
1:1 000	300	500
1:2 000	450	700
1:5 000	700	1 000

应用全站仪进行数字测图时测站点的坐标、后视点的坐标及碎部点的坐标都保存到同一个测量坐标数据文件中,这样建站时就可利用调用点号的方法,更快、更方便。同时,可在数据存储管理模式中查找任意一个碎部点测量坐标数据。

(三)地形草图的绘制

草图的绘制要遵循清晰、易读、相对位置准确、比例一致、属性记录完整的原则。草图员绘制草图时需及时与仪器观测者核对点号,将地物点点号标注在草图上,地貌点点号记录清楚,注意相邻测站地物地貌的衔接,既不要重复测量太多,也不要漏测地物地貌。

(四)数据传输

进行数据传输的目的是将全站仪采集并存储的地物地貌数据传输到计算机中,应用绘图软件进行坐标点的展绘。具体作业步骤为:

(1)用全站仪的数据传输线将全站仪与计算机连接好。

(2)应用全站仪数据通信模式中的发送数据将全站仪中的测量坐标数据发送到计算机中并做好保存。

注意:首先应仔细检查数据线与全站仪及计算机相应端口的连接,全站仪中的数据通信参数的设置内容有协议、波特率、字符/校验、停止位。计算机中首先要选对仪器型号,保证联机状态,然后进行通信端口、波特率、校验、数据位、停止位的设置。以上各项设置正确后,全站仪中的测量坐标数据即可发送到计算机中,如数据格式与绘图软件要求的数据格式不符,可通过Word或Exel等进行格式转换。

(五)应用绘图软件生成地形图

内业成图是数字测图的最关键阶段,它是在数据采集以后到图形输出之前对采集的数据进行各种处理,得出数字地图。在数据传输完成之后应用绘图软件进行地形图绘制的步骤为:

(1)设置绘图比例尺,展野外测点点号。

(2)应仔细参照外业草图绘制地物平面图。

(3)展野外测点高程,如地面高程起伏较大,需绘制等高线。等高线的绘制步骤为:①应用全站仪采集的地貌特征点建立数字地面模型;②通过修改三角网对数字地面模型进行修改;③根据等高距及一定的拟合方式绘制等高线;④进行等高线的修饰(如线上高程注记、等高线遇地物断开等)。

(4)图形整饰,若面积较大需分幅,进行分幅工作后填加图廓图名。

任务三　地形图的应用

一、地形图的识读

为了正确地应用地形图,首先要能看懂地形图。地形图是用各种规定的符号和注记表示地物、地貌和其他有关资料,通过对这些符号及注记的识读,可使地形图成为展现在人们面前的实地立体模型,以判断其相互关系和自然形态,这就是地形图识读的主要目的。

阅读地形图时,首先要了解图外一些注记内容,然后阅读图内的地物、地貌。下面以图9-16为例,说明阅读的过程和方法。

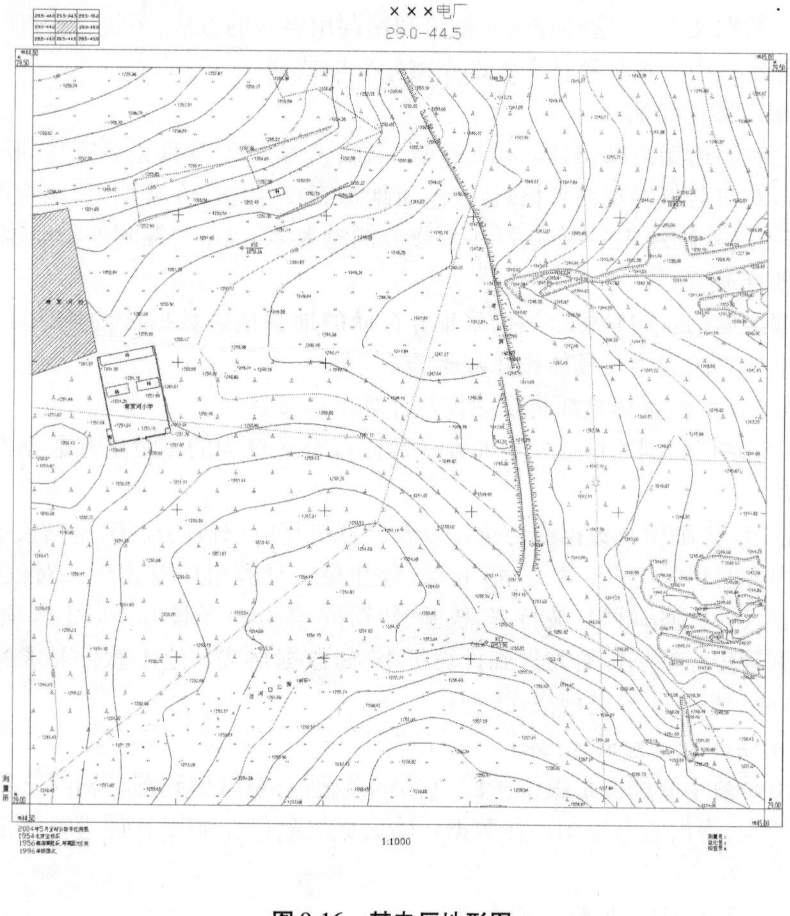

图 9-16　某电厂地形图

(一)图廓外注记

阅读时,从图廓外的注记了解这幅图的图名、图号、比例尺、所采用的坐标和高程系统、等高距以及图式版本、测图日期、测图人员等内容。在图的左上方标有相邻图幅结合图表,以便查取相邻的图幅。图的方向以纵坐标轴向上为正北方。

（二）地物分布

在熟悉地物符号的基础上阅读地物。本幅图西侧有常家河村及常家河小学，岔河口公路横贯图的南北方向，并有分支小路通向常家河村及东侧相邻图幅，路段部分有斜坡护堤，南北方向有两条高压线，东西方向有一条高压线。图的东北及东南方向分别有面积较大、形状不规则的沟，其边线为陡坎，沟深可根据高程注记计算。本幅图中有三个图根控制点，点号分别为 K11 号、K12 号、K13 号。图中 10 mm 长的十字线中心为坐标格网交点。

（三）地貌分布

整个测区内地势起伏较大，常家河小学以南为一组山谷地形，以东为一组山脊地形，西北处为坡度均匀的山地，东北及东南测区有多处不规则的自然冲沟，沟底均有高程标注，图幅内均匀地注记了高程点。

（四）植被分布

本幅图中的主要植被是灌木丛及旱地均匀分布，公路两侧有行树，西北方向有一小块草地。

二、地形图的基本应用

地形图的基本应用内容包括在地形图上进行点位平面坐标的量测、高程的量测，两点间距离的量测，直线坐标方位角的量测及直线坡度的确定等内容。

（一）点位平面坐标的量测

点的平面坐标可以根据地形图上坐标格网的坐标值确定。大比例尺地形图上 10 cm × 10 cm 的坐标格网线交点，均用十字标绘于图上，并在图廓上注有纵、横坐标值。

如图 9-17 所示，要量测 p 点的坐标，首先根据图廓坐标注记和 p 点的图上位置绘出坐标方格 $abcd$，然后过 p 点分别作平行于 x 轴和 y 轴的两条直线，量取 af 和 ak 的长度，即可计算出 p 点的坐标（x_p，y_p）。

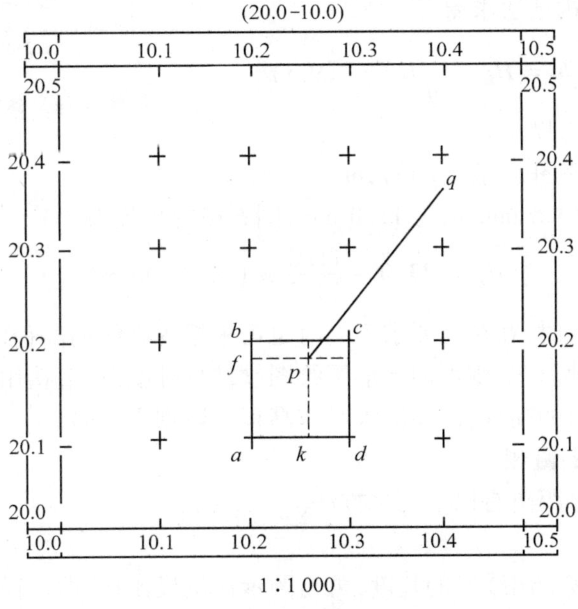

图 9-17　点位平面坐标的量测

$$\left.\begin{aligned} x_p &= xa + af \cdot M \\ y_p &= ya + ak \cdot M \end{aligned}\right\} \tag{9-3}$$

如 $af = 8.02$ cm，$ak = 5.03$ cm，则

$$x_p = 20\ 100 + 0.080\ 2 \times 1\ 000 = 20\ 180.2(\mathrm{m})$$

$$y_p = 10\ 200 + 0.050\ 3 \times 1\ 000 = 10\ 250.3(\mathrm{m})$$

若考虑图纸的伸缩变形，还应量取 ab 和 ad 的长度，即可按下式计算出 p 点的坐标：

$$\left.\begin{aligned} x_p &= x_a + \frac{l}{ab} \cdot af \cdot M \\ y_p &= y_a + \frac{l}{ad} \cdot ak \cdot M \end{aligned}\right\} \tag{9-4}$$

式中 l——坐标方格边长，为 10 cm；

M——地形图比例尺分母。

如果有电子版的地形图，则可用地形图绘图软件打开图形，直接用查询点坐标的方式快速获取图上任意点的平面坐标，注意点位捕捉的正确性。

（二）点位高程的量测

地形图上的任一点，可以根据等高线及高程标记确定其高程。如果所求点恰好在等高线上，如图 9-18 中的 p 点，它的高程与所在等高线的高程相同，从图上看应为 $H_p = 31.0$ m。如果所求点不在等高线上，如图中的 k 点，这时，就要过 k 点作一条大致垂直于相邻等高线的线段 mn，量取 mn 的长度 d，再量 mk 的长度 d_1，k 点的高程 H_k 就可按比例内插法求得

$$H_k = H_m + h = H_m + \frac{d_1}{d} h \tag{9-5}$$

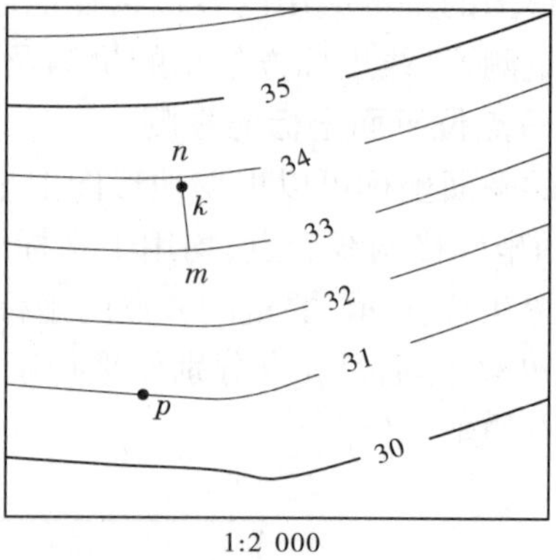

图 9-18 量测点位高程

式中 H_m——m 点的高程，m；

h——等高距（该图 h 等于 1 m），m。

假设 d 的长度为 13.5 mm，d_1 为 11.0 mm，则 k 点的高程为

$$H_k = 33.0 + \frac{11.0}{13.5} \times 1 \approx 33.8(\mathrm{m})$$

求图上某点的高程时，在精度要求不高时也可根据等高线的高程用目估法求取。

如果有电子版的地形图，则可用地形图绘图软件打开图形，直接用查询指定点高程的方式快速获取图上任意点的高程，需要输入对应高程点数据文件名。

（三）两点间距离的量测

确定两点间的水平距离有以下几种方法。

1. 直接量测

用卡规在图上直接卡出线段的长度，再与图示比例尺比量，即可得其水平距离。当精度要求不高时，也可用三棱尺直接在图上量取。

2. 根据两点的坐标计算水平距离

当两点间距离较长时，为了消除图纸变形的影响以提高精度，可用两点的坐标计算距离。如图 9-23 所示，求 qp 的水平距离时，首先按式(9-1)求出 q、p 两点的坐标值 x_q、y_q 和 x_p、y_p。然后按下式计算 qp 的水平距离：

$$D_{qp} = \sqrt{(x_p - x_q)^2 + (y_p - y_q)^2} = \sqrt{\Delta x_{qp}^2 + \Delta y_{qp}^2} \tag{9-6}$$

3. 查询法

如果有电子版的地形图，则可用地形图绘图软件打开图形，直接用查询两点距离的方式快速获取图上任意两点间的水平距离，注意点位捕捉的正确性。

如果地面坡度较大，需要计算两点间的倾斜距离 D'，则可根据两点间的水平距离 D 和高差 h 求出，即

$$D' = \sqrt{D^2 + h^2} \tag{9-7}$$

(四)直线坐标方位角的量测

确定两点间直线的坐标方位角有以下几种方法。

1. 图解法

如图 9-19 所示，求直线 AB 的坐标方位角时，可先过 A、B 两点精确地作平行于坐标格网纵线的直线，然后用量角器量测 AB 的坐标方位角 α_{AB} 和 BA 的坐标方位角 α_{BA}。

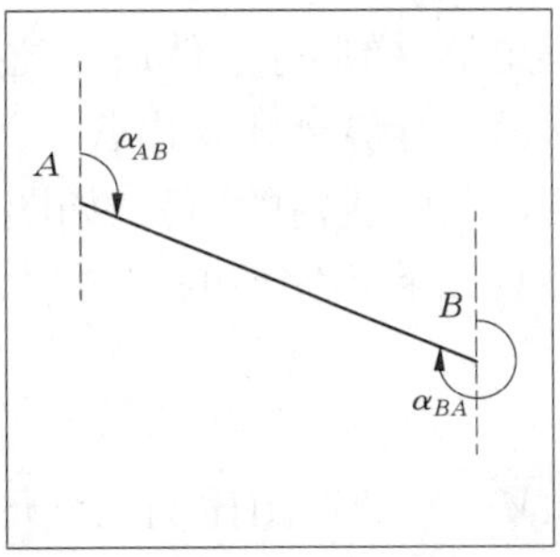

图 9-19　确定一直线坐标方位角

同一直线的正反坐标方位角之差应为 180°，但是由于量测中存在误差，一般将其误差之半按不同符号分别改正 α_{BA} 和 α_{AB}，或取其平均值。

$$\alpha = \frac{1}{2}(\alpha_{AB} + \alpha_{BA} \pm 180^\circ) \tag{9-8}$$

2. 解析法

先量测出 A、B 两点的坐标，然后按下式计算 AB 的坐标方位角。

$$\left.\begin{aligned} \tan\alpha_{AB} &= \frac{y_B - y_A}{x_B - x_A} = \frac{\Delta y_{AB}}{\Delta x_{AB}} \\ \alpha_{AB} &= \arctan\frac{y_B - y_A}{x_B - x_A} = \arctan\frac{\Delta y_{AB}}{\Delta x_{AB}} \end{aligned}\right\} \tag{9-9}$$

求出 α_{AB} 角后，要注意用 Δx_{AB} 和 Δy_{AB} 的符号来判定 AB 直线所在的象限，然后才能求算出方位角 α_{AB} 值。从图上量测某直线的距离和方位角时，图解法常用于直线两端点位于同幅图内，解析法常用于两端点不位于同幅图内。

3. 查询法

如果有电子版的地形图，则可用地形图绘图软件打开图形，直接用查询两点方位的方式快速获取图上任意两点间的坐标方位角，注意点位捕捉的正确性及点位选择的顺序。

(五)确定两点间直线的坡度

在地形图上求得两点间直线的实地水平距离 D 及其两点间的高差 h，高差与水平距离之比即为坡度，用 i 表示，则 i 可用下式计算：

$$i = \frac{h}{D} = \frac{h}{d \times M} \tag{9-10}$$

式中　d——图上两点的水平距离,m;

　　M——地形图比例尺的分母。

坡度 i 有正有负,“+”为上坡,“-”为下坡。坡度通常用千分数(‰)或百分数(%)的形式表示,如图 9-18 所示,$mn = 0.013$ m,$h = +1$ m,$M = 5\ 000$,则

$$i = \frac{h}{d \cdot M} = \frac{+1}{0.013 \times 5\ 000} = +\frac{1}{65} = +1.5\%$$

(六)量算图形面积

在规划设计和工程建设中,常需要知道某一范围地块的面积。例如:平整土地的填、挖面积,规划设计城市某一区域的面积,厂矿用地面积,渠道和道路工程中的填、挖断面的面积等。量测图形面积的方法很多,随着测绘仪器及计算机绘图技术的发展,图形面积的量测也变得快捷简便了许多。

1. 几何图形法

若图形是由直线连接的多边形,则可将图形划分为若干种简单的几何图形,如图 9-20 中的三角形、梯形等。然后用比例尺量取计算图形面积时所需的元素(长、宽、高),应用相应图形面积计算公式求出各个简单几何图形的面积,再汇总出多边形的面积。

要计算曲线内的面积,如图 9-21 所示,先将毫米透明方格纸覆盖在图形上,数出图形内整方格数 n_1 和不完整的方格数 n_2,则面积 A 按下式计算:

$$A = (n_1 + \frac{1}{2}n_2)\frac{M^2}{10^6} \quad (\mathrm{m}^2) \tag{9-11}$$

式中　M——地形图比例尺分母。

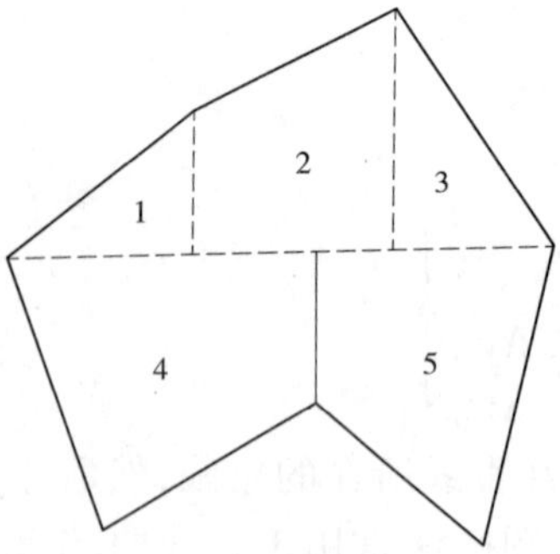

图 9-20　几何图形法量算面积

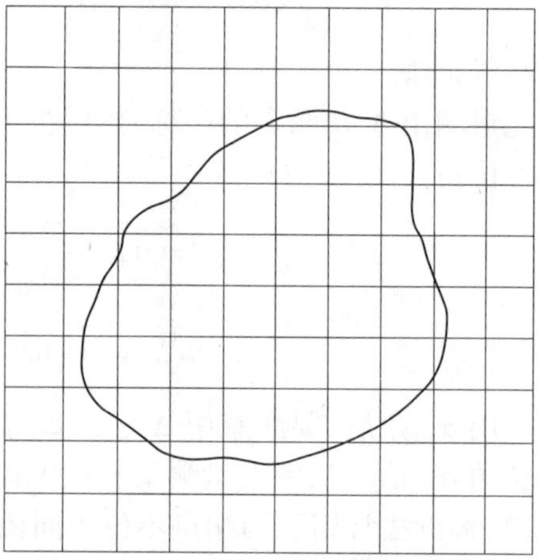

图 9-21　透明方格纸量算面积

2. 全站仪外业测量法

应用全站仪的面积测量功能可进行土地面积测量工作,并能自动计算显示所测地块的面积,特别适合于小范围的土地面积测量。当仪器距离待测点位斜距小于 1 km 时,点位精

度可以达到三等界址点的精度(±0.15 m)要求。全站仪尽量安置于待测面积区域的中心位置,选用面积测量功能,然后依次按顺时针或逆时针方向测量各个转折点,直到多边形图形闭合,则仪器可直接计算出该闭合多边形图形面积。

3. 查询法

如果在纸质地形图上量测某一图形的面积,则首先需解析出边界特征点坐标,应用AutoCAD等绘图软件展绘各个边界特征点,然后按顺序(顺时针或逆时针)连接各点,组成闭合多边形,即可查询到图形面积及周长以及各边长等数据。

如果有电子版的地形图,则可用地形图绘图软件打开图形,直接用查询面积的方式快速获取图上任意闭合多边形的面积。注意所选图形必须为一闭合实体,如采用逐点捕捉的方式应注意点位捕捉的正确性及点位顺序。

4. 求积仪法

求积仪是一种专门供图上量算面积的仪器,其优点是操作简便、速度快、适用于任意曲线图形的面积量算。

电子求积仪是采用集成电路制造的一种新型求积仪,可靠性高,操作简单方便。图9-22是日本牛方商会生产的X－PLAN 360型电子求积仪。这种求积仪不仅可以测定面积,而且可以同时测定线长,量测多边形时,不需描迹各边,只要依次描对各顶点,就可以正确地得到图形的面积和线长(周长)。

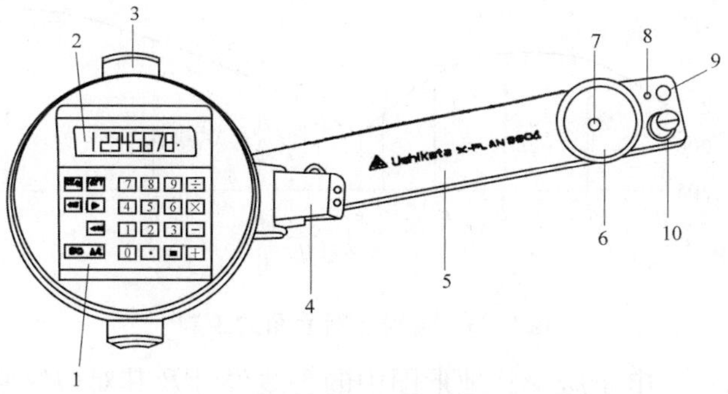

1—键盘;2—显示器;3—滚轮;4—描杆固定扳手;5—描杆;6—描迹放大镜;
7—描点;8—LED表示;9—测定方式变换开关;10—START/POINT开关

图9-22　电子求积仪

三、地形图在工程设计中的应用

(一)地形图在建筑设计中的应用

1. 根据地形图确定建筑物的面积和形状

在城镇建筑设计之前,首先使用反映拟建场地及其周围地形的大比例尺地形图,根据地形的有关情况及城市规划要求拟定建筑物的形状和面积,上报城市规划部门审批。

2. 根据地形来确定建筑物 ±0 的标高及其构造形式

(1)根据地形图上拟建地面标高及排污管道的标高来确定建筑物 ±0 的标高。

(2) ±0 标高确定以后,根据地形高差状况来确定 ±0 以下的构造形式。

3. 依据建筑总平面图进行建筑物的定位放线

建筑物定位放线所依据的建筑总平面图就是在拟建地区的地形图上进行设计的,它能反应建设用地面积、总建筑面积、建筑密度等。

（二）地形图在管线设计、施工中的应用

1. 绘制设计方向线的纵断面图

在各种管线工程设计中，为了进行填挖方量的概算，合理确定管线的坡度，都需要了解沿线方向的地面起伏情况，为此常利用地形图绘制指定方向的纵断面图。如图 9-23 所示，*pq* 的方向已定，要作出 *pq* 方向的断面图，可先将 *pq* 直线与图上等高线的交点以及山脊和山谷的方向变化点 *b*、*e* 标明，然后按该地形图的比例尺，把图上 *p*、*a*、*b*、*c*、*d*、*e*、*f*、*g*、*h*、*q* 点转绘在一水平线上。过水平线上各点，作水平线的垂线，在各垂线上按比例尺截取出各点相应的高程，最后用平滑曲线连接这些顶点，便得到 *pq* 线的断面图。为了使断面图能明显地表示地面的起伏情况，常把高程的比例尺增大为距离比例尺的 10 倍或 20 倍来描绘。

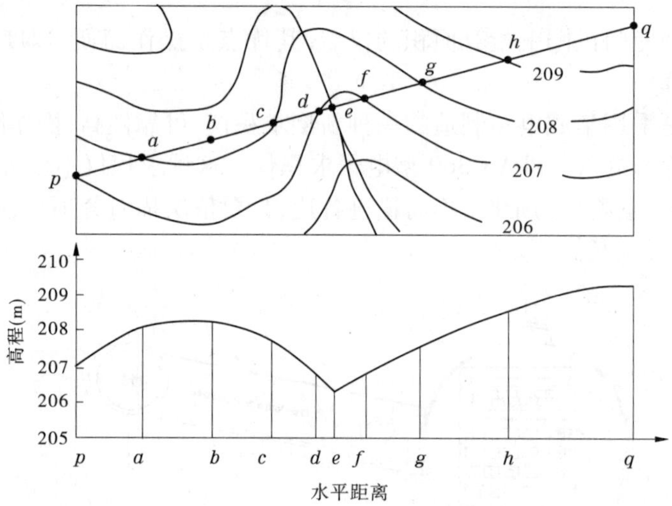

图 9-23　管线纵断面图的绘制

如图 9-24 所示，为一电子版带状地形图中的管线设计及其对应纵断面图。

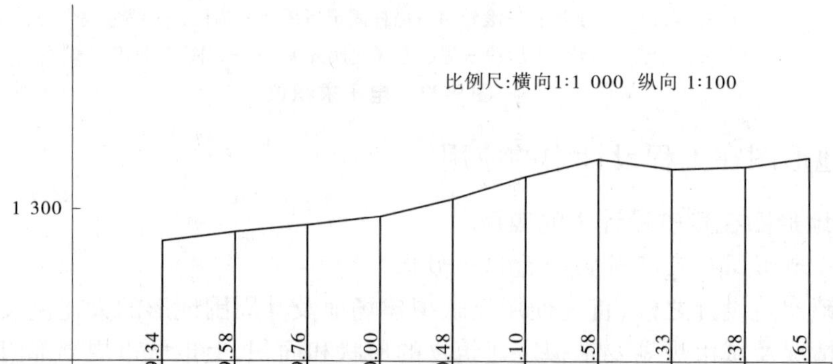

地面高程	1 309.34	1 309.58	1 309.76	1 310.00	1 310.48	1 311.10	1 311.58	1 311.33	1 311.38	1 311.65
里程	0+120.0	0+140.0	0+160.0	0+180.0	0+200.0	0+220.0	0+240.0	0+260.0	0+280.0	0+297.9

图 9-24　设计管线及其纵断面图

2. 根据地形图进行管线的设计

(1)根据地形图上地物、地貌情况,通过对客观容许范围内多条线路的比较,选择距离既短土方量又少的路线。

(2)路线选定后进行设计时,在符合管线坡度要求的范围内,根据纵断面图,选择最佳管线坡度,使土方量和架空工程量最少,亦即造价最低。

3. 地形图在管线施工中的应用

(1)应用地形图,根据管线的设计标高及挖宽计算土方工程量。

(2)在精度容许条件下,可用图解法在地形图上求出主点的测设数据。

(三)地形图在道路规划、设计中的应用

1. 选线

根据地形图,在满足坡度要求的情况下选择最短且土方量最少的路线。

1)按限制坡度选定最短路线

如图9-25所示,地形图比例尺为1∶2 000,等高距为1 m,要求从公路旁A点到山头B点先定一条路线,限制坡度为5%,为了满足限制坡度的要求,要先求出该路线通过相邻两条等高线的最小等高平距:

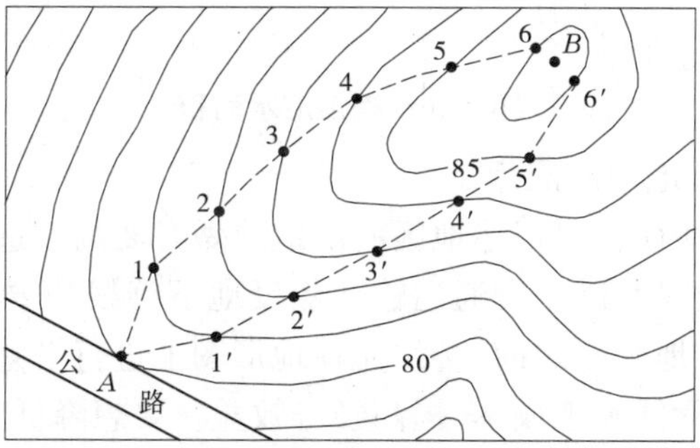

图9-25　按限制坡度选定最短路线

$$d = \frac{h}{i \cdot M} = \frac{1}{0.05 \times 2\,000} = 10(\text{mm})$$

然后,用卡规张开10 mm,先以A点为圆心作圆弧,交81 m等高线于1点;再以1点为圆心作圆弧,交82 m等高线于2点;依次类推,直至B点。连接相邻点,便得同坡度路线A—1—2—…—B。若所作圆弧不能与相邻等高线相交,则以最小等高线平距直接相连,这样,该线段为坡度小于5%的最短路线,符合设计要求。在图上尚可沿另一方向定出第二条路线A—1′—2′—…—B,可以作为比较方案。在实际工作中,还需在野外考虑工程上其他因素,如少占居民地或耕地、避开塌方或崩裂地带、工程费用最少等,最后确定一条最佳路线。

2)应用地形图绘制横断面图

在进行道路土方量计算时,单有纵断面图是不够的,还要用到横断面图。横断面图就是垂直于纵断面方向的剖面图,其画法与纵断面图完全一样。横断面图的纵横向绘图比例一致。

2. 应用地形图确定汇水面积

在修筑道路跨越河流或山谷地段时,必须修建桥梁或涵洞以排泄水流。设计时,桥梁、涵洞孔径的大小应根据流经该地段的水流量来决定,汇集水流量的面积称为汇水面积。由于雨水沿山脊线(分水线)向两侧山坡分流,所以汇水面积的边界线是由一系列的山脊线连接而成的。如图 9-26 所示,由分水线 *BC*、*CD*、*DE*、*EF* 及道路 *MN* 所围成的面积即为汇水面积。量测该面积的大小,再结合气象水文资料,可进一步确定流经公路 *A* 处的水量,从而对桥梁或涵洞的孔径设计提供依据。确定汇水面积的边界时应注意,各分水线处处都与等高线垂直,且经过一系列的山头和鞍部,并与河谷的指定断面(图 9-26 中 *A* 处的直线)闭合。

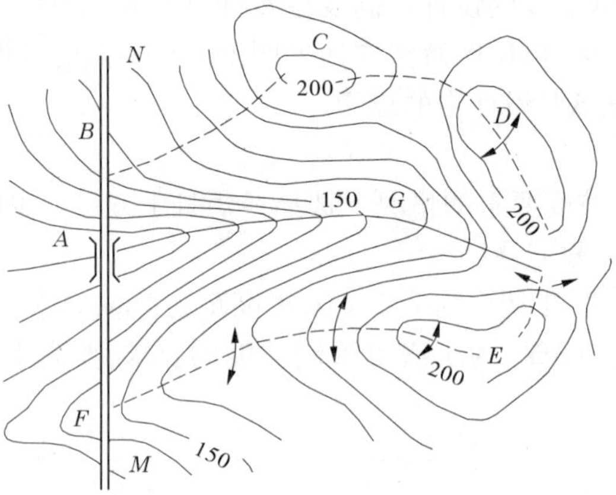

图 9-26　确定汇水面积

(四)地形图在平整土地中的应用

在各项工程建设中,往往要对拟建地区的原地形做必要的改造,以便适于布置和修建各类建筑物,排泄地面积水,以及满足交通运输和敷设地下管线的要求,这种改造地形的工作称为场地平整。那么在场地平整之前,必须先在地形图上进行平整后的标高设计,以及计算施工中的填挖方量,尽量降低施工成本,提高经济效益。要想降低成本,只有减少填、挖方量和运距,要做到这两点就必须遵守填、挖方量平衡的原则,使工程量最少。通常情况下,根据设计要求,建筑场地一般要求平整成水平面或倾斜面。场地平整的方法很多,下面介绍应用方格网法进行水平面的平整方法。

平整场地需先做"场平设计",确定平整后的场地高程,并应做土方计算。其具体步骤如下。

1. 在地形图上绘制方格网

在场地地形图上拟建范围内绘制方格网,方格大小根据地形复杂程度、地形图比例尺以及土方概算的精度要求而定。方格的边长以 10 ~ 40 m 为宜(一般多用 20 m)。根据等高线用内插法计算各方格顶点的高程,称为"地面高程",标注于各顶点的右上角。方格网编号,横向按 1,2,3,…编号,纵向按 *A*,*B*,*C*,…编号,方格用Ⅰ,Ⅱ,Ⅲ,…编号,如图 9-27(a)所示,各方格顶点编号即用纵横向编号来编定,标注在该点的左下角,如图 9-27(b)所示。

场地平整后的地面高程称为"设计高程",标注于方格顶点的右下角。原地面标高与设计高程之差称为"填挖数",规定挖方为"+",填方为"-",标注在方格顶点的左上角,如图 9-27(b)所示。

2. 计算设计高程

要使工程量最少,必须使填挖土方量平衡,即需要算出使填、挖土方量平衡的设计高程。

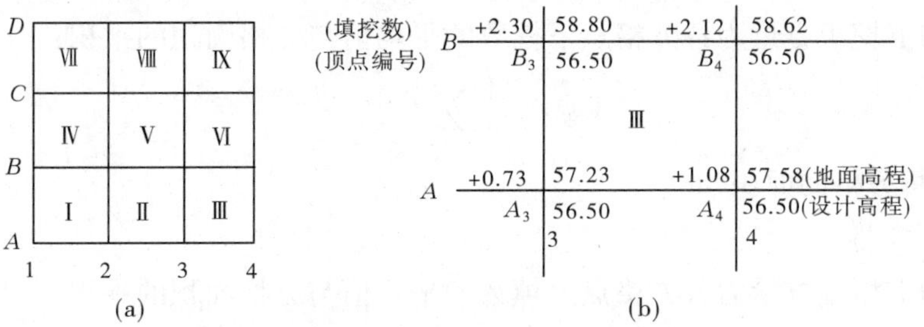

图 9-27　方格网的编号及角点数据标注及计算

计算时，先将每一小方格顶点的高程加起来除以 4，就得到各方格的平均高程 H_i，再把每一方格的平均高程相加除以方格总数，就得到设计高程 $H_{设}$。

$$H_{设} = \frac{\sum H_i}{n} \quad (i = 1,2,\cdots) \tag{9-12}$$

式中　H_i——每一方格的平均高程，m；

n——方格总数，个。

把设计高程标注于各顶点的右下角。

3. 计算各方格点的填挖高度

由各方格点的地面高程与设计高程就可计算出每一方格顶点的填挖高度：

$$填挖高度 = 地面高程 - 设计高程 \tag{9-13}$$

将图中各方格顶点的填挖高度填写于相应方格顶点的左上方，“＋”表示下挖，“－”表示上填。

4. 求出填挖边界线

用内插法在方格网上求出高程为 $H_{设}$ 的点，把各点相连即为填挖边界线，在该线上既不填也不挖即填挖数为零，该线也称为零线。在该线高程低的一侧画上小短线，以示填方区，另一侧则为挖方区，如图 9-28 所示的 $O_1—O_2—O_3—O_4$ 线。

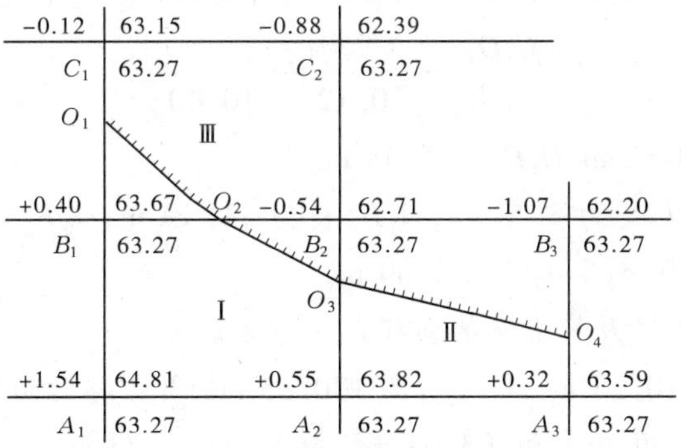

图 9-28　确定填挖边界线

5. 计算土方量

由填挖边界线把方格网分割成以下三种形式。

1)全挖的方格

该方格的下挖土方量为各方格点下挖数的平均值与方格面积的乘积：

$$V_{挖i} = \frac{1}{4}\sum h_{挖i} \times A \tag{9-14}$$

式中 A——每方格的面积，m^2。

2)全填的方格

该方格的上填土方量为各方格点上填数的平均值与方格面积的乘积：

$$V_{填i} = \frac{1}{4}\sum h_{填i} \times A \tag{9-15}$$

式中 A——每方格的面积，m^2。

3)既有填也有挖的方格

由于填挖边界线穿过该方格，使得该方格内既有填方区，也有挖方区，计算土方量时各自分开计算。根据填挖边界线所分割的不同几何图形，计算出其面积乘以该图形各顶点填挖数的平均值，即为相应的填(挖)土方量。

填挖边界线穿过方格时，有两种分割情况：一种是将一完整方格分成两个梯形，另一种是将一完整方格分成一个三角形和一个五边形。梯形、三角形、五边形的面积都可实际算出，对应的填挖土方量就可用面积乘以各角点的平均填挖高度计算出来。

所有填方区的土方量累加即为总填方量，所有挖方区土方量累加即为总挖方量，平整成同一水平面时二者数量应接近相等。

6. 计算实例

【例 9-1】 试计算图 9-28 中填挖的土方量。

解：(1)首先根据式(9-12)计算出场地设计高程为 63.27 m。

(2)再根据式(9-13)计算出各点的填挖高度，按正确位置标注于图中。

(3)下一步是按内插法确定填挖边界线的位置。

如在Ⅰ方格中的 C_1B_1 边，一端为填方，另一端为挖方，故中间必有一零点：

$$\frac{C_1O_1}{C_1B_1} = \frac{|0.12|}{|0.12| + |0.40|}$$

$C_1B_1 = 20$ m，则 $C_1O_1 = 4.62$ m，$O_1B_1 = 15.38$ m。

同理，可计算出 B_1O_2 长为 8.51 m，O_2B_2 长为 11.49 m；O_3B_2 长为 9.91 m；O_3A_2 长为 10.09 m；O_4B_3 长为 15.40 m，O_4A_3 长为 4.60 m。

(4)分别计算各填方区及挖方区的面积及土方量。

Ⅰ方格的填方量为 10.25 m^3，挖方量为 170.85 m^3，Ⅱ方格的填方量为 101.87 m^3，挖方量为 31.95 m^3，Ⅲ方格的填方量为 103.04 m^3，挖方量为 8.73 m^3。

(5)计算总填挖出土方量。

总的填方量为　10.25 + 101.87 + 103.04 = 215.16(m^3)。

总的挖方量为　170.85 + 31.95 + 8.73 = 211.53(m^3)。

两者相差 3.63 m^3，占总土方量的 1.7%，在工程实际中是容许的，可认为填、挖土方量基本上是平衡的。

习 题

1. 什么是地形图？试述地形图的主要用途。

2. 地物、地貌、地形、地形图分别怎么解释？

3. 什么是地形图比例尺？它有几种类型？什么是比例尺精度？它对测图和设计用图有什么意义？什么是比例尺精度，它在测图工作中有何用途？

4. 什么是等高线？等高距？等高线平距？它们与地面坡度有何关系？等高线有哪些特性？

5. 在图9-29中，按指定符号表示出山顶、鞍部、山脊线、山谷线(山脊线用点画线表示，山谷线用虚线表示，山顶用“▲”表示，鞍部用“O”表示)。

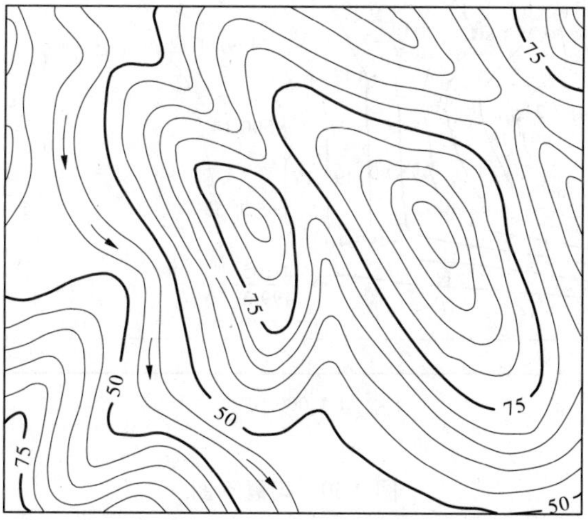

图9-29 局部地形图

6. 利用图9-30完成如下工作。

(1) 用内插法求 P、Q 两点的高程。

(2) 图解法求 P、Q 两点的坐标。

(3) 求 P、Q 两点之间的水平距离。

(4) 求 P、Q 两点连线的坐标方位角。

(5) 求 P、Q 两点连线的坡度。

(6) 求出房屋及菜地的面积。

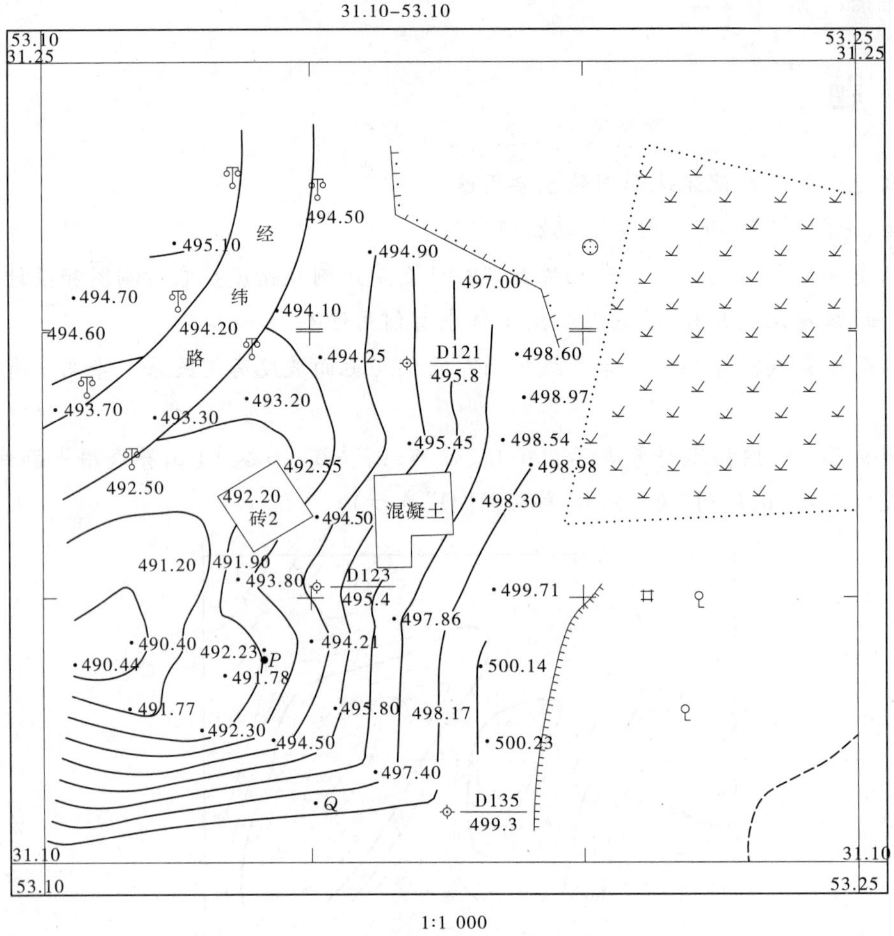
31.10–53.10
53.10
31.25
53.25
31.25
495.10
经
494.50
纬
494.70
494.20
494.60
路
494.10
494.90
497.00
494.25
D121
495.8
498.60
493.70
493.30
493.20
498.97
495.45
498.54
492.50
492.55
498.98
492.20
砖2
混凝土
498.30
494.50
491.20
491.90
493.80
D123
495.4
499.71
497.86
490.40
492.23
P
494.21
490.44
491.78
500.14
491.77
495.80
498.17
492.30
494.50
500.23
497.40
Q
D135
499.3
31.10
53.10
31.10
53.25
1:1 000

图 9-30　习题 6 图

模块十 测设的基本工作

教学内容

本模块首先介绍已知的水平距离、水平角及高程的测设方法，然后以此为主线分别介绍点的平面位置、坡度线和直线的测设方法。教学过程中，要做到理论和实践相结合，使学生熟练地掌握工程测设的基本技能，为以后的施工测量工作打下坚实的基础。

学习目标

掌握已知水平距离、水平角、已知高程的测设方法；掌握点的平面位置测设方法；掌握坡度线的测设方法；掌握直线的测设方法；了解激光定位仪器的应用。培养学生在实际工程中的应用能力。

任务一 测设的基本内容

测设也称为放样，是根据工程设计图纸上的已知数据计算出施工所需的各特征点与控制点之间的距离、角度、高差等测设数据，根据计算出的数据和已有的控制点在实地标定出这些特征点，作为施工的依据。测设的基本内容包括测设已知的水平距离、水平角度和高程。

一、已知水平距离的测设

测设已知长度的水平距离，是从地面上一个已知点开始，沿给定方向，量出设计的距离，在地面上定出直线另一个端点的位置。

（一）钢尺测设

1. 一般方法

如图 10-1 所示，设 A 为地面上已知点，D 为设计的水平距离，要在地面上 AB 方向测设出水平距离 D，以定出点 B。当精度要求不高时，可将钢尺的零点对准点 A，沿 AB 方向拉平、拉紧钢尺时尺上读数为 D 处插测钎或吊垂球，定出一个点。为了检核，应往返丈量该段距离，若往返丈量结果的相对误差在容许范围（1/3 000～1/2 000）之内，则取其平均值 D' 并与设计值 D 比较，得两结果差 $\Delta D = D' - D$，由 ΔD 对所定出的点进行改正，求出点 B 的位置。

2. 精确方法

当测设精度要求较高时，则应使用经检定过的钢尺，先对所测设的距离进行尺长、温度

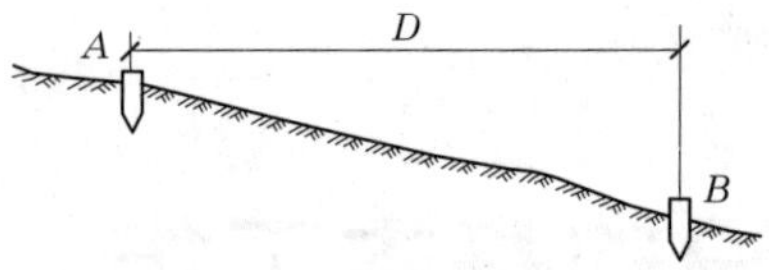

图 10-1　钢尺测设已知水平距离

及倾斜三项改正，求得应测设距离，然后进行测设。钢尺改正参看前模块。

（二）光电测距仪测设

如图 10-2 所示，在点 A 安置光电测距仪，在已知方向上移动反光棱镜，使仪器显示值略大于测设的距离定出点 C' 。在点 C' 上安置反光棱镜，测出竖直角 α 及斜距 S（加气象改正），计算出水平距离 $D' = S\cos\alpha$ ，求出 D' 与设计的水平距离 D 之差 $\Delta D = D' - D$ 。根据 ΔD 的符号在实地用钢尺沿测设方向改正 C' 至 C 。

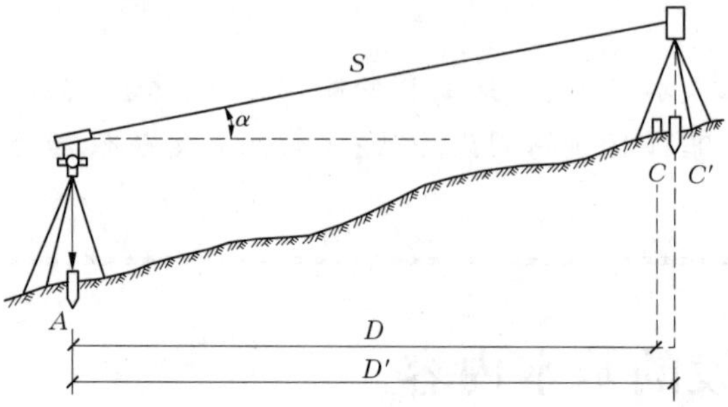

图 10-2　光电测距仪测设已知水平距离

为了检核，应将反光棱镜安置于点 C ，再实测 AC ，其测量结果与设计距离的差值应在限差之内，否则应再进行改正，直到符合限差要求。

二、已知水平角的测设

测设已知角值的水平角是根据地面上给定的一个已知方向，按设计的水平角值在地面上标定出角度的另一个方向的方法。

（一）一般方法

如图 10-3 所示，OA 为一个已知方向，要在点 O 测设 β 角值。操作方法为：在点 O 安置经纬仪，以盘左照准点 A ，使水平度盘读数为零；然后右转照准部，当水平度盘读数为 β 时，在视线方向上定出点 B' 。再以盘右同样的方法定出一点 B'' ，取 B' 、B'' 的中点 B ，即得 β 角。

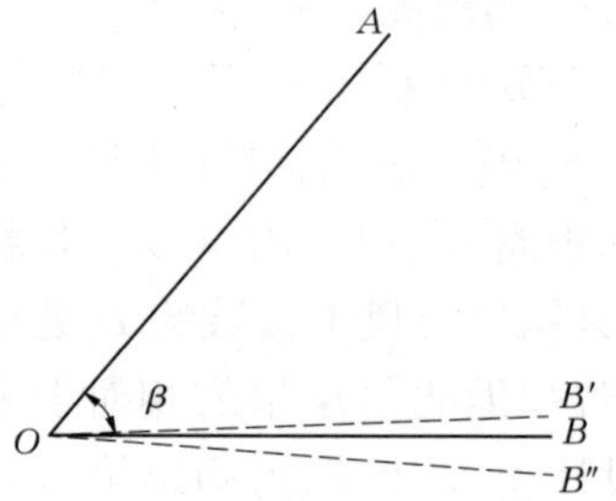

图 10-3　一般方法测设已知水平角

（二）精确方法

当测设精度要求较高时，如图 10-4 所示，可先按

一般方法定出点 B_1，再用测回法观测 $\angle AOB_1$ 若干测回，取各测回的平均值 β_1。当 β_1 与 β 不等，其差值 $\Delta\beta = \beta_1 - \beta$ 超过限差要求时，则需改正点 B_1 的位置。改正时，由角值差 $\Delta\beta$ 和边长 OB_1 计算出垂直距离 B_1B，即

$$B_1B = OB_1\tan\Delta\beta = OB_1\frac{\Delta\beta}{\rho} \qquad (10\text{-}1)$$

式中　$\rho = 206\ 265''$。

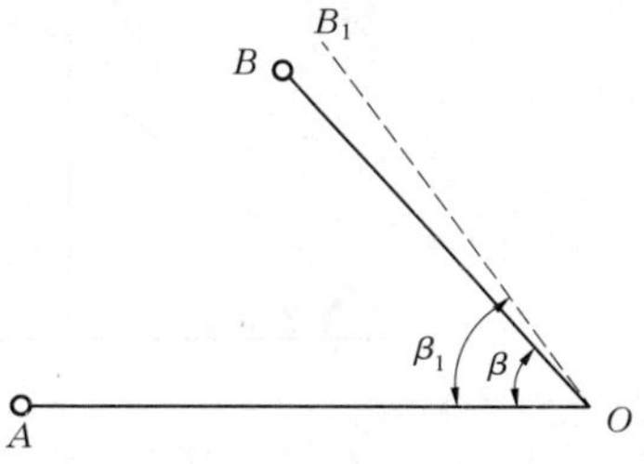

图 10-4　精确方法测设已知水平角

从点 B_1 沿 OB_1 的垂直方向量出 B_1B，定出点 B，则 $\angle AOB$ 即为要放样的已知水平角。如果 $\Delta\beta$ 为正，则沿 OB_1 的垂直方向向内量取；反之，向外量取。

(三)简易方法

在施工现场，如果测设精度要求不高(如建筑物内部放样)，可采用简易方法测设。

1. 用钢尺按 3∶4∶5 法测设直角

3∶4∶5 法是根据几何学上的勾股定理：斜边的平方等于两个直角边的平方和。如图 10-5 所示，则

$$\left.\begin{aligned} CD^2 &= AD^2 + AC^2 \\ CD &= \sqrt{AD^2 + AC^2} \end{aligned}\right\} \qquad (10\text{-}2)$$

所以，当 $AC = 3$、$AD = 4$ 时，$CD = 5$。据此要在已知线段 AB 上的点 A 处测设直角，可用钢尺在 AB 线上，量取 3 m 定出点 C，再以点 A 为圆心，4 m 为半径画弧，然后以点 C 为圆心，5 m 为半径画弧，两弧相交于点 D，则 $\angle DAB$ 为直角。若 AD 要求有较长的距离，各边可同时放大 n 倍，即：$3n∶4n∶5n$(但不应超过一整尺)来测设直角。

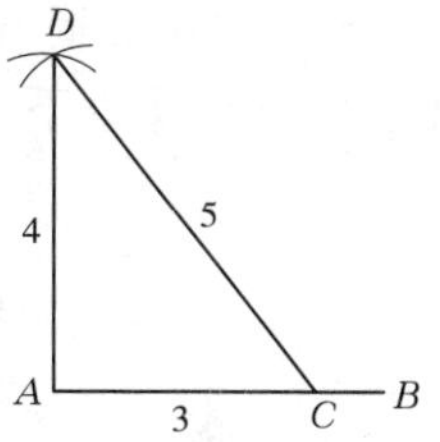

图 10-5　按 3∶4∶5 法测设直角

2. 等腰直角法测设直角

如图 10-6 所示，欲在 MN 直线的点 D 测设直角。首先用钢尺自点 D，在 MN 直线上分别量出相等的线段 DA、DB 得 A、B 两点。然后分别以这两点为圆心，大于 DA 之长为半径画弧，两弧相交于点 C，则 $\angle ADC$ 与 $\angle BDC$ 即为所求的直角。

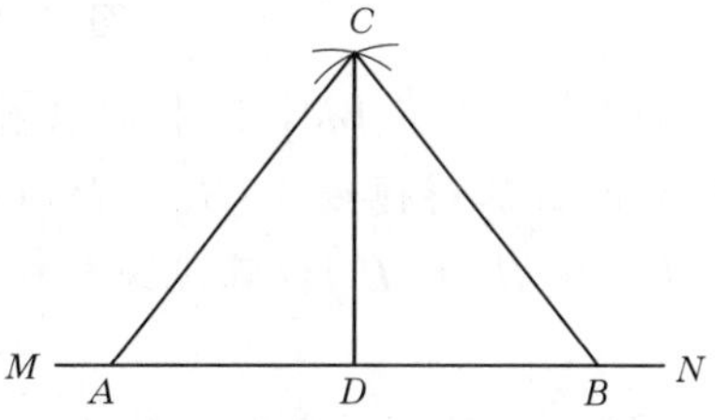

图 10-6　等腰直角法测设直角

3. 钢尺测设任意角

如图 10-7 所示，要在地面已知直线 AD 上测设 β 角。首先在 AD 直线上量取一段距离 AB(可取一整数)，计算出垂线 $BC = AB\tan\beta$。然后过点 B 作 AB 的垂线，在垂线上量取 BC 值，连 AC，则 $\angle CAB$ 即为所测设的 β 角。

若 $90° < \beta < 180°$，如图 10-8 所示，则 $BC = AB\tan(180° - \beta)$。求出 BC 后，在 DA 的延长线上量取 AB，过 B 作 AB 的垂线，在垂线上量取 BC 值，连 AC，则 $\angle CAD$ 即为所测设的 β 角。

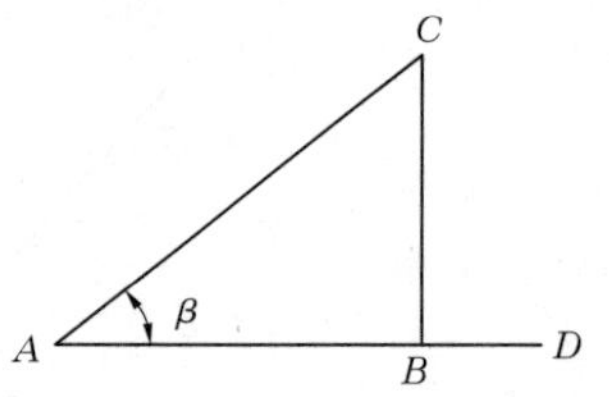

图 10-7　钢尺测设任意锐角

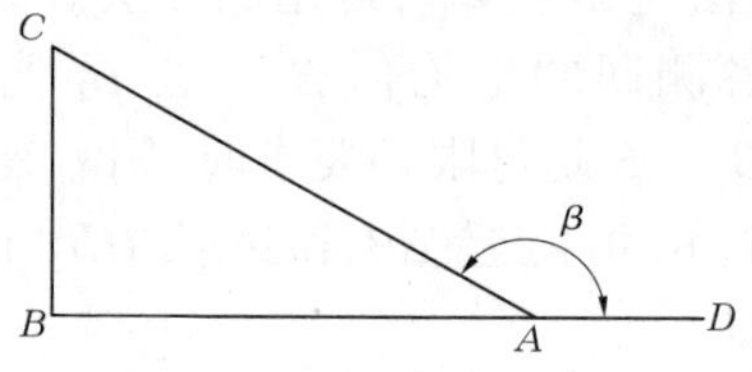

图 10-8　钢尺测设任意钝角

三、已知高程的测设

已知高程的测设是利用水准测量的方法，根据施工现场已知的水准点，将设计的高程测设到地面上。在建筑设计和施工的过程中，为了计算方便，一般把建筑物的室内地坪面用 ±0表示，基础、门窗等标高都是以 ±0 为依据，相对于 ±0 测设的。

测设时，把水准仪安置在水准点与待测点中间，在水准点上立尺读取后视读数，求得视线高程 $H_{视}$，再由视线高程 $H_{视}$ 和建筑物的设计高程 $H_{设}$ 求出测设时的前视读数 $b_{应}$，即

$$b_{应} = H_{视} - H_{设} \tag{10-3}$$

然后在待测处立尺，上下移动，当水准仪读数为 $b_{应}$ 时，其尺底面即为设计高程的位置。

【例 10-1】　如图 10-9 所示，欲根据水准点 BM_3（高程 H_3 = 44.680 m）测设某建筑室内地坪（±0）的设计高程 $H_{设}$ = 45.000 m 的位置，并标定在木桩 A 上，作为施工时控制高程的依据。测设步骤如下：

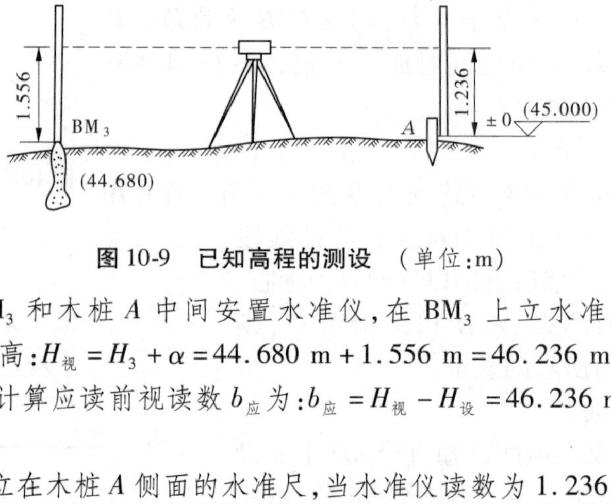

图 10-9　已知高程的测设　（单位：m）

（1）在水准点 BM_3 和木桩 A 中间安置水准仪，在 BM_3 上立水准尺，读取后视读数为 1.556 m，计算得视线高：$H_{视} = H_3 + \alpha = 44.680\ \text{m} + 1.556\ \text{m} = 46.236\ \text{m}$。

（2）由 $H_{视}$ 和 $H_{设}$ 计算应读前视读数 $b_{应}$ 为：$b_{应} = H_{视} - H_{设} = 46.236\ \text{m} - 45.000\ \text{m} = 1.236\ \text{m}$。

（3）上下移动竖立在木桩 A 侧面的水准尺，当水准仪读数为 1.236 m 时，在桩上紧靠尺底处画横线，其高程即为 45.000 m。

在深基槽内或较高的楼层上测设高程时，如水准尺的长度不够，则应在槽底或楼面上先设置临时水准点，然后将地面点的高程（或室内地坪 ±0）传递到临时水准点上，再测设所需高程。

图 10-10 为由地面水准点的高程向槽底临时水准点 B 进行高程传递的示意图。在槽边架设吊杆并吊一根零点向下的钢尺，尺的下端挂上一重锤。分别在地面和槽底安置两台水准仪。若已知水准点 A 的高程为 H_A，则点 B 的高程为

$$H_B = H_A + a_1 - (b_1 - a_2) - b_2 \tag{10-4}$$

式中　a_1、b_1、a_2、b_2——尺读数。

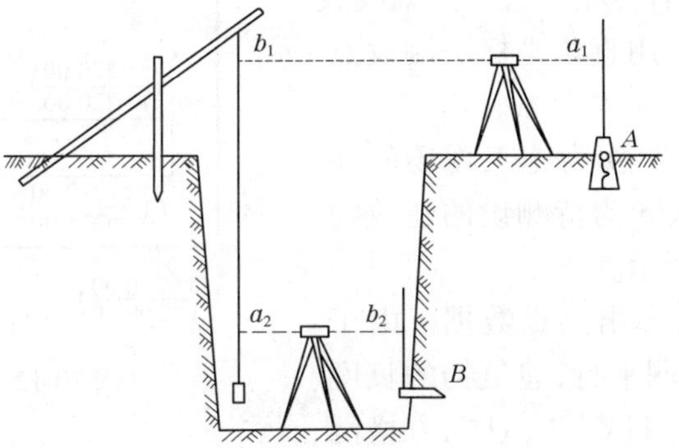

图 10-10　深基坑高程的测设

图 10-11 为由 ±0 标志向楼层上进行高程传递的示意图。同样在楼梯间悬吊一零点向下的钢尺，下端挂一重锤，即可用水准仪逐层引测。楼层点 B 的高程为

$$H_B = \pm 0.000 + a + (c - b) - d \tag{10-5}$$

式中　a、b、c、d——尺读数。

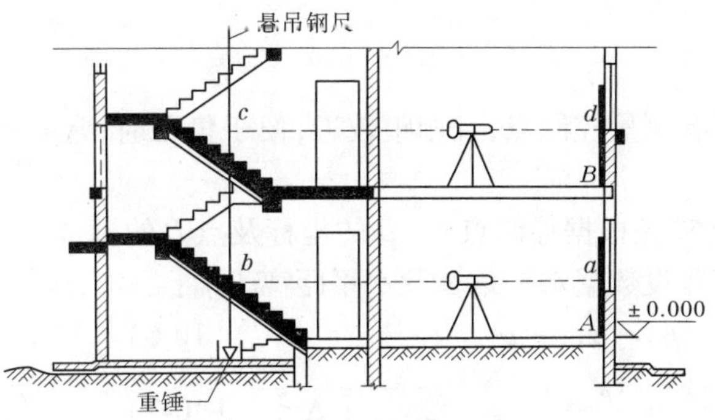

图 10-11　楼层上高程的传递

改变吊尺位置，再进行读数计算高程，以便检核。

在实际工作中，常测设比每层地面设计标高高出 0.5 m 的水平线来控制每层各部位的标高，该线称为"+50"线。

任务二　点的平面位置的测设

点的平面位置测设是根据已布设好的控制点的坐标和待测设点的坐标，反算出测设数据，即控制点和待测设点之间的水平距离和水平角，再利用上述测设方法标定出设计点位。根据所用的仪器设备、控制点的分布情况、测设场地地形条件及测设点精度要求等条件，可以采用以下几种方法进行测设工作。

一、直角坐标法

如果在施工现场设有互相垂直的主轴线或方格网且地面平坦,可以用直角坐标法测设点的平面位置。

如图 10-12 所示,1、2、4 为施工现场的建筑方格网点,P、Q、R、S 为待测设的建筑物角点,各点坐标如图中所示。

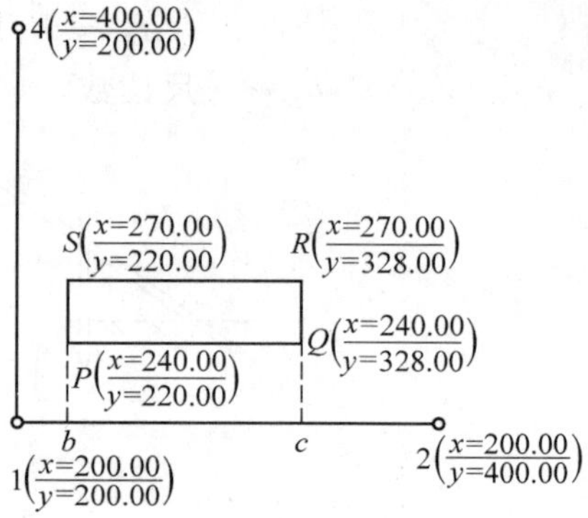

图 10-12 直角坐标法

首先由各坐标值计算出测设数据。由于建筑物墙轴线与坐标格网平行,建筑物的长度为 108 m,宽度为 30 m。过点 P、Q 向方格网边作垂线得 b、c 两点,可算得 $Pb = Qc = 40$ m,$1b = 20$ m,$bc = 108$ m 测设时先在点 1 安置经纬仪,瞄准点 2,从点 1 开始沿此方向量取 20 m 定出点 b,再继续量出 108 m 定出点 c,然后将经纬仪搬到点 b,照准点 2,逆时针方向测设出直角,并沿此方向量取 40 m 得点 P,再继续量取 30 m 得点 S。在点 c 安置经纬仪,同样方法定出 Q、R 两点。最后丈量 RS 和 PQ 是否等于 108 m,以作检核。用该方法测设、计算都比较方便,精度亦高,是较常用的一种方法。

二、极坐标法

当被测设点附近有测量控制点,且相距较近,便于量距时,常采用极坐标法测设点的平面位置。

如图 10-13 所示,首先根据控制点 A、B 的坐标及点 P 的设计坐标按下式计算测设数据水平角 β 及水平距离 D_{AP}:

$$\beta = \alpha_{AP} - \alpha_{AB} \tag{10-6}$$

$$D_{AP} = \frac{y_P - y_A}{\sin\alpha_{AP}} = \frac{x_P - x_A}{\cos\alpha_{AP}} = \sqrt{\Delta x_{AP}^2 + \Delta y_{AP}^2} \tag{10-7}$$

式中,α_{AP}、α_{AB} 按坐标反算计算。

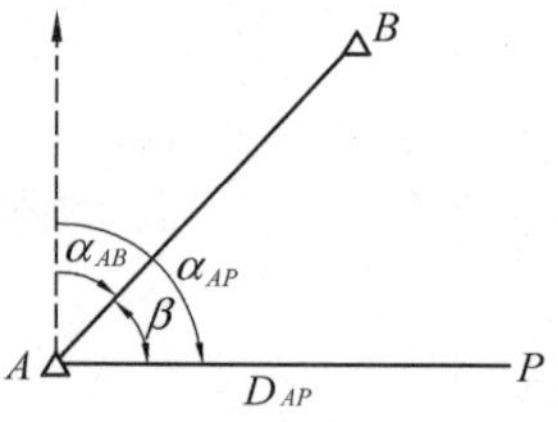

图 10-13 极坐标法

然后将经纬仪安置在点 A,测设 β 角以定出 AP 方向,再沿该方向测设距离 D_{AP},即可定出点 P 在地面上的位置。同法定出建筑物其余各点,并做必要的检核。

三、角度交会法

角度交会法是测设出两个已知角度的方向交会出点的平面位置,此法又称为方向线交会法。当不便量距或测设的点距离控制点较远时,采用此法较为适宜。

如图 10-14(a)所示,A、B、C 为控制点,P 为所要测设的点,其设计坐标已知。测设时首先由各点的坐标计算出测设数据 β_1、β_2、β_3。然后在 A、B、C 三个控制点上安置经纬仪,测设出 β_1、β_2、β_3 角度,得到 AP、BP、CP 三条方向线,在各方向点 P 前后各钉两个小木桩,桩顶上钉钉,分别用细绳相连,就可交会出点 P。若观测有误差,则三条方向线不交于一点,而形成示误三角形。如果三角形最大边长不超过 5 cm,则取三角形的重心作为点 P

的最终位置。如图 10-14(b)所示,如果只有两个方向,应重复交会,以做检核。

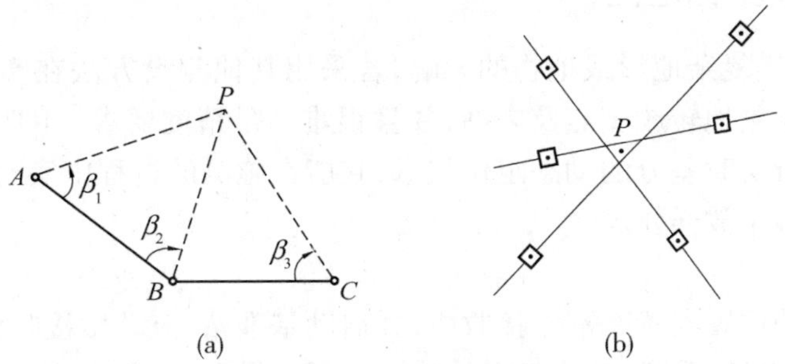

图 10-14　角度交会法

同法可交会出建筑物的其余各点,并对测设出的建筑物进行必要的检核。

四、距离交会法

距离交会法是测设两段已知距离交会出点的平面位置。该方法适用于场地平坦、量距方便且控制点离测设点不超过一整尺的长度。

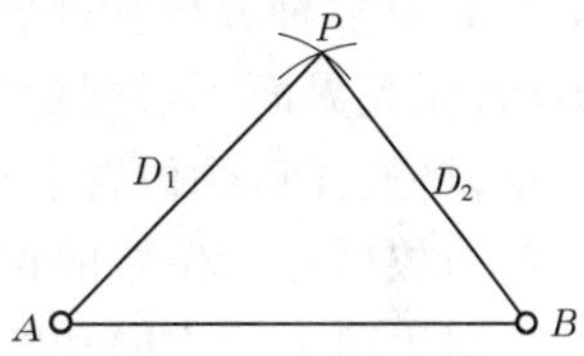

图 10-15　距离交会法

如图 10-15 所示,点 P 为待测点。测设前根据点 P 的设计坐标及控制点 A 、B 的已知坐标计算出测设距离 D_1 、D_2 。测设时分别用两把钢尺的零点对准点 A 、B ,同时拉紧、拉平钢尺,以 D_1 和 D_2 为半径在地面上画弧,两弧的交点即为待测点的位置。

该方法的优点是不需要仪器,但精度较低,施工测设细部点时常采用此法。

五、全站仪坐标测设法

如果用全站仪按极坐标法测设点位,则更为方便,因为全站仪不仅具有测设高精度、速度快的特点,而且可以直接测设点的位置。同时,在施工放样中受天气和地形条件的影响较小,从而在生产实践中得到了广泛应用。

全站仪坐标测设法,就是根据控制点和待测设点的坐标定出点位的一种方法。如图 10-16所示,测设点 P 的方法如下:

(1)仪器安置在控制点 A 上,使仪器置于测设模式,输入点 P 的设计坐标和控制点 A 、B 的坐标,仪器将自动计算极坐标法测设数据,此时照准点 B 进行后视定向。

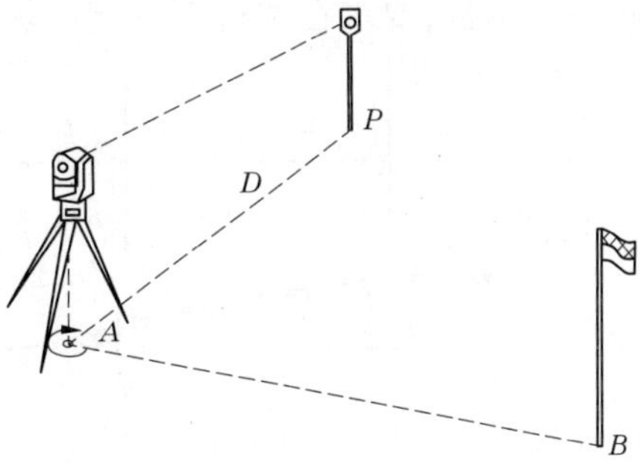

图 10-16　全站仪坐标测设法

(2)根据屏幕显示当前方位角、测设点的方位角与两者之差,可使望远镜转至 AP 方向,指挥持棱镜者在此方向上前、后移动,需移动的距离也会在屏幕上显示,直至距离为 D 即可确定点 P 的平面位置。

(3)把棱镜安置在点 P 后,再测定点 P 坐标,如正确即得点 P 位置,否则应重复进行,直到正确。

六、GNSS RTK 坐标定位

在工程放样中,受复杂地形或地物的影响,若采用其他测设方法在实地放样,将会受到通视条件的限制而频繁地转放支点及搬站,并且很难满足精度要求。RTK 测量技术是基于载波相位观测量进行实时差分的动态定位技术,它能在施测的过程中实时得到三维坐标,且精度能够满足一般施工放样要求。

(一)准备工作

在场区内合适的位置安置基准站接收机,并启动基准站、流动站接收机开机后进行系统设置,通过蓝牙连接 RTK 手簿,新建工程并进行必要的设置,选择分布较好的三个(至少两个)已知控制点求取转换参数,初始化设置成功后就可以开始作业了。

(二)工程放样

RTK 具有多种放样功能,最常用的是放样点的平面坐标,首先选择 RTK 手簿的点放样功能界面,在此界面下根据功能提示输入所放样点的点号和坐标,RTK 手簿就会显示出放样点信息,将放样点的位置显示在导航图的中央,并自动解算出导航数据,显示出当前 RTK 天线位置与放样点际位置的偏移量,同时在手簿上显示出 RTK 天线应移动的方向和距离。测量员根据手簿上的方向和距离提示移动流动站接收机,当流动站 RTK 天线中心位置与实际放样点位置重合时,即可得到放样点的位置,并在该放样点实际位置埋桩标记。

任务三　已知坡度线的测设

已知坡度线测设是根据附近水准点的高程、设计坡度和坡度端点的设计高程,用高程测设的方法将坡度线上各点的设计高程标定在地面上。它主要用于场地平整,层面施工及管道、道路等工程中。根据地形情况及设计坡度的大小,可采用以下几种测设方法。

一、水平视线法

如图 10-17 所示,A 、B 为设计坡度的两个端点,点 A 设计高程 H_A ,为了施工方便,每隔距离 d 钉一木桩,要求在木桩上标定出坡度为 i 的坡度线。施测步骤如下。

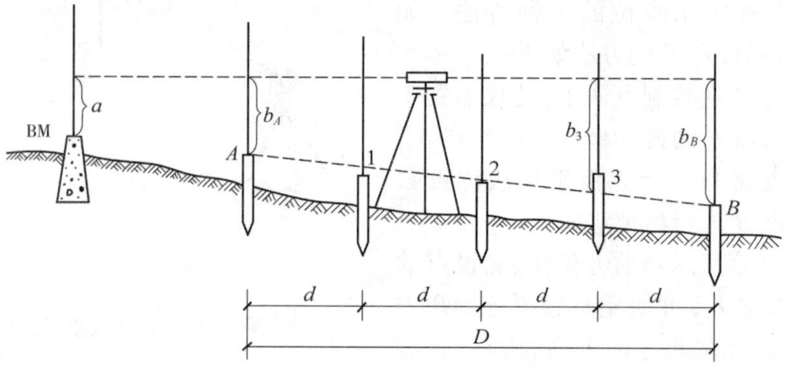

图 10-17　水平视线法

(1)公式：

$$H_{设} = H_{起} + id \tag{10-8}$$

计算各桩点的设计高程：

第1点的高程为 $H_1 = H_A + id$

第2点的高程为 $H_2 = H_1 + id$

点 B 的设计高程为 $H_B = H_3 + id$

点 B 的检核高程为 $H_B = H_A + iD$

坡度 i 有正有负，计算设计高程时，坡度应连同其符号一并运算。

(2)沿 AB 方向，按间距 d 定出中间点1、2、3的位置。

(3)安置水准仪于水准点 BM_5 附近，后视读数 a，得仪器视线高 $H_{视} = H_{BM_5} + a$，然后根据各点设计高程计算各点的应读前视读数 $b_{i应} = H_{视} - H_{i设}$。

(4)将水准标尺分别立在各木桩的侧面，上下移动尺子，当水准仪读数为 $b_{i应}$ 时，沿尺底在木桩侧面画一横线，该线即在 AB 的坡度线上。

二、倾斜视线法

倾斜视线法是根据视线与设计坡度线平行时，其竖直距离处处相等的原理，以确定设计坡度线上各点高程的一种方法。它适用于地面坡度较大且设计坡度与地面自然坡度较一致的地段。如图10-18(a)所示，A、B 为设计坡度线的两端点，其水平距离为 D，设点 A 的高程为 H_A，设计坡度为 i，由此就可计算出点 B 高程 $H_B = H_A + iD$。通过测设已知高程的方法，将 A、B 两点的高程测设到地面的木桩上。

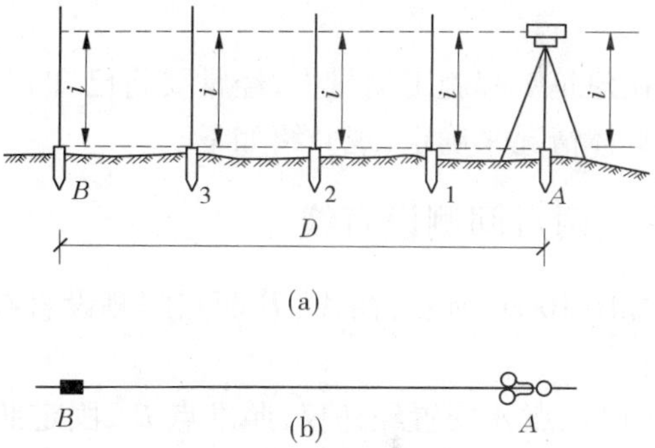

图10-18 倾斜视线法

在点 A 上安置水准仪，使基座上一个脚螺旋在 AB 方向线上，另外两个脚螺旋的边线与 AB 方向线垂直，如图10-18(b)所示。量取仪器高 i，转动微倾螺旋及 AB 方向线上的脚螺旋，使十字丝横丝照准点 B 水准尺上 i 读数，此时视线就与坡度线平行。

分别在 AB 方向的中间各木桩侧面立尺，并上下移动，当读数为 i 时，沿尺底在木桩侧面上画一横线，各木桩横线的边线就是设计坡度线。

若设计坡度较大，超过水准仪脚螺旋的调节范围，则可用经纬仪测设。

三、改正数法

当地面起伏较大，无法在木桩上画出坡度线时，可采用改正数法测设。

如图10-19所示，由点 A 高程、设计坡度 i 及间距 d 计算出各点的设计高程为

$$H_{i设} = H_A + ind \quad (n = 1,2,3,\cdots) \tag{10-9}$$

在水准点附近安置水准仪，读取水准点上水准尺读数 a，求得视线高程 $H_{视}$，再由各点设计高程计算出各点应读前视读数 $b_{i应}$。将水准标尺分别立在各木桩桩顶，读取各前视读数 b_i，求得各桩顶改正数 δ_i 为 $\delta_i = b_i - b_{i应}$。

若 $\delta_i < 0$，自桩顶下返 δ_i；若 $\delta_i > 0$，自桩顶上返 δ_i，并用红油漆注明在各桩侧面。施

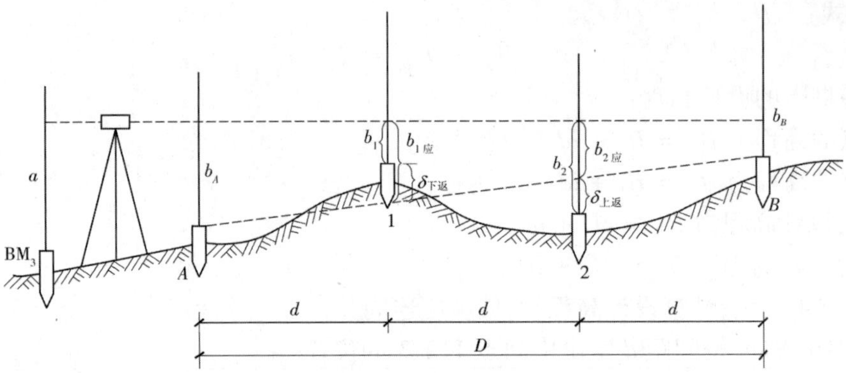

图 10-19　改正数法

工时由此就可找出设计的坡度线。

任务四　已知直线的测设

在建筑工程施工测量中，经常要将已知直线延长或在两点间测设直线。测设方法可由现场具体情况来确定，现介绍如下。

一、两点间测设直线

如图 10-20 所示，在 A 、B 两点间测设直线。可按经纬仪定线的方法测设，其测设过程如下：

(1) 在点 A 安置经纬仪，照准点 B ，固定照准部。

(2) 指挥持测钎者，左右移动测钎，直到恰好与望远镜的竖丝重合，该点即位于 AB 直线上。同法可定出其余各点。

若测设精度要求较高，可用木桩和小钉标定点位。

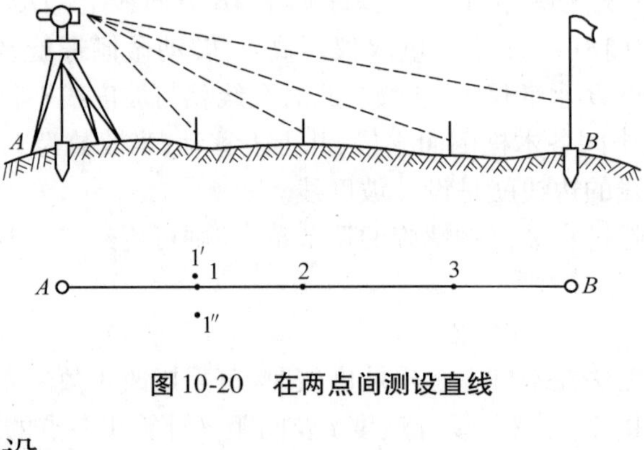

图 10-20　在两点间测设直线

二、延长直线测设

(一) 正倒镜延长直线

如图 10-21 所示，将经纬仪安置在点 B 上，盘左照准点 A ，固定照准部。纵转望远镜，在视线上定出点 C_1 ，再以盘右照准点 A ，同法在视线上定出点 C_2 。当 C_1 、C_2 两点间距离在允许范围内时，取 C_1 、C_2 之中点 C 为 AB 直线的延长点。为了保证延长直线的精度，应尽量使直线的长度大于延长直线的长度，以减少照准误差的影响。

（二）过障碍物延长直线

当延长直线上有障碍物不能通视时，可根据实际情况，采用平行线法或等腰三角形法绕过障碍物以延长直线。

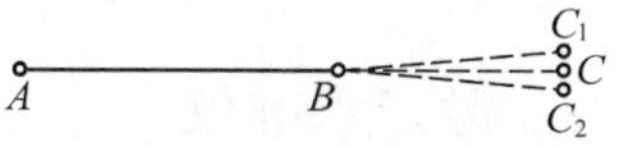

图 10-21 正倒镜延长直线

1. 平行线法

如图 10-22 所示，欲将 AB 直线延长到 MN。先在点 A 和 B 测设垂线 d，得点 A_1 和 B_1；然后在点 B_1 安置经纬仪，用正倒镜延长直线法得点 M_1 和 N_1。再分别在 M_1 和 N_1 上作垂线 d，而得 M 和 N。此法占用场地小，且精度有保证。

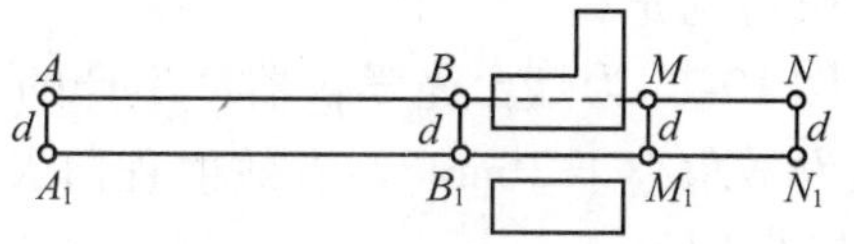

图 10-22 平行线法延迟

2. 等腰三角形法

如图 10-23 所示，欲将 AB 直线延长到 DE，首先在障碍物一侧选定点 C，将经纬仪安置在点 B 观测 $\angle ABC=\beta$，量取 B、C 两点的水平距离 l；将经纬仪安置于点 C，照准点 B，测设出角度 $2\beta-180°$，并在该方向上量出距离 l，定出点 D；在点 D 安置经纬仪，照准点 C，测设出角度 β，在该方向上定出点 E，则 DE 即为 AB 直线的延长线。

三、测设坐标纵轴线

在建（构）筑物测设时，有时需要标定出坐标纵轴（南北）方向线。如图 10-24 所示，A、B 为控制点，其坐标已知，要求标定出过点 A 的坐标纵轴（南北）方向线。首先由 A、B 两点坐标值计算出 AB 直线的方位角 α_{AB}。然后在点 A 安置经纬仪，照准点 B，逆时针方向测设出 α_{AB} 角，在视线上定出一点。为了检核也可顺时针测设 $360°-\alpha_{AB}$ 角，在视线上又可定出一点，两点应重合。若两点不重合，其差值在允许范围内取中点，该点与点 A 的连线即为所要测设的坐标纵轴（南北）方向线。

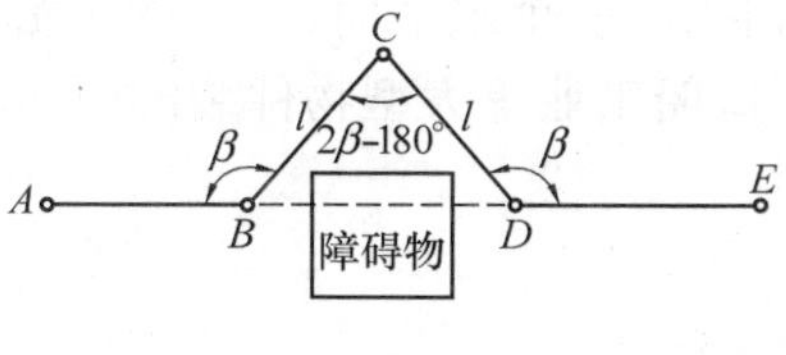

图 10-23 等腰三角形法延长直线

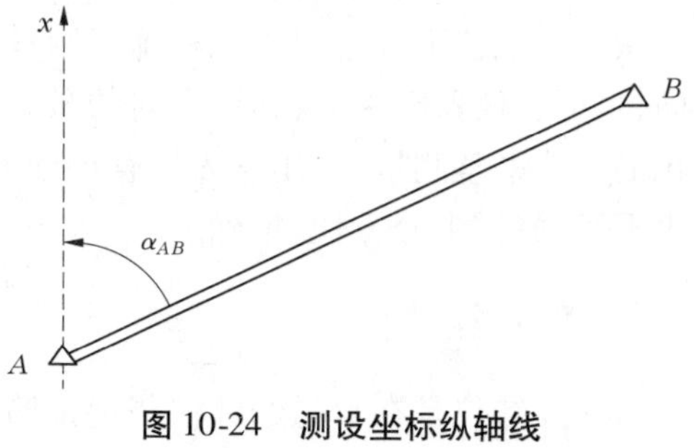

图 10-24 测设坐标纵轴线

任务五 激光定位仪器的使用

激光定位仪器主要由氦氖激光器和发射望远镜构成，这种仪器提供了一条空间可见的有色激光束。该激光束发散角很小，可成为理想的定位基准线。如果配以光电接收装置，不仅可以提高测量精度，还可在机械化、自动化施工中进行动态导向定位。基于这些优点，激光定位仪器得到了迅速发展，相继出现了多种激光定位仪器。下面介绍几种典型激光定位仪器及其应用。

一、激光水准仪

激光水准仪是在普通水准仪望远镜筒上安装激光装置而成的，激光装置由氦氖激光器和棱镜导光系统组成，氦氖激光器发出的激光导入水准仪的望远镜筒内，在视准轴方向能射出一束可见光。

图 10-25 为烟台光学仪器厂生产的 YJS_3 型激光水准仪。激光器的功率为 1.5 ~3 mW，光束发散角小于 2 mrad。有效射程白天为 150 ~500 m，晚上为 2 000 ~3 000 m，电源可用交流、直流两种。

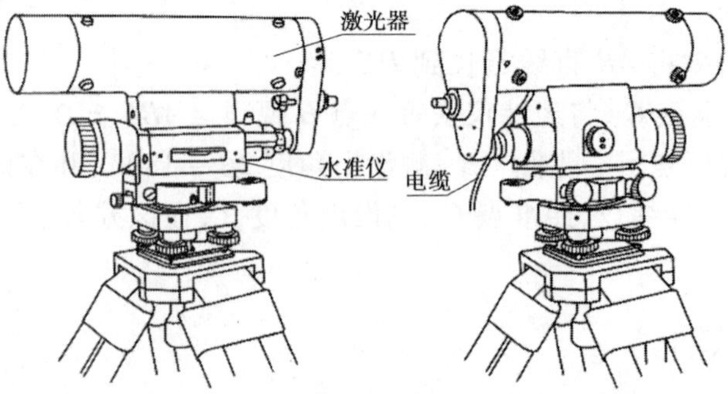

图 10-25　激光水准仪

使用激光水准仪时，首先按照水准仪的操作方法安置、整平仪器，并瞄准目标。然后接好激光电源，开启电源开关，待激光器正常起辉后，将工作电流调至 5 mA 左右，这时将有最强的激光输出，目标上将得到明亮的红色光斑。当光斑不够清晰时，可调节镜管调焦螺旋，直至清晰。如装上波带片，光斑即可变为十字形红线，故可提高读数精度。与一般水准测量不同，激光水准仪测量由持尺人负责读尺并记录。

激光水准仪不仅适用于工程施工测量、机械安装测量及机械化、自动化施工中的准直和导向，也可在仪器整平后，利用发射的激光束在空间扫描出一个水平面，用来抄平尤其是大面积的场地平整测量中，用它来检查场地的平整度及造船工业等大型物件装配中的水平面和水平线，放样十分方便、精确。

二、激光经纬仪

激光经纬仪是在普通经纬仪望远镜筒上安装激光装置而成的，激光装置由激光目镜、光导管氦氖激光器和激光电源组成，激光装置可随望远镜一起转动。激光装置用电缆与电源箱连通后，则将激光导入经纬仪的望远镜筒内，并与视准轴重合，沿视准轴方向射出一束可见的激光，以代替视准轴。

图 10-26 为苏州第一光学仪器厂生产的 J_2 – JD 型激光经纬仪。激光器的功率为 1.2 mW，可发射波长为 0.632 8 μm 的橙红色单色光，其发散角为 3 mrad，照准有效射程白天是 500 m，夜间为 2 600 m，激光照准中误差范围为 ±0.3″。

激光经纬仪可用于定线、定位、测角、测设已知的水平角和坡度等，与光电接收器相配合

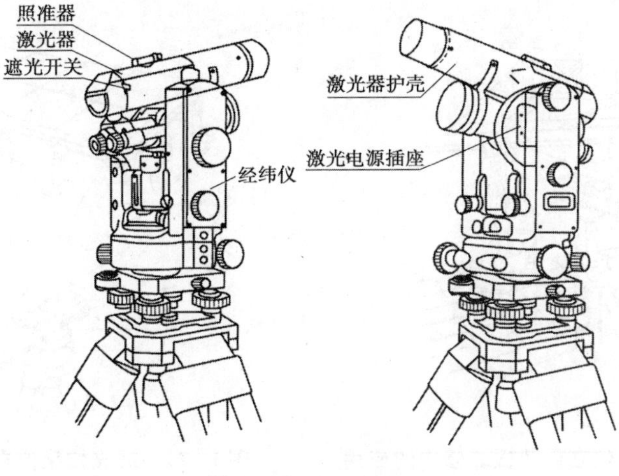

图 10-26　激光经纬仪

可进行准直工作，亦可用于观测建筑物的水平位移。例如，激光经纬仪常用于检验墙角线是否垂直，检验建筑物的倾斜度，以及为自动化顶管施工进行动态导向等。

三、激光扫平仪

激光扫平仪是一种新型的平面定位仪器。主要由激光准直器、转镜扫描装置、自动安平敏感元件和电源等部件组成。激光扫平仪从主机的旋转发射筒中连续射出平行激光束，在扫描范围（工作半径 100 ~ 300 m）内提供水平面、铅垂面或倾斜面，能快速完成非常烦琐的平面测量工作，给施工和装修提供大范围的平面、立面和倾斜基准面。

图 10-27 为日本索佳公司生产的自动安平激光扫平仪 LP3A，除主机外还配有两个受光器（光电接收靶）。受光器上有条形受光板、液晶显示屏和受光灵敏度切换钮，此钮从 L 转至 H，受光感应灵敏度由低感度（±2.5 mm）转变到高敏度（±0.8 mm），可根据测量要求进行选择。受光器也可通过卡具安装在水准标尺或测量杆上，即可测出任意点的标高或用以检查水平面等。

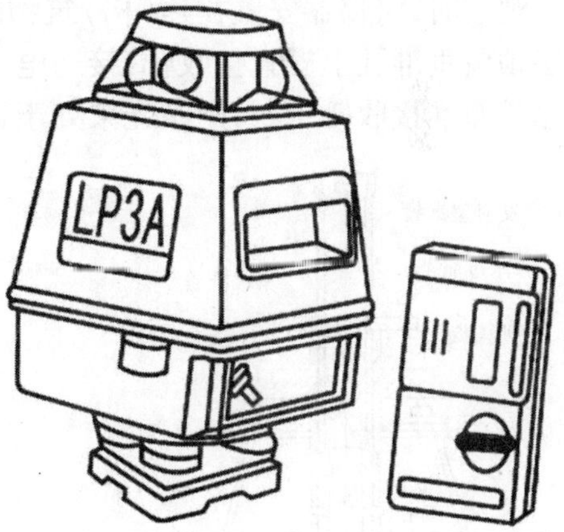

图 10-27　激光扫平仪

激光扫平仪的激光束入射时，出射光束为水平束，当五角棱镜在电动机驱动下水平旋转时，出射光束成为连续闪光的激光水平面，可以同时测定扫描范围内任意点的高程。在大面积的施工场地上，在激光扫平仪扫描范围内，任何工种的施工人员都可以利用它们掌握标高的基准，从而控制各工序的施工误差，提高平整度和平直度，并能加快作业进度。在建筑施工中无论是检查混凝土楼板的模板标高，还是在大型公共建筑装修中为天花板龙骨起拱定基准面（见图 10-28），以及控制大理石地板或水磨石板安装的总体平整度（见图 10-29）等方面有着广泛的应用。

图 10-28　激光扫平仪在天花板装修中的应用

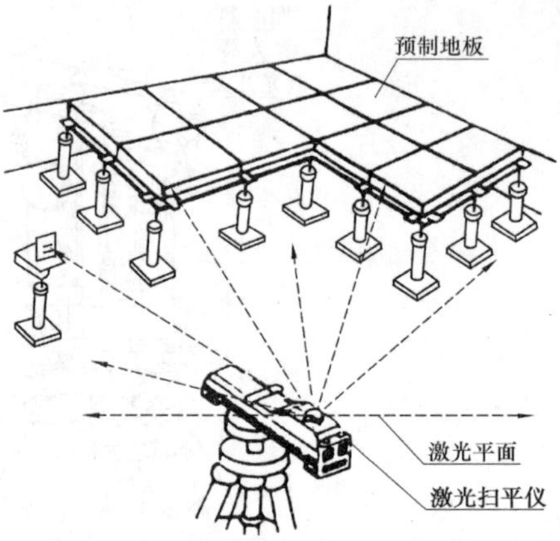

图 10-29　激光扫平仪在地板铺设中的应用

四、激光垂准仪

激光垂准仪是一种专用的垂直定位仪器。适用于高烟筒、高塔架及高层建筑的垂直定位测量。

图 10-30 为一种国产激光垂准仪构造的示意图。仪器的竖轴是一个空心筒轴，两端有螺扣连接望远镜和激光器的套筒，在构造上要求发射望远镜视准轴、仪器竖轴和激光束光轴三轴共线，作为仪器的准直基线。将激光器安在筒轴下端，望远镜安在上端，构成向上发射的激光垂准仪，借助于仪器上的两个高灵敏度水准管，便可将仪器发射的激光束导向铅垂方向。观测时，将仪器安置在建（构）筑物的轴线控制点上（见图 10-31），严格对中、整平，在施工层预留垂准孔上安置接收靶，接通电源后，起辉激光器，预热稳定后，水平旋转仪器，光斑若总是照准接收靶中心，则激光束处于铅垂位置。

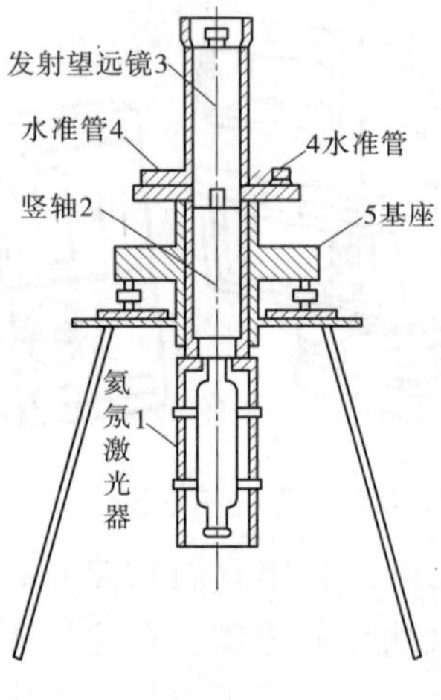

图 10-30　激光垂准仪的构造

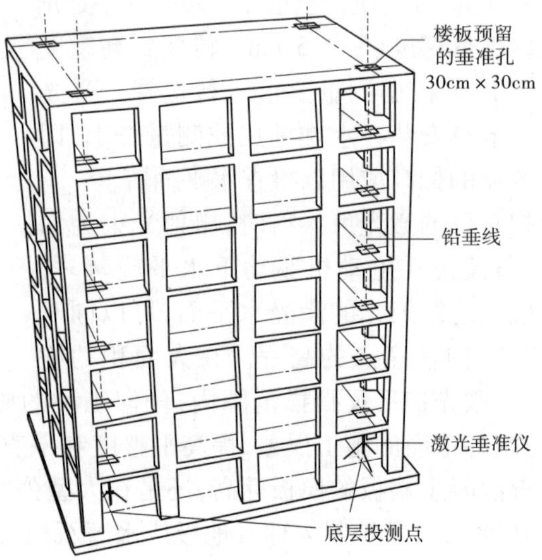

图 10-31　激光垂准仪在垂直定位中的应用

习　题

一、简答题

1. 测设点的平面位置有哪几种方法？各适用于什么场合？

2. 测设坡度线时水平视线法和倾斜视线法各在什么条件下采用最为方便？为什么？

3. 简述激光经纬仪的使用方法与步骤。

4. 在高层建筑、高烟筒施工中如何应用激光经纬仪或激光垂准仪进行准直定位？

5. 应用激光定位仪应该注意些什么？

二、计算题

1. 在地面上要求测设一个直角，先用一般方法测设出 $\angle AOB$，再测量该角若干测回，取平均值为 $\angle AOB = 90°00'20''$，如图 10-32 所示。又知 OB 的长度为 100 m，则在垂直于 OB 的方向上点 B 应该移动多少距离才能得到90°的角？

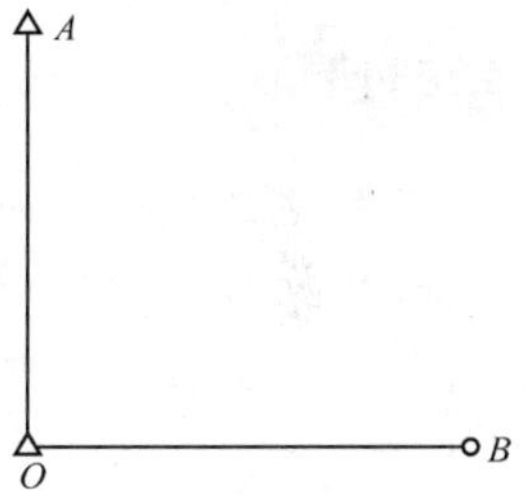

图 10-32　直角示意图

2. 如图 10-33 所示，利用高程为 125. 545 m 的水准点 BM_A，欲测设出高程为 120. 000 m 的基坑水平桩 C。设点 B 为基坑边的转点，将水准仪安置在 A、B 两点之间，后视读数为 1. 205 m，前视读数为 2. 546 m；再将水准仪搬进坑内设站，用水准尺或钢尺在点 B 向坑内立倒尺（尺的零点在 B 端），其后视读数为 2. 663 m，然后在点 C 处立倒尺。试问在坑内点 C 处前视尺上读数为多少时，尺底才是欲测的高程线？

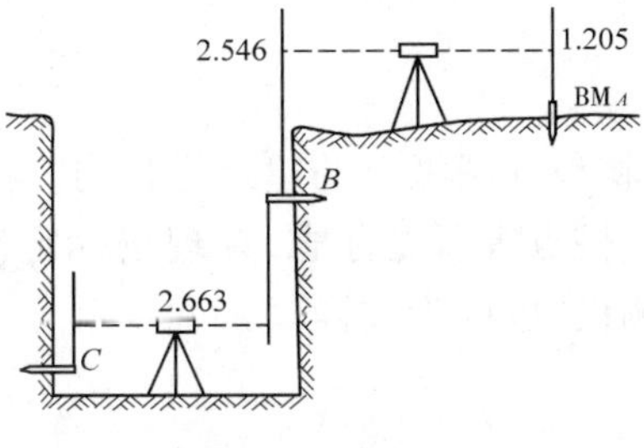

图 10-33　测设高程示意图

3. 设 M、N 为控制点，已知 $\alpha_{MN} = 100°50'$，$X_M = 35.18$ m，$Y_M = 107.45$ m，点 A 为建筑物一角，其设计坐标为 $X_A = 63.84$ m，$Y_A = 106.26$ m，用极坐标法由点 M 放样出点 A。试计算放样所需数据并绘图表示。

4. 已知某水准点的高程 $H = 240.050$ m，后视读数 $a = 1.050$ m，设计坡度线起点 A 的高程 $H_A = 240.00$ m，设计坡度 $i = 1\%$。拟用水准仪按水平视线法测设点 A、20 m 及 40 m 桩点，使各桩顶在同一坡度线上，试计算测设时各桩顶的应读数 b。

模块十一　建筑施工测量与变形观测

教学内容

本模块主要包括施工测量概述、施工控制测量、民用建筑施工测量、工业建筑施工测量、高层建筑施工测量、建筑竣工测量、建筑物变形观测及基坑变形监测。

学习目标

了解施工测量的内容及特点；了解施工控制测量网的特点和种类，掌握施工控制测量的方法；掌握民用建筑、高层建筑、工业建筑施工测量的内容和方法；掌握竣工测量的资料内容和工作要点及方法；掌握建筑变形监测和基坑变形监测的内容、原理和观测方法。

任务一　施工测量概述

一、施工测量内容

施工测量的主要工作，是将设计图纸上的建筑物和构筑物按其设计的平面位置及高程，通过测量手段和方法，用线条、桩点等可见标志，在现场标定出来，作为施工的依据，这种由图纸到现场的测量工作称为测设，也称为放样。

二、施工测量特点

（一）施工测量相对精度高

总的来说，为了保证建筑物和构筑物位置的准确，以及其内部几何关系的准确，满足使用、安全与美观等方面的要求，应以较高的精度进行施工测量。但不同种类的建筑物和构筑物，其测量精度要求有所不同；同类建筑物和构筑物在不同的工作阶段，其测量精度要求也有所不同。

对不同种类的建筑物和构筑物，从大类来说，工业建筑的测量精度要求高于民用建筑，高层建筑的测量精度要求高于低(多)层建筑，钢结构的工业建筑测量精度要求高于钢筋混凝土结构的工业建筑。

对同类建筑物和构筑物来说，测设整个建筑物和构筑物的主轴线，以便确定其相对其他建筑的位置关系时，其测量精度要求可相对高一些；而测设建筑物和构筑物内部有关联的轴线，以及在进行构件安装放样时，其测量精度要求则相对高一些；如要对建筑物和构筑物进行变形观测，为了发现位置和高程的微小变化量，测量精度要求更高。

总之，对于精度问题，因具体工程而异，既要满足工程要求，又要经济合理。具体的精度要求应由工程设计人员提出的建筑限差或按工程施工规范来确定，制定切实可行且必须满足工程要求的精度标准，保证工程的施工质量。

（二）测量与施工进度关系密切

施工测量直接为工程的施工服务，一般每道工序施工前都要先进行放样测量，为了不影响施工的正常进行，应按照施工进度及时完成相应的测量工作。特别是现代工程项目，规模大、机械化程度高、施工进度快，对放样测量的密切配合提出了更高的要求。在施工现场，各工序经常交叉作业，运输频繁，并有大量土方填挖和材料堆放，使测量作业的场地条件受到影响，通视困难，测量桩点有时被破坏等。因此，各种测量标志必须埋设稳固，并设在不易破坏和碰动的位置。此外，还应经常检查，如有损坏，及时恢复，以满足现场施工测量的需要。

为了满足施工进度对测量的要求，应提高测量人员的操作熟练程度，并要求测量小组各成员之间的配合良好。此外，应事先根据设计图纸、施工进度、现场情况和测量仪器设备条件，研究采用效率最高的测量方法，并准备好所有相应的测设数据。一旦具备作业条件，就应尽快进行测量，在最短的时间内完成测量工作。

（三）施工测量原则

为了保证施工能满足设计要求，施工测量必须遵循“由整体到局部，先控制后细部”的原则，即在施工之前，先在施工现场建立统一的施工平面控制网和高程控制网，然后以此为基础，再放样建筑物的细部位置。采取这一原则，可以减少误差累积，保证放样精度，免除因建筑物众多而引起放样工作的紊乱。

施工测量的另一原则是“步步有校核”，以防止差、错、漏的发生。施工测量责任重大，应使用经过检校的测量仪器和工具进行测量作业。在施工测量中出现的任何差错都有可能造成严重的工程事故和重大的经济损失。因此，测量人员应严格执行质量管理规定，仔细复核放样数据，力争避免错误的出现。内业计算和外业测量时均应细心操作，注意复核，测量方法和精度应符合有关的测量规范和施工规范的要求。

任务二　施工控制测量

利用勘测时期所建立的测图控制网，可以进行建（构）筑物的测设（放样）。但是，由于测图时未考虑施工的要求，控制点的分布、密度和精度都难以满足施工测量的要求。另外，由于平整场地时控制点大多被破坏，因此在施工之前，建（构）筑场地上要重新建立专门的施工控制网。

一、施工控制网的特点

与测图控制网相比较，施工控制网具有以下特点：

（1）控制点的密度大，精度要求较高，使用频繁，受施工干扰多。这就要求控制点的位置应分布恰当和稳定，使用方便，并能在施工期间保持桩位不被破坏。因此，控制点的选择、测定及桩点的保护等项工作，应与施工方案、现场布置统一考虑确定。

（2）在施工控制测量中，局部控制网的精度要求往往比整体控制网的精度高。如有些重要厂房的矩形控制网,精度常高于工业场地建筑方格网或其他形状的控制网。在一些重要设备安装时,也往往要建立高精度的专门施工控制网。因此,大范围的控制网只是给局部控制网传递一个起始点的坐标及方位角,而局部控制网则布置成自由网的形式。

二、施工控制网的种类

施工控制网分为平面控制网和高程控制网两种。平面控制根据地形情况可以采用导线网、三角网、建筑基线或建筑方格网;高程控制根据施工精度要求,可采用三、四等水准或图根水准网。

选择平面控制网的形式,应根据建筑总平面图、建筑场地的大小和地形、施工方案等因素综合考虑。

在山区或丘陵地区,常采用三角网作为建筑场地的首级平面控制。如图 11-1 中Ⅲ部分。三角网常布设成两级,一级为基本网,以控制整个场地为主。按地形条件,基本网可采用单三锁或中心多边形,根据场地的大小和放样的精度要求,基本网可按城市一级或二级小三角的技术要求建立。组成基本网的控制点应埋设成永久标志。另一级是以测设建(构)筑物为主的放样网,它直接控制建(构)筑物的轴线及细部位置,它是在基本网的基础上用交会法加密而成的。当厂区面积较小时,可采用二级小三角网一次布设。

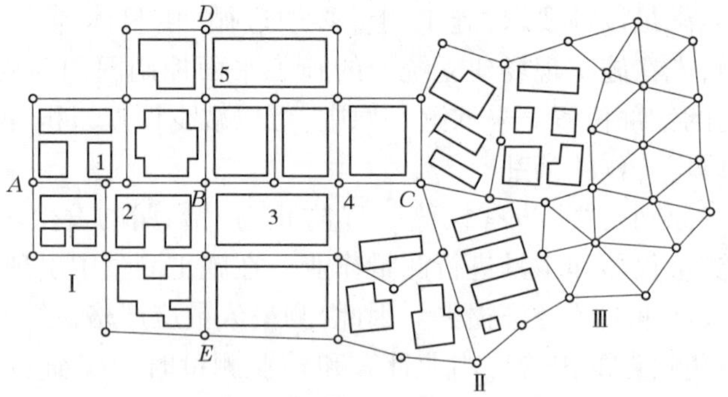

图 11-1　施工控制网

对于地形平坦但通视比较困难的地区,如扩建或改建的施工场地或建(构)筑物布置不很规则时,则可采用导线网作为平面控制网(如图 11-1 所示的Ⅱ部分)。它也常布设成两级。一级导线为首级控制,多布设成环形,往往按城市一级导线或二级导线的要求建立。另一级为加密导线,用以测设局部建(构)筑物。根据测设精度要求,可以按城市二级导线或三级导线的技术要求建立。

对于地面平坦而有简单的小型建(构)筑物的场地,常布设一条或几条建筑基线,如图 11-2所示,组成简单的图形作为施工测设(放样)的依据。而对于地势平坦、建(构)筑物众多且布置比较规则和密集的工业场地,一般采用建筑方格网(如图 11-1 所示的Ⅰ部分)。

总之,施工控制网的形式应与设计总平面图布局相一致。

由于某些施工场地狭小、多变,无法采用上述各施工控制网,可采用全站仪随时测设控制点,以满足施工测量的需要。

三、施工控制网的测设方法

以下主要介绍建筑基线、建筑方格网和导线网的测设方法。

(一)建筑基线

建筑基线是建筑场地施工控制基准线,如图 11-2 所示,即在建筑场地中央测设一条长轴线和若干条与其垂直的短轴线,在轴线上布设所需要的点位。由于各轴线之间不一定组成闭合图形,所以建筑基线是一种不甚严密的施工控制,它适合于总图布置比较简单的小型建筑场地。

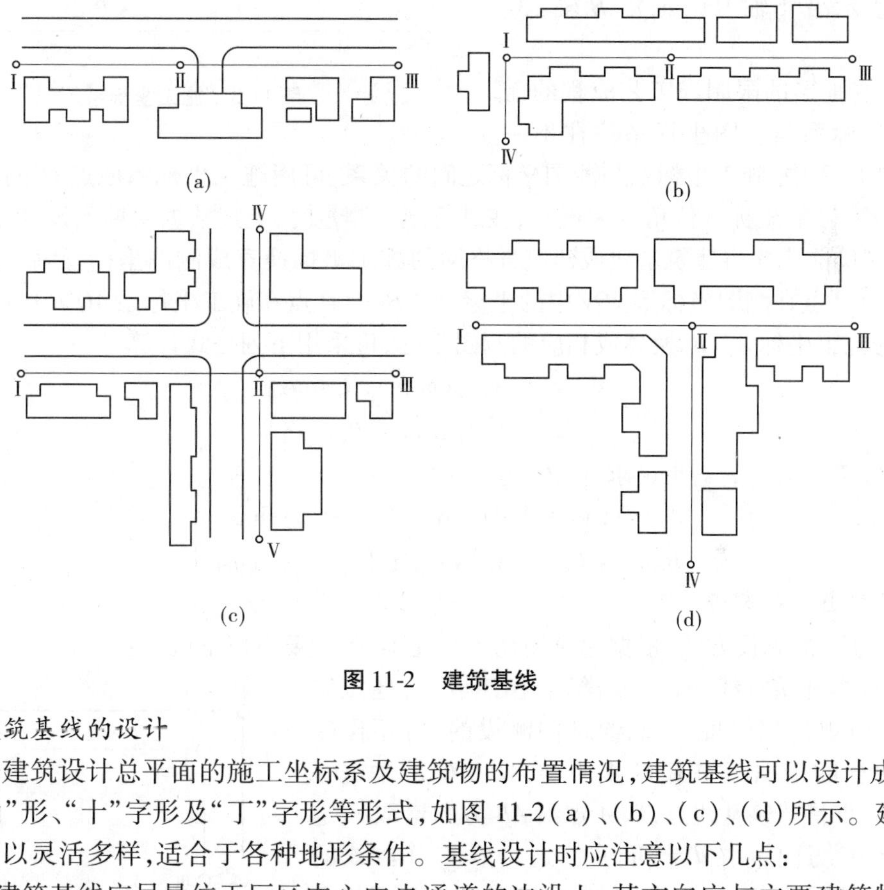

图 11-2　建筑基线

1. 建筑基线的设计

根据建筑设计总平面的施工坐标系及建筑物的布置情况,建筑基线可以设计成“一”字形、“直角”形、“十”字形及“丁”字形等形式,如图 11-2(a)、(b)、(c)、(d)所示。建筑基线的形式可以灵活多样,适合于各种地形条件。基线设计时应注意以下几点:

(1)建筑基线应尽量位于厂区中心中央通道的边沿上,其方向应与主要建筑物轴线平行。基线的主点应不少于 3 个,以便检查点位有无变动。

(2)建筑基线主点间应相互通视,边长为 100 ~ 400 m。

(3)主点在不受挖土损坏的条件下,应尽量靠近主要建筑物,为了能长期保存,要埋设永久性的混凝土桩。

(4)建筑基线的测设精度应满足施工放样的要求。

2. 建筑基线的测设

1)施工坐标系与测图坐标系的换算

为了便于建(构)筑物设计和施工测设(放样),设计总平面图上,建(构)筑物的平面位置常采用施工坐标系(又称建筑坐标系)的坐标来表示,如图 11-3 所示。施工坐标系的纵轴

通常用 A 表示，横轴用 B 表示，施工坐标也称为 A、B 坐标。

施工坐标的 A 轴和 B 轴应与施工场地上的主要建筑物或主要管线方向平行，坐标原点设在总平面图的西南角，使所有建筑物和构筑物的设计坐标值均为正值。如果点的设计施工坐标为 1A + 00.00，1B + 35.00，即 $A = 100.00$，$B = 135.00$，表示沿 A 轴 100 m，沿 B 轴 135 m。

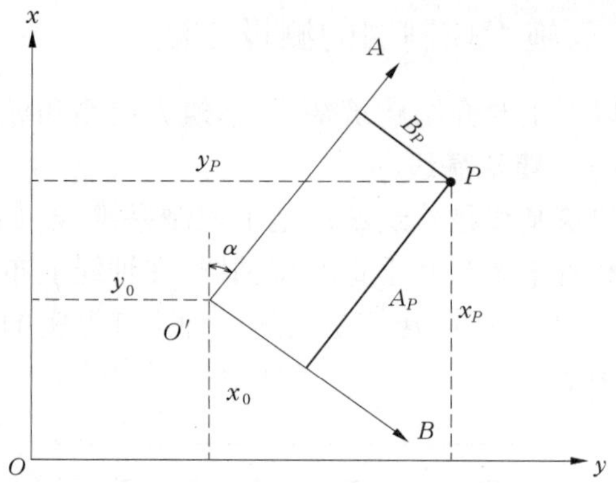

图 11-3 施工坐标系

由于受地形的限制或工艺流程的需要，施工坐标系与测图坐标系往往不一致。如图 11-3 中，施工坐标系与测图坐标之间的关系，可用施工坐标系原点 O' 的测图坐标 x_0、y_0 及 $O'A$ 轴的坐标方位角 α 来确定，在进行施工测量时，上述数据由勘测设计单位给出。因此，在测设前应先将建筑基线或建筑方格网的施工坐标换算成测图坐标，然后进行测设。设 x_P、y_P 为 P 点在测图坐标系 xOy 中的坐标，A_P、B_P 为 P 点在施工坐标系 $AO'B$ 中的坐标，若将 P 点的施工坐标 A_P、B_P 换算成相应的测图坐标，可采用下列公式计算

$$\left.\begin{aligned} x_P &= x_0 + A_P\cos\alpha - B_P\sin\alpha \\ y_P &= y_0 + A_P\sin\alpha + B_P\cos\alpha \end{aligned}\right\} \tag{11-1}$$

反之，若已知 x_P，y_P，也可求 A_P、B_P 为

$$\left.\begin{aligned} A_P &= (x_P - X_0)\cos\alpha + (y_P - y_0)\sin\alpha \\ B_P &= -(x_P - X_0)\sin\alpha + (y_P - y_0)\cos\alpha \end{aligned}\right\} \tag{11-2}$$

2）建筑基线的测设

建筑基线的测设方法，根据建筑场地的情况不同，主要有以下两种：

（1）根据建筑红线测设（放样）。在建成区，建筑红线是由城市规划部门批准、测绘部门测设的，可用作建筑基线放样的依据。如图 11-4 所示，AB、AC 是建筑红线，Ⅰ、Ⅱ、Ⅲ是建筑基线点，从 A 点沿 AB 方向量取 d_2 定Ⅰ′点，沿 AC 方向量取 d_1 定Ⅱ′点。通过 B、C 作红线的垂线，沿垂线量取 d_1、d_2 得Ⅱ、Ⅲ点，则ⅡⅠ″与ⅢⅠ′相交于Ⅰ点。Ⅰ、Ⅱ、Ⅲ点即为建筑基线点。将经纬仪安置在Ⅰ点处，精确观测∠ⅡⅠⅢ，其角值与 90°之差在 ±20″范围之内，距离相对误差不超过 1/10 000。否则，应进行调整。如果建筑红线完全符合作为建筑基线的条件，可将其作为建筑基线用。

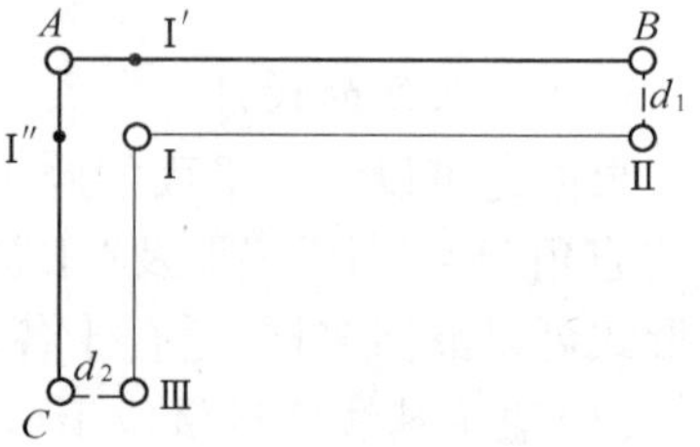

图 11-4 由建筑红线测设基线

（2）根据测量控制点测设（放样）。在新建区，建筑场地上没有建筑红线作依据时，可根据建筑基线点的设计坐标和附近已有控制点的关系，按极坐标方法进行测设。如图 11-5 所示，A、B 为附近已有控制点，Ⅰ、Ⅱ、Ⅲ为选定的建筑基线点。首先根据已知控制点和待测点的坐标关系反算出测数据 β_1、d_1、β_2、d_2、β_3、d_3，然后用经纬仪和钢尺（测距仪、全站仪）以及坐标法测设Ⅰ、Ⅱ、Ⅲ点。

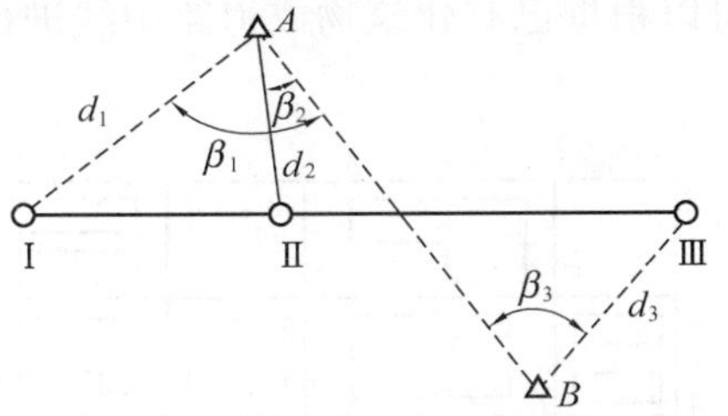

图 11-5　由控制点测设建筑基线

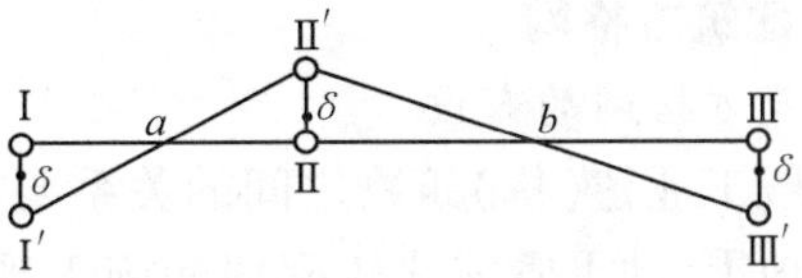

图 11-6　基线测设误差调整示意图

由于存在测量误差,测设的基线点往往不在同一直线上(如图 11-6 中的Ⅰ′、Ⅱ′、Ⅲ′点),故尚需在Ⅱ′点安置经纬仪,精确观测出∠Ⅰ′Ⅱ′Ⅲ′角度。沿与基线垂直的方向各移动相等的调整值 δ,其值按下式计算

$$\delta = \frac{ab}{a+b}\left(90° - \frac{\angle Ⅰ'Ⅱ'Ⅲ'}{2}\right)\frac{1}{\rho''} \tag{11-3}$$

式中　δ——各点调整值,m;

a、b——ⅠⅡ、ⅡⅢ的长度,m;

ρ''——$\rho'' = 206\ 265''$。

【例 11-1】　如图 11-7 所示,$a = 150$ m,$b = 200$ m,∠Ⅰ′Ⅱ′Ⅲ′ = 180°00′50″,则

$$\delta = \frac{150 \times 200}{150 + 200} \times \left(90° - \frac{180°00'50''}{2}\right) \times \frac{1}{206\ 265''} = -0.010(\text{m})$$

当∠Ⅰ′Ⅱ′Ⅲ′ < 180°时,δ 为正值,Ⅱ′点向下移动,Ⅰ′、Ⅲ′点向上移动;当∠Ⅰ′Ⅱ′Ⅲ′ > 180°时,δ 为负值,点位调整方向与上述相反。此项调整应反复进行,直至误差在允许范围之内。

除调整角度以外,还应调整Ⅰ、Ⅱ、Ⅲ点之间的距离,若丈量长度与设计长度之差的相对误差大于 1/10 000,则以Ⅱ点为准,按设计长度调整Ⅰ、Ⅲ两点。

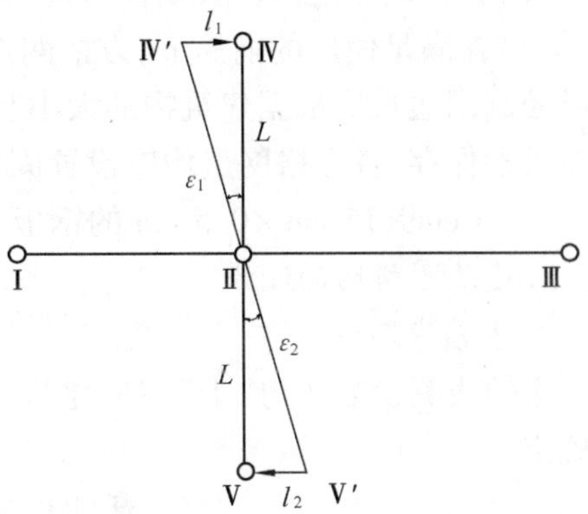

图 11-7　基线测设误差调整示意图

如图 11-7 所示,定出Ⅰ、Ⅱ、Ⅲ点之后,在Ⅱ点安置经纬仪,瞄准Ⅲ点,分别向左、右测设 90°角,并根据主点间的距离,在实地测设出Ⅳ′点、Ⅴ′点。用全圆测回法观测各方向,分别求出∠ⅠⅡⅣ′及∠ⅠⅡⅤ′的角值与 90°之差值 ε_1、ε_2,若 ε_1、ε_2 在 ±15″范围之外,则按下式计算方向改正数 l_1 及 l_2,即

$$l = L \times \frac{\varepsilon''}{\rho''} \tag{11-4}$$

式中　L——主点间的距离,m。

将Ⅳ′、Ⅴ′两点分别沿ⅡⅣ′及ⅡⅤ′的垂直方向移动 l_1 和 l_2,得Ⅳ、Ⅴ点,Ⅳ′、Ⅴ′的移动方向按观测角值的大小决定,若角值大于 90°,则向左移动。最后检查∠ⅣⅡⅤ,其值与 180°之差应在 ±15″范围之内。

建筑基线的测设方法除上述两种方法外，还可以根据已有建筑物或道路中线进行测量，其方法与利用建筑红线测设方法相同。

（二）建筑方格网

1. 建筑方格网的布设

在一般工业建（构）筑物之间的关系要求比较严格或地上、地下管线比较密集的施工现场，常需要测设由正方形或矩形格网组成的施工控制网，称为建筑方格网，或称为矩形网。它是建筑场地中常用的控制网形式之一，也适用于按正方形或矩形布置的建筑群或大型、高层建筑的场地，如图 11-8 所示。

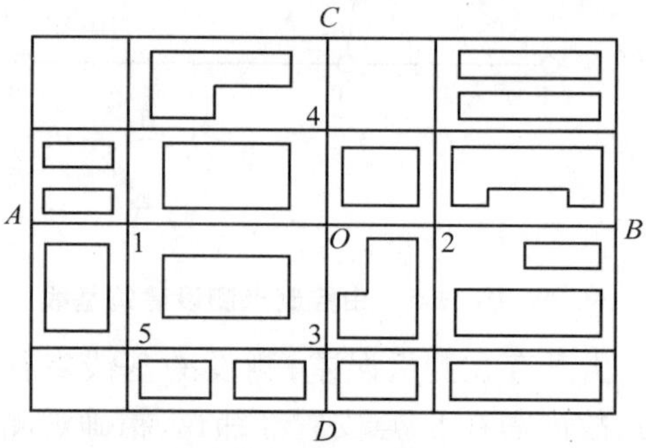

图 11-8　建筑方格网

建筑方格网轴线与建（构）筑物轴线平行或垂直，因此可用直角坐标法进行建（构）筑物的定位，放样较为方便，且精度较高。

布设建筑方格网时，其位置或形式应根据建（构）筑物、道路、管线的分布，结合场地的地形等因素，先选定方格网主轴线（如图 11-8 所示的 *A*、*B*、*C*、*D*、*O* 为主轴线点），再全面布设方格网。布设要求与建筑基线基本相同，另须考虑以下几点：

（1）主轴线点应接近精度要求较高的工程。

（2）方格网的轴线应彼此严格垂直。

（3）方格网点之间能长期保持通视。

（4）在满足使用的前提下，方格网点数应尽量少。正方形格网边长一般为 100 ~ 200 m。矩形控制网边长应根据建筑物的大小和分布而定，一般为几十米或几百米的整数长度。为了能长期保存，各方格网点均应设置固定标志。考虑到调整点位误差的需要，桩顶一般须固定一块 15 cm × 15 cm × 0.5 cm 的钢板。

2. 建筑方格网的测设

1）主轴线测设

主轴线测设方法与“十”字形建筑基线测设方法相同，其测设精度应符合如表 11-1 所示的规定。

表 11-1　建筑方格网测设精度要求

规范名称	等级	边长（m）	测角中误差（″）	边长相对中误差
《工程测量规范》（GB 50026—2007）	一级	100 ~ 300	±5	1/30 000
《建筑施工测量技术规程》（DB11/T 446—2007）	一级	100 ~ 300	±5	1/40 000
	二级	100 ~ 300	±10	1/20 000

2）方格网的测设

主轴线确定后，进行分部方格网测设，然后在分部方格网内进行加密。

（1）分部方格网的测设。在主轴线点 *A* 和 *C* 上安置仪器，各自照准主轴线另一端 *B* 和 *D*，如图 11-9 所示。分别向左和向右测设 90°角，两方向的交点为 1 点位置，并进行交角的检测和调整。同法可交会出方格网点2、3、4。

(2)直线内分点法加密。在一条方格边上的中点加密方格网时,如图11-10所示,在已知点A沿方向线AO及丈量至中间点M的设计距离AM,由于定线偏差得M'点,安置经纬仪于M'点精确测定$\angle AM'O$的角值β,按下式求得改正数:

$$\delta = \frac{\Delta\beta''}{2\rho''}D \tag{11-5}$$

式中 D——AM'的距离,m;

$\Delta\beta$——$\Delta\beta = 180° - \beta$。

然后将M'点沿与AO直线垂直方向移动δ值到M点。同法加密其他各方格点位。

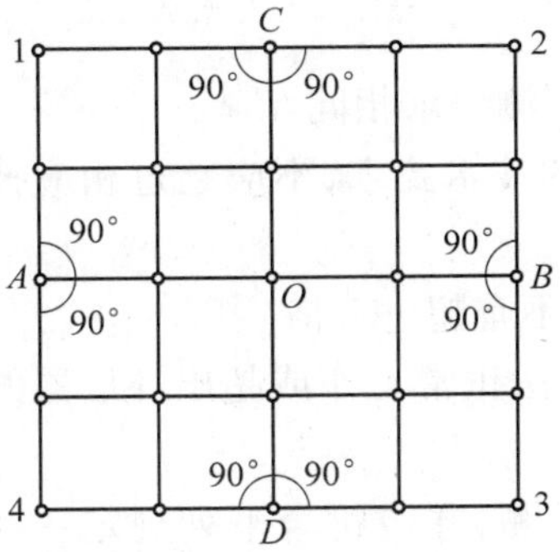

图11-9 分部方格网测设

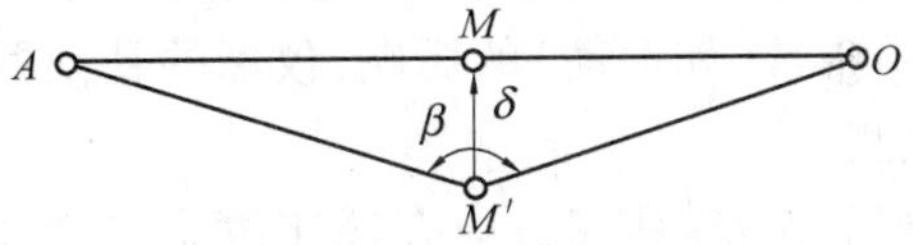

图11-10 直线加密方格网

3)方格网点的验测、调整

由于各种因素的影响,方格网点的几何关系肯定不会完全满足,为此应进行验测,以符合表11-1中的要求。一般的方法是将测设的方格网点组成导线网,按导线测量的方法测量各网点的实际坐标,与设计值相比较,计算出各点的改正数:

$$\left.\begin{aligned}\delta_x &= x_{设计} - x_{实际}\\ \delta_y &= y_{设计} - y_{实际}\end{aligned}\right\} \tag{11-6}$$

在毫米方格纸上,以实测点位为原点,以改正值δ_x和δ_y为坐标1∶1地画出两点的相互关系,得到设计点位。带图纸到施工现场,逐个把图上实测点位对准桩上标志,按方格网边定向后,把设计点位投在桩顶,做好标志,即得到正确的点位。为了防止使用中发生错误,桩顶上的原实测点位标志必须设法消去或与正确点位的标志严格区分。如图11-11所示,"·"为原实测点位,"+"为改正后设计点位。

(三)导线网

导线测量法能根据建筑物定位的需要灵活地布置网点,便于控制点的使用和保存。

导线测量可分为两级,在面积较大场区,可在首级导线控制网下加密次级导线控制网。在面积较小场区以一次布设。

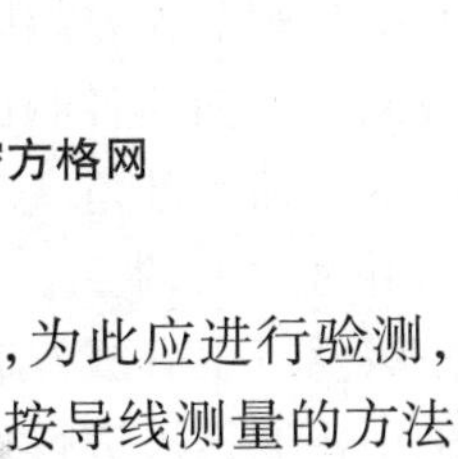

图11-11 点位调整

1. 导线网布设要求

场区导线网应按设计总平面图布设,布设的基本要求如下:

(1)根据建筑物本身的重要性和生产系统性适当地选择导线的线路,各条导线应均匀分布于整个场区，每个环形控制面积应尽可能均匀。

(2)点位应选在质地坚硬、稳固可靠、便于保存的地方，视野应相对开阔，便于加密、扩展和寻找。

(3)导线边长应大致相等，相邻边的长度之比不宜超过1:3。

2. 导线测量的步骤

1)选点与标桩埋设

对于新建和扩建的建筑区，导线应根据总平面图布设，改建区应沿已有道路布网。点位应选在人行道旁或设计中的净空地带。所选的点要便于使用、安全和能长期保存。导线点选定之后，应及时埋设标桩。

2)角度观测技术要求

各级导线网的测回数及测量限差与方格网角度观测要求相同。

角度观测宜采用方向观测法进行。方向观测法的技术要求，不应超过相应技术规范规定。仪器或反光镜的对中误差不应大于2 mm。

水平角观测过程中，气泡中心位置偏离整置中心不宜超过1格。

如受外界因素(如振动)的影响，仪器的补偿器无法正常工作或超出补偿器的补偿范围时，应停止观测。

水平角观测误差超限时，应在原来度盘位置上重测，并应符合下列规定：一测回内2C互差或同一方向值各测回较差超限时，应重测超限方向，并联测零方向；下半测回归零差或零方向的2倍照准差变动范围超限时，应重测该测回。

3)导线边长测量

一级及以上等级控制网的边长测距，应采用全站仪或电磁波测距仪进行测距，一级以下也可采用普通钢尺进行量距。

各等级边长测距的主要技术要求，应符合相应技术规范规定。

4)导线网的起算数据

在扩建、改建工程，新测导线应附合在已有施工控制网上(将已有控制点作为起算点)；若原有施工控制网已被破坏，则应根据地方测量控制网或主要建筑物轴线确定起算数据。新建工程的导线网起算数据应根据地方测量控制点测定。

5)导线网的平差

导线网平差首级导线网采用严密平差法，二级导线网可以采用简易平差法。

四、施工高程控制测量

施工高程控制测量的要求：一是水准点的密度尽可能满足在施工放样时一次安置仪器即可测设出所需的高程点；二是在施工期间，高程控制点的位置应保持不变。

大型的施工场地高程控制网一般布设两级。首级为整个场地的高程基本控制，相应的水准点称为基本水准点，用来检核其他水准点是否稳定。它应布设在场地平整范围之外、土质坚实的地方，以免受震，并埋设成永久性标志，便于长期使用。个数一般不少于3个，组成闭合水准路线，尽量与图家水准点联测。可按四等水准测量要求进行施测。对于为连续性生产车间、地下管道放样所设立的基本水准点，按三等水准测量要求进行施测。另一级为加密网，相应的水准点称为施工水准点，用来直接测设建(构)筑物的高程。通常采用的建筑基线(方格网点)的标桩上加设圆头钉作为施工水准点。由基本水准点开始组成闭合或附合水准路线,按四等水准测量要求进行施测。

中、小型的建筑场地,首级高程控制网可按四等水准测量要求进行布设,加密网根据不同的测设要求,可按四等水准测量或图根水准测量的要求进行布设。

为了施工放样的方便,在每栋较大的建(构)筑物附近,还要测设 ±0.000 高程标志,其位置大多选在较稳定的建(构)筑物墙、柱的侧面,用红油漆涂成上顶为水平线的"▽"形,旁边注明其标高值。

任务三　民用建筑施工测量

民用建筑是指住宅、医院、办公楼和学校等,民用建筑施工测量就是按照设计要求,配合施工进度,将民用建筑的平面位置和高程测设出来。民用建筑的类型、结构和层数各不相同,因而施工测量的方法和精度要求也有所不同,但施工测量的过程是基本一样的,主要包括建筑物定位、轴线放样、基础施工测量和墙体施工测量等。

一、准备工作

(一)熟悉图纸

设计图纸是施工测量的主要依据,测设前应充分熟悉各种有关的设计图纸,以便了解施工建筑物与相邻地物的相互关系,以及建筑物本身的内部尺寸关系,准确无误地获取测设工作中所需要的各种定位数据。

(二)现场踏勘

现场踏勘的目的是要了解现场的地物、地貌以及控制点的分布情况,并调查与施工测量有关的问题。对建筑物地面上的平面控制点,在使用前应校核点位是否正确,并应实地检测水准点的高程。通过校核,取得正确的测量起始数据和点位。

(三)确定测设方案

在熟悉设计图纸、掌握施工计划和施工进度的基础上,结合现场条件和实际情况,拟定测设方案。测设方案包括测设方法、测设步骤、采用的仪器工具、精度要求和时间安排等。

(四)准备测设数据

在每次现场测设之前,应根据设计图纸和测量控制点的分布情况,准备好相应的测设数据并对数据进行检核,除计算必需的测设数据外,尚需从下列图纸上查取房屋内部平面尺寸和高程数据。

(1)从建筑总平面图上查出或计算出设计建筑物与原有建筑物或测量控制点之间的平面尺寸和高差,以此作为测设建筑物总体位置的依据。

(2)在建筑平面图中查取建筑物的总尺寸和内部各定位轴线之间的关系尺寸,这是施工放样所需的基本资料。

(3)从基础平面图中查取基础边线与定位轴线的平面尺寸,以及基础布置与基础剖面的位置关系。

(4)从基础详图中查取基础立面尺寸、设计标高,以及基础边线与定位轴线的尺寸关系,这是基础高程测设的依据。

(5)从建筑物的立面图和剖面图中,查取基础、地坪、门窗、楼板、屋面等设计高程,这是高程测设的主要依据。

(五)绘制放样略图

一般情况下,需根据设计总平面图和基础平面图绘制测设略图,确定定位轴线间尺寸和定位轴线控制桩等。

二、建筑物定位及引桩

(一)建筑物定位

建筑物四周外廓主要轴线的交点决定了建筑物在地面上的位置,称为定位或角点。建筑物的定位就是根据设计条件,将这些轴线交点测设到地面上,作为细部轴线放线和基础放线的依据。由于设计条件和现场条件不同,建筑物的定位方法也有所不同。

1. 根据建筑坐标定位

如果待定位建筑物的定位点设计坐标是已知的,根据场区平面控制控制点,可根据实际情况选用极坐标法、角度交会法、距离交会法和全站仪坐标法等,来测设定位点。

2. 根据建筑方格网和建筑基线定位

在布设有建筑方格网或建筑基线的场地,进行建筑物定位非常方便。可直接利用直角坐标法测设定位点,直角坐标法所需要的测设数据的计算较为方便,在建筑定位时,建筑物总尺寸和四大角的精度容易控制和检核。

3. 根据原有建筑物和道路定位

如果设计图上只给出新建筑物与附近原有建筑物或道路的相互关系,可根据原有建筑物的边线或道路中心线,将新建筑物的定位点测设出来。

(二)建筑物轴线加密及引桩

1. 轴线加密

建筑物定位完成后,为方便施工,应依据四角轴线定位桩,对轴线进行加密,可采用测距法或直角坐标法。如某建筑物四大角点已定位完成,欲根据角点桩测设其他轴线位置,并定出交点桩,如图 11-12 所示,现以测设Ⓐ轴线与其他轴线的交点位置为例说明。在 M 点安置经纬仪,照准 Q 点,用钢尺沿 MQ 方向量出相邻轴线间的距离,定出②、③、④…各轴线与Ⓐ轴的交点的桩。丈量各轴线间距时,钢尺零点端要始终对在同一点上。

2. 建筑轴线引桩

轴线加密后,为避免各轴线位置在施工开槽后轴线桩被破坏,为使开挖后各阶段施工能准确地恢复各轴线位置,应把各轴线延长到开挖范围以外的地方并做好标志,这个工作称为引桩。

1)正倒镜直线法引桩

轴线控制桩一般设在开挖边线 4 m 以外的地方,并用水泥砂浆加固。最好是附近有固定建(构)筑物,这时应将轴线投测在这些物体上,使轴线更容易得到保护,但每条轴线至少应有一个控制桩是设在地面上的,以便今后能安置仪器来恢复轴线。

轴线控制桩的引测主要采用经纬仪延长直线法,当引测到较远的地方时,要注意采用盘左和盘右两次投测取中,以减少引测误差和避免错误的出现。

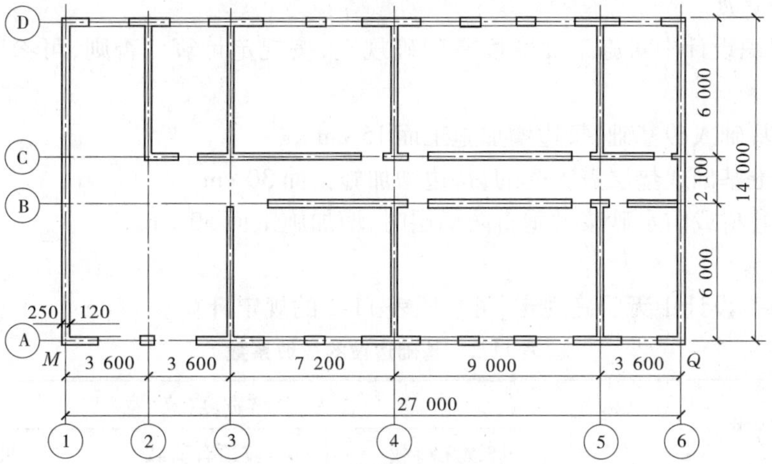

图 11-12　轴线加密示意图

2)全站仪坐标法

全站仪及 AutoCAD 制图软件的广泛普及,使轴线引桩工作不再烦琐,只需将轴线引桩图按 1∶1的比例画在 CAD 成图软件上,通过 CAD 编辑图解得到各引桩点的坐标,应使 CAD 坐标系与施工坐标系一致。再利用全站仪根据控制点进行引桩坐标的测设,测设完成后,应进行轴线角度、距离检查,必要时进行调整。此方法测设轴线引桩时,可省去建筑定位环节。

三、基础施工测量

(一)基槽开挖边线放线

由于基础形式不同,基础施工测量内容亦不同。对于条形基础,在基础开挖前,按照基础剖面图上的尺寸,考虑到放坡及工作面大小,需确定出基槽的上部开挖宽度。在两端由轴线(中心)桩向两边各量出开挖尺寸,并做好标记;在两端标记之间拉一细线,沿着细线在地面上用白灰撒出基槽边线,作为基槽开挖的界限。

1.放坡宽度和挖方宽度

基础开挖的宽度与基础开挖深度与土质条件有关。若施工组织设计中对挖方边线有明确规定,散白灰线时按此规定办理。若只给定放坡比例,则按照图 11-13 计算放坡宽度和挖方宽度,计算公式为:

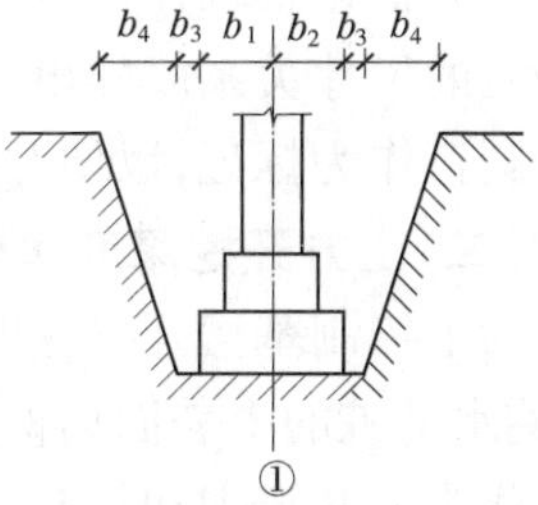

图 11-13　基槽开挖示意图

$$b_4 = KH$$

左侧开挖宽度　$b_L = b_1 + b_3 + b_4$

右侧开挖宽度　$b_R = b_2 + b_3 + b_4$

总的开挖宽度　$b = b_1 + b_2 + 2(b_3 + b_4)$

式中　b_4——放坡宽度;

K——放坡系数;

H——挖槽深度;

b_3——施工面宽度;

b_1、b_2——基础两侧到轴线距离。

2. 施工面宽度

若施工组织设计中对施工面宽度有明确规定,按规定计算。否则,可参照下面规定计算:

(1)毛石基础或砖基础,每边增加施工面 15 cm。

(2)混凝土基础或垫层需支模的,每边增加施工面 30 cm。

(3)使用卷材或防水砂浆做垂直防潮层时,增加施工面 50 cm。

3. 放坡系数

若施工组织设计中无明确规定,可参照表 11-2 的规定计算。

表 11-2　基础边坡的放坡系数

土的类型	放坡宽度(高:宽)		
	坡顶无荷载	坡顶有荷载	坡顶有动载
中密的砂土	1:1.00	1:1.25	1:1.50
中密的碎石类土(填充物为砂土)	1:0.75	1:1.00	1:1.25
硬塑的粉土	1:0.67	1:0.75	1:1.00
中密的碎石类土(填充物为黏土)	1:0.50	1:0.67	1:0.75
硬塑的粉质黏土、黏土	1:0.33	1:0.50	1:0.67
老黄土	1:0.10	1:0.25	1:0.33
软土	1:1.00		

在地质条件良好、土质均匀且地下水位于槽底或管沟底面标高,坚硬的黏土挖深不超过 2.0 m,其他土质挖深超过 1.5 m。可直立开挖,不放坡。否则,按表 11-2 要求放坡或作直立壁加支撑,以防止塌方造成安全事故。

4. 开挖线放样

首先根据轴线控制桩采用经纬仪投测出外边框主轮廓控制轴线,然后根据开挖线与控制轴线的尺寸关系放样出开挖线,并撒出白灰线作为标志。开挖线的阴、阳角点钉出木桩并用小圆钉作为标记,以便开挖线被破坏后能及时恢复。

(二)土方开挖深度和垫层标高控制

为了控制基槽开挖深度,当基槽挖到接近槽底设计高程时,应在槽壁上测设一些水平桩,使水平桩的上表面离槽底设计高程为某一整分米数(例如 0.5 m),用以控制挖槽深度,也可作为槽底清理和打基础垫层时掌握标高的依据。

垫层面标高的测设可以以水平桩为依据在槽壁上弹线,也可在槽底打入垂直桩,使桩顶标高等于垫层面的标高。如果垫层需安装模板,可以直接在模板上弹出垫层面的标高线。

如果是机械挖土,一般是一次挖至设计槽底或坑底的标高,因此要在施工现场安置水准仪,边挖边测,随时指挥挖土机调整挖土深度,使槽底或坑底的标高略高于设计标高(一般为 10 cm,留给人工清土)。挖完后,为了给人工清底和打垫层提供标高依据,还应在槽壁或坑壁上打水平桩,水平桩的标高一般为垫层面的标高。当基坑底面积较大时,为便于控制整个底面的标高,应在坑底均匀地打一些垂直桩,使桩顶标高等于垫层面的标高。

（三）槽底放线

在建（构）筑物的基础工程施工阶段，由于基础的形式不同，施工测量的方法也有所不同。

对于基坑底部垫层上的建筑物，轴线测设如图 11-14 所示，垫层混凝土浇筑并达到一定强度后，根据基坑边上的轴线控制桩，将经纬仪架设在控制桩位上，经对中、整平后、后视同一方向桩（轴线标志），将控制轴线投测到作业面上。在同一流水段上投测的纵、横线各不得少于两条，以此作为角度、距离的校核。经校核无误后，方可在该平面上放出其他相应的设计轴线及细部线。

一般测设直线点，应在盘左和盘右状态下各测设一次，然后取两次的中点作为最后结果。

对于条形基础而言，垫层打好后，用经纬仪或拉细线挂垂球，把龙门板或控制桩上的轴线投测到垫层上，如图 11-15 所示，用墨线弹出墙体中心线和基础边线（俗称摞底），以便砌筑基础。整个墙体形状及大小均以此线为准。它是确定建筑物位置的关键环节，必须严格校核。

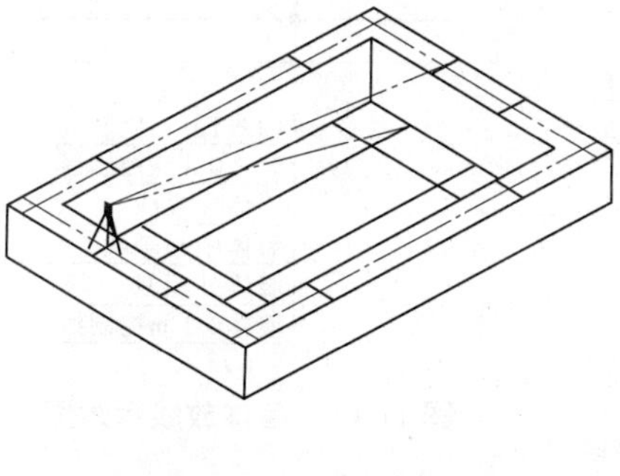

图 11-14　基坑底放线

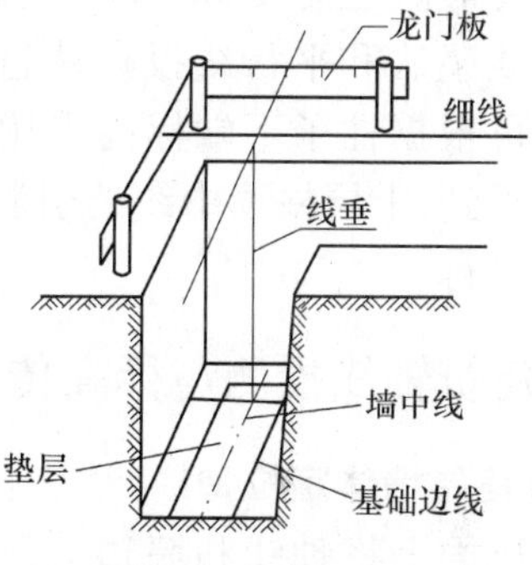

图 11-15　槽底放线

（四）基础墙砌筑时的标高控制

砖基础砌筑时，一般采用基础皮数杆作为标高控制依据。基础皮数杆是一根木制的杆子（见图 11-16）。按照设计尺寸，在杆子上将砖厚度、灰缝厚度、层数画出，并标明 ±0.000、防潮层等标高位置。

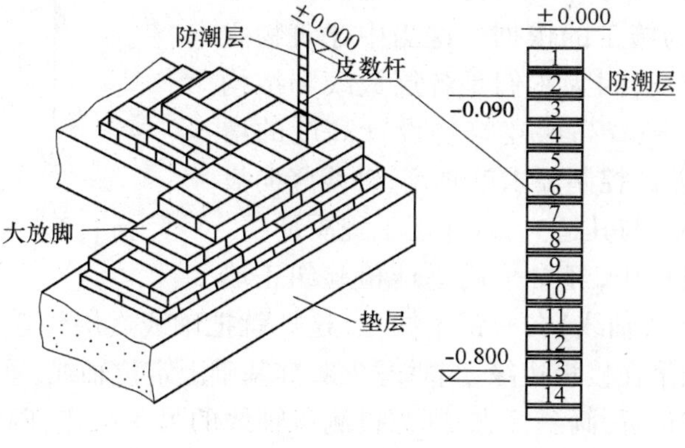

图 11-16　基础标高控制

在立皮数杆处打一大木桩。用水准仪在该木桩上测设一条比垫层顶标高高一数值(如10 cm)的水平线。将皮数杆上标高相同的一条线与木桩上的水平线对齐,并用大钉把皮数杆钉到木桩上,作为砌砖时的标高依据。

毛石基础砌筑时,在龙门板中心钉上挂细线,以控制砌筑毛石基础的高度。

基础墙体砌筑完后,用水准仪检查各轴线交点上的基础面的标高是否符合设计要求。一般民用建筑物的基础面标高容许误差范围为 ±10 mm。

四、墙柱施工测量

墙柱施工测量的主要内容有墙柱模板线放样,抄测楼层结构标高线,墙、柱模板垂直度检测,墙柱中线标高放样等。

依据垫层上放样的轴线及施工图纸、洽商,依次放样柱、墙、门窗等,用墨线和红油漆标注。每道墙均应放样墙体外皮线,墙体 30 cm 控制线,如图 11-17 所示。

待墙柱钢筋绑扎完毕后,立筋上抄测出楼层结构 +500 mm 或 +1 000 mm 标高线。用于放样墙立面预留洞口位置等。还需要进行墙、柱模板垂直度检测,可采用吊线坠法和平行线投点法进行。上层楼板标高的引测可根据柱子下端标高点用钢尺沿柱身向上量距标点得到,上层柱顶中线的引测可用经纬仪轴线投测方法进行。

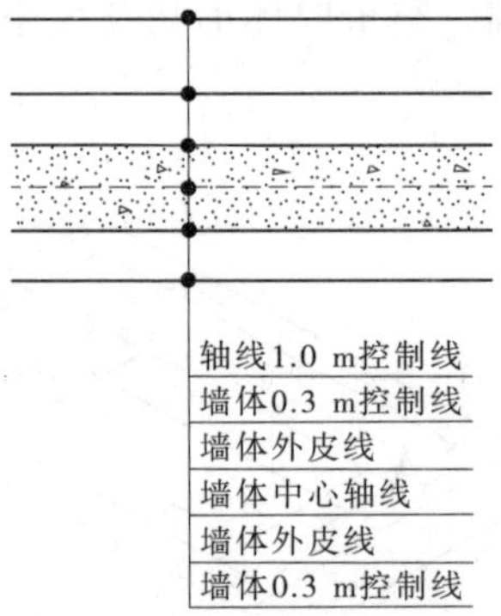

图 11-17　墙体放线示意图

五、建筑轴线投测与标高传递

(一)首层墙体定位弹线

在基础面上将轴线和墙边线测设出来并用墨线弹出,将轴线延伸到基础墙外侧,用红油漆做出明显标志,如图 11-18 所示,作为采用外空法向上投测轴线的依据。

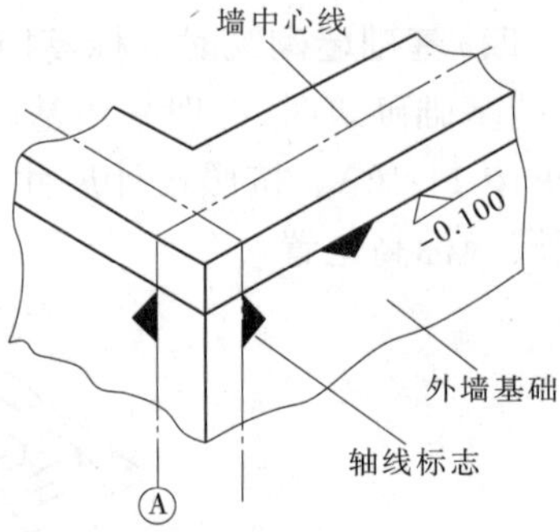

图 11-18　首层墙体线示意图

(二)建筑物 ±0.000 m 以上轴线投测

随着建筑结构的不断升高,要将原测定的首层轴线逐层往上投测,作为施工的依据。这当中建筑物主轴线的投测应更为重要,因为它们是各层放线和结构垂直度控制的依据。随着高层建筑物设计高度的增加,施工中对竖向偏差的控制要求就越高,轴线竖向投测的精度和方法就必须与其适应,以保证工程质量。

在砖墙体砌筑过程中,经常采用垂球检验纠正墙角(或轴线),使墙角(或轴线)在一铅垂线上,这样就把轴线逐层传递上去了。在框架结构施工中将较重垂球悬吊在楼板边缘,当垂球尖对准基础上定位轴线,垂球线在楼板边缘的位置即为楼层轴线端点位置,画一标志,同样投测该轴线的另一端点,两端的连线即为定位轴线。同法投测其他轴线,用钢尺校核各轴线间距,无误后方可进行施工。以此就可把轴线逐层自下而上传递。为了保证投测精度,可采用经纬仪投测法,每隔三四层用经纬仪把地面上的轴线投测到楼板上进行检核,如图 11-19 所示。

（三）标高传递

一般建筑物可用皮数杆传递标高,对于标高传递精度要求较高的建筑,采用钢尺直接从 +0.50 m 线向上丈量,如图 11-20 所示。可选择结构外墙、边柱或楼梯间等处向上竖直丈量,每层至少丈量 3 处,以便检核。

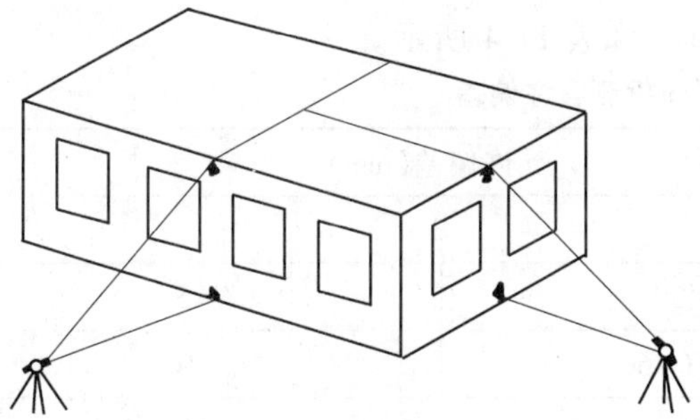

图 11-19 轴线投测

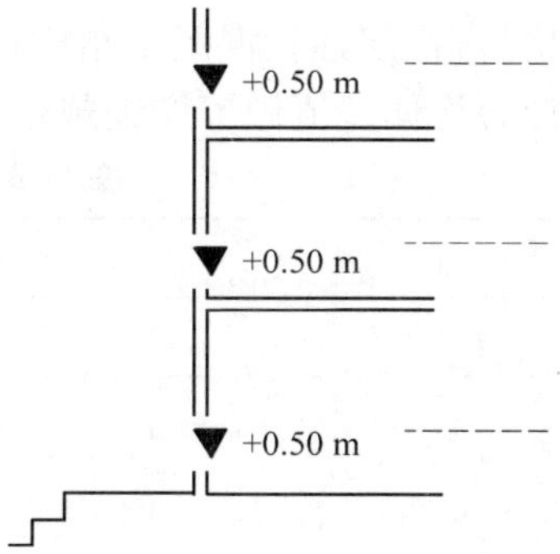

图 11-20 标高传递

任务四 高层建筑施工测量

一、高层建筑施工测量概述

（一）高层建筑施工测量的特点

由于高层建筑物层数多、高度高、体型巨大、结构复杂、平面与立面变化多样、设备和装修标准较高,与一般建筑工程相比,其施工测量的特点如下:

（1）由于建筑层数多、高度高,结构竖向偏差直接影响工程受力情况。因此,要求轴线竖向投测精度高,所用仪器和投测方法要与施工工艺、结构类型相适应。

（2）由于结构复杂,设备和装修标准较高,特别是钢结构,带有高速电梯等设备的建筑,要求测量定位精读达到毫米。

（3）由于建筑平面、立面造型复杂多变,要求定位放线因时、因地适宜,灵活实用,并配备功能相适应的专用设备和必要的安全措施。

（4）由于工程规模大、工期长,为保障工程的整体性和局部施工的需要,在开工前需要测设足够精度的平面和高程控制网。由于基础开挖、地下工程施工,场地布置变化大,应采取妥善保护措施,使主要控制点在整个施工期间,能准确、牢固地保留到竣工,并移交给建设单位继续使用,这项工作是整个施工测量顺利进行的基础,也是施工测量中难度最大的工作。

（5）由于采取立体交叉作业,施工项目多,为保证各工序间的相互配合、衔接,施工定位工作要与设计、施工等各方面密切配合,并要事先做好充分的准备工作,制订切实可行的与施工同步的定位放线方案。

（6）为了保证工程质量,定位放线人员要严格遵守施工放线工作准则。为避免因定位放线的差错造成损失,必须在整个施工的各个阶段和各主要部位做好验线工作,改变事后验线的被动工作方式。

(7)高层建筑一般基础深,开挖面积大,自身荷载大,工期长,对周围环境影响大,因此必须进行相关项目的变形监测,以保证相邻设施及自身的安全。

(二)高层建筑施工测量的精度

高层建筑在施工中对建筑各部位的水平位置、垂直度及轴线尺寸、标高等放线精度要求都十分严格。《高层建筑混凝土结构技术规程》(JGJ 3—2010)对施工中轴线竖向投测与标高竖向传递容许偏差值做了详细规定,如表 11-3 和表 11-4 所示。

表 11-3 轴线竖向投测容许偏差

项目	允许偏差(mm)	
每层	3	
总高 H(m)	$H \leqslant 30$	5
	$30 < H \leqslant 60$	10
	$60 < H \leqslant 90$	15
	$90 < H \leqslant 120$	20
	$120 < H \leqslant 150$	25
	$H > 150$	30

表 11-4 标高竖向传递容许偏差

项目	允许偏差(mm)	
每层	±3	
总高 H(m)	$H \leqslant 30$	±5
	$30 < H \leqslant 60$	±10
	$60 < H \leqslant 90$	±15
	$90 < H \leqslant 120$	±20
	$120 < H \leqslant 150$	±25
	$H > 150$	±30

为保证工程的整体与局部施工的精度,在进行施工测量前,必须制订出严谨合理的测量方案,建立牢固的测量控制点,严格检校仪器工具,健全检核措施,确保测设的精度。

(三)高层建筑施工测量

高层建筑的定位、放线与多层建筑物基本相同。这里着重介绍高层建筑物的轴线投测与标高传递。

轴线投测就是把底层的轴线通过一定的测量方法引测到施工面上。高层建筑的轴线投测是选择若干条主要轴线的平行线(或称为轴线控制线,间距一般为 0.5 ~ 1.0 m),组成一定的几何图形,如图 11-21(a)、(b)、(c)、(d)所示,以便检核。各控制线交点称为轴线控制点,每层相邻控制点及各层相同控制点间应相互通视。把这些控制点投测到施工面上,由此放样出全部轴线。

如图 11-21(a)所示为十字线,适用于面积较小的塔式建筑;(b)为双十字线,适用于条形建筑;(c)为正方形,适用于面积较大的方形建筑;(d)为三角形,适用于扇形建筑。

由于施工场地、结构形式、施工方法等不同,轴线投测可采用外控法、内控法及三维坐标定位等。

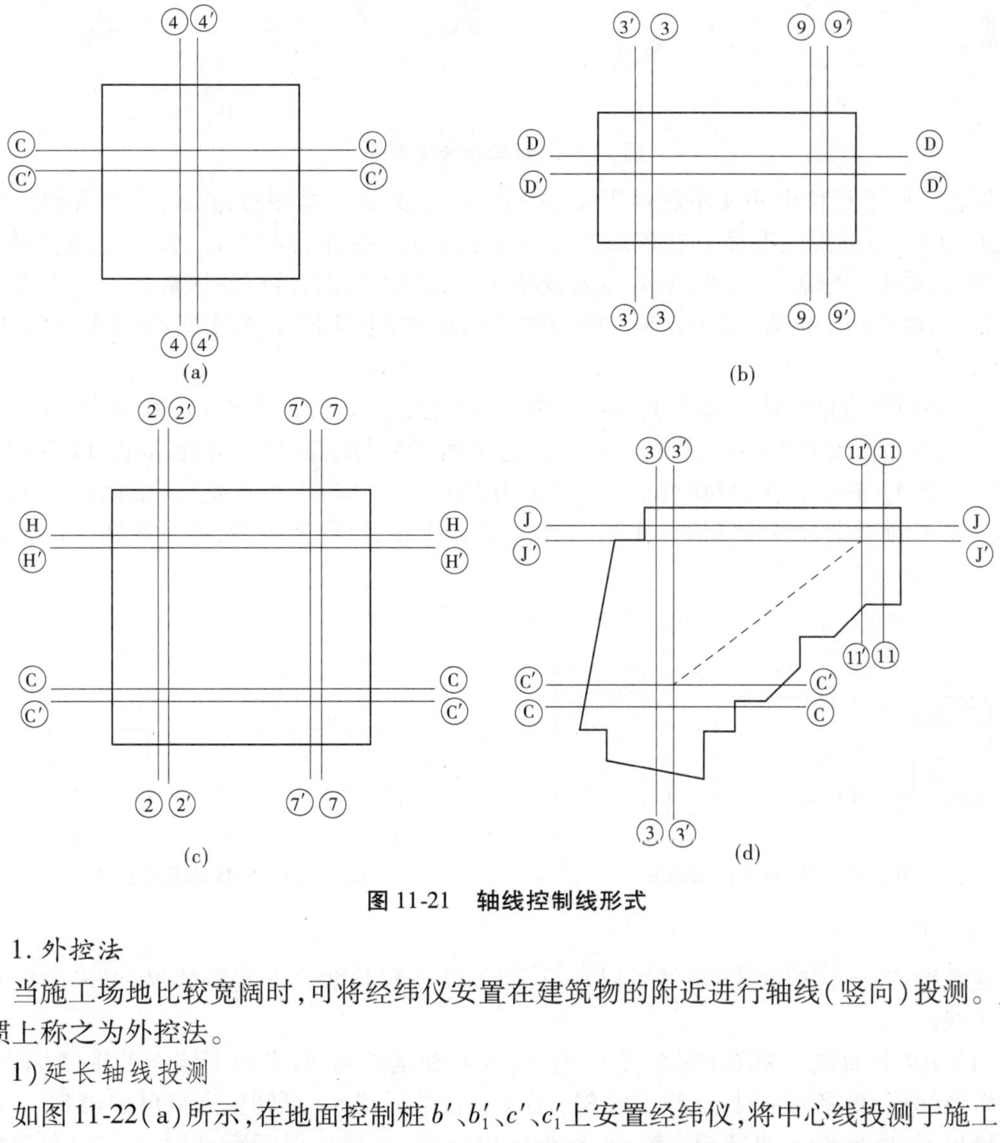

图 11-21 轴线控制线形式

1. 外控法

当施工场地比较宽阔时,可将经纬仪安置在建筑物的附近进行轴线(竖向)投测。人们习惯上称之为外控法。

1)延长轴线投测

如图 11-22(a)所示,在地面控制桩 b'、b_1'、c'、c_1'上安置经纬仪,将中心线投测于施工面上得 $b_中$、$b_{1中}$、$c_中$、$c_{1中}$。随着施工的进行,楼层不断增加,投测时仰角就会越来越大,投测精度随之降低,因此需将原控制桩引测到离建筑物较远的延长线上或附近已有建筑物的楼顶上,以减小仰角。如图 11-22(b)所示,把控制桩 c'引测到 cc'延长线的 c''。在 $c_{1中}$上安置经纬仪,照准 c_1',正、倒镜取中点,将 c_1'引测楼顶 c_1''点,做标志固定点位,在上部楼层施工时,即可将经纬仪安置在新的控制桩 c''和 c_1''上,照准 c、c_1进行投测。同理,可引测 b'、b_1'、b''、b_1''点。

2)侧向借线法

(1)侧向平行借线法。如图 11-23 所示,建筑场地窄小,外廓轴线Ⓐ无法延长,可将轴线

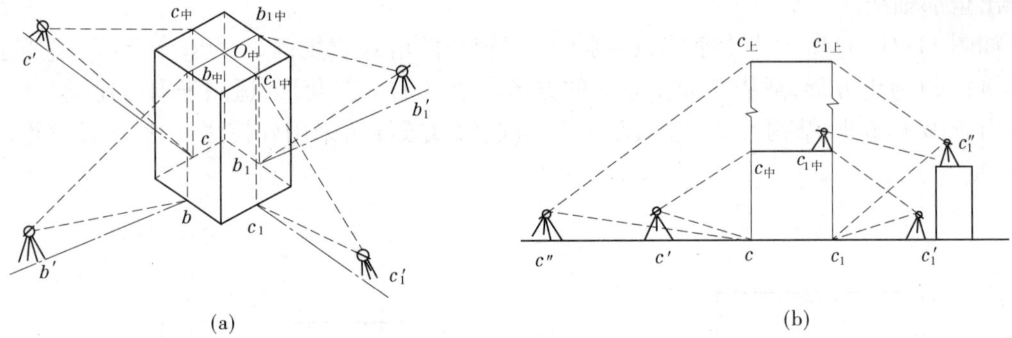

图 11-22　延长轴线投测法

向建筑物外侧平行移出 d（d 不超过 2 m），得到 A_W 及 A_E 点。投测时，在 A_W 点安置经纬仪照准 A_E 点，抬高望远镜照准横放在该端施工面上的木尺，指挥其左右移动，当视线读数为 d 时，在尺底端做一标志。同理，在 A_E 点安置经纬仪，照准 A_W 点，就可在该端施工面上得到另一标志，连接这两个标志，即为Ⓐ轴。随着楼层的增加，可延长 A_WA_E 平行线到 $A'_WA'_E$，以减小仰角。

（2）侧向垂直借线法。如图 11-24（a）所示，在施工面上已测设出Ⓐ轴线，而①轴北侧延长线上 L_N 点不能安置经纬仪，将仪器安置在施工面Ⓐ轴与①轴交点附近，如图 11-24（b）中 A_1' 点。照准 A_E，逆时针测设 90°角，在 L_N 处定出 L_N' 点。在Ⓐ轴上根据 L_N、L_N' 的间距由 A_1' 定出 A_1 点。在 A_1 点上安置经纬仪检查 A_1L_N 与 A_1A_E 是否垂直，符合要求后，就可在施工面上定出①轴。

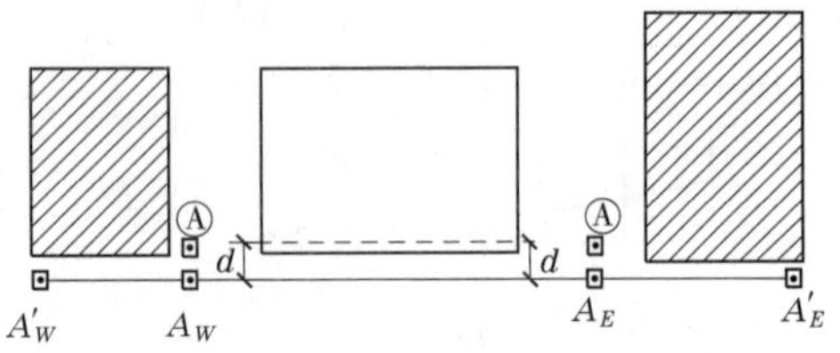

图 11-23　侧向平行借线法

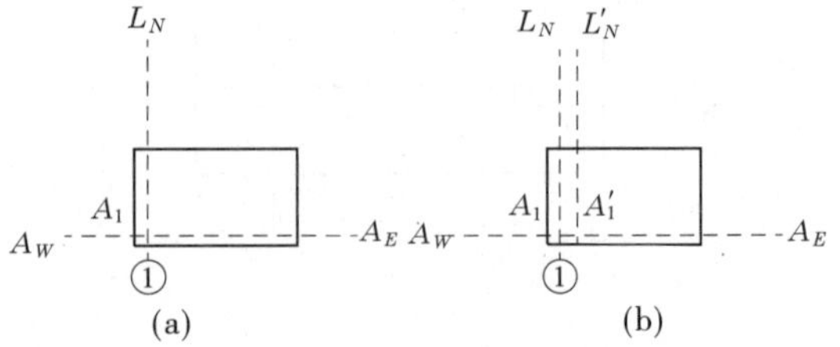

图 11-24　侧向垂直借线法

3）挑直法

建筑物的轴线（控制线）虽然可以延长，但不能在延长线上安置经纬仪，可采用挑直法投测轴线。

（1）距离挑直法。如图 11-25 所示，8_S、8_N 为⑧轴延长到西、东两端墙上的轴线标志，无法安置经纬仪，投测⑧轴时，在施工面 $8'_{A上}$ 上安置仪器后视 8_S，纵转望远镜可定出 $8'_{H上}$；在 $8'_H$ 上安置仪器，后视 $8'_{A上}$，纵转望远镜，在 8_N 处定出 $8'_N$ 点，实量 $8_N8'_N$ 间距，根据相似三角形相应边成正比例的原理，就可计算出 $8'_{A上}$ 和 $8'_{H上}$ 偏离轴线⑧的垂距，即

$$8_{A上}8'_{A上} = 8_N8'_N\frac{d_1}{d_1 + d_0 + d_2} \tag{11-7}$$

$$8_{H上}8'_{H上} = 8_N8'_N\frac{d_1 + d_0}{d_1 + d_0 + d_2} \tag{11-8}$$

由上述垂距即可在施工面上由 $8'_{A上}$ 和 $8'_{H上}$ 定出⑧轴线上的 $8_{A上}$ 和 $8_{H上}$。再将经纬仪依次

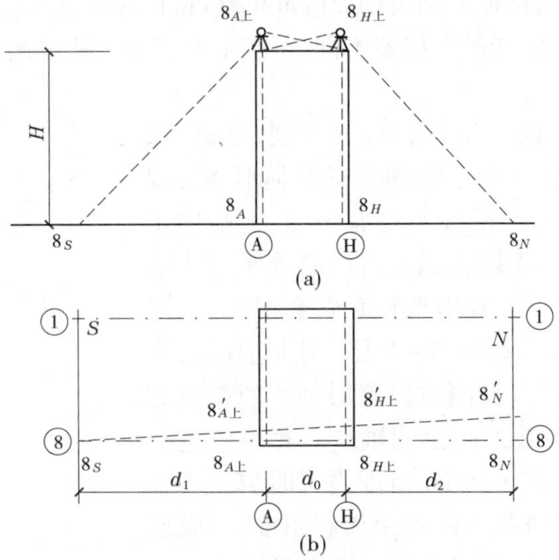

图 11-25　距离挑直法

安置在 $8_{A上}$ 和 $8_{H上}$ 点上，检查 8_S、$8_{A上}$、$8_{H上}$ 和 8_N 各点是否在同一直线上，直到符合要求。

(2)角度挑直法。如图 11-26 所示，D_W 及 D_E 为 D 轴延长线在西、东两侧墙上的轴线标志，在施工面上 D 轴线附近 D'_M 上安置经纬仪，用测回法观测 $\angle D_WD'_MD_E$。若该角为 180°，则 D'_M 就位于 D 轴上，否则，由其差值 $\Delta\beta = 180° - \angle D_WD'_MD_E$，按公式 $d = \dfrac{\Delta\beta''}{2\rho''} \times D_WD_M$ 计算出改正值 d，由此就可定出 D_M 点。

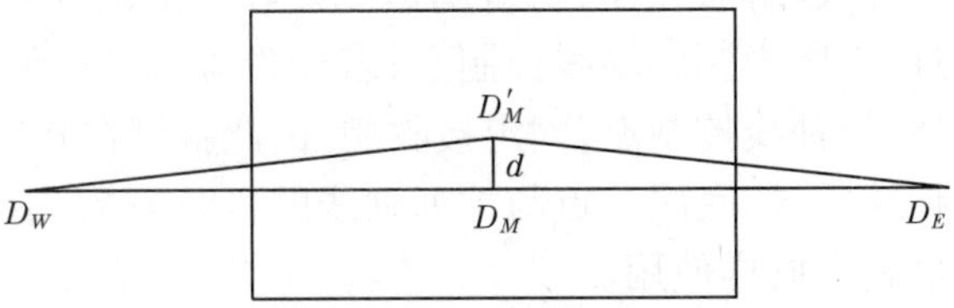

图 11-26　角度挑直法

同法检查 D_W、D_M、D_E 三点是否在同一直线上，直到满足要求。

技术提示：无论采用哪种方法投测，为保证精度要注意以下几点：

(1)轴线(控制线)的延长桩点要准确，标志明显，并妥善保护桩点。每次投测时，应尽量以底层轴线标志为准，以避免逐层上投误差的累积。

(2)投测前严格检校仪器，投测时精确调平照准部水准管，以减少竖直轴不铅垂的误差，每次按照正、倒镜投测取中点的方法进行。

2. 内控法

在建筑物密集的地区，由于施工场地狭小，无法在建筑物附近延长轴线进行投测，多采用在建筑物底层测设室内轴线控制点。用垂准线原理将各控制点竖直投测到各层施工楼面上，作为该层轴线测设的依据，此法称为内控法或垂准线投测法。

室内轴线控制点(内控点)的布设，根据建筑平面的形状可采用图 11-21 中的(b)、(c)、(d)等形式，相邻控制点之间应互相通视。当基础施工完成后，由校测后的场地轴线控制桩，将室内轴线控制点测设到底层地面上，并埋设标志，作为向上投测轴线的依据。在各内控点的垂直方向上的每层楼板上预留约 20 cm×20 cm 的传递孔。为了防止传递孔掉石块、砂浆等，应有防护措施。依据投测仪器不同，可按下面三种方法投测。

1）吊垂球法

吊垂球法使用得当，既经济、简单，又直观、准确，如图 11-27 所示。但应注意以下问题：垂球的几何形体要规正，质量要适当（3～5 kg）。吊线不得有扭曲，上端固定牢靠，中间没障碍、抗线。下端投测人视线必须垂直于结构面，并防止震动、风吹等。若用塑料套管套吊线，下端专用设备观测精度会更高，每隔 3～5 层，用大垂球由下直接向上放一次通线校测。投测时以底层轴线控制点为准，通过预留孔直接向各施工面投测轴线。每点应进行两次投测，两次投测偏差在 ±4 mm 范围之内时取平均位置做标志并固定，然后检查各点间的距离和角度，与底层相应数据比较，满足要求后，就可由此测设出其他轴线。

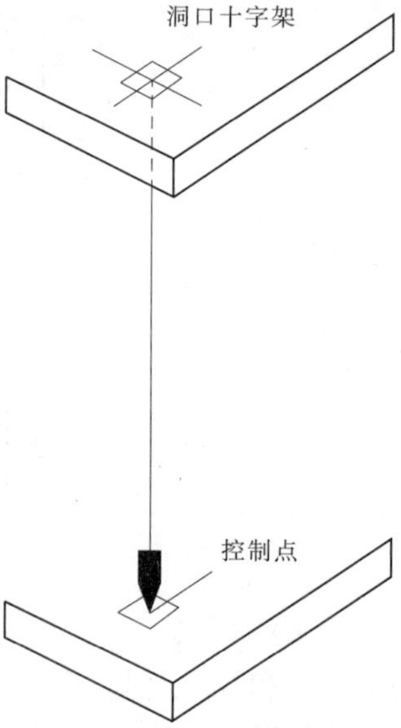

图 11-27　吊垂球法

2）天顶准直仪

利用能测设天顶方向的仪器，向上进行竖向投测。测设天顶方向的仪器有配有 90°弯管目镜的经纬仪、激光经纬仪、激光垂准仪、自动天顶准直仪等。

采用激光垂准仪或激光经纬仪投测时（见图 11-28），在底层控制点上安置仪器，进行严格的对中、整平（激光经纬仪须将望远镜物镜指向天顶）。在施工面预留孔上安置有机玻璃制成的接收靶。接通电源，起辉激光器，物镜调焦使接收靶上的光斑直径最小。转动仪器，若光斑不动，说明该点即为所投测的轴线控制点，若光斑画圆，移动接收靶使其沿着某个圆转动，该圆心即为所投测的轴线控制点，固定接收靶，由此就可在施工面上投测出 *A*、*B*、*C* 三点。经过角度和距离检核后，按底层三点与柱列轴线的相对关系，用经纬仪将各轴线测设于该层楼面，做好标志，供施工放样使用。

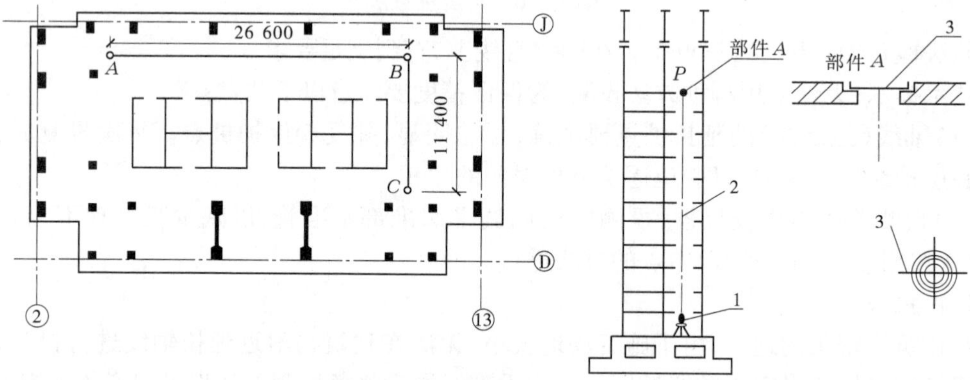

1—激光垂准仪；2—激光束；3—激光接收靶

图 11-28　天顶垂准仪投测法

使用配有弯管目镜的经纬仪，是将望远镜指向天顶方向，由弯管目镜观测。严格整平、对中仪器后，旋转照准部 360°，若视线一直指向某点，说明视线处于铅直，即将底层轴线控制点投测到施工面接收靶上。

投测时要注意安全,经常检校激光束。最好选择阴天无风的时候观测,以保证精度。

3)天底准直法

利用能测设天底方向的仪器,向下进行竖直投测。常用于测设天底的仪器有垂准经纬仪、自动天底准直仪、自动天顶—天底准直仪。

投测时是把仪器安置在施工面的传递孔上,用天底准直法,通过每层的传递孔,将底层轴线控制点引测到施工面。

无论采用哪种投测,都必须注意校测,可采用吊垂球或外方向经纬仪测角等。还必须注意因阳光照射、焊接等原因而使建筑物产生的变形。投测时摸索规律,采取措施,以减少影响。

3. 高层建筑的高程传递

1)水准仪配合钢尺法

高层建筑底层 +0.50 m 的标高线由场地上的水准点来测设。其余各层的 +0.05 m 标高线由底层标高线用钢尺沿结构外墙、边柱或楼梯间向上直接量取,即可把高程传递到施工面上。一般每层选择 3 处向上量取标高,以便检核及适应分段施工的需要。用水准仪检查各标高点是否在同一水平面上时,其误差范围为 ±3 mm。再由各点测设出该层的 +0.50 m 标高线。

2)全站仪法

对于超高层建筑,用钢尺测量有困难时,可以在投测点或电梯井安置全站仪,通过对天顶方向测距的方法进行高程传递,如图 11-29 所示。具体操作方法和过程如下:

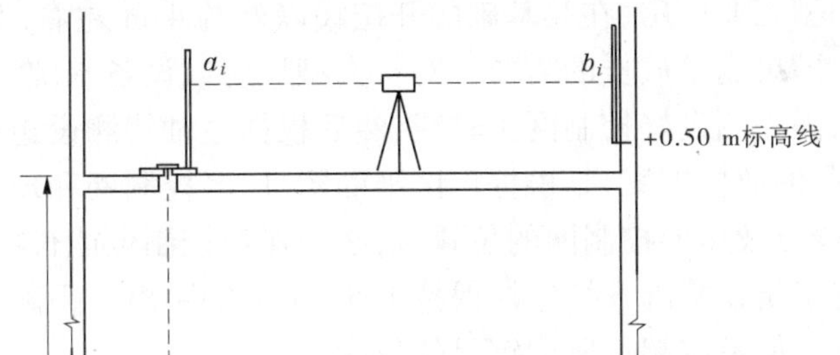

图 11-29 高程传递

(1)在投测点上安置全站仪,使望远镜视线水平(置竖盘读数为 90°),读取竖立在首层 +0.50 m 标高线上水准尺上的读数为 a_1。a_1 即为全站仪横轴到 +0.50m 标高线的仪器高。

(2)将望远镜视线指向天顶(置竖盘读数为 0°),在需要测设高程的第 i 层楼投测洞口上，水平安放一块400 mm×400 mm×5 mm、中间有一个ϕ30 mm圆孔的钢板。听从仪器观测员指挥，使圆孔中心对准望远镜视线，将测距反射片扣在圆孔上，进行测距，并记为d_i。

(3)在第i层楼上安置水准仪，在钢板上立一水准尺并读取后视读数a_i，在欲测设+0.50 m标高线处立另一水准尺，设该尺读数为b_i，则第i层楼面的设计高程H_i为

$$H_i = a_1 + d_i + (a_i - b_i) \tag{11-9}$$

由式(11-9)可解出应读前视读数b_i为

$$b_i = a_1 + d_i + (a_i - H_i) \tag{11-10}$$

(4)上下移动水准尺，使其读数为b_i，沿尺底在墙面上画线，即为第i层楼的+0.50 m标高线。

任务五　工业建筑施工测量

工业建筑主要指工业企业的生产性建筑，如厂房、运输设施、动力设施、仓库等，其主体是生产厂房，一般厂房多是金属结构及装配式钢筋混凝土结构单层厂房。其放样的工作内容与民用建筑大致相似，主要包括厂房矩形控制网的测设、厂房柱列轴线测设、基础施工测量、厂房构件安装测量及设备安装测量等。

工业建筑同民用建筑一样，在施工测量之前，首先必须做好测设前的准备工作，通过对设计图纸的熟悉，以及对施工场地的现场踏勘，便可按照施工进度计划，制订详细的测设方案，主要内容包括确定矩形控制网、距离指示桩的点位、点位的测设方法及对应的测设数据的计算、精度要求和绘制测设草图等。

对于一般中、小型工业厂房，在其基础的开挖线以外约4 m左右，测设一个与厂房轴线平行的矩形控制网，即可满足放样的需要。对于大型厂房或设备基础复杂的厂房，为了使厂房各部分精度一致，需先测设好控制网主轴线，然后根据主轴线测设矩形控制网。

厂房矩形控制网的放样方案，是根据厂区平面图、厂区控制网和现场地形情况等资料制定的。在确定主轴线点及矩形控制网的位置时，必须保证控制点能长期保存，因此要避开地上和地下管线，并与建筑物基础开挖边线保持1.5～4 m的距离。距离指示桩的间距一般等于柱子间距的整数倍，但不应超过所用钢尺的长度。

如图11-30所示为某工业建筑厂区平面图，其厂区控制网为建筑方格网，现进行厂区内合成车间的施工，厂房矩形控制网P、Q、R、S四个点可根据厂区建筑方格控制网用直角坐标法进行测设，其四个角点的设计位置距离厂房轴线向外4 m，由此可计算出四个控制点的设计坐标，同时可计算出各点实地测设时的放样数据，具体数据标注于测设简图上。最后绘制放样简图，本图是根据设计总平面图及施工平面图，按一定比例绘制的测设简图。图上标有厂房矩形控制网四个角点的坐标及P点按照直角坐标法进行测设的放样数据，其各角点的测设，依据厂区方格网控制点进行放样。

一、厂房控制网测设

(一)中小型厂房矩形控制网测设

对于中小型厂房而言，一般直接设计建立一个由四边围成的矩形控制网即可满足后期测设需要，如图11-30所示。

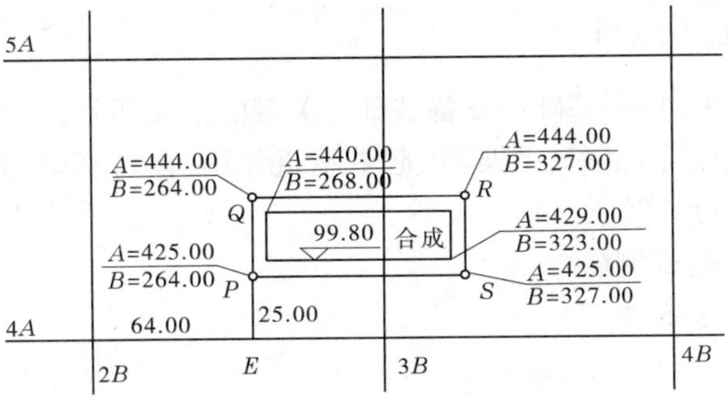

图 11-30 厂区控制网示意图

实地测设时,可依据厂区建筑方格网,按照直角坐标法进行。P、Q、R、S 是布设在基坑开挖边线以外 4 m 的厂房矩形控制网的四个角桩,控制网的边与厂房轴线相平行。根据放样数据,从建筑方格网的(4A,2B)点起,按照测设已知水平距离的方法,在方格轴线上定出 E 点,使其与方格点的距离为 64.00 m,然后将仪器安置在 E 点,后视方格点(4A,2B),按照测设已知水平角度的方法,测设一直角方向边,再于此测设方向上定出 P 点,使其与 E 点的距离为 25.00 m,继续在此方向上定出 Q 点,使 Q 点与 P 点的距离为 19 m,同时在地面上用木桩将点的位置标定出来。同法测设 R、S 点以建立厂房控制网,然后进行校核。

厂房控制网的角桩测设好后,即可测设各矩形边上的距离指示桩,同时均应打上木桩,并用小钉标示出桩的中心位置。

(二)大型厂房矩形控制网测设

对于大型厂房或设备基础复杂的厂房,由于施测精度要求较高,为了保证后期测设的精度,其矩形厂房控制网的建立一般分两步进行。第一步依据厂区建筑方格网精确测设出厂房控制网的主轴线及辅助轴线(可参照建筑方格网主轴线的测设方法进行),当校核达到精度要求后;第二步根据主轴线测设厂房矩形控制网,并测设各边上的距离指示桩,一般距离指示桩位于厂房柱列轴线或主要设备中心线方向上。最终应进行精度校核,直至达到要求。大型厂房的主轴线的测设精度,边长参考偏差不应超过 1/3 000,角度偏差不应超过 $\pm 5''$。

(三)改扩建厂房矩形控制网测设

在旧厂房进行改建或扩建前,最好能找到原有厂房施工时的控制点,作为扩建与改建时进行控制测量的依据;但原有控制点必须与已有的吊车轨道及主要设备中心线联测,将实测结果提交设计部门。

若原厂房控制点已不存在,应按下列不同情况,恢复厂房控制网:

(1)厂房内有吊车轨道时,应以原有吊车轨道的中心线为依据。

(2)扩建与改建的厂房内的主要设备与原有设备有联动或衔接关系时,应以原有设备中心线为依据。

(3)厂房内无重要设备及吊车轨道时,以原有厂房柱子中心线为依据。

(四)细部轴线测设

厂房矩形控制网建立后,根据矩形控制桩和轴线控制桩,用测距法或坐标法,可放样出厂房的外轮廓轴线角桩点,同时在离柱基设计开挖边线 0.5~1.0 m 处的轴线方向上定出四个柱基定位桩,作为厂房轴线及柱基放样和厂房构件安装的依据。

二、厂房基础施工测量

在工业厂房结构中，柱子基础和设备基础是关键的组成部分，柱子基础对厂房的上部建筑（如柱子、吊车梁和轨道、吊车、屋架等）起着承重作用，设备基础的准确测量是各部分机械正确安装和安全运行的保证。

（一）装配式柱子基础测量

1. 混凝土预制柱基础

1）柱基定位放线

依据轴线控制桩和柱基定位桩放样柱基础。如图 11-31 所示，在柱基定位桩上拉线，按基础详图的尺寸和基坑放坡宽度，进行柱基及开挖边线的放线，用灰线把基坑开挖边线的实地位置标出。

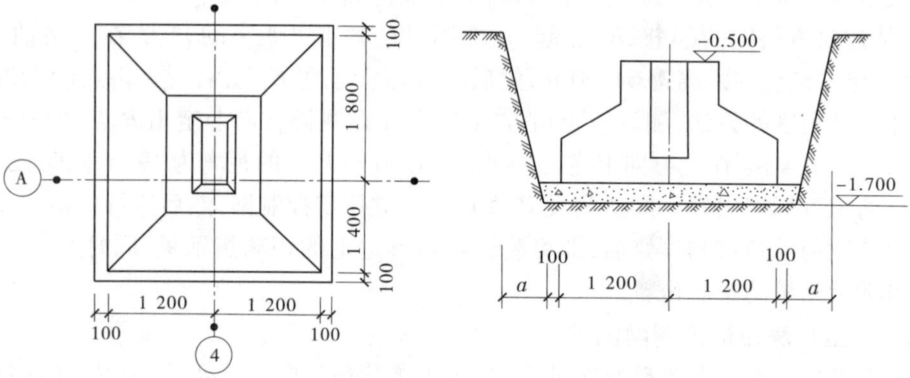

图 11-31　柱基定位示意图

同法可放出全部柱基。

2）基坑抄平

当基坑开挖到一定深度，快要挖到柱基设计标高（一般距基底 0.3 ~ 0.5 m）时，应在基坑的四壁或者坑底边沿及中央打入小木桩，如图 11-32 所示，并用水准仪在木桩上引测同一高程的标高，以便根据标点拉线修整坑底和打垫层。其标高的容许偏差为 ±5 mm。

3）基础模板的定位测量

垫层打好后，根据柱基定位桩用拉线、吊垂球的方法在垫层上放出基础中心线，并依据柱基的设计尺寸弹墨线标明柱基位置，作为柱基立模和布置钢筋的依据。立模时其模板上口还可由坑边定位桩直接拉线，用吊垂球的方法检查模板的位置是否正确竖直。然后用水准仪在模板的内壁引测基础面的设计标高，并画线标明，作为浇筑混凝土的依据。

4）杯口轴线及标高放样

在柱基拆模之后，根据矩形控制网，用投点法把柱中心线投测到基础顶面，并绘三角标志标明，以备吊装柱子时使用，如图 11-33 所示。

同时，为了修平杯底，还须在杯口内壁测设某一标高线，用三角标志标明，其一般比杯形基础顶面略低 10 cm，且与杯底设计标高的距离为整分米数，以便根据该标高线来修平杯底。

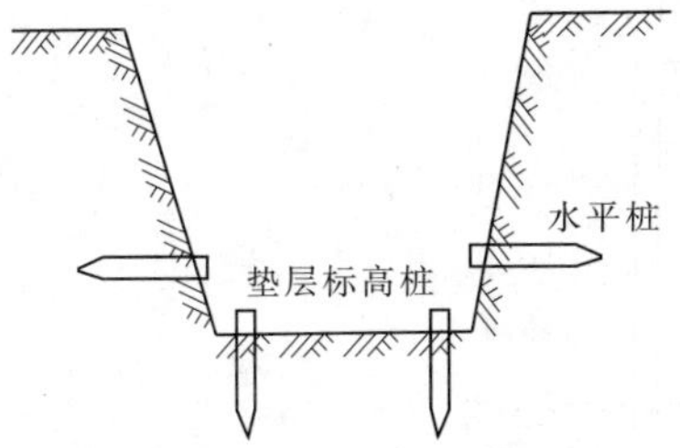

图 11-32　基坑抄平示意图

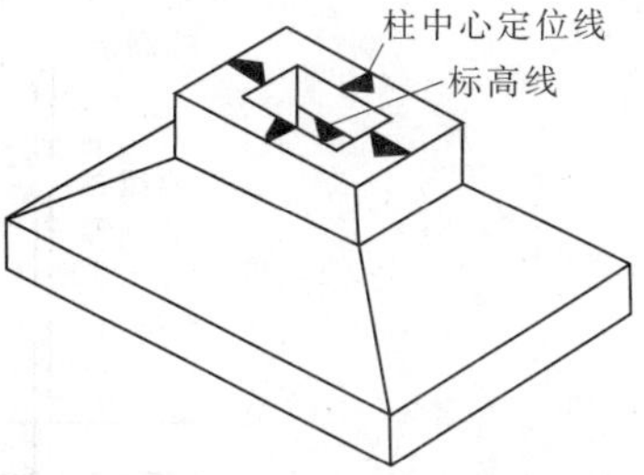

图 11-33　杯口轴线及标高示意图

2. 钢结构柱基础

对于钢结构柱基础，顶面通常设计为一平面，通过锚栓将钢柱与基础连成整体。施工时应注意保证基础顶面标高及锚栓位置的准确。

钢柱基础定位与基坑底层抄平方法均与混凝土基础相同，其特点是基坑较深且基础下面有垫层，以及进行与混凝土形成基础整体的地脚螺栓的埋设。

其施测方法与步骤如下。

1）钢柱基础垫层放线

垫层混凝土凝结后，应在垫层面上投测柱基中线，并根据中线点弹出墨线，绘出地脚螺栓固定架的位置，以作为安置螺栓固定架及根据中线支立模板的依据，如图 11-34 所示。

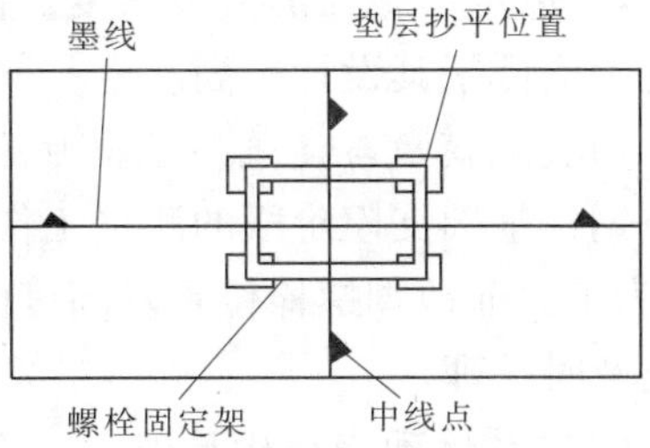

图 11-34　钢柱基础垫层放线示意图

投测中线时，仪器必须安置在基坑旁，保证视线能看到坑底，然后照准矩形控制网上基础中心线的两端点，用正倒镜法投点，并在垫层面上做标志。

螺栓固定架位置在垫层上绘出后，即可在固定架外框四个角落测设标高，以便用来检查并修平垫层混凝土面，使其符合设计标高，便于固定架的安装。如基础过深，从地面上直接引测基础地面标高，标尺不够长时，可采用悬吊钢尺的方法测设。

2）地脚螺栓固定架中线标高放样

固定架安置：固定架一般是用钢材制作，用以锚定地脚螺栓及其他埋设件。根据垫层上的中心线和所画的位置将其安置在垫层上，然后根据在垫层上测定的标高点，进行地脚抄平，将高的地方的混凝土去掉一些，低的地方垫以小块钢板并与底层钢网焊牢，使其符合设计标高，如图 11-35 所示。

固定架标高测量：固定架安置好后，用水准仪测出四根横梁的标高，以检查固定架高度是否符合设计要求，其容许偏差为 ±5 mm，但应不高于设计标高。标高满足要求后，将固定架与底层钢筋焊牢，并加焊支撑钢筋。

固定架中线投测：在投点前，应对矩形控制边上的中心端点进行检查，然后根据相应两端点，将中线投测在固定架横梁上，并刻绘标志。其中线投点偏差（相对于中线端点）不超过 ±2 mm。

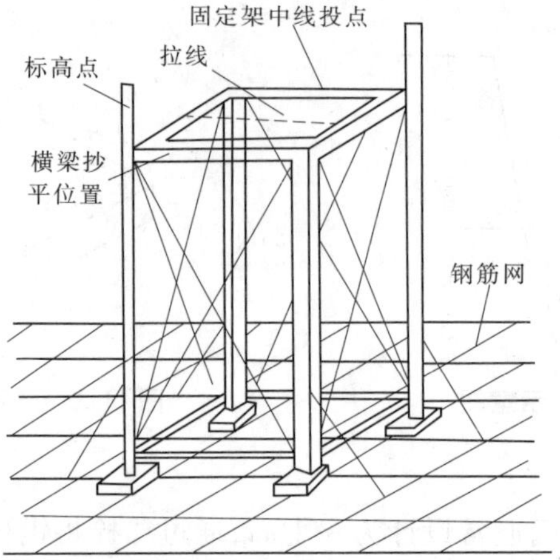

图 11-35　固定架安置示意图

3) 地脚螺栓安装与标高测量

根据垫层上和固定架上投测的中心点,把地脚螺栓安放在设计位置。为了测定地脚螺栓的标高,在固定架的斜对角处焊两根小角钢,如图 11-35 所示,在其上引测同一数值的标高点,并刻绘标志,其高度应比地脚螺栓的设计标高稍低一些。然后在角钢上两标点处拉一细钢丝,以定出螺栓的安装高度。待螺栓安装好后,测出螺栓第一丝扣的标高。地脚螺栓的高度不应低于其设计标高。

4) 支立模板与浇筑混凝土时测量工作

钢柱基础支模阶段的测量工作与混凝土基础相同。特别之处在于,在浇筑基础混凝土时,为了保证地脚螺栓位置及高度的正确,应进行看守观测,若发现其变动应立即通知施工人员及时处理。

(二) 整体现浇结构基础

当厂房结构为整体现浇混凝土结构时,基础部分的测量工作与混凝土预制柱基础测量相同,柱子部分的测量工作主要是柱子模板安装和柱身投线测量,可参照前面模块的相关内容。

三、设备基础施工测量

设备基础施工方法一般有两种:一种是在厂房柱子基础和厂房部分建成后才进行设备基础施工。若采用此施工方法,测设前必须将厂房外面的控制网在砌筑砖墙之前引入厂房内部,布设一个内部控制网,作为设备基础施工和设备安装放线的依据;另一种是厂房柱基与设备基础同时施工,这时则不需建立内控制网,一般是将设备基础主要中心线的端点测设在厂房矩形控制网上。

对于第一种施工方法,其内控制网的设置,一般是根据厂房矩形控制网引测,其投点容许偏差应为 ±(2 ~ 3) mm,内控制点应选在施工中不易被破坏的稳定柱子上,各标点高度最好一致,以便量距及相互通视。点的疏密程度可根据厂房的大小及厂内设备分布情况而定,在满足施工定线的要求下,尽可能少布点,减少工作量。

中小型设备基础内控制网的设置,其内控制网的标点一般采用在柱子上预埋标板,然后将柱中心线投测于标板之上，以构成内控制网。

对于第二种施工方法，由于大型设备基础与厂房基础同时施工，因而不需要设置内控制网，直接使用外围矩形控制测量即可。

四、厂房预制构件安装测量

装配式单层厂房主要由柱子、梁、吊车轨道、屋架、天窗和屋面板等主要构件组成。一般工业厂房都采用预制构件在现场安装的方法进行施工。为了配合施工人员搞好施工，一般要进行以下测设工作。

（一）柱子安装测量

1. 柱子安装前准备工作

（1）对基础中心线及其间距，基础顶面和杯底标高进行复核，符合设计要求后，才可以进行安装工作。

（2）把每根柱子按轴线位置进行编号，并检查柱子的尺寸是否符合图纸的尺寸要求，如柱长、断面尺寸、柱底到牛腿面的尺寸、牛腿面到柱顶的尺寸等，无误后，才可进行弹线。

（3）在柱身的三面，用墨线弹出柱中心线，每个面在中心线上画出上、中、下三点水平标志，并精密量出各标记间距离，如图11-36所示。

（4）调整杯底标高，检查牛腿面到柱底的长度，看其是否符合设计要求，如不相符，就要根据实际柱长修整杯底标高，以使柱子吊装后，牛腿面的标高基本符合设计要求。具体做法是：在杯口内壁测设某一标高线（如一般杯口顶面标高为 -0.500 m，则在杯口内抄上 -0.600 m 的标高线）。然后根据牛腿面设计标高，用钢尺在柱身上量出 ±0.000 m 和某一标高线（如 -0.600 m 的标高线）的位置，并涂画红三角标志。分别量出杯口内某一标高线至杯底高度、柱身上某一标高线至柱底高度，并进行比较，以修整杯底，高的地方凿去一些，低的地方用水泥砂浆填平，使柱底与杯底吻合。

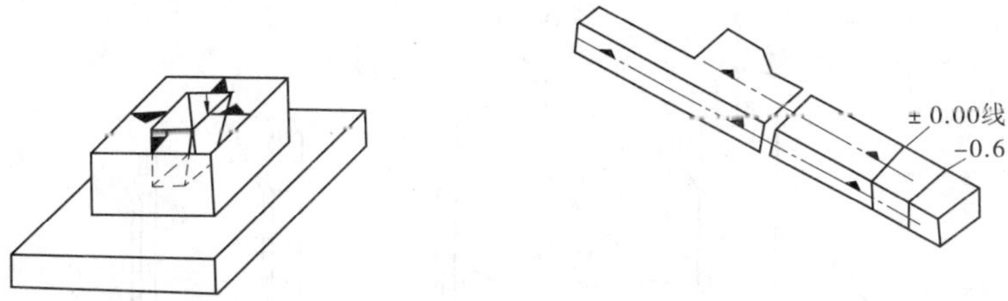

图11-36 柱身弹线示意图

2. 柱子安装时的测量

柱子安装时应满足的要求是保证柱子的平面和高程位置均符合设计要求，且严格控制柱身垂直度。预制钢筋混凝土柱吊起插入杯口后，应使柱底三面的中线与杯口中线对齐，并用硬木楔或钢楔做好临时固定，如有偏差可用锤敲打楔子拨正。其偏限值为 ±5 mm。

钢柱吊装要掌握如下要求：基础面设计标高加上柱底到牛腿面的高度，应等于牛腿面的设计标高。首先，根据基础面上的标高点修整基础面，再根据基础面设计标高与柱底到牛腿顶面的高度算出垫板厚度。安放垫板时，须用水准仪抄平予以配合，使其符合设计标高。

钢柱在基础上就位以后，应使柱中线与基础面上的中线对齐。

柱子立稳后，即应观测 ±0.000 m 点标高是否符合设计要求，其允许偏差，一般的预制钢筋混凝土柱应不超过 ±3 mm，钢柱应不超过 ±2 mm。

3. 柱子垂直校正测量

1) 经纬仪校正

进行柱子垂直校正测量时，应将两架经纬仪安置在柱子纵、横中心轴线上，且距离柱子约为柱高的 1.5 倍的地方。如图 11-37(a)所示，先照准柱底中线，固定照准部，再逐渐仰视到柱顶，若中线偏离十字丝竖丝，表示柱子不垂直，可指挥施工人员采用调节拉绳、支撑或敲打楔子等方法使柱子垂直。经校正后，柱的中线与轴线偏差不得大于 ±5 mm；柱子垂直容许偏差为 $H/1\ 000$，当柱高在 10 m 以上时，其最大偏差不得超过 ±20 mm；柱高在 10 m 以内时，其最大偏差不得超过 ±10 mm。满足要求后，要立即灌浆，以固定柱子位置。

在实际工作中，一般是一次把成排的柱子都竖起来，然后才进行垂直校正，如图 11-37(b)所示。这时可把两台经纬仪分别安置在纵、横轴线一侧，偏离中线不得大于 3 m，安置一次仪器即可校正几根柱子。但在这种情况下，柱子上的中心标点或中心墨线必须在同一平面上，否则仪器必须安置在中心线上。

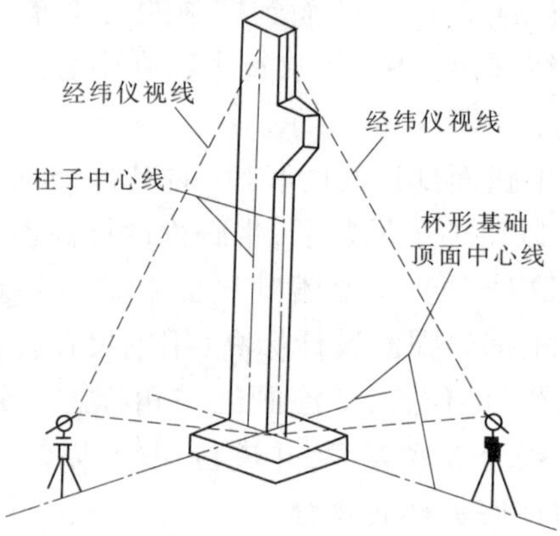

(a)

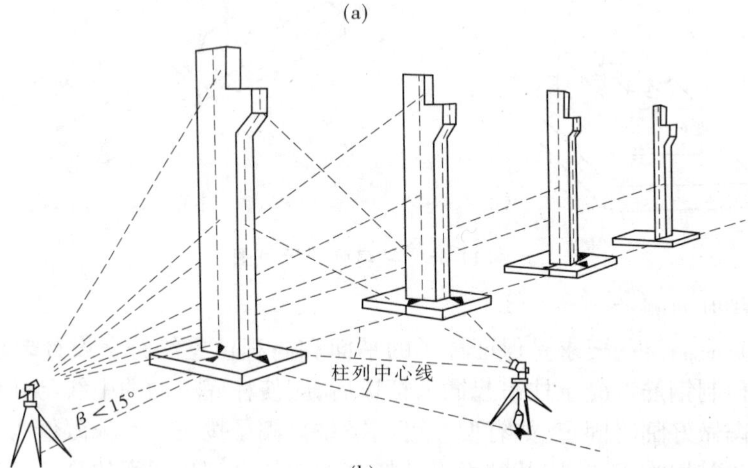

(b)

图 11-37　柱垂直度校正示意图

2) 全站仪坐标校正

依据施工图纸，计算出所有柱顶校正点坐标值，大截面的构件需校正 4 个点，小截面的构件需校正2个点。

使用全站仪和小棱镜,测量构件顶端校正点的坐标,与理论坐标比较,得到纠偏值,以指导工人安装。校正开始前和结束后必须测量其他控制点进行检验,同时校正完成后用钢尺检查各柱之间的平面几何尺寸关系。

(二)吊车梁及吊车轨道安装测量

厂房柱子安装完毕后,则需要在每排柱子的牛腿面上铺设吊车梁和吊车轨道,如图11-38所示,其测量工作主要是测设吊车梁的中线位置、梁的标高位置、两轨间跨距,轨道面标高等,以满足设计要求。

1. 吊车梁安装测量

1)吊车梁安装时的中线测设

根据厂房矩形控制网或柱中心轴线端点,在地面上定出吊车梁中心线(吊车轨道中心线)控制桩,然后用经纬仪将吊车梁中心线投测在每根柱子牛腿上,并弹以墨线,投点偏差为±3 mm。吊装时使吊车梁中心线与牛腿上中心线对齐,如图11-39所示。

2)吊车梁安装时的标高测设

吊车梁顶面标高,应符合设计要求。根据±0.000 m标高线,沿柱子侧面向上量取一段距离,在柱身上定出牛腿面的设计标高点,作为修平牛腿面及加垫板的依据。同时,在柱子的上端比梁顶面高10 cm处测设一标高点,据此修平梁顶面。梁顶面置平以后,应安置水准仪于吊车梁上,以柱子牛腿上测设的标高点为依据,检测梁面的标高是否符合设计要求,如图11-39所示。

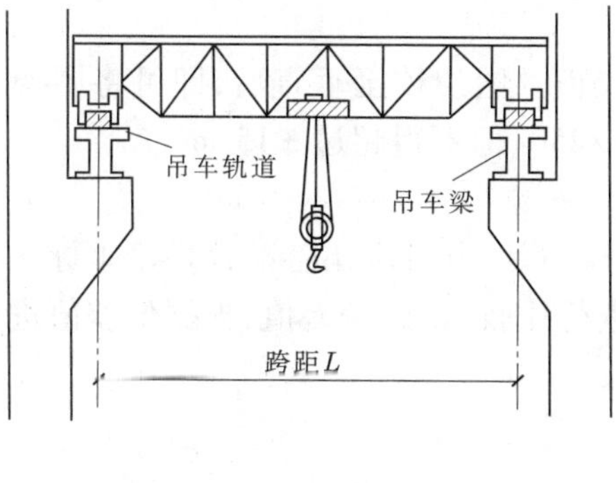

图11-38 吊车装置示意图

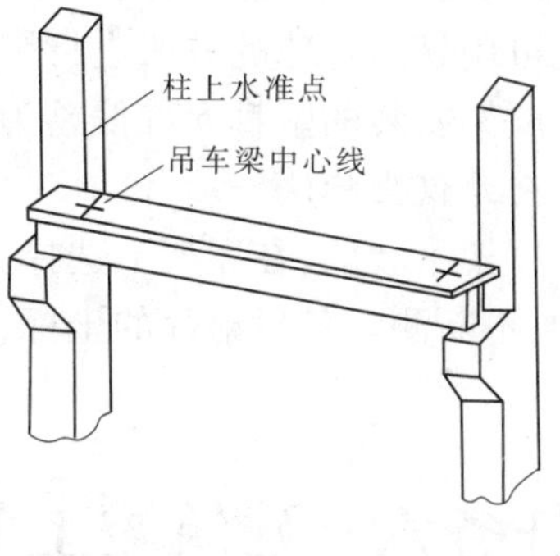

图11-39 吊车梁安装测量

2. 吊车轨道的安装测量

1)在吊车梁上测设轨道中心线

用平行线法测定轨道中心线。吊车梁在牛腿上安放好后,第一次投在牛腿上中心线已被吊车梁所掩盖,所以在梁面上须投测轨道中心线,以便安装吊车轨道。

2)吊车轨道安装时的标高测设

在吊车轨道面上投测好中线点后,应根据中线点弹出墨线,以便安放轨道垫板。在安装轨道垫板时,应根据柱子上端测设的标高点,测设出垫板标高,使其符合设计要求,以便安装轨道。梁面垫板标高测设时的允许偏差为±2 mm。

3)吊车轨道的校核

在吊车梁上安装好吊车轨道以后,必须进行轨道中心线检查测量,以校核其是否成一直线；还应进行轨道跨距及轨顶标高的测量，看其是否符合设计要求。检测结果要做出记录，作为竣工验收资料。

五、屋架安装测量

（一）柱顶抄平测量

屋架是搁在柱顶上的，在屋架安装之前，必须根据各柱面上的 ±0.000 m 标高线，利用水准仪或钢尺，在各柱顶部测设相同高程数据的标高点，以作为柱顶抄平的依据，据此安装屋架，才能保证屋架安装准确。

（二）屋架定位测量

屋架安装前，需用经纬仪或其他方法在柱顶上测设出屋架的定位轴线，并应用黑线弹出屋架两端的中心线，以作为屋架定位的依据。屋架吊装就位时，应使屋架的中心线与柱顶上的定位线对准，其允许偏差为 ±5 mm。

（三）屋架垂直控制测量

1. 经纬仪法

在厂房矩形控制网边线上的轴线控制桩上安置经纬仪，照准柱子上的中心线，固定照准部，然后将望远镜逐渐抬高，观测屋架的中心线是否在同一竖直面内，以此进行屋架的竖直校正。当观测屋架顶有困难时，也可在屋架上横放三把 1 m 长的小木尺进行观测，其中一把安放在屋架上弦中点附近，另外两把分别安放在屋架的两端，使木尺的零刻画正对屋架的几何中心，然后在地面上距屋架中心线为 1 m 处安置经纬仪，观测三把尺子的 1 m 刻划是否都在仪器的竖丝上，以此即可判断屋架的垂直度。

也可用悬吊垂球的方法进行屋架垂直度的校正。屋架校至垂直后，即可将屋架用电焊固定。屋架安装的竖直允许偏差为屋架高度的 1/250，但不得超过 ±15 mm。

2. 全站仪坐标法

在屋架吊装前，在屋架上选择关键节点粘贴反射片，并计算出各贴片理论坐标。在安装过程中，不断测量各反射片的坐标，和理论坐标进行比较，得到偏差值，根据偏差值进行安装调整。

任务六 建筑竣工测量

一、竣工测量概述

（一）竣工测量的目的

竣工测量是指工程竣工时，对建筑物、构筑物或管网等的实地平面位置、高程进行的测量工作。竣工测量的最终成果主要是竣工总平面图，它包括反映工程竣工时的地形现状、地上与地下各种建（构）筑物以及各类管线平面位置与高程的总现状地形图和各类专业图等，其主要目的是：

（1）验收与评价工程是否按图施工的依据。

（2）工程交付使用后，进行管理、维修的依据。

（3）工程改建、扩建的依据。

(二)竣工测量资料内容

(1)测量控制点的点位和数据资料(如场地红线桩、平面控制网点、主轴线点及场地永久性高程控制点等)。

(2)地上、地下建筑物的位置(坐标)、几何尺寸、高程、层数、建筑面积及开工、竣工日期。

(3)室外地上、地下各种管线(如给水、排水、热力、电力、电讯等)与构筑物(如化粪池、污水处理池、各种检查井等)的位置、高程、管径、管材等。

(4)室外环境工程(如绿化带、主要树木、草地、园林、设备)的位置、几何尺寸及高程等。

(三)竣工测量的工作要点

做好竣工测量的关键是:从工程定位开始就要有次序地、一项不漏地积累各项技术资料。尤其是对隐蔽工程,一定要在回填土前或下一步工序前及时测出竣工位置,否则就会造成漏项。在收集竣工资料的同时,要做好设计图纸的保管,各种设计变更通知、洽商记录均要保存完整。

竣工资料(包括测量原始记录)及竣工总平面图等编绘完毕,应由编绘人员与工程负责人签名后,交使用单位与国家有关档案部门保管。

二、竣工总平面图的编绘

(一)竣工总平面图的编绘内容

竣工总平面图上应包括建筑方格网点、水准点,厂房、辅助设施、生活福利设施、架空及地下管线、铁路等建筑物或构筑物的坐标和高程,以及建筑场区内空地和未建区的地形。

新建的建筑场区竣工总平面图,最好是随着工程的陆续竣工相继进行编绘;利用竣工测量成果编绘竣工总平面图。最终确保竣工图能真实反映建筑场区的实际情况。

有关建筑物、构筑物的符号应与设计图例相同,有关地形图的图例应使用国家地形图图式符号。

(二)竣工总平面图的编绘要求

竣工图的施测宜采用全站仪测图或其他数字测图的方法。竣工总平面图的编绘应收集总平面布置图、施工设计图、设计变更文件、施工检测记录、施工测量资料以及其他相关资料等。编绘前,应对所收集的资料进行实地对照检核,如有不符之处,应实测其位置、高程及尺寸等。

竣工总图的编制,应符合下列规定:

(1)地面建(构)筑物,应按实际竣工位置和形状进行编制。

(2)地下管道及隐蔽工程,应根据回填前的实测坐标和高程记录进行编制。

(3)施工中,应根据施工情况和设计变更文件及时编制。

(4)对实测的变更部分,应按实测资料编制。

(5)当平面布置改变超过图上面积 1/3 时,不宜在原施工图上修改和补充,应重新编制。

竣工总平面图的绘制,应满足下列要求:

(1)应绘出地面的建(构)筑物、道路、铁路、地面排水沟渠、树木及绿化地等。

(2)矩形建(构)筑物的外墙角,应注明两个以上点的坐标。

(3)圆形建(构)筑物,应注明中心坐标及接地处半径。

(4)主要建筑物,应注明室内地坪高程。

(5)道路的起终点、交叉点,应注明中心点的坐标和高程;弯道处,应注明交角、半径及交点坐标；路面，应注明宽度及铺装材料。

(6)铁路中心线的起终点、曲线交点，应注明坐标；曲线上，应注明曲线的半径、切线长、曲线长、外矢矩、偏角等曲线元素；铁路的起终点、变坡点及曲线的内轨面应注明高程。

(7)对于工业厂区中的永久性的建(构)筑物，如正规的生产车间、仓库、办公楼、水塔、烟囱及生产设备装置等，必须施测细部坐标及高程，并注明其结构类型。

任务七　建筑物变形观测

对于高层建筑物、大型工厂柱基、重型设备基础、高耸构筑物(如烟囱、水塔等)以及震动较大的连续性生产车间，在修建过程和使用的初期，由于基础和地基所承受的荷载不断增加，将引起基础及其四周地基的变形，而建(构)筑物本身因基础变形及外部荷载与内部应力的作用，其结构也要产生变形，大多数情况下表现为建筑物的沉降。其中以不均匀沉降的危害性最大。如果不均匀沉降的差值在一定范围内，可认为是正常现象，但如果超过某一限度就会导致建筑物的倾斜，甚至裂缝，并危及建筑物的安全。因此，在建(构)筑物的施工和运行管理期间需要进行建(构)筑物变形观测。通过变形观测所获得的数据，可分析和监视建筑物的变形情况，以及时发现问题，采取措施，保证建(构)筑物的正常使用和安全生产。同时，也为今后建(构)筑物结构和地基、基础的合理设计积累资料。

一、建筑物的沉降观测

沉降观测是采用水准测量的方法，连续观测设置在建筑物上的沉降观测点与周围水准点之间的高差变化值，来确定出沉降量的工作。

(一)基准点与沉降点的设置

1. 水准点的设置

作为沉降观测依据的基准点，必须牢固稳定，在相当长的观测时期内高程固定不变。它应埋设在沉降影响范围以外(一般而言，离开建筑物的距离应是基础宽度的3倍)，便于观测、点位易于保护的地方。为了检核，最少应布设3个水准点。埋设形式和要求与永久性水准点相同，在冰冻地区，埋设深度应达到冰冻线以下0.5 m。如有条件可用159 mm钻头钻孔后灌注混凝土筑成，如图11-40所示。钻孔要钻到较密实土层，其深度不浅于0.5 m，在浇灌混凝土前应插入ϕ20钢筋(顶部需处理)，作为基准点标志，并砌筑保护井。

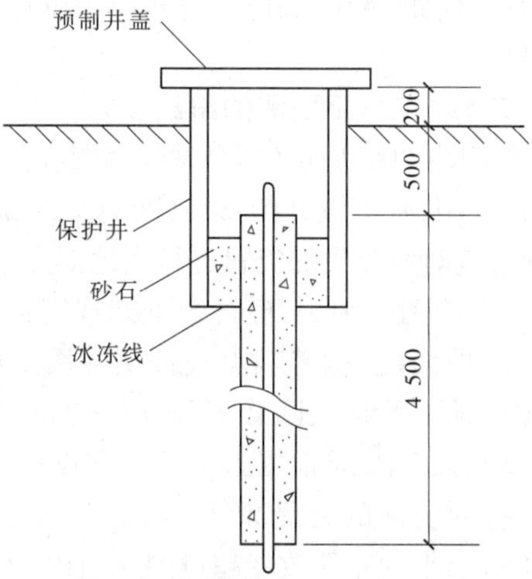

图11-40　基准点　(单位:mm)

2. 沉降点的设置

沉降观测点是为沉降观测而设置在待测建(构)筑物上的固定标志，其数目和位置应能全面反映建(构)筑物的沉降情况，与建(构)筑物或设备基础的结构、形状、大小、荷载以及地质条件有关。一般沿建(构)筑物四周每隔15～20 m布一点，其位置通常设在建(构)筑结构上有代表性的地方，如建（构）筑物四角、沉降缝两侧以及设备基础、柱子基础、基础改变处、地质条件变化处等。对于建筑物宽度大于 15 m 时，内墙（柱）也应设置一定数量的观测点。高大圆形的烟囱、水塔或储气罐等，可在其周围或轴线上布设沉降观测点。

（二）沉降观测方法

沉降观测的时间与精度，应由建（构）筑物的性质、规模以及地基基础的情况决定。

根据《建筑变形测量规范》（JGJ 8—2016）中相关条款规定，沉降观测一般在基础施工或基础垫层浇筑后开始进行。施工时，每增加一定的荷载观测一次。当遇到基础附近地面荷载突然增加、周围大面积积水或暴雨后、周围大量挖方或发现异常沉降等现象时，应增加观测次数。建筑物完工和投入使用后，应定期进行观测，观测的时间间隔可按沉降量的大小及沉降速度而定，直到最后 100 天每日沉降量小于 0.01～0.04 mm（按不同土质取值）。

沉降观测应根据现场作业条件，采用水准测量、静力水准测量或三角高程测量等方法进行。工程建筑物的沉降监测，通常采用水准测量的方法，尤其是采用精密水准测量（一等水准测量、二等水准测量）能够满足各类工程建筑物沉降观测的精度要求。

沉降观测时，首先应建立和布设沉降观测网，变形监测网通常由基准点、工作基点、监测点三级点组成。基准点是测定各点沉降量的依据，将其组成闭合线路，按精密水准测量方法进行连测，其高差闭合差要符合相关技术要求。沉降观测时，从基准点开始，组成闭合或附合线路逐点观测，通过定期测定沉降监测点相对于基准点的高差，求得监测点各周期的高程，同一监测点在不同周期的高程之差，即为该点的沉降值，即沉降量。通过沉降量还可以求出沉降差、沉降速度、基础倾斜、局部倾斜、相对弯曲及构件倾斜等。观测中做到人员、仪器、线路固定，并定期检验仪器。

（三）成果整理

每次观测之后，应及时检查手簿，精度合格后，调整闭合差，推算各点的高程，与上次所测高程比较，计算出本次沉降量及累积沉降量（或计算机输出成果），并将观测日期、荷载情况填入沉降观测成果表 11-5 中，提交有关部门。

表 11-5　沉降观测成果

观测点点号	第 1 次			第 2 次			第 3 次			第 4 次		
	2017 年 5 月 24 日			2017 年 7 月 20 日			2017 年 10 月 23 日			2017 年 12 月 24 日		
	高程（m）	本次沉降量（mm）	累积沉降量（mm）	高程（m）	本次沉降量（mm）	累积沉降量（mm）	高程（m）	本次沉降量（mm）	累积沉降量（mm）	高程（m）	本次沉降量（mm）	累积沉降量（mm）
1	48.756 7			48.746 5	−10.2		48.739 2	−7.3	−17.5	48.736 0	−3.2	−20.7
2	48.774 0			48.762 8	−11.2		48.756 7	−6.1	−17.3	48.753 8	−2.9	−20.2
3	48.775 5			48.764 0	−11.5		48.757 2	−6.8	−18.3	48.754 4	−2.8	−21.1
4	48.777 2			48.766 3	−10.9		48.759 1	−7.2	−18.1	48.755 8	−3.3	−21.4
5	48.747 0			48.735 3	−11.7		48.731 8	−3.5	−15.2	48.730 8	−1.0	−16.2
6	48.740 5			48.729 2	−11.3		48.724 8	−4.4	−15.7	48.722 7	−2.1	−17.8
7	48.763 0			48.753 0	−10.0		48.745 2	−7.8	−17.8	48.741 2	−4.0	−21.8
8	48.753 8			48.742 7	−11.1		48.737 0	−5.7	−16.8	48.734 9	−2.1	−18.9

观测完成后（或分期）应汇总每次观测成果，为了更清楚地表示沉降、荷载、时间之间的关系，还要画出各观测点的荷载—时间—沉降量曲线图。荷载与时间曲线图是以荷载为纵轴，时间为横轴，根据每次观测日期和每次荷载画出各点，然后用曲线相连。时间与沉降曲线图是以沉降量为纵轴，时间为横轴，根据每次观测日期和沉降量画出各点，然后用曲线相连，并在曲线的末端注明点号。两条曲线绘在同一张图上，以便能更清楚地表明各点在一定时间内所受到的荷载及沉降量。为了简洁，可选择最大、最小与平均沉降量绘制，如图 10-41 所示。最后还应提交沉降观测技术总结报告。

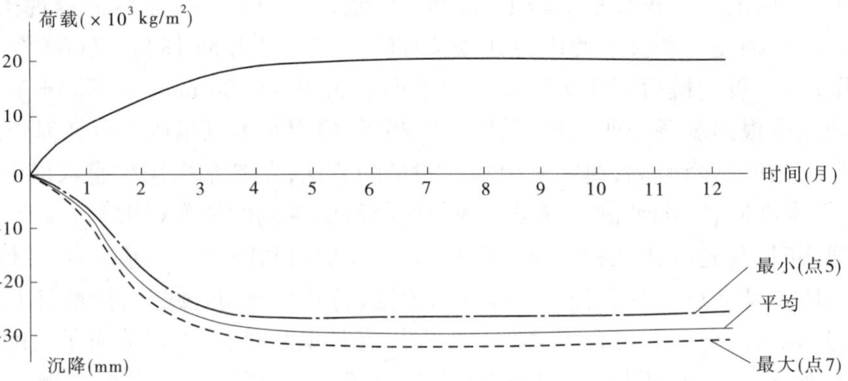

图 11-41　荷载—时间—沉降曲线

（四）成果整理

沉降观测应提交以下资料：

（1）沉降观测成果表。

（2）沉降观测点位布置图及基准点图。

（3）荷载—时间—沉降量（P—T—S）关系曲线图。

（4）沉降速度—时间—沉降量（V—T—S）关系曲线图。

（5）建筑物等沉降曲线图。

（6）沉降观测分析报告。

二、建筑物的倾斜观测

施工中的偏差以及不均匀沉降等会导致建（构）筑物产生倾斜，其观测方法有以下几种。

（一）经纬仪投影法

如图 11-42 所示，在被观测的建（构）筑物上、下部设置观测标志 M、N，两点应在同一竖直面内。若建（构）筑物发生倾斜，则 MN 连线随之倾斜。观测时在离建（构）筑物大于其高度约 1.5 倍处安置经纬仪，正倒镜分别照准 M 点向下投影，取中点得 N'点，若 N'与 N 不重合，说明建（构）筑物产生倾斜。N'与 N 之间的水平距离 a 为倾斜值，它除以建（构）筑物的高度 H 为倾斜度 i，即

$$i = \frac{a}{H} \tag{11-11}$$

高层建（构）筑物应在互相垂直的方向上进行倾斜观测，如图 11-43 所示，a、b 分别为两

个垂直方向上倾斜值。两方向的总倾斜值 c 为

$$c = \sqrt{a^2 + b^2} \tag{11-12}$$

建(构)筑物的总倾斜度为

$$i = \frac{c}{H}$$

c 的倾斜方向与 a 方向的夹角 θ 为

$$\theta = \arccos \frac{a}{c} \tag{11-13}$$

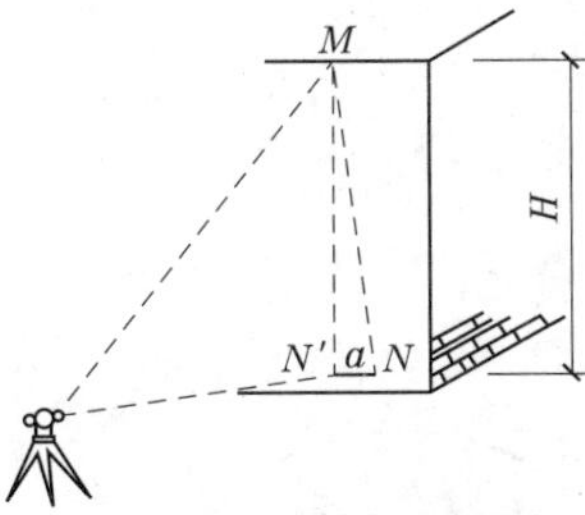

图 11-42　经纬仪投影法

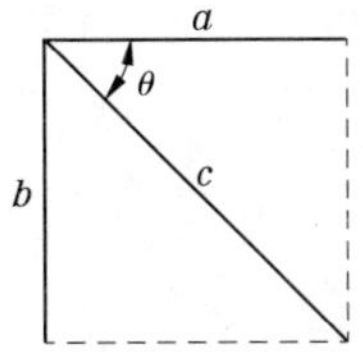

图 11-43　倾斜值计算示意图

(二)小角法观测

在滑模施工中,对外墙(柱)体及时进行倾斜观测,求出倾斜值,以便调整钢模体,保证墙体的竖直。

如图 11-44 中,$3S_o$ 与 S_oS_E 成 90°,当钢模体每次提升后,在 S_o 点安置经纬仪观测 $\angle 3S_oS_E$,若角值仍为 90°,说明上下竖直,否则,$\angle 3S_oS_E$ 与 90°有一个偏角 Δb,说明墙体相对于下部发生倾斜,其倾斜值 l 为

$$l = (\Delta\beta''/\rho) \times D \tag{11-14}$$

式中　D ——S_o 到 3′的距离,m。

$\rho = 206\ 265''$。

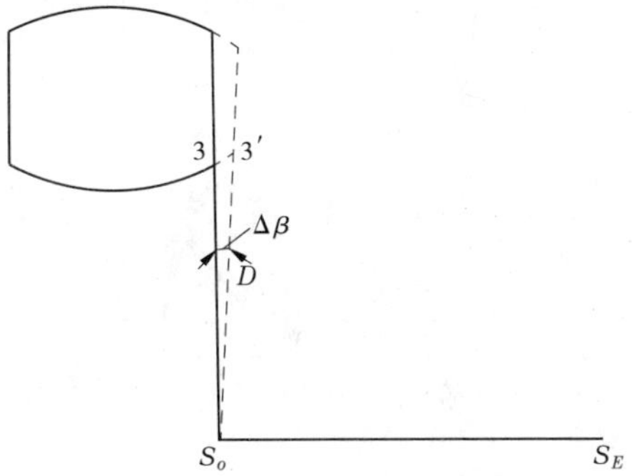

图 11-44　小角法倾斜观测

若 $\Delta\beta$ 为正,墙体向左倾斜,反之向右倾斜。

(三)圆形建(构)筑物的倾斜观测

对圆形建(构)筑物(如烟囱、水塔等)的倾斜观测就是测定其顶部中心对于底部中心的偏心距,观测按经纬仪投影法进行。如图 11-45(a)所示,先在底部横放一根木尺,离开烟囱约 1.5 倍烟囱高度远的标尺中垂线上安置经纬仪。分别照准烟囱顶部边缘两点 A、A' 及底部边缘两点 B、B',将其投测到标尺上,得读数为 y_1、y_1' 及 y_2、y_2',如图 11-45(b)所示,则顶部中心 O 对底部中心 O' 在 y 方向上的偏心距 δ_y 为

$$\delta_y = \frac{y_1 + y_1'}{2} - \frac{y_2 + y_2'}{2} \tag{11-15}$$

同法得另一垂线方向上的偏心距 δ_x

$$\delta_x = \frac{x_1 + x_1'}{2} - \frac{x_2 + x_2'}{2} \tag{11-16}$$

顶部中心对底部中心的总偏心距 δ 为

$$\delta = \sqrt{\delta_x^2 + \delta_y^2}$$

倾斜度 i 为

$$i = \frac{\delta}{H} \tag{11-17}$$

式中　H——烟囱高度。

烟囱的倾斜方向为

$$\alpha_{o'o} = \arctan\delta_y / d_x \tag{11-18}$$

式中　$\alpha_{o'o}$——相对于 x 轴的坐标方位角。

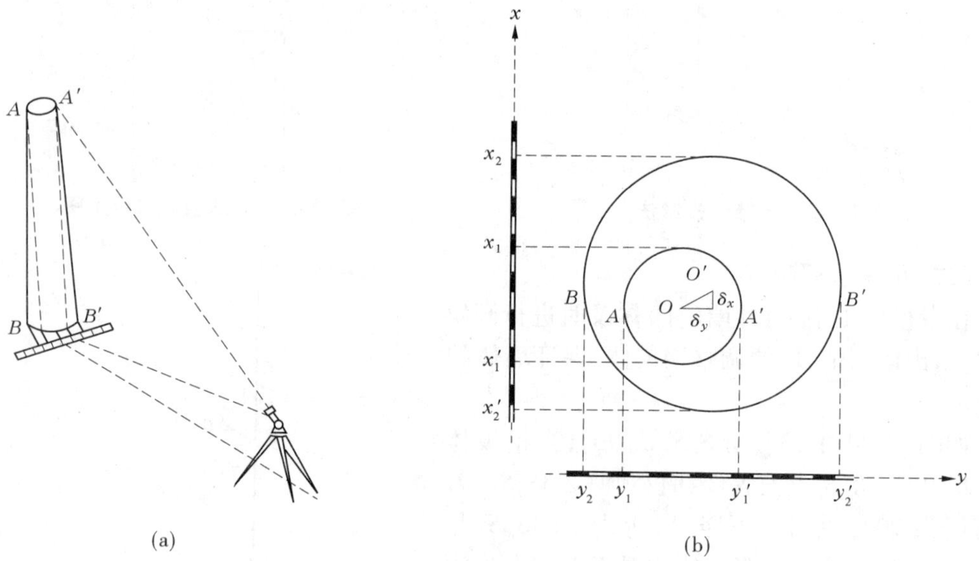

图 11-45　圆形建筑物倾斜观测示意图

三、建筑物的裂缝观测

裂缝观测的主要目的是查明裂缝情况，掌握变化规律，分析成因和危害，以便采取对策，保证建筑物安全运行。《建筑变形测量规范》(JGJ 8—2016)中规定，对建筑上明显的裂缝，应进行裂缝观测。裂缝观测应测定裂缝的位置分布和裂缝的走向、长度、宽度、深度及其变化情况。深度观测宜选在裂缝最宽的位置。裂缝观测是测定建筑物某一部位裂缝发展状况的工作。

(一)裂缝观测的要求

(1)每条裂缝应至少布设 3 组观测标志，其中一组应在裂缝的最宽处，另两组应分别在裂缝的末端。每组应使用两个对应的标志，分别设在裂缝的两侧。

(2)裂缝观测标志应便于量测。长期观测时，可采用镶嵌或埋入墙面的金属标志、金属杆标志或楔形板标志；短期观测时，可采用油漆平行线标志或用建筑胶粘的金属片标志。当需要测出裂缝纵、横向变化值时，可采用坐标方格网板标志。采用专用仪器设备观测的标志，可按具体要求另行设计。

(3)对需要观测的裂缝应统一编号。每次观测时,应绘出裂缝的位置、形态和尺寸,注明观测日期并拍摄裂缝照片。

(二)裂缝观测的方法

对数量少、量测方便的裂缝,可分别采用比例尺、小钢尺或游标卡尺等工具定期量出标志间距离,求得裂缝变化值,或用方格网板定期读取坐标差计算裂缝变化值;对大面积且不便于人工量测的众多裂缝,宜采用前方交会或单片摄影方法观测;当需要连续监测裂缝变化时,可采用测缝计或传感器自动测记方法观测。实际中常采用的观测方法有以下两种。

1. 石膏标志

在裂缝的两端(最窄处与最宽处)抹一层厚约 10 mm、宽约 50 mm 的石膏(长度视裂缝长短而定),石膏干固后,用红油漆喷一层宽约 5 mm 的横线,横线跨越裂缝两侧且垂直于裂缝。若裂缝继续扩张,则石膏开裂,每次测量红线处裂缝的宽度并做记录。

2. 铁皮标志

在裂缝两侧分别钉设铁皮与钢尺标志,每次观测时,读取铁皮在钢尺上的读数就可观测出裂缝宽度的变化情况。在观测裂缝宽度的同时量出其长度与走向并做记录。

四、建筑物的水平位移观测

建筑物的水平位移观测是测定建筑物在规定平面位置上在外力作用下随时间变化的位移量。水平位移观测是指观测变形体的平面位置随时间而产生的位移大小及方向变化,并提供变形预报而进行的测量工作,适时观测建筑物的水平位移量,能有效地监控建筑物的安全状况,并可根据实际情况采取适当的加固措施。建筑水平位移按坐标系统可分为横向水平位移、纵向水平位移和特定方向水平位移。水平位移观测既可以观测在某个轴线上的变化量,也可以观测点位的变化量。

(一)观测周期

《建筑变形测量规范》(JGJ 8—2016)对水平位移观测周期规定:

(1)施工期间,可在建筑每加高 2 ~ 3 层观测 1 次;主体结构封顶后,可每 1 ~ 2 月观测 1 次。

(2)使用期间,可在第一年观测 3 ~ 4 次,第二年观测 2 ~ 3 次,第三年后每年观测 1 次,直至稳定。

(3)若在观测期间发现异常或特殊情况,应提高观测频率。

(二)观测方法

水平位移的观测方法较多,有基准线法、导线法、前方交会法和全站仪法等。下面主要介绍基准线法和全站仪法。

1. 基准线法

基准线法的基本原理是以选取建筑线或建筑物轴线的平行线为基准线,在基准线上设观测站,定期观测建筑物上的观测点,比较同一点在不同时期的偏移值,即可求出观测的在垂直于基准方向的水平位移。其观测方法如同前面提到的小角观测法。

2. 全站仪法

基准线法对于直线形建筑物的位移观测具有速度快、精度高、计算简单的优点,但只能测定一个方向位移。对于非直线形建筑物的位移观测,有时需要同时测定建筑物上某观测点的两个方向上的位移,或不能设置基准线的建筑场地上。采用全站仪法是最简单的方法之一。

在被观测建筑物附近设置观测站,在建筑物上设置好微型棱镜,在观测站上安置全站仪,定期观测该点的坐标,就可求出该点的水平位移。

在测量屋顶或大坝顶观测点水平位移时,也可采用 GPS 的方法,测量出坐标值求出水平位移。

任务八　基坑的变形监测

一、基坑变形监测目的

在基坑施工期间,由于坑内土体开挖,会引起基坑底面的回弹;在外侧土压力的作用下,会引起围护结构内力发生变化,同时产生变形;如果围护结构强度和刚度不足,将导致支护桩倾斜,甚至坍塌等严重事故;同时由于基坑降水,水位的下降会引起坑外土体的固结,使地面发生沉降,特别是如果支护防渗系统存在缺陷,将会发生渗漏、流砂等现象,结果导致地坪开裂以及周围建筑物产生不均匀沉降。对基坑及周边环境进行监测,预警并防范过大位移、变形与工程事故的发生,并通过监测,保证整个基坑工程的安全施工。《建筑基坑工程监测技术规范》(GB 50497—2009)相关条款明确规定:开挖深度超过 5m 或开挖深度未超过 5 m,但现场地质情况和周围环境较复杂的基坑工程均应实施基坑工程监测。

(一)基坑监测的目的

进行基坑围护安全监测,可使基坑开挖工作顺利进行,及时了解基坑围护结构本身的受力和变化情况,同时关注基坑周围建筑物的变化情况,对基坑开挖工程进行动态监测,在预知可能出现危险的情况下及时报警,以便采取相应的应急措施,从而使基坑在施工期间确保围护结构不产生过大的位移和变形,使基坑施工最大的处于安全经济的状态下进行。在基坑的开挖和支护过程中,一般要对基坑支护结构的应力变化和土体的变形进行监测,目的在于:

(1)保证基坑支护结构和邻近建筑物的安全,为合理制定保护措施提供依据。

(2)检验设计所采取的各种假设和参数的正确性,及时修正与完善,指导基坑开挖和支护结构的施工。

(3)积累工程经验,为提高基坑工程的设计和施工的整体水平提供依据。

(二)基坑工程监测的内容

根据《建筑基坑工程监测技术规范》(GB 50497—2009)可知,监测对象根据不同等级的基坑,包含不同的监测内容。基坑监测内容一般包括:维护墙(边坡)顶水平位移和竖向位移;深层水平位移;立柱竖向位移;维护墙内力;围护墙侧向土压力;支撑内力;立柱内力;锚杆内力;土钉内力;坑底回弹;孔隙水压力;地下水位;土体分层竖向位移;周边地表的竖向位移、裂缝;周边建筑的竖向位移、倾斜、水平位移及裂缝;周边管线变形等。上述监测内容根据基坑安全等级的不同,有些内容为应测,有些内容为宜测,有些内容为可测。另外,对基坑向外 1 ~ 2 倍开挖范围内相邻建筑及道路进行沉降监测,预警基坑开挖引起的环境问题。

(三)基坑工程安全等级的划分

《建筑地基基础工程施工质量验收规范》(GB 50202—2002)的相关条款对基坑等级进

行了划分：

(1)符合下列条件之一的为一级基坑：

①重要工程或支护结构做主体结构的一部分；

②开挖深度大于 10 m；

③与邻近建筑物、重要设施的距离在开挖深度以内的基坑；

④基坑范围内有历史文物、近代优秀建筑、重要管线等需严加保护的基坑。

(2)三级基坑为开挖深度小于 7 m,周围环境无特别要求的基坑。

(3)除一级和三级以外的基坑为二级基坑。

二、基坑变形监测方法

根据设计图纸及相关规范要求,在基坑支护工程施工过程中,应该在场区内基坑壁坡顶布置监测点,进行水平位移观测和竖向位移观测。此外,还要对受基坑施工影响的周边建筑物进行沉降及倾斜的常规监测。

(一)变形测量点的布置

变形测量点分为基准点、工作基点和变形监测点。其布设应符合下列要求：每个基坑工程至少应有 3 个稳固可靠的点作为基准点;工作基点应选在稳定的位置。在通视条件良好或观测项目较少的情况下,可不设工作基点,在基准点上直接测定变形监测点;施工期间,应采用有效措施,确保基准点和工作基点的正常使用;监测期间,应定期检查工作基点的稳定性。

基坑工程监测点的布置应最大程度地反映监测对象的实际状态及其变化趋势,并应满足监控要求。监测点宜设置在基坑边坡坡顶上。基坑边坡顶部的水平位移和竖向位移监测点应沿基坑周边布置,基坑周边中部、阳角处应布置监测点。监测点间距不宜大于 20 m,每边监测点数目不应少于 3 个。

(二)监测方法

一般基坑的变形监测都可采用现场观察法和借助于测量仪器的其他观测方法。现场观察是指不借助于任何量测仪器,由有 定工程经验的监测人员用肉眼凭经验获得对判断基坑稳定和环境安全性的有用信息。测定特定方向上的水平位移时可采用视准线法、小角度法、投点法等;测定监测点任意方向的水平位移时可视监测点的分布情况,采用前方交会法、自由设站法、极坐标法等;当基准点距基坑较远时,可采用 GPS 测量法或三角、三边、边角测量与基准线法相结合的综合测量方法。竖向位移监测可采用几何水准测量方法。各监测点与水准基准点或工作基点应组成闭合环路或附合水准路线。

(三)监测要求

对同一监测项目,监测时宜符合下列要求:采用相同的观测路线和观测方法;使用同一监测仪器和设备;固定观测人员;在基本相同的环境和条件下工作。

基坑工程监测频率应以能系统反映监测对象所测项目的重要变化过程,而又不遗漏其变化时刻为原则,应考虑基坑工程等级、基坑及地下工程的不同施工阶段以及周边环境、自然条件的变化。当监测值相对稳定时,可适当降低监测频率。基坑工程监测工作应贯穿于基坑工程和地下工程施工全过程。监测工作一般应从基坑工程施工前开始,直至地下工程完成。对有特殊要求的周边环境的监测,应根据需要延续至变形趋于稳定后才能结束。

三、基坑变形监测资料整理

（一）监测数据整理

基坑监测内容较多，对应设计有不同的观测记录表格。对于观测到的异常情况应予以记录。根据监测内容和外业监测数据采取一定的方法进行处理，以便向工程建设、监理提交监测报表或监测报告。

监测报表的形式一般有日报表、周报表、阶段报表。报表中体现的是原始数据，不得更改和涂抹。

报表中应尽可能配备图形和曲线，便于工程施工管理人员的工作。

（二）监测成果的整理

1. 基准点、工作基点的稳定性分析

基坑工程变形监测会以基准点为基准依据进行相关的观测和变形分析，所以基准点（或工作基点）的稳定性极为重要。当使用的工作基点或基准点确实存在位移时，必须对由它们确定的位移值和高程值施加改正数。

2. 观测资料的整编

根据观测数据进行变形值的计算和分析，变形值计算后，通常将实测变形值绘成各种图表。

3. 变形值的统计规律及成因分析

根据实测变形值整编的表格和图形，可显示变形趋势、规律、幅度，以此来分析其成因。

（三）监测报告的编写与提交

基坑工程监测完成后需提交监测报告，监测报告一般包括以下内容：

（1）工程概况。

（2）监测内容和控制指标。

（3）仪器设备和测量方案。

（4）变形监测数据处理分析和预报的成果资料。

（5）变形过程和变形分布图表。

（6）监测成果的评价、结论和建议。

习　题

1. 施工控制测量包括哪些内容？
2. 简述施工控制网的测设步骤。
3. 民用建筑施工测量的内容有哪些？
4. 为什么要进行建筑物沉降观测？变形观测的主要内容包括哪些？
5. 建筑物倾斜观测的方法有哪些？
6. 基坑工程监测的内容与方法有哪些？

模块十二 交通工程施工测量

教学内容

本模块主要包括交通工程施工控制测量、道路中线测量、道路曲线测设、道路纵横断面测量与土石方计算、道路施工测量、桥梁施工测量等。

学习目标

学习本模块,要掌握交通工程施工控制测量、道路中线测量、道路曲线测设、道路纵横断面测量与土石方计算、道路施工测量、桥梁施工测量的计算与测量方法。掌握圆曲线要素的计算与主点测设。

任务一 交通工程施工控制测量

控制测量是交通工程施工的基础,控制测量的好坏对整个交通工程建设质量起着决定性的作用。因此,在控制测量中,必须深入全面地进行调查研究,实事求是、精心勘测,注重技术经济效益,同时考虑环境和社会的影响,为设计提供准确、完整的数据和资料,以保证设计文件的高质量,为施工奠定坚实的基础。本任务主要介绍交通工程控制测量的测量工作。

为了更好地完成本任务,可在多媒体教室或机房演示线路施工控制测量的方法。可分组讨论控制测量的步骤、方法。

在控制测量阶段,首先要熟悉《工程测量规范》(GB 50026—2007)等规范,能根据规范及实际工程的要求合理地进行平面、高程控制点的布设,并进行相应等级的控制测量。

一、交通工程平面控制测量

(一)控制点位选择

平面控制点的布设是在规划的基础上进行的,控制点位置的选取应符合以下要求:

(1)平面控制点位置应沿路线布设,距路中心的位置宜大于 50 m 且小于 300 m,地层稳固,点位能长期保存。

(2)控制点位的选择应便于加密、扩展和寻找,同时应便于测角、测距及地形测量和定测放线。

(3)相邻点之间必须通视,平均边长应参照表 12-1 执行。四等及以上平面控制网中相邻点之间的距离不得小于 500 m,一、二级平面控制网中相邻点之间的距离在平原、微丘区不得小于 200 m,在重丘、山岭区不得小于 100 m,最大距离不应大于平均边长的 2 倍。

(4)观测视线超越(或旁离)障碍物应在 1.3 m 以上。

(5)路线平面控制点的设计,应考虑沿线桥梁、隧道等构造物布设控制网的要求,在大型构筑物的两侧应分别布设一对平面控制点。

表 12-1　相邻点间平均边长参照　(单位:km)

等级	平均边长	等级	平均边长
二等	3.0	一级	0.5
三等	2.0	二级	0.3
四等	1.0		

(二)平面控制测量

路线平面控制网是交通工程平面控制测量的主控制网,其布设应符合因地制宜、技术先进、经济合理、确保质量的原则。沿线各种施工平面控制网应联测于主控制网上,主控制网宜全线测量,统一平差计算。

平面控制网的建立,可采用 GNSS 测量、导线测量等方法。平面控制测量的等级,当采用导线测量时依次为三、四等和一、二、三级导线。各等级平面控制测量,其最弱点点位中误差不得大于 5 cm,最弱相邻点相对点位中误差不得大于 3 cm,最弱相邻点边长相对中误差不得大于表 12-2 的规定。

表 12-2　平面控制测量精度要求

等级	最弱相邻点边长相对中误差	等级	最弱相邻点边长相对中误差
二等	1/100 000	一级	1/20 000
三等	1/70 000	二级	1/10 000
四等	1/35 000		

1. 交通工程 GNSS 测量平面控制网

GNSS 测量平面控制网可以布设成 D 级或 E 级带状 GNSS 控制网,控制点位不应选在大功率发射台或高压线附近,距离高压线不应小于 100 m,距离大功率发射台不宜小于 400 m。控制点位应避开由于地面或其他目标反射所引起的多路径干扰的位置。高度角为 15°的下方,应无妨碍通视的障碍物。每隔 3 km 左右布设一对间距约为 0.5 km 的控制点。GNSS 控制网应同附近高等级的国家平面控制网点联测,联测点数不应少于 3 个,并力求分布均匀,且能覆盖本控制范围,当 GNSS 控制网较长时,应增加联测点数量。二、三、四等 GNSS 控制网应采用网连式或边连式布网,一、二级 GNSS 控制网可采用点连式布网。GNSS 控制网中不应出现自由基线。

2. 交通工程导线测量

导线测量时,导线应尽量布设成直伸形状,相邻边长不宜相差过大。当导线平均边长较短时,应控制导线边数。当导线长度小于表 12-1 规定长度的 1/3 时,导线全长的绝对闭合差不应大于 13 cm。主要技术要求见表 12-3。

表 12-3　导线测量技术要求

等级	等级附合导线长度(km)	边数	测距中误差(mm)	测角中误差(″)	导线全长相对闭合差	方位角闭合差(″)
三等	≤18	≤9	≤14	≤1.8	≤1/55 000	$\leqslant \pm 3.6\sqrt{n}$
四等	≤12	≤12	≤10	≤2.5	≤1/35 000	$\leqslant \pm 5\sqrt{n}$
一级	≤6	≤12	≤14	≤5.0	≤1/17 000	$\leqslant \pm 10\sqrt{n}$
二级	≤3.6	≤12	≤11	≤8.0	≤1/11 000	$\leqslant \pm 16\sqrt{n}$

注:1. n 为测站数。

2. 以测角中误差为单位权中误差。

3. 导线网节点间的长度不得大于表中长度的 0.7 倍。

导线的起点和终点处以及每延伸不大于 30 km 处,应与国家平面控制点或其他不低于四等的大地点、GNSS 点进行联测,以检核导线测量的精度。

利用已知控制点进行联测时,要注意所用的控制点与被检核导线的起算点是否处于同一投影带内。若在不同投影带,应进行换带计算,然后进行检核计算。

二、高程测量

进行高程控制测量时,宜采用 1985 国家高程基准。同一工程应采用同一个高程系统,不能采用同一个系统时,应给定高程系统的转换关系。

高程测量一般采用水准测量方法。在进行水准测量确有困难的山岭地带以及沼泽、水网地区,四、五等水准测量可用光电测距三角高程测量。

水准路线应沿线路布设,水准点宜设于公路中心线两侧 50 ~ 300 m 范围之内,并测定各水准点的高程,并在此基础上测定导线点和各桩点的高程。前者称为基平测量,后者称为中平测量。初测阶段,要求每 1 ~ 1.5 km 设立一个水准点,山岭重丘区可根据需要适当加密;大桥、隧道口及其他大型构造物两端,应增设水准点。水准点应选在离线路 100 m 的范围内,设在未被风化的基岩或稳固的建筑物上;位于山区岩石地段时,水准点桩也可利用坚硬稳固的整体岩石凿成凸面;在有牢固永久性建筑物可利用时,可在建筑物顶面凸出处设置,点位应用红油漆画上水准点 *BM*(边长 8 ~ 10 cm)记号。混凝土水准点桩顶面的钢筋应锉成球面,水准点桩与主要控制桩共用时,宜按水准点桩要求设置,其球形顶面应刻成“十”字记号。

水准测量所使用的仪器及水准尺,必须经过检验。水准仪视准轴与水准管轴的夹角 i,在作业开始的第一周内应每天测定一次,i 角稳定后可每隔 15 天测定一次,其值不得大于 20″。水准尺上的米间隔平均长与名义长之差,对于线条式因瓦标尺不应大于 0.10 mm,对于区格式木质标尺不应大于 0.5 mm。

各级铁路、公路的水准测量等级应按表 12-4 选定。

表 12-4　铁路、公路水准测量等级　(单位:km)

测量项目	等级	水准路线最大长度
铁路、高速公路、一级公路	四等	25
二级及以下公路	五等	10

水准测量的精度应符合表 12-5 的规定。

表 12-5　水准测量的精度　(单位:mm)

等级	每千米高差中误差		往返较差、附合或环线闭合差		检测已测测段高差之差
	偶然中误差 m_Δ	全中误差 m_W	平原微丘区	山岭重丘区	
二等	±1	±2	$\pm4\sqrt{L}$	$\pm4\sqrt{L}$	$\pm4\sqrt{L}$
三等	±3	±6	$\pm12\sqrt{L}$	$\pm15\sqrt{L}$ 或 $\pm3.5\sqrt{n}$	$\pm20\sqrt{L}$
四等	±5	±10	$\pm20\sqrt{L}$	$\pm20\sqrt{L}$ 或 $6.0\sqrt{n}$	$\pm30\sqrt{L}$
五等	±8	±16	$\pm30\sqrt{L}$	$\pm45\sqrt{L}$	$\pm40\sqrt{L}$

注:计算往返较差时,L 为水准点间的路线长度,km,计算附合或环线闭合差时,L 为附合或环线的路线长度,km;n 为测站数;小于 1 km 时,按 1 km 计算。

任务二　道路中线测量

道路中线测量是根据初步设计及鉴定意见做了纸上定线之后进行的。中线测量的目的是为施工设计和编制工程预算提供资料。为了更好地完成本任务,可分组、分阶段组织学生进行定测中各环节放样工作的实习和实训。

在道路中线测量过程中测量人员的主要工作就是放样线路的起点、转折点和终点位置(定线测量),并在线路中线上设置里程桩,计算曲线要素、放样曲线的主点和细部点(中线测量)。因此,要能熟练、准确地进行地形图的数据获取,能根据设计图纸或数据和已知控制点的情况进行放样方法的选择、放样数据的计算,以进行实地放样。

一、定线测量

(一)穿线法定线

穿线法也叫支距定线法,其基本原理是根据纸上定线线位与控制点位置的相互关系,采用量取支距的办法放出路线上的特征点,并据此穿线定出交点和转点。具体测设步骤如下。

如图 12-1 所示为初步设计后略去等高线和地物的带状平面图,其比例尺为 1∶M。C_{15},C_{16},…,C_{20}为初测导线点,JD_3、JD_4、JD_5为设计线路中心的交点。所谓支距,就是从各导线点作垂直于导线边的直线,交线路中心线于 10,11,…点(临时点),这一段垂线长度称为支距,如 d_{11}、d_{12}等。然后以相应的比例尺在图上量出各点的支距长度,便得出支距法放样的数据。

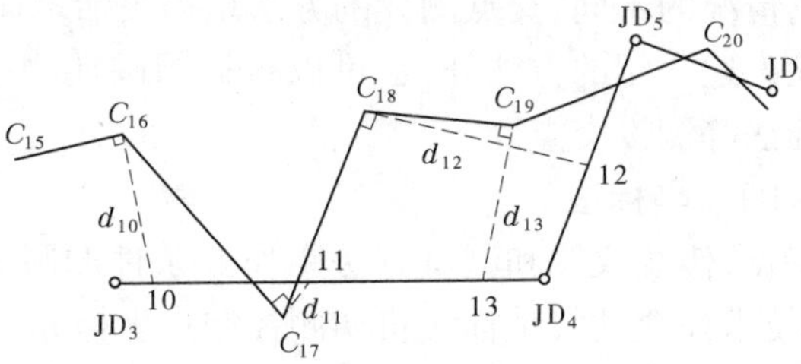

图 12-1　支距法示意图

采用支距法放线时，将经纬仪安置在相应的导线点上，例如导线点 C_{16} 上，以导线点 C_{15} 定线，拨直角，在视线方向上量取该点上的支距长度 d_{11}，定出线路中心线上的 10 号点，同法逐一放出 11，12，…各点。为了检查放样工作，每一条直线边上至少放样出 3 个点。

由于原测导线、图解支距和放样的误差影响，同一条直线段上的各点放样出来以后，可能不在同一条直线上，那么必须将它们调整到同一直线上，这项工作为穿线。穿线可以用经纬仪进行。

采用经纬仪或全站仪穿线可以将仪器置于 A 点，然后照准大多数临时点靠近的方向定出 B 点。也可以将仪器置于直线中部任一较高的点上，瞄准一侧多数临时点都靠近的方向，倒镜后，若视线不能穿过另一侧多数临时点都靠近的方向，可将仪器向偏出视线方向移动一段距离，直到满足要求后，定出转点桩（ZD）的位置。如图 12-2 所示。

图 12-2　穿线示意图

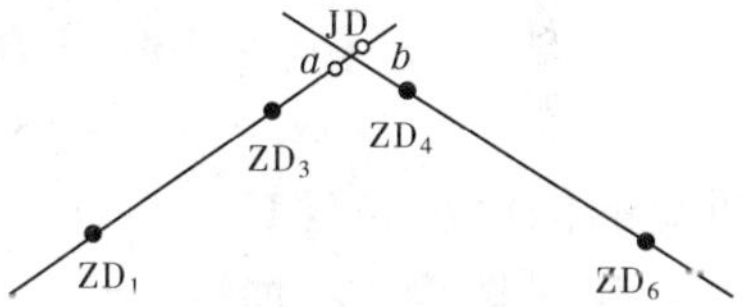

图 12-3　交点的钉设

当相邻两条直线在实地放出后，就要求测设出线路中心线的交点。交点是线路中线的重要控制点，是放样曲线主点和推算各点里程的依据。如图 12-3所示，测设交点时，可先在 ZD$_3$ 点上安置经纬仪或全站仪，以 ZD$_1$ 点定向，用正倒分中的办法在该直线上设立两个木桩 a 和 b，使 a、b 分别位于 ZD$_6$、ZD$_4$ 延长线的两侧，称为骑马桩，钉上小钉，并在其间拉一细线。然后安置仪器于 ZD$_4$ 点，延长 ZD$_6$、ZD$_4$ 直线，在仪器视线与骑马桩间的细线相交处钉交点桩。钉上小钉表示点位。同时在桩的顶面用红油漆写明交点号数。为了寻找点位及标记里程方便，在曲线外侧，距交点桩的 30 cm 处，钉一标志桩，面向交点桩的一面应写明交点及定测的里程。

实地放线后，应结合地形、地物复查线位与线形，必要时予以现场修改，使之完善。交点桩确定后，即可在交点上测定偏角、距离等数据。

（二）拨角法定线

根据纸上定线，计算各线段的方向、距离、交角等数据，在现场拨角量距，定出路线转点和交点。该法实质是极坐标法放样在定线测量中的应用。

采用拨角法、支距法、直接定交点法等方法放线时，中线一般每隔 5 km，特殊情况不超过 10 km，应与初测控制点连测，其闭合差不应超过规范的规定。

由于定位条件和现场情况的不同,交点测设的方法也需灵活多样,工作中应根据实际情况合理选择测量方法。除上述介绍的方法外,也可以根据周围地物或根据导线点和交点的设计坐标采用全站仪坐标法等测设交点。

(三)全站仪、GNSS－RTK 坐标法

考虑到线路工程的特点,传统仪器和测量方法受作业条件的限制,作业强度较大,工作效率较低,因此数字测绘技术如全站仪坐标法将初测控制点坐标和图上量取的线路起点、终点、交点、转点坐标直接输入全站仪,利用全站仪内部程序可直接在现场指挥点位放样。

GNSS－RTK 定位是通过基准站接收机把观测数据及已知数据实时传输给流动站接收机。流动站接收机利用 OTF(模糊度在航解算)技术由基准站的载波相位观测量和流动站的载波相位观测量来快速求解整周模糊度。在观测 4 颗以上卫星后,求出厘米级精度的流动站位置。

通过线路设计图纸,求得线路的交点坐标后,便可以通过 GNSS－RTK 直接进行坐标放样。

二、中线测量

中线测量的任务是沿定测的线路中心线丈量距离,设置里程桩并根据测定的转折角、设计的曲线半径和缓和曲线的长度计算曲线元素,放样曲线的主点和曲线的细部点(曲线计算及放样将在本模块任务三中详细介绍)。

(一)偏角测量

当线路交点桩实地测设以后,就可测定两直线的偏角。测角所用仪器、方法和限差要求同初测的导线水平角观测一样。

线路偏角测量一般采用观测线路右角 $\beta_{右}$ 的方法,则偏角 α 按下式计算:

$$\alpha = 180° - \beta_{右} \quad (\beta_{右} < 180°, \alpha \text{ 称为右偏角})$$

$$\alpha = \beta_{右} - 180° \quad (\beta_{右} > 180°, \alpha \text{ 称为左偏角})$$

推算的偏角 α 取至 1″。

(二)测设里程桩和加桩

在线路交点、转点、偏角测定后,就可以进行实地量距、设置里程桩、标定中线的位置。里程桩又叫中桩,桩面上写有桩号,表示该桩至线路起点的水平距离。例如,线路上某中桩距离起点为 1 235 m,则该桩的桩号应记为 K1＋235。设置里程桩和丈量距离需同时进行。

里程桩分为整桩和加桩两种。整桩是按规定间隔 20 m 或 50 m,桩号为 20 m 或 50 m 的整倍数设置的里程桩,如图 12-4 所示。百米桩和千米桩均属于整桩。

加桩又分为地形加桩、地物加桩、曲线加桩和关系加桩。地形加桩是于中线地形变化处设置的桩;地物加桩是在中线上桥梁、涵洞等人工构建物处,以及与公路、铁路等交叉处及需拆迁等处理的地物处设置的桩;曲线加桩是在曲线的起点、中点和终点处设置的桩;关系加桩是与路线起点、终点、比较线、改线起、终点和里程断链处,转点和交点上设置的桩。在书写曲线加桩和关系加桩时,应在其桩号前先写其缩写名称,如图 12-5 所示。

在钉桩时,对于交点、转点、距线路起点每隔 500 m 处的整桩、重要地物加桩(如桥、隧道位置桩),以及曲线主点等,都要打下方桩,桩顶露出地面约 20 cm,在其旁边钉一指示桩,指示桩为板桩。交点桩的指示桩应钉在曲线圆心和交点连线外距交点 30 cm 的位置,字面朝向交点，如图 12-6 所示。曲线主点的指示桩字面朝向圆心。其余的里程桩一般使用板桩，一半露出地面，以便书写桩号，字面一律背向线路前进方向。所有中线里程桩量距精度和中桩桩位限差应符合表 12-6 的规定。

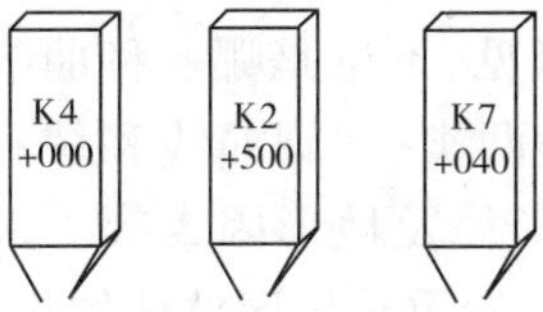

图 12-4　整桩

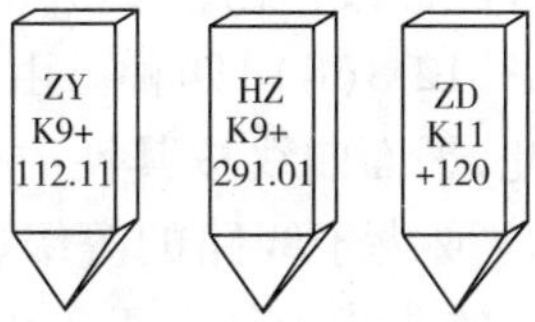

图 12-5　加桩

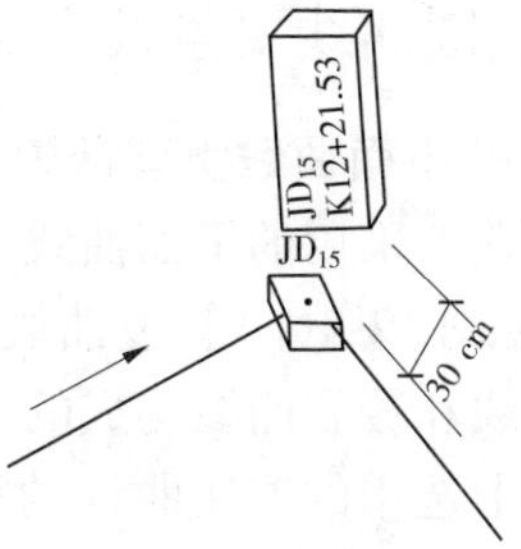

图 12-6　交点桩及指示桩

表 12-6　中线量距精度和中桩桩位限差

铁路、公路等级	距离限差	桩位纵向误差(m)		桩位横向误差(cm)	
		平原微丘区	山岭重丘区	平原微丘区	山岭重丘区
铁路、高速、一级公路	1/2 000	$S/2\,000 + 0.05$	$S/2\,000 + 0.1$	5	10
二级及以下公路	1/1 000	$S/1\,000 + 0.10$	$S/1\,000 + 0.1$	10	15

注：表中 S 为转点或交点至桩位的距离(m)。

(三)断链测量

正常情况下，中线丈量距离，整条路线上的里程桩号应当是连续的。但是当出现局部改线，或者在事后发现距离测量有错误时，都会造成里程的不连续，这在线路中称为“断链”。当原路线记录的桩号里程大于地面实际里程时为短链；反之，则为长链。出现断链后，要在测量成果和有关设计文件中注明断链情况，并在现场设置断链桩。断链桩要设置在直线段中的 10 m 整倍数上，桩上要注明前后里程的关系及长(短)多少距离。如图 12-7 所示，在 K7 +550 桩至 K7 +650 之间出现断链，所设置的断链上写有：K7 +581. 8 = K7 +600(短 18. 2)。其中，等号前面的桩号为来向里程，等号后面的桩号为去向里程。即表明断链与 K7 +550 桩间的距离为 31. 8 m，而离 K7 +650 桩的距离是 50 m。

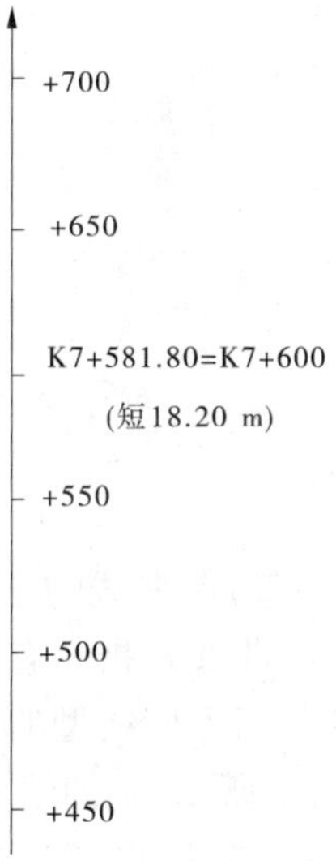

图 12-7　断链处理

断链桩应设在直线路段，以 100 m 或 10 m 为单位的桩为宜，但不应设在桥涵、隧道及平曲线范围内。

任务三　道路曲线测设

一、圆曲线要素及主点里程计算

(一)平面曲线类型认识

线路上采用的平面曲线通常有圆曲线[见图 12-8(a)]、综合曲线[见图 12-8(b)]、回头曲线[见图 12-8(c)]、复曲线[见图 12-8(d)]四种。由图中可见,不论是哪一种曲线,都是由圆曲线和缓和曲线构成的。因此,平面曲线按其性质可分为两类,即圆曲线和缓和曲线。在线路上选用的连接曲线的种类应取决于线路的等级、曲线半径及地形因素等。例如,铁路、二级以上等级公路,在平原地区的曲线半径大于 2 500 m,山岭重丘地区的曲线半径大于 600 m 时,可只采用圆曲线。但线路转向角接近 180°时,常采用回头曲线。

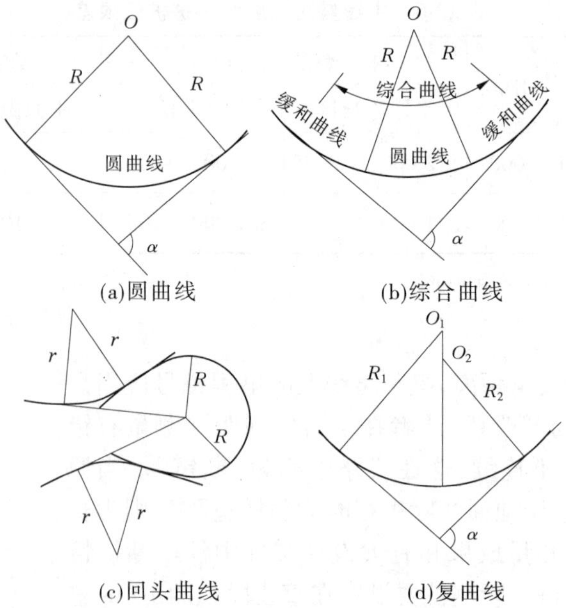

图 12-8　平面曲线类型

(二)圆曲线的主点

圆曲线是指具有一定半径的圆弧,其两端相邻的线路可为缓和曲线或直线。圆曲线的主点是指不同线型的分界点及曲中点,这些点对曲线的平面位置和形状起着控制作用。如图 12-9 所示,圆曲线的主点有:

(1)直圆点:即按线路里程增加方向由直线进入圆曲线的分界点,用 ZY 表示。

(2)曲中点:即圆心和交点(JD)连线与圆曲线的交点,用 QZ 表示。

(3)圆直点:即按线路里程增加方向由圆曲线进入直线的分界点,用 YZ 表示。

(4)交点(JD):既是直线的控制点也是圆曲线的控制点,通常在线路放线测量时已放出。

（三）圆曲线的要素计算

为了测设主点及推算线路的里程，必须先进行圆曲线的要素计算。圆曲线的要素有：

(1)切线长：JD 至 ZY(或 YZ)的线段长度，以 T 表示。

(2)曲线长：ZY 至 YZ 的圆弧长度，以 L 表示。

(3)外矢距：QZ 至 JD 的线段长度，以 E_0 表示。

(4)切曲差：始、末两端切线长之和与曲线长度之差，以 q 表示。

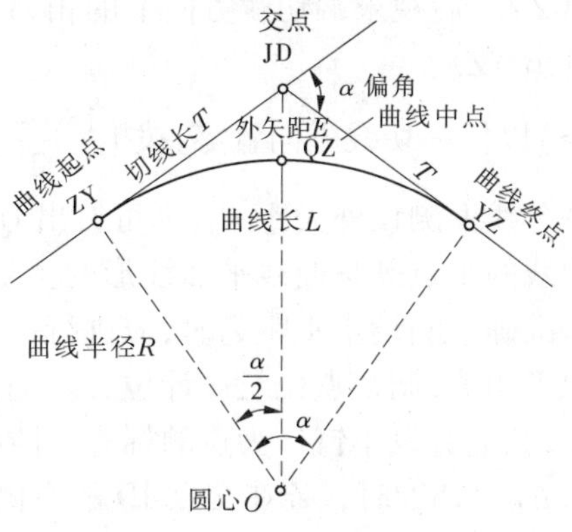

图 12-9　圆曲线主点及要素

如图 12-9 所示，可得计算圆曲线要素的公式如下：

$$\left.\begin{aligned} T &= R\tan\frac{\alpha}{2} \\ L &= \frac{\pi R}{180}\alpha \\ E_0 &= R\left(\frac{1}{\cos\frac{\alpha}{2}} - 1\right) \\ q &= 2T - L \end{aligned}\right\} \tag{12-1}$$

式中　R——圆曲线设计半径；

α——线路方向改变的角度，即偏角，通常是按与初测导线转角相同的精度要求，在现场实测得到。

（四）圆曲线主点里程推算

路线中线是由曲线及曲线间的直线段组成，里程根据沿路线中线起点累计而得。交点 JD 一般不在中线上，严格地讲交点没有里程。交点的所谓里程是由上一个曲线终点里程加上该曲线终点到交点的长度而得，这长度由实际测量获得。

曲线主点里程根据该曲线交点里程计算求得，即

$$\left.\begin{aligned} ZY_{里程} &= JD_{里程} - T \\ QZ_{里程} &= YZ_{里程} + L/2 \\ YZ_{里程} &= QZ_{里程} + L/2 \\ YZ_{里程} &= JD_{里程} + T - q \end{aligned}\right\} \tag{12-2}$$

校核（$YZ_{里程} = JD_{里程} + T - q$）

二、圆曲线主点测设

圆曲线主点测设通常是以地面上已钉设交点为基础，依据圆曲线要素将曲线主点测设于地面上，其测设步骤如下：

(1)在交点安置经纬仪或全站仪，对中、整平。

(2)后视起始端切线方向上的相邻交点或转点，自 JD 于视线方向上测设切线长 T，则可

钉设出 ZY。后视末端切线方向上的相邻交点或转点，自 JD 于视线方向上测设切线长 T，则可钉设出 YZ。

(3) 以任一切线方向置零，拨 $\left(\frac{180-\alpha}{2}\right)$ 角，注意正、反拨，测设出内角平分线，自 JD 于内角平分线上测设外矢距 E_0，则可钉出 QZ。

曲线的主点既是曲线平面线形的主要控制点，又是曲线详细测设的基本依据，故其点位测设应准确。测设水平距离时，应进行一测回测量，其测距较差应小于 1/2 000，并根据几次测量取平均值，调整点位至设计位置。测设角度时，应采用正倒镜分中法。所有主点均要钉设方桩，其上钉设小钉作为点的标志，并在规定的位置上钉设里程指示桩。

当 $\beta_{右}<180°$ 时，QZ 在交点 JD 的右侧；当 $\beta_{右}>180°$ 时，QZ 在交点 JD 的左侧。

三、全站仪坐标法曲线详细测设

全站仪坐标法是指采用全站仪程序测量中的放样功能测设点位的方法。由于该法的测设数据为各点的坐标(X,Y,H)，故称为全站仪坐标法。该法可同时进行平面位置和高程位置的测设，速度快，效率高，精度也远远超过传统方法。

全站仪坐标法测设曲线，其思路有三种，包括相对坐标放样、绝对坐标放样和自由设站放样。我们以绝对坐标放样为例，讲解曲线测设的流程。

(一) 绝对坐标放样

绝对坐标放样的基本思路是：先将各点相对坐标换算为测区统一坐标系中的坐标(绝对坐标)，连同测区控制点坐标，形成全站仪作业所需要的数据文件，输入全站仪，按程序测量中的“放样”进行测设。

测设时，只要有两个相互通视的点，无论是控制点还是 JD 或其他曲线主点，都可作为测设细部的起算点。安置仪器于测站，定向后，便可测设整条曲线上各细部点，无须分段测设。当然，也可由控制点直接对主点和细部点同时测设。

首先自行计算处曲线放样坐标输入坐标文件后，安置仪器于测站，打开全站仪主菜单，进入“程序”中的“放样”子菜单，按提示信息输入测站点号、定向点号及放样点号，这时，按全站仪显示数据指挥立镜者，前、后、左、右移动棱镜杆测设点位，直到显示 $\Delta\beta$ 与 ΔD 皆等于零时，即为所放样点位，定桩、做标志并标明里程之后再进行其他点的测设。如此，可测设整条曲线上各细部点，无须分段测设。

(二) 自由设站放样

自由设站放样的基本思路是：设法找到一个有利于测设点位的测站点，根据后方交会原理(全站仪两点后方交会或三点、多点后方交会)，求得测站点的坐标，之后进入“点放样”菜单，按照全站仪坐标法中相对坐标法或绝对坐标法所计算的坐标数据进行放样。

四、RTK－GNSS 坐标法曲线详细测设

(一) 放样数据的计算

RTK－GNSS 坐标法测设曲线，其思路有两种：包括相对坐标放样和绝对坐标放样。其放样数据的计算，与全站仪坐标法采用的放样数据计算方法相同。

(二) 放样步骤

如图 12-10 所示，基准站、移动站和坐标转换参数设置好后，选择“测量”→“点放样”，

进入左面显示放样屏幕菜单,点击“坐标管理库”→“打开”,便可以打开事先编辑好的放样文件 *.dat,选择放样点,也可以点击“增加”,输入放样点坐标。选择或输入放样点信息“确定”后,便显示出当前点位与放样点位之间的距离,并指示需要移动的方向,直到符合放样点的精度要求,出现右面的放样屏幕菜单,则完成该点放样工作。同法,可进行其他点的放样工作。

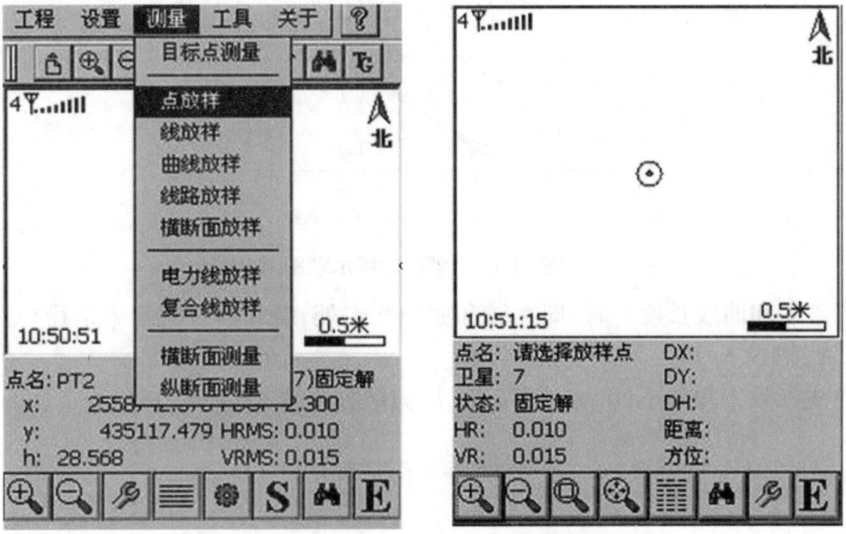

图 12-10　RTK - GNSS 坐标法放样

当然,选择“测量”→“线放样”,还可以进行线放样工作,打开线放样坐标库,选择要放样的线即可。若坐标库中没有设置好的线,则可以通过“增加”输入线的起点坐标和终点坐标进行线放样。

利用 RTK 技术进行线路工程测量,在满足 RTK 的工作条件下,RTK 对测区内每个点施测精度相同,其数据安全可靠,没有误差积累,精度较稳定,能够满足线路工程施工需要。

五、综合曲线要素及主点里程计算

列车在曲线路段行驶时,由于受到离心力的影响,容易向曲线的外侧倾倒,直接影响列车的安全行驶以及舒适性。为了减小离心力对行驶列车的影响,铁路上通常采用“外轨超高、内轨加宽”的办法,即在曲线段路面的外侧必须有一定的超高,而在曲线段内侧要有一定量的加宽。这样就需要在直线段与圆曲线之间、两个半径不同的圆曲线之间插入一条起过渡、缓和作用的曲线,这样的曲线称为缓和曲线。因此,缓和曲线是在直线段与圆曲线、圆曲线与圆曲线之间设置的曲率半径连续渐变的曲线。由缓和曲线和圆曲线组成的平面曲线称为综合曲线。

(一)缓和曲线性质

缓和曲线可以采用回旋线(辐射螺旋线)、三次抛物线、双纽线等线型。我国现行的铁路规范规定缓和曲线采用回旋线,如图 12-11 所示。从直线段连接处起,缓和曲线上各点单位曲率半径 R_P 与该点离缓和曲线起点的距离 l_p 成反比,即

$$R_P = \frac{C}{l_p}$$

式中　C——常数,称为缓和曲线半径变更率。

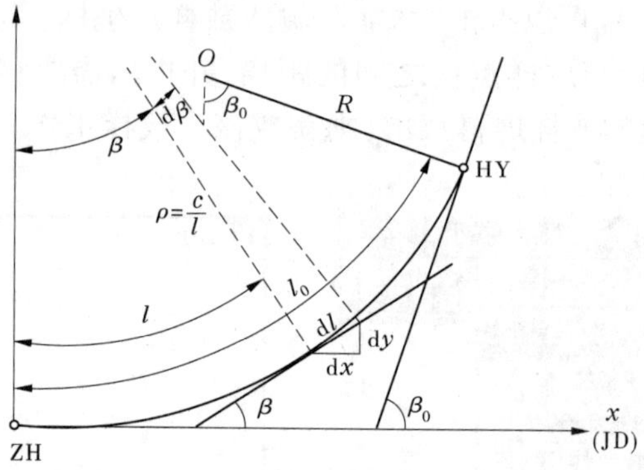

图 12-11　缓和曲线示意图

当 l_p 等于缓和曲线长度 l_0 时,即在缓和曲线终点处,缓和曲线的曲率半径与圆曲线半径相等,$R_P = R$,则 $C = Rl_0$。

缓和曲线参数方程如下($l_i \in [0, l_0]$,l_0 为缓和曲线长):

$$\left.\begin{aligned} x_i &= l_i - \frac{l_i^5}{40R^2 l_0^2} \\ y_i &= \frac{l_i^3}{6Rl_0} \end{aligned}\right\} \tag{12-3}$$

当 $l_i = l_0$ 时,可得缓圆点(或圆缓点)的坐标 $x_0 = l_0 - \frac{l_0^3}{40R^2}$;$y_0 = \frac{l_0^2}{6R}$。

(二)加缓和曲线后曲线的变化

缓和曲线插入直线与圆曲线之间的方法很多,我国铁路和公路系统采用的方法是:圆曲线的半径不变,圆心向曲线内侧移动一定的距离后将缓和曲线插入。如图 12-12 所示,圆心 O' 向曲线内侧移动至 O 点,使圆曲线在垂直于切线方向上移动的距离为 p,该值称为圆曲线的移动量。增设缓和曲线后,圆曲线两端分别被 $l_0/2$ 长的缓和曲线所代替,故其所对的圆心角恰等于 β_0。因此,缓和曲线约有一半在原圆曲线范围内,剩余部分则在原直线范围内。

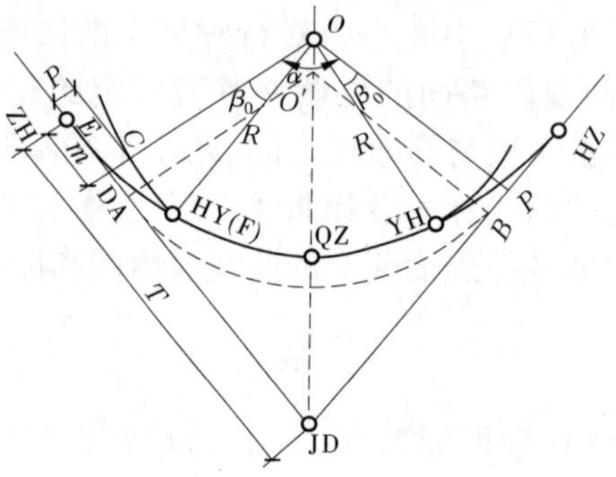

图 12-12　综合曲线示意图

（三）缓和曲线常数

缓和曲线常数是确定缓和曲线如何与直线和圆曲线相连的主要数据。如图 12-12 所示，缓和曲线常数主要有：

（1）缓和曲线角：过缓圆（HY）或圆缓（YH）点的切线方向与 x 轴的夹角。

其计算公式为

$$\beta_0 = \frac{90}{\pi R}l_0 \tag{12-4}$$

（2）内移距：原圆曲线端点内移后相对于切线的移动量，称为圆曲线的内移距。

其计算公式为

$$P = \frac{l_0^2}{24R} \tag{12-5}$$

（3）切垂距：圆曲线内移后，过新圆心做切线的垂线，其垂足到缓和曲线起点的距离，称为切垂距。

其计算公式为

$$m = \frac{l_0}{2} - \frac{l_0^3}{240R^2} \tag{12-6}$$

（四）曲线主点

如图 12-12 所示，按里程增加方向，曲线的主点依次有：

（1）直缓点，由直线进入缓和曲线的分界点，以 ZH 表示。

（2）缓圆点，由缓和曲线进入圆曲线之分界点，以 HY 表示。

（3）曲中点，交点（JD）和圆心的连线与圆曲线的交点，以 QZ 表示。

（4）圆缓点，由圆曲线进入缓和曲线的分界点，以 YH 表示。

（5）缓直点，由缓和曲线进入直线的分界点，以 HZ 表示。

就缓和曲线而言，其起点是指 ZH 或 HZ，即与直线的连接点；其终点是指 YH 或 HY，即与圆曲线的连接点。

（五）综合曲线要素计算

增设缓和曲线后，曲线要素计算比单纯圆曲线要素计算复杂，考虑的因素也多，如图 12-12 所示为两端增设等长缓和曲线的情况，其综合曲线要素按如下公式计算：

$$\left.\begin{aligned} T &= (R+p)\tan\frac{\alpha}{2} + m \\ L &= \frac{\pi R}{180}\alpha + l_0 \\ E_0 &= (R+p)\frac{1}{\cos\frac{\alpha}{2}} - R \\ q &= 2T - L \end{aligned}\right\} \tag{12-7}$$

（六）主点里程推算

增设缓和曲线后，主点里程仍是从一个已知里程的点开始，按里程增加方向逐点向前推算，其计算公式如下

$$
\left.\begin{aligned}
ZH_{里程} &= JD_{里程} - T \\
HY_{里程} &= ZH_{里程} + l_0 \\
QZ_{里程} &= HY_{里程} + (\frac{L}{2} - l_0) \\
YH_{里程} &= QZ_{里程} + (\frac{L}{2} - l_0) \\
HZ_{里程} &= YH_{里程} + l_0
\end{aligned}\right\} \tag{12-8}
$$

校核

$$HZ_{里程} = JD_{里程} + T - q$$

六、曲线测设案例数据计算

（一）圆曲线放样数据计算

【例 12-1】 已知：圆曲线半径 $R = 800$ m，$\alpha_{左} = 10°25'$，JD 里程为 DK11 +295.78，求此圆曲线偏角法、直角坐标法和极坐标法的放样数据。

解：由已知条件可得，该圆曲线要素及主点里程如下：$T = 72.92$ m；$L = 145.44$ m；$E_0 = 3.32$ m，$q = 0.40$ m

主点里程

ZY = DK11 +222.86；QZ = DK11 +295.58；YZ = DK11 +368.30。

由此可得圆曲线极坐标法放样数据，见表 12-7。

表 12-7 圆曲线极坐标法放样数据

点名	里程	起(终)点置仪，交点置零时放样数据				D	JD 置仪，起(终)点置零时放样数据	
		弧长	X	Y	β		β	D
ZY	DK11 +222.86	0.00	0.000	0.000	0	0.000	0	72.920
1	DK11 +240.00	17.14	17.139	0.184	0.613 8	17.140	0.188 6	55.782
2	DK11 +260.00	37.14	37.127	0.862	1.330 0	37.137	1.379 5	35.804
3	DK11 +280.00	57.14	57.091	2.040	2.046 2	57.128	7.342 9	15.959
QZ	DK11 +295.58	72.72	72.620	3.303	2.604 1	72.685	84.807 5	3.316
4	DK11 +300.00	68.30	68.217	2.914	2.445 8	68.279	31.780 8	5.532
5	DK11 +320.00	48.30	48.271	1.458	1.729 6	48.293	3.384 2	24.692
6	DK11 +340.00	28.30	28.294	0.501	1.013 4	28.299	0.642 6	44.629
7	DK11 +360.00	8.30	8.300	0.043	0.287 2	8.300	0.038 2	64.620
YZ	DK11 +368.30	0.00	0.000	0.000	0	0.000	0.000 0	72.920

（二）综合曲线放样数据计算

【例 12-2】 已知：圆曲线半径 $R = 800$ m，缓和曲线长 $l_0 = 90$ m，$\alpha_{右} = 20°13'$，JD 里程为 DK186 +089.47，求此综合曲线偏角法、直角坐标法和极坐标法的放样数据。

由已知条件可得，该曲线要素及主点里程如下：P = 0.422 m；m = 44.995 m；β_0 = 3°13′22″

T = 187.69 m；E_0 = 13.04 m；L = 372.28 m；q = 3.11 m

ZH = DK185 +901.78；HY = DK185 +991.78；QZ = DK186 +087.92；YH = DK186 + 184.06

HZ = DK186 +274.06

由此可得综合曲线测设偏角法、直角坐标法和极坐标法放样数据，见表 12-8。

表 12-8　放样数据

点名	里程	起(终)点置仪，交点置零时放样数据					JD 置仪，起(终)点置零时放样数据	
		弧长(m)	X(m)	Y(m)	β(°)	D(m)	β(°)	D(m)
ZH	DK185 +901.78	0	0.000	0.000	0	0.000	0	187.690
1	DK185 +920	18.22	18.220	0.014	0.044 0	18.220	0.004 7	169.470
2	DK185 +940	38.22	38.220	0.129	0.193 7	38.220	0.049 5	149.470
3	DK185 +960	58.22	58.217	0.457	0.449 6	58.219	0.202 1	129.474
4	DK185 +980	78.22	78.206	1.108	0.811 6	78.214	0.579 7	109.490
HY	DK185 +991.78	90	88.972	1.688	1.074 5	89.987	0.989 3	97.733
5	DK186 +00	98.22	98.176	2.191	1.278 7	98.200	1.402 4	89.541
6	DK186 +020	118.22	118.113	3.770	1.828 3	118.173	3.101 7	69.679
7	DK186 +040	138.22	138.004	5.847	2.426 1	138.128	6.711 6	50.029
8	DK186 +060	158.22	157.837	8.420	3.053 7	158.062	15.751 6	31.017
9	DK186 +080	178.22	177.600	11.488	3.701 2	177.971	48.706 8	15.291
QZ	DK186 +087.92	186.14	185.403	12.840	3.961 6	185.847	79.900 9	13.042
10	DK186 +100	174.06	173.495	10.810	3.565 2	173.832	37.290 4	17.842
11	DK186 +120	154.06	153.717	7.844	2.921 3	153.917	13.001 6	34.866
12	DK186 +140	134.06	133.871	5.374	2.298 8	133.979	5.702 4	54.086
13	DK186 +160	114.06	113.969	3.401	1.709 2	114.020	2.641 3	73.799
14	DK186 +180	94.06	94.025	1.926	1.173 3	94.044	1.177 8	93.685
YH	DK186 +184.06	90	89.972	1.688	1.074 5	89.987	0.989 3	97.733
15	DK186 +200	74.06	74.049	0.940	0.727 5	74.055	0.474 1	113.645
16	DK186 +220	54.06	54.058	0.366	0.387 6	54.059	0.156 8	133.633
17	DK186 +240	34.06	34.060	0.091	0.153 9	34.060	0.034 1	153.630
18	DK186 +260	14.06	14.060	0.006	0.026 2	14.060	0.002 1	173.630
HZ	DK186 +274.06	0	0.000	0.000	0.000 0	0.000	0.000 0	187.690

任务四　道路纵、横断面测量与土石方计算

线路纵断面测量的任务是测定中线上各里程桩的地面高程，绘制中线纵断面图，并作为设计线路坡度、计算中桩填挖尺寸的依据。线路横断面测量的任务是在各中线桩处测量垂直于中线方向的地面起伏情况，然后绘成横断面图，它是横断面设计、土石方等工程量计算和施工时确定断面填挖边界的依据。

线路纵断面测量又称线路水准测量，首先要了解水准点布设的原则，熟悉各等级水准测量的方法。要能准确、快速地测量出各里程桩的高程，绘制出纵断面图。线路横断面测量的关键是准确地确定该里程桩点处的横断面方向，尤其是曲线段部分的里程桩横断面方向，最终绘制出横断面图。

土石方计算是工程预算的基础，同时也是施工验收、工程款项拨付的基础。土石方计算的过程中，横纵断面又起到了核心的作用。

只有深刻了解典型的道路纵、横断面的测量方法，才能很好地进行土石方计算。

一、纵断面测量

（一）纵断面测量的技术要求

纵断面测量分两步进行：首先，在线路方向上设置水准点，建立高程控制，称为基平测量；其次，根据各水准点高程，分段进行中桩水准测量，称为中平测量。基平测量的精度要求比中平测量高，一般按四等水准测量的精度（在初测阶段已完成），而中平测量只做单程观测，按普通水准测量精度。

进行纵断面测量前，先要对初测阶段设置的水准点逐一进行检测，其不符值在 $\pm 30\sqrt{L}$ mm（L 为相邻水准点间的路线长度，km）以内时，采用初测成果；超过 $\pm 30\sqrt{L}$ mm 时，如果是附合水准路线，则应在高等级水准点间进行往返测量，确认是初测中有错或点位被破坏，需要根据新的资料重新平差，推算其高程。另外，还应根据工程的需要，在部分地段加密或增补水准点，新设的水准点的测量要求与基平测量相同。

中平测量一般都采用间视（中视）水准测量的方法，间视点的标尺读数需要读到厘米，路线水准闭合差不应超过 $\pm 50\sqrt{L}$ mm。

在纵断面测量中，当线路穿过架空线路或跨越涵管时，除要测出中线与它们相交处（一般都已设置了加桩）的地面高程外，还应测出架空线路至地面的最小净空和涵管内径等，这些参数还需要注记在纵断面上。线路跨越河流时，应进行水深和水位测量，以便在纵断面图上反映河床的断面形状及水位高。

（二）水准测量法进行中平测量

线路中平测量可采用间视水准测量（一个后视，多个前视）的方法进行，实质是在基平测量的基础上，从一个水准点出发，逐个测定中线桩的地面高程，附合到下一个水准点上。相邻水准点间构成一条附合水准路线。

在闭合差满足条件的情况下，不必进行闭合差的调整，可以直接进行中线桩高程的计算。

中视点的地面高程以及前视转点高程一律按所属测站的视线高程进行计算，每一测站的各项计算按下列公式进行：

视线高程 = 后视点高程 + 后视读数

转点高程 = 视线高程 − 前视读数

中桩高程 = 视线高程 − 中视读数

将计算高程分别记入表 12-9 中，并与各自的桩号对齐。

进行中桩高程测量时，测量控制桩应在桩顶立尺，测量中线桩应在地面立尺。为了防止因地面粗糙不平或因上坡陡峭而引起中桩四周高差不一，一般规定立尺应紧靠木桩不写字的一侧。

表 12-9　中平测量记录　（单位：m）

测点	水准尺读数(m)			仪器高程(m)	高程(m)	备注
	后视	中视	前视			
BM_1	3.769			56.229	52.460	已知高程点
0+000		2.21			54.02	
0+060		0.58			55.65	
0+100		1.52			54.71	
0+145		2.45			53.78	
0+158.24(Z_1)	0.659		0.415	56.473	55.814	实测闭合差：$f_h = 55.450 - 55.471 = -21$(mm) 容许闭合差：$F_h = \pm 50\sqrt{2.1} = \pm 70$(mm) 精度合格
0+200		1.37			55.10	
0+252		2.79			53.68	
0+300		1.80			54.67	
Z_2	1.458		2.610	55.321	53.863	
……	……	……	……	……	……	
ZH_2+046.15	3.978		2.410	56.696	52.718	
BM_2			1.246		55.450	已知 BM_2 高程：55.471 m
Σ	+30.559		27.609		55.450	
	−27.609				−52.460	
	+2.990				+2.990	

（三）全站仪法进行中平测量

利用全站仪的高程测量功能，在进行中线桩放样的同时，将安置仪器的地面点高程、仪器高、棱镜高直接输入全站仪，在中线桩放样完成时，就可直接从显示屏中读取中线桩的高程。高程测量的数据也可存入全站仪并在需要时调入计算机处理。

在利用全站仪进行中平测量时，为提高观测速度和精度，应合理选择仪器安置点，使其既能观测到尽可能多的中线桩点，又能与已知高程控制点通视，以便获得后视高差。对于必须设置转点才能观测到的中线桩，转点的设置应尽量使仪器至转点和至后视已知高程控制点的距离相等，以消除地球曲率、大气折光以及仪器竖盘指标差对高程观测的影响。对转点应特别认真观测，获取转点高程后，即可作为新的已知高程点来观测其他中线桩。

二、断面测量

横断面是指垂直于线路中线的断面，是横断面设计、土石方等工程量计算和施工时确定断面填挖边界的依据。

（一）横断面测量的技术要求

横断面测量应逐桩施测，其方向应与路线中线垂直，曲线路段与测点的切线垂直。测量的宽度，根据实际工程要求和地形情况确定。一般在中线两侧各测 15 ~ 50 m，横断面中的高程、距离读数取位至 0.1 m 即可满足要求，检测限差应符合表 12-10 中的规定。因此，横断面测量多采用简易的测量工具和方法，以提高工作效率。

表 12-10 横断面检测限差 （单位：m）

路线	距离限差	高程限差
铁路、高速、一级公路	$\pm(L/100+0.1)$	$\pm(h/100+L/200+0.1)$
二级及以下公路	$\pm(L/50+0.1)$	$\pm(h/50+L/100+0.1)$

（二）横断面方向的确定

横断面是指沿垂直线路中线方向的地面断面线。横断面测量的任务，是测出各中线桩处的横向地面起伏情况，并按一定比例尺给出横断面图。横断面图主要用于路基断面设计、土石方数量计算、路基施工放样等。

线路横断面方向，在直线上应垂直线路中线；在曲线地段，则应与测点处的切线相垂直。

确定直线地段横断面的方向，可以用经纬仪或方向架直接测定。若用方向架（见图 12-13）测定，可将方向架立于中线测点上，用一个方向瞄准中线上远方定向标杆，则方向架瞄准的另一个方向就是横断面的方向。

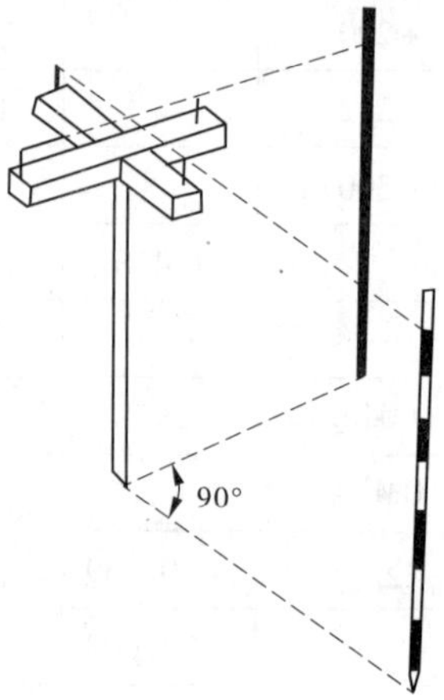

图 12-13 直线上方向架

曲线上的横断面方向，若用方向架，则如图 12-14 所示，将方向架立于待测断面 B 上，使其一个方向照准曲线上的 A 点，在另一方向上可标定出 1 点；再用方向架照准与 A 等距的 C 点，同法可标定出 2 点，使 $B1=B2$，则 1 ~ 2 的中点 N 与 B 的连线即为横断面的方向。若用经纬仪标定方向，则应拨角 $90°\pm\delta$（δ 为后视点偏角）。偏角计算公式见第四、五项目相关内容。

（三）横断面测绘方法

横断面的测量方法很多，应根据地形条件、精度要求和设备条件来选择。下面介绍几种常用的方法。

1. 经纬仪视距法

将经纬仪安置在中线上，利用视距方法直接测出横断面上各地形变化点相对于测站的距离和高差。这种方法速度快，精度亦可满足路基设计要求，尤其在横向坡度较陡地区，其优点更明显，所以它是铁路线路横断面的常用测量方法，如图 12-15 所示。

2. 水准仪法

水准仪法是用方向架定方向，用皮尺量距，用水准仪测高程，这种方法精度最高，仅适用于地形较平坦地段；但只安置一次仪器，可以测各个断面，如图 12-16 所示。

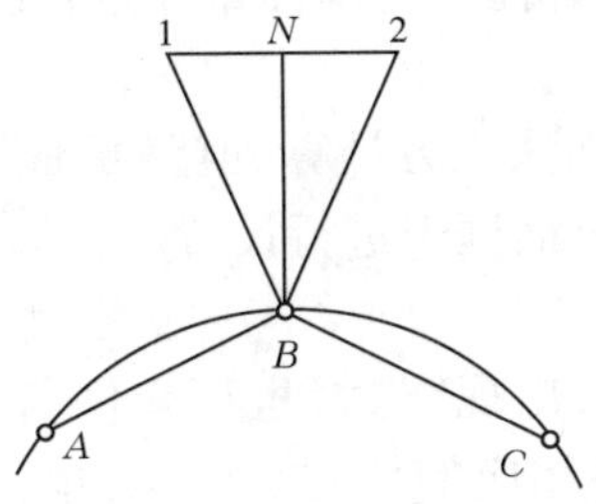

图 12-14　曲线上使用方向架

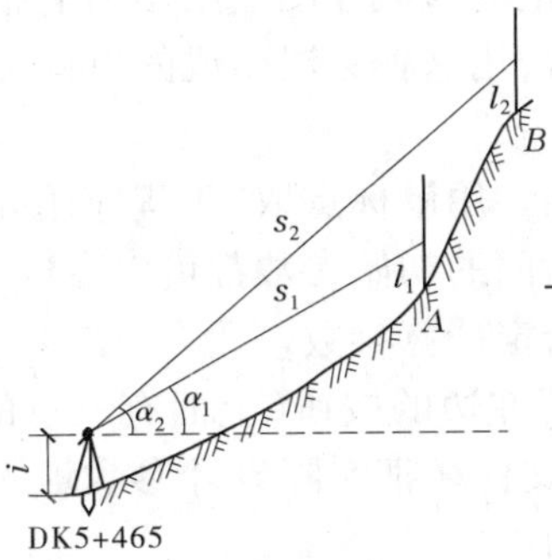

图 12-15　经纬仪视距法

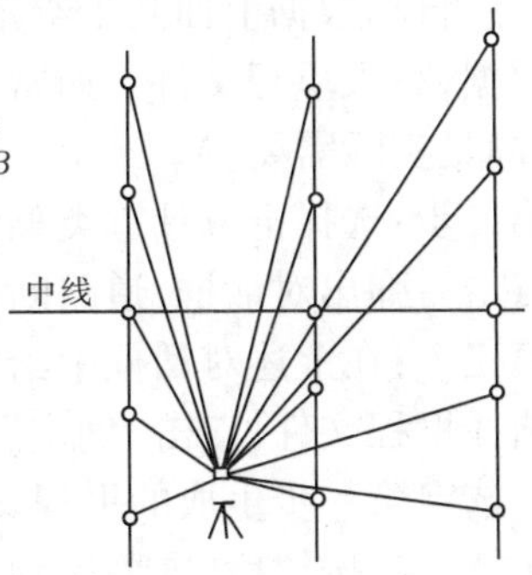

图 12-16　水准仪法

3. 全站仪法

利用全站仪测量横断面，不仅速度快、精度高，而且安置一次仪器可以测多个断面，所以在有条件的单位，应大力推广使用这种方法。值得注意的是，由于视线长，为防止各断面点互相混淆，应画草图，做好记录。

横断面测量虽然操作简单，但工作量较大，而且测量是否准确，对于整个线路设计有着重要的影响。因此，作业中必须加强责任心，结合地形选择适当的仪器和工具，确保要求的测量精度和进度。另外，作业中要加强检测。

纵横断面测量就是测定地面点的高程。无论是纵断面测量还是横断面测量，首先了解纵横断面测量的技术要求、测量的注意事项，关键要注意各种测量方法的特点、使用场合。只有这样才能提高工作效率。

三、断面法土石方量计算

目前使用软件计算土石方量很普遍，我们以 CASS 为例，讲解断面法计算土方量方法。

第一步：生成里程文件。一般选择由纵断面生成，在生成前需要先用复合线画出道路的纵断面线（也就是用复合线把断面的中桩连起来）。

用鼠标点取“工程应用\生成里程文件\由纵断面生成”。屏幕上弹出“输入断面里程数据文件名”的对话框，来选择断面里程数据文件。这个文件将保存要生成的里程数据。屏幕上弹出“输入坐标数据文件名”的对话框，来选择坐标数据文件。这个文件是原始坐标数据文件，将用来生成里程数据。

屏幕提示：请选取纵断面线：用鼠标点取所绘的那条纵断面线。

屏幕提示：输入横断面间距：（米）<20.0> 输入每两个横断面的间距。断面间距默认值为 20 m。可根据不同的地形条件选择，如果精度要求高可按 1 ~ 5 m 任选。屏幕提示：输入横断面线上点距：（米）<5.0> 输入横断面上取样点的间距。默认值为 5 m。此值越小，单位长度的横断面线上取样次数越多，如果外业数据合理，这将导致生成的里程文件准确度增加。但是,如果外业数据不足,单纯减小采样间距是没有实际意义的,只会增加里程文件的大小。

屏幕提示:输入带状区域的宽度:(米) <40.0> 输入每个横断面的长度。

注意:每个横断面都被纵断面平分成两部分,左右相等均为给定值的一半。

系统自动根据上面几步给定的参数在图上绘出所有横断面线,同时生成每个横断面的里程数据,写入里程文件。通常,用这种方法生成的里程文件都需要对断面重新进行编辑修改,以满足实际需要。

第二步:选择土方计算类型。用鼠标点取"工程应用\断面法土方计算\道路断面"。

点击后弹出对话框,道路断面的初始参数都可以在这个对话框中进行设置。

第三步:在上述对话框中给定计算参数。

选择里程文件:点击"确定"左边的按钮(上面有三点的),出现"选择里程文件名"的对话框。选定第一步生成的里程文件。把实际设计参数填入各相应的位置。注意:单位均为米。点"确定"按钮后,屏幕提示:

横向比例为 1:<500> 输入绘制断面图的横向比例

纵向比例为 1:<100> 输入绘制断面图的纵向比例。

请输入隔多少里程绘一个标尺(米) <直接回车只在两侧绘标尺>

系统根据上步给定的比例尺,在图上绘出道路的纵断面,然后提示:

指定横断面图起始位置:

指定土石方计算表左上角位置:

至此,图上已绘出道路的纵断面图及每一个横断面图,并将土石方计算表绘制在指定的位置。

如果道路设计时该区段的中桩高程全部一样,就不需要下一步的编辑工作了。但实际上,有些断面的设计高程可能和其他的不一样,这样就需要手工编辑这些断面。

如果生成的部分断面参数需要修改,用鼠标点取"工程应用"菜单下的"断面法土方计算"子菜单中的"修改设计参数"。屏幕提示:选择断面线,这时可用鼠标点取图上需要编辑的断面线,选设计线或地面线均可。选中后弹出一个对话框,可以非常直观地修改相应参数。

修改完毕后点击"确定"按钮,系统取得各个参数,自动对断面图进行修正,这一步骤不需要用户干预,实现了"所改即所得"。

将所有的断面编辑完后,就可进入第四步。

第四步:计算工程量。用鼠标点取"工程应用\断面法土方计算\图面土方计算"。

命令行提示:选择要计算土方的断面图:拖框选择所有参与计算的道路横断面图。

指定土石方计算表左上角位置:在屏幕适当位置点击鼠标定点。

系统自动在图上绘出土石方计算表,并在命令行提示:总挖方 = ××××立方米,总填方 = ××××立方米。

至此,该区段的道路填挖方量已经计算完成。

任务五　道路施工测量

道路施工测量的主要任务包括恢复中线测量、施工控制桩、路基边桩和边坡放样以及竣工测量。在恢复中线测量后,就要进行路基的放样工作,在放样前首先要熟悉设计图纸和施工现场情况。通过熟悉图纸,了解设计意图及对测量的精度要求,掌握道路中线与边坡脚和边顶的关系,并从中找出施测数据,方能进行路基放线。

只有深刻了解典型的路基、路面结构,才能很好地进行施工测量。

所谓的典型路基、路面,就是在道路建设中经常出现和采用的几种范例。常用路基形式归纳起来分为一般路堤、一般路堑、半挖半填路基、陡坡路基、沿河路基及挖渠填筑路基等。在施工测量中应认真研究其特点,从中找出放样规律,为日后工作打下基础。

一、中线恢复测量

不同等级的铁路、公路,其路面形式、结构是不同的。高速公路、一级公路是汽车专用公路,通常用中央隔离带分为对向行驶的四车道(当交通量加大时,车道路数可按双数增加)。

二、三级公路一般在保证汽车正常运行的同时,允许自行车、拖拉机和行人通行,车道为对向行驶的双车道。

四级公路一般采用3.5 m的单车道路面和6.5 m的路基。当交通量较大时,可采用6.0 m的双车道和7.0 m的路基。

道路勘测完成到开始施工这一段时间内,有一部分中线桩可能被碰动或丢失,因此施工前应进行复核,按照定测资料配合仪器先在现场寻找,若直线段上转点丢失或移位,可在交点桩上用经纬仪按原偏角值进行补桩或校正;若交点桩丢失或移位,可根据相邻直线校正的两个以上转点放线,重新交出交点位置,并将碰动和丢失的交点桩和中线桩校正和恢复好。在恢复中线时,应将道路附属物,如涵洞、检查井和挡土墙等的位置一并定出。对于部分改线地段,应重新定线,并测绘相应的纵横断面图。

二、施工控制桩测设

由于中线桩在路基施工中都要被挖掉或堆埋,为了在施工中能控制中线位置,应在不受施工干扰、便于引用、易于保存桩位的地方测设施工控制桩。测设方法主要有平行线法和延长线法两种,可根据实际情况互相配合使用。

(一)平行线法

如图12-17(a)所示,平行线法是在设计的路基宽度以外,测设两排平行于中线的施工控制桩。为了施工方便,控制桩的间距一般取10~20 m。平行线法多用于地势平坦、直线段较长的道路。

(二)延长线法

如图12-17(b)、(c)所示,延长线法是在道路转折处的中线延长线上,以及曲线中点至交点的延长线上测设施工控制桩。每条延长线上应设置两个以上的控制桩,量出其间距及与交点的距离,做好记录,据此恢复中线交点。延长线法多用于地势起伏较大、直线段较短的道路。

三、路基边桩的测设

路基边桩测设就是根据设计断面图和各中桩的填挖高度,把路基两旁的边坡与原地面的交点在地面上钉设木桩(称为边桩),作为路基的施工依据。

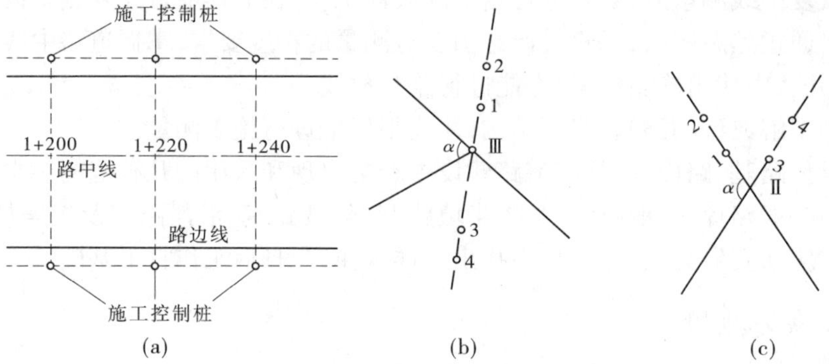

图 12-17 恢复中线测量示意图

每个断面上在中桩的左、右两边各测设一个边桩，边桩距中桩的水平距离取决于设计路基宽度、边坡坡度、填土高度或挖土深度以及横断面的地形情况。边桩的测设方法如下。

(一)图解法

图解法是将地面横断面图和路基设计断面图绘在同一张毫米格纸上，设计断面高出地面部分采用填方路基，其填土边坡线按设计坡度绘出，与地面相交处即为坡脚(边桩位置)；设计断面低于地面部分采用挖方路基，其开挖边坡线按设计坡度绘出，与地面相交处即为坡顶(边桩位置)。

得到坡脚或坡顶后，用比例尺直接在横断面图上量取中桩至坡脚点或坡顶点的水平距离，然后到实地，以中桩为起点，用皮尺沿着横断面方向往两边测设相应的水平距离，即可定出边桩。

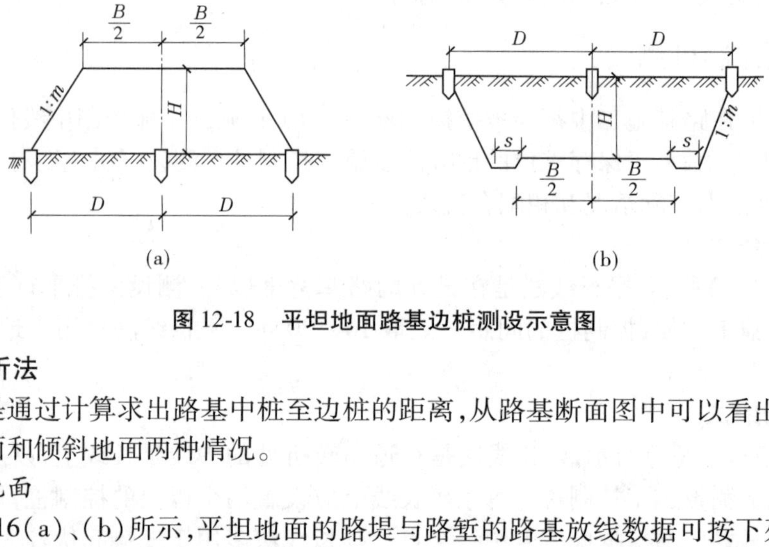

图 12-18 平坦地面路基边桩测设示意图

(二)解析法

解析法是通过计算求出路基中桩至边桩的距离，从路基断面图中可以看出，路基断面大体分平坦地面和倾斜地面两种情况。

1. 平坦地面

如图 12-16(a)、(b)所示，平坦地面的路堤与路堑的路基放线数据可按下列公式计算：

$$\left.\begin{aligned}&\text{路堤}\qquad D=\frac{B}{2}+mH\\&\text{路堑}\qquad D=\frac{B}{2}+S+mH\end{aligned}\right\}\tag{12-9}$$

式中 D——道路中桩至左、右边桩的距离；

B——路基的宽度；

m——路基边坡率；

H——填土高度或挖土深度；

S——路堑边沟顶宽。

2. 倾斜地面

图 12-19 为倾斜地面路基边框测设示意图，设地面为左边低、右边高，则由图可知：

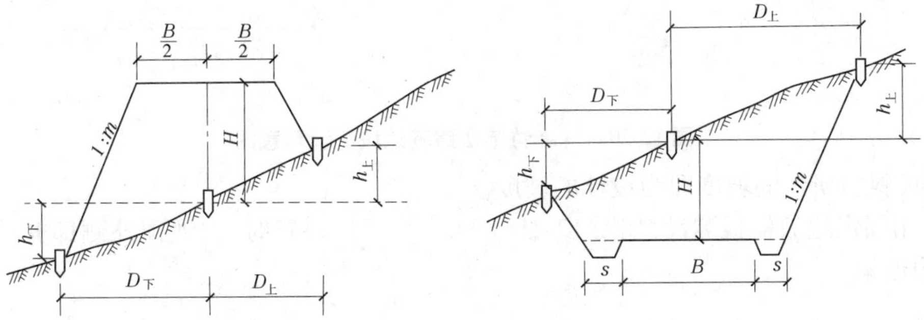

图 12-19　倾斜地面路基边桩测设示意图

路堤

$$\left.\begin{aligned} D_{上} &= \frac{B}{2} + m(H - h_{上}) \\ D_{下} &= \frac{B}{2} + S + m(H + h_{下}) \end{aligned}\right\} \tag{12-10}$$

路堑

$$\left.\begin{aligned} D_{上} &= \frac{B}{2} + S + m(H + h_{上}) \\ D_{下} &= \frac{B}{2} + S + m(H - h_{下}) \end{aligned}\right\} \tag{12-11}$$

式中　B、H、m、S——设计数据；

$h_{上}$、$h_{下}$——由横断面图求得或实地用水准仪测出。

在实际测设工作中，常沿着横断面方向，采用逐渐趋近法测设边桩。

四、路基边坡放样

当路基边桩放出后，为了指导施工，使填、挖的边坡符合设计要求，还应把边坡放样出来。通常有如下几种方法。

（一）用麻绳竹竿放样边坡

（1）当路堤不高时，采用一次挂绳法，如图 12-20（a）所示。A、B 为边桩，O 为中心桩，根据设计边坡和填土高度 H 在地面上找出 C、D 两点，继而在 C、D 两点竖立的竹竿上找出 C'、D'两点，则细绳拉出的 AC'、BD'即为设计边坡线。

（2）当路堤较高时，可选用分层挂线法，如图 12-20（b）所示。每层挂线前应标定公路中线位置，并将每层的面用水准仪抄平，方可挂线。

（二）用固定边坡架放样边坡

（1）用活动边坡尺测设，如图 12-21（a）所示，当选定 1∶m 的边坡尺上的水准气泡居中

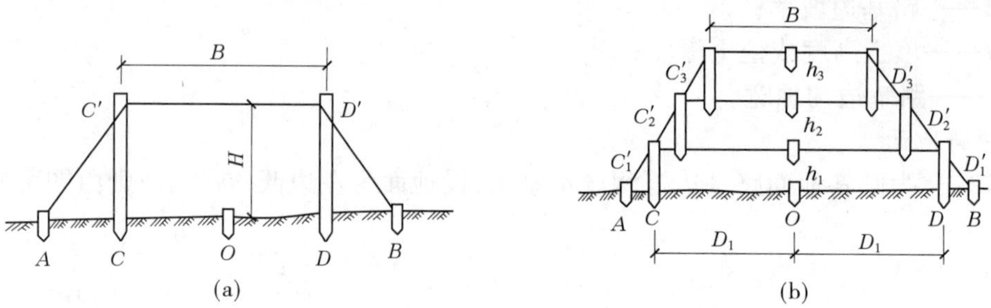

图 12-20 麻绳竹竿法路基边坡测设示意图

时，边坡尺斜边所示的坡度即为设计的坡度。

（2）用固定边坡样板测设，如图 12-21（b）所示，开挖路堑时，在坡顶外侧即开口桩处设立固定边坡架。

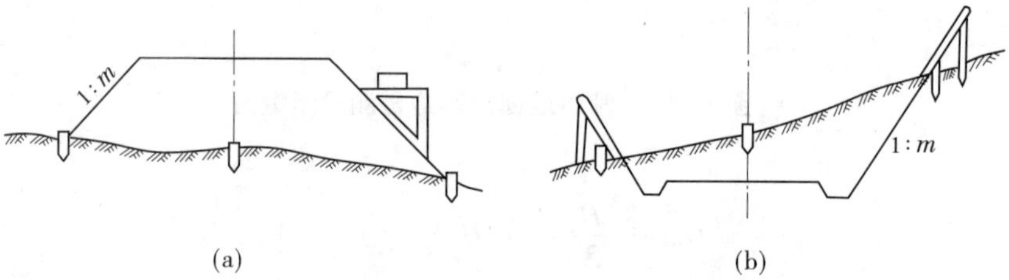

图 12-21 固定边坡样板法路基测设示意图

五、路面施工测量

（一）路面放样

道路路面一般划分为垫层、基层、面层等几个结构层。

在铺设道路路面时，应先把路槽放样出来，具体放样方法如下：

从最近的水准点出发，用水准仪测设出各桩的路基设计标高，然后在路基的中线上按施工要求每隔一定的间距设立高程桩，用放样已知高程点的方法，使各桩桩顶高程等于将来要铺设的路面标高。

用皮尺由高程桩（中桩）沿横断面方向左、右各量路槽宽度的一半，钉出路槽边桩，使其桩顶标高等于铺设路面的设计标高。作业时，可在桩旁边挖一小坑，在坑中钉一木桩，使桩顶的标高符合路槽底的设计标高，即可开挖路槽。

（二）路拱放样

所谓路拱，就是在保证行车平稳的情况下，为有利于路面排水，使路中间按一定的曲线形式（抛物线、圆曲线）进行加高，并向两侧倾斜而形成拱状。

这样，可以将路拱做成模板，用模板进行放样。

六、道路竣工测量

线路在竣工验收时的测量工作，称为竣工测量。在施工过程中，由于修改设计变更了原来设计中线的位置或者是增加了新的建（构）筑物，如涵洞、人行通道等，建（构）筑物的竣工位置往往与设计位置不完全一致。为了给道路运营投产后改建、扩建和管理养护提供可靠的资料和图纸,应该测绘道路竣工总图。

竣工测量的内容与线路测设基本相同,包括中线竣工测量、竣工纵横断面测量。可采用全站仪法测量竣工纵、横断面图和竣工总图。

任务六 桥梁施工测量

在测量的过程中要遵循"先控制后碎部"的工作原则,控制测量包括平面控制测量和高程控制测量。

在桥梁施工测量中,主要的工作是准确地测设出桥梁墩、台的中心位置,即所谓的墩、台中心定位,简称墩台定位。

墩台定位必须满足一定的精度要求,特别是对预制梁桥更是如此。由于预制梁是在工厂里按照设计尺寸预先制造的,墩、台施工完成后再进行现场架梁工作。如果墩、台定位的精度不够,将给架梁工作造成困难,甚至无法架设,或即便把梁架上,也可能会使墩、台的偏心受力超出设计要求,影响墩、台的使用寿命及行车安全。因此,要保证以必要的精度定出墩、台中心的位置。

因为桥梁资料的整理及其计算成果的好坏,关系到桥梁施工的进度、精度、质量。如果计算错误或出现偏差,将会给桥梁施工带来不可挽回的损失。因此,同学们必须认真学习该任务的相关知识,能够快速、准确地计算测量数据,为工程建设服务。

一、桥梁施工平面控制测量

(一)桥轴线长度精度估算

依照《新建铁路工程测量规范》(TB 10101—99)的规定,当桥式已确定,桥轴线长度测量的精度按下述方法进行估算。

1. 钢筋混凝土梁

钢筋混凝土梁是指每跨梁的两个端点支承在相邻墩、台上的桥梁结构形式。一般梁长都不是很长,并且相邻梁端的伸缩缝也较大,在估算桥轴线长度的精度时,可以不考虑梁长的制造误差、温度变形及弹性变形等因素的影响,只考虑墩台中心点位误差。设墩台中心点位放样的极限误差为Δ_D(通常取$\Delta_D=10$ mm),中误差为$\Delta_D/2$,则相邻墩台中心的跨距中误差为

$$m_l=\pm\frac{\Delta_D}{2}\sqrt{2}=\pm\frac{\Delta_D}{\sqrt{2}}$$

桥轴线长度中误差

$$m_L=m_l\sqrt{N}=\pm\frac{\Delta_D}{\sqrt{2}}\sqrt{N} \tag{12-12}$$

式中 N——联(跨)数;

Δ_D——墩中心点位放样限差(± 10 mm)。

2. 钢板梁及短跨($l\leqslant 64$ m)简支钢桁梁

两桥台间长度误差

$$m_l = \pm \frac{1}{2}\sqrt{\left(\frac{l}{5\,000}\right)^2 + \delta^2} \tag{12-13}$$

式中 l——梁长；

δ——支座安装限差（±7 mm）；

$l/5\,000$——梁长制造限差。

多跨等跨梁

$$m_L = \pm m_l \sqrt{N} \tag{12-14}$$

多跨不等跨梁

$$m_L = \pm \sqrt{m_{l1}^2 + m_{l2}^2 + \cdots + m_{lN}^2} \tag{12-15}$$

3. 连续梁及长跨（$l>64$ m）简支钢桁梁

单联（跨）：

$$m_l = \pm \frac{1}{2}\sqrt{n\Delta_l^2 + \delta^2} \tag{12-16}$$

多联（跨）等联（跨）：

$$m_L = \pm m_l \sqrt{N} \tag{12-17}$$

多联（跨）不等联（跨）：

$$m_L = \pm \sqrt{m_{l1}^2 + m_{l2}^2 + \cdots + m_{lN}^2} \tag{12-18}$$

式中 Δ_t——节间拼装限差（±2 mm）；

n——每联（跨）节间数。

长度在 2 000 m 以下的短跨简支架桥，当桥式尚未确定时，可按桥长估算桥轴线长度相对中误差，如表 12-11 所示。当桥式确定后，应按桥式重新估算。

表 12-11 按桥长估算桥轴线精度

桥长（m）	<200	200～500	>500
桥轴线长度相对中误差	1/10 000	1/20 000	1/40 000

（二）桥梁施工平面控制测量外业作业要求

桥梁施工平面控制测量外业观测应根据平面控制网的等级按照一定的作业方法进行。三角网的等级和精度要求见表 12-12。

表 12-12 三角网的等级和精度

等级	测角中误差（″）	桥轴线相对中误差	最弱边相对中误差	基线相对中误差
一	±0.7	1/175 000	1/150 000	1/400 000
二	±1.0	1/125 000	1/100 000	1/300 000
三	±1.8	1/75 000	1/60 000	1/200 000
四	±2.5	1/50 000	1/40 000	1/100 000
五	±4.0	1/30 000	1/25 000	1/75 000

水平角观测要求：开测前如果没有近期资料，应对所使用的测角仪器进行检验和校正，

具体检验项目根据三角网的等级择项选择。作业过程中，仪器 $2C$ 绝对值：DJ_1 型仪器不得超过 20″，DJ_2 型仪器不得超过 30″。另外，必须对光学对中器、简易三脚架的圆水准器等精密对点设备经常进行检查和校正，在观测中应采取措施，尽量减小对点误差对观测结果的影响。

水平角观测测回数应符合表 12-13 的规定，各测回的零方向读数应均匀分布在度盘和测微器的不同位置上。每测回间零方向应安置的度盘读数，按相应的公式计算。

表 12-13　水平角观测的测回数

仪器型号	三角网等级				
	一	二	三	四	五
DJ_1	15	9	6	4	2
DJ_2		12	9	6	4

用光电测距仪或全站仪测量平面控制网边长时，外界环境条件应符合下列要求：为减弱大气折光和旁折光的影响，测线应离开纵向和旁向障碍物一定距离，如测线高出地面或障碍物 1.3 m 以上，跨越江、河、湖、泊时，测线应高出水面 2 m 以上；测线及两端的延线上，除反射棱镜外不得有任何其他发光物体或反光的物体，以免引起反射信号混乱；测站应设在电磁场影响的范围以外，若测线与高压输电线平行时，它们之间的距离应大于 2 m。

光电测距边的测回数及往返测次数，应符合表 12-14 的规定。

表 12-14　光电测距边的测回数及往返测次数

测距类别	测距仪等级	测回数		往返次数	备注
		往	返		
主网中的测距边	Ⅰ、Ⅱ	2	2	2	2 次往返分在不同时段
次网中的测距边或精密导线边	Ⅰ、Ⅱ	2	2	1	

光电测距中的测距限差，应符合表 12-15 的规定。

表 12-15　光电测距限差　（单位：mm）

仪器精度等级	测距中误差	同一测回各次读数互差	测回间读数较差	往返测平距较差
Ⅰ	<5	5	7	$2\sqrt{2}\dfrac{m_D}{\sqrt{N}}$
Ⅱ	5～10	10	15	
Ⅲ	11～20	20	30	

光电测距边必须加入气象、加乘常数、周期误差改正，然后换算为水平距离，最后将其化算至墩顶（或轨底）平均高程面上。设仪器与棱镜横轴的平均高程为 H_1，墩顶（或轨底）的平均高程为 H_2，地球平均曲率半径为 R，D 为光电测距仪所测距离，则归算长度 D_H 为

$$D_H = D\left(1 + \frac{H_2 - H_1}{R}\right) \tag{12-19}$$

测距边经上述归算后，尚需对其实测精度进行精度评定。设某条边进行了 n 次对向观测，第 i 次对向观测边长的差值为 d_i，则一次测量的观测值中误差 m_0 为

$$m_0 = \pm\sqrt{\frac{[dd]}{2n}} \tag{12-20}$$

对向观测的平均值中误差 M_D 为

$$M_D = \frac{m_0}{\sqrt{2}} = \pm\frac{1}{2}\sqrt{\frac{[dd]}{n}} \tag{12-21}$$

（三）桥梁施工平面控制测量内业计算

桥梁施工平面控制网通常采用独立的坐标系，对于直线桥（见图 12-22），是以桥轴线上两控制桩中里程较小的一个为坐标原点，以桥轴线按里程增加方向为 X 轴正向而建立的测量坐标系；对于曲线桥（见图 12-23），坐标原点为位于线路中线上的桥轴线控制点，并且以该点处曲线的切线方向为 X 轴，以线路前进方向为 X 轴的正向来建立测量坐标系。

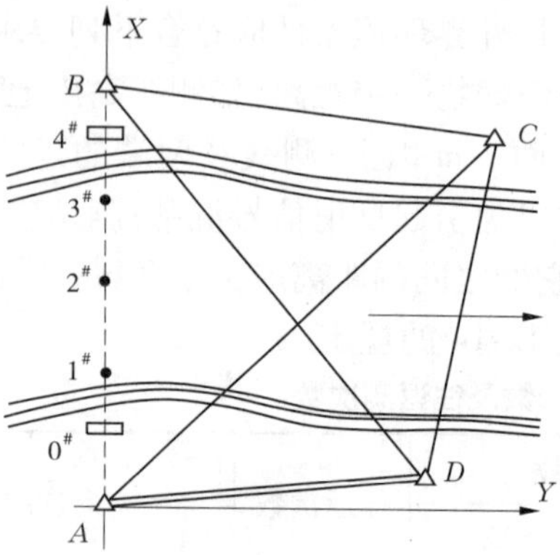

图 12-22　直线桥施工测量坐标系

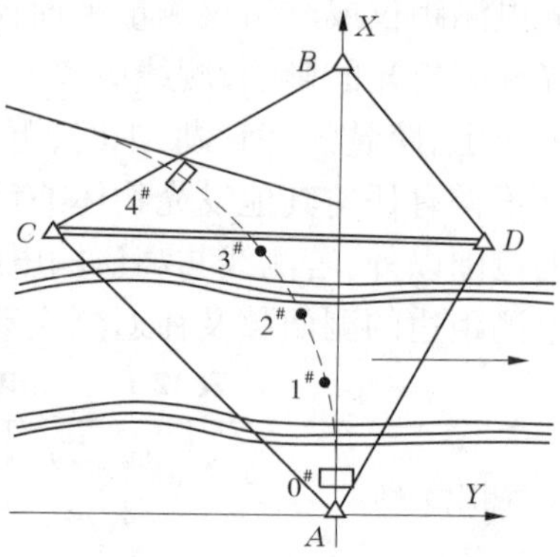

图 12-23　曲线桥施工测量坐标系

外业观测工作结束后，应进行三角网验算。三角形闭合差不得超过表 12-16 所规定的限差。

表 12-16　三角形闭合差限差　　单位：(″)

三角网等级	一	二	三	四	五
限差	±2.5	±3.5	±7.0	±9.0	±14.0

根据三角形闭合差按菲列罗公式计算的测角中误差应小于表 12-12 的规定。基线（或边长）的相对中误差应满足表 12-12 中相应等级三角网的要求。

桥梁施工平面控制网按条件平差或间接平差方法进行严密平差。当按条件平差时，构成三角网条件式的数目应按完全方向观测计算。由低级网强制附合到高级网时，应根据需要加入固定角条件、固定边条件、坐标条件及方位角条件。经反复严密测定并已纠正至桥轴线上各三角点，顺桥轴线方向应加入平角条件。条件方程式列出后，应对其自由项进行检核。

平差计算完成后，应对网中所有的几何条件（或附合条件）进行检算，并计算单位权中误差、桥轴线及最弱边边长中误差。对于边角网或测边网，桥轴线及最弱边边长中误差不应

大于 10 mm；对于以基线为基础的测角网，不应大于原估算的桥轴线及最弱边边长相对中误差。

二、桥梁施工高程控制测量

桥梁施工高程控制网中的各水准点，应沿桥轴线两侧以 400 m 左右的间距均匀布设，并构成连续水准环。水准点应与相邻的线路水准点连测，以保证桥梁与相邻线路在高程位置上的正确衔接。水准点应根据地形条件、地质情况、使用期限和精度要求分别埋设混凝土标石、钢管标石、岩石标石、管桩标石、钻孔桩标石或基岩标石。无论采用什么样的标石，均应嵌于凸出的铜质或不锈钢的标心。

水准测量的等级、精度、限差应符合表 12-17 的规定。

表 12-17　水准测量的等级、测量精度和限差　（单位：mm）

水准测量等级	每千米水准测量的偶然中误差 M_Δ	限差				
		检测已测段高差之差	往返测不符值	附合路线闭合差	环闭合差	左右路线高差不符值
二	≤ ±1.0	$\pm 6\sqrt{R}$	$\pm 4\sqrt{R}$	$\pm 4\sqrt{L}$	$\pm 4\sqrt{L}$	—
三	≤ ±3.0	$\pm 20\sqrt{R}$	$\pm 12\sqrt{R}$	$\pm 12\sqrt{L}$	$\pm 12\sqrt{L}$	$\pm 8\sqrt{R}$
四	≤ ±5.0	$\pm 30\sqrt{R}$	$\pm 20\sqrt{R}$	$\pm 20\sqrt{L}$	$\pm 20\sqrt{L}$	$\pm 14\sqrt{R}$
五	≤ ±7.5	$\pm 30\sqrt{R}$	$\pm 30\sqrt{R}$	$\pm 30\sqrt{L}$	$\pm 30\sqrt{L}$	$\pm 20\sqrt{R}$

注：R 为测段长度，km；L 为附合路线长度，km。

在山区和丘陵地区，当平均每千米单程测站数多于 16 站时，应符合表 12-18 的规定。

每千米水准测量高差中数的偶然中误差按下式计算：

$$M_\Delta = \sqrt{\frac{1}{4n}\left[\frac{\Delta\Delta}{R}\right]} \tag{12-22}$$

式中　Δ——测段往返测高差的不符值，mm；

n——测段数。

表 12-18　山区和丘陵地区水准测量限差　（单位：mm）

水准测量等级	限差	
	检测已测测段高差之差	往返较差、附合或环闭合差
二	$\pm 1.2\sqrt{n}$	$\pm 0.8\sqrt{n}$
三	$\pm 4.0\sqrt{n}$	$\pm 2.4\sqrt{n}$
四	$\pm 6.0\sqrt{n}$	$\pm 4.0\sqrt{n}$

注：n 为两水准点间单程测站数。

各等级水准测量的适用范围见表12-19。

表12-19　水准测量等级适用范围　（单位：m）

项目	跨河距离 S	
	$800 \leqslant S \leqslant 2\ 000$	$S < 800$
跨河水准测量	二等	三等
网中水准点间连测	三等	
网的起算高程	三等	

为了便于施工放样，可根据实际需要在施工地点附近设立若干个施工水准点。当桥墩较高、两岸地貌陡峭时，可在陡坡上一定的高差范围内设立施工水准，以便于放样桥墩的高程。施工水准点的高程必须定期检测。

水准测量作业开始前，必须对水准仪和水准尺进行检验。如有近期资料，可只检验圆水准器正确性和 i 角误差。二等水准测量的 i 角误差限差为 ±15″，三、四等水准测量的 i 角误差限差为 ±20″。在作业过程中，应保证圆水准器的水准轴和仪器竖轴关系正确。作业开始后的第一周内每天应检校 i 角一次，当 i 角较为稳定时，可适当延长检校时间。

当水准路线跨越较宽的河流或深谷时，其宽度往往超过了规定的视线长度，这就使得前、后视线不能相等，实测高差中包含有较大的 i 角误差影响。由于视线增长，大气垂直折光影响必然增大，加之水准标尺上的分划线，在望远镜中的成像就显得非常细小，甚至无法读数。这时可采用跨河水准测量方法。

三、墩台定位

（一）直线桥的墩台定位

直线梁的墩台定位，根据所处的环境条件和精度要求，可采用直接丈量法、光电测距法或前方交会法。

1. 直接丈量法

直线桥的墩台中心都位于桥轴线的方向上，当桥墩位于干涸的河道上或河道水面较窄，沿桥轴线方向用钢尺直接定出墩台中心位置的方法，称为直接丈量法。这种方法实际上是依据桥轴线两岸控制桩及其里程和墩台中心的设计里程，测设已知长度，故可根据地形条件采用测设已知的平距或斜距的方法进行放样。

为保证直接丈量法的测设精度，丈量用的钢尺应经过检定，测设时应考虑尺长改正、温度改正和倾斜改正，施加的拉力应与检定钢尺时的拉力相同，以经纬仪正倒镜分中法标定丈量的方向。测设的顺序最好从一端到另一端，并在终端与桥轴线上的控制桩进行校核，达到精度要求后，将其闭合差按比例分配到各跨距内；也可从中间向两端测设。按照这种顺序，容易保证每一桥跨都满足精度要求。一般不允许从桥轴线两端的控制桩向中间测设，因为这样会将误差积累在中间衔接的一跨上，可能影响桥梁的架设。

2. 光电测距法

直线桥墩台定位所采用的光电测距法，实质上是极坐标法放样的一种特殊情况，即所有放样点均位于极轴上（桥轴线上）。这种方法与直接丈量法相比，是一种迅速、方便且误差不累积的方法。对地形条件的要求也比直接丈量法宽松,只要墩台中心处可以安置反光镜,且仪器与反光镜及轴线上的控制点能够通视,便可采用这种方法。

测设时,仪器安置于一岸的桥轴线控制点上,后视另一岸的桥轴线控制点定向。在其方向线上估计某墩台的概略位置,竖立单杆反光镜,使用光电测距仪的自动跟踪功能或全站仪的放样功能,指挥反光镜前后移动。当距离显示值与距离应有值相符时,安置脚架及反光镜,精确测定该点与测站间的距离。根据经过加常数改正、乘常数改正、周期误差改正、气象改正、倾斜改正和归化改正后的实测距离与应有距离的差值,用辅助小钢尺沿桥轴线方向进行改正;之后,调整反光镜位置,重新精确测定该点与测站间的距离,直至实测距离与应有距离的差值在容许范围内。用另一盘位以同样的方法测设,则两测点连线的中点即为该墩台中心的位置。

(二)曲线桥的墩台定位

曲线桥的墩台中心定位和直线桥类似,必须在桥梁两端的线路上各埋设一个控制桩,作为放样墩台中心和检核墩台定位精度的依据,并保证桥梁与相邻线路正确衔接。曲线桥墩台中心定位测量所依据的原始资料是控制桩及墩、台中心的坐标。

曲线桥梁的墩台定位,根据所处的环境条件和精度要求,可采用偏角法、极坐标法(长弦偏角法)、导线法、全站仪坐标法以及 GNSS 坐标法等。下面以全站仪坐标法为例讲解。

由于受地形条件限制,上述测设方法难以实现时,全站仪则可采用坐标法或任意点置镜(自由设站)法测设墩位,其原理和工作方法与线路测量中的全站仪坐标法完全相同,只是精度要求高于线路测设精度,故不再重述。用全站仪坐标法测设出墩台中心以后,须另行置镜检核。

四、轴线测设

在测设出墩台中心位置以后,便可据此测设墩台的纵横轴线,以固定墩台的方向,同时它也是墩台施工中细部放样的依据。

如图 12-24 所示,在直线桥上,各个墩台的纵轴线均与桥轴线重合,故可根据桥轴线两端的控制桩进行测设;直线桥的横轴线与纵轴线垂直,因此可将经纬仪安置于墩台中心,后视桥轴线控制桩定向,测设 90°角即为墩台横轴线方向。

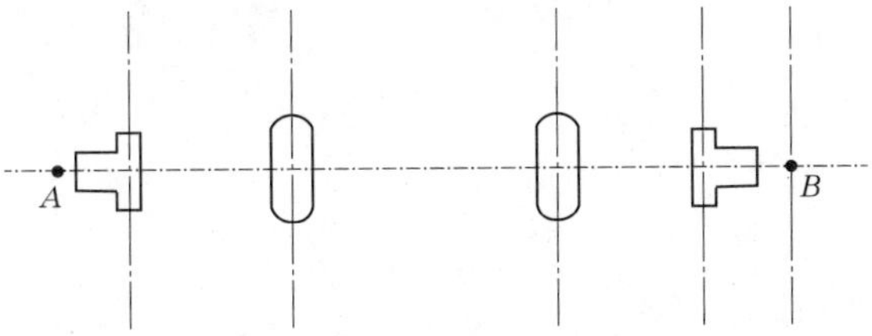

图 12-24 直线桥墩台轴线示意图

在曲线桥上,墩台纵轴线是各墩台中心桥梁偏角 α 的角平分线,而墩台横轴线则是过墩台中心的纵轴线的垂线,如图 12-25 所示。测设时,将经纬仪安置于墩台中心,后视相邻墩台中心定向后,向曲线外测设 $\alpha/2$ 角,则得到纵轴线方向;向曲线内侧测设($90° - \alpha/2$)角,则得到横轴线方向;再实测纵横轴线之间的夹角,以资检核。

为消除仪器误差和便于恢复墩台的纵横轴线,测设时,应采用经纬仪正倒镜分中法,并

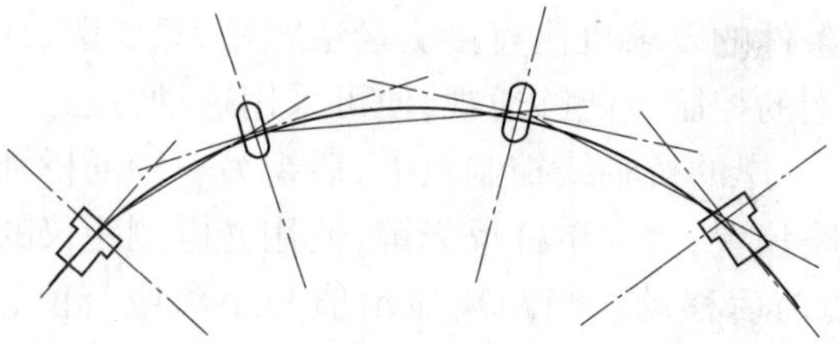

图 12-25　曲线桥墩台轴线示意图

在墩台两侧的适当位置以不少于3个木桩将纵横轴线的方向予以标定，这些轴线标志桩称为护桩。护桩应位于施工场地以外、地质情况稳定、土质坚实处；若工期较长，则还应用水泥包桩或埋设混凝土桩，防止点位变化。护桩设出后，要对其统一进行编号并绘制点之记，以便于管理和使用。

习　题

1. 桥梁施工测量的主要内容有哪些？
2. 桥梁施工控制网的作用有哪些？如何布设合理的桥梁施工控制网？
3. 桥梁墩台中心定位和轴线测设的方法有哪些？
4. 预应力混凝土简支梁及现浇混凝土箱梁施工的测量工作主要有哪些？

模块十三　地下工程施工测量

教学内容

本模块主要包括地下工程施工控制测量、隧道联系测量、隧道施工测量与贯通测量、管道施工测量。重点是地下控制测量和隧道施工测量。

学习目标

了解贯通测量的分类及误差来源,熟悉隧道联系测量方法,掌握地下控制导线测量方法、隧道施工测量方法、管道施工测量方法。

任务一　地下工程施工控制测量

地下控制测量包括地下平面控制测量和高程控制测量,其最主要的任务在于保证地下工程在预定误差范围内的贯通。在地下控制测量中,高程控制测量的目的是在地下建立一个与地面统一的高程系统,确定各种地下工程在竖直方向的位置及相互关系,保证隧道在竖直方向的正确贯通。平面控制测量是标定隧道掘进方向和测图的基础,其目的是以必要的精度,按照与地面控制测量统一的坐标系统,建立地下的控制系统。根据地下控制点的坐标,就可以放样出隧道中线的位置,指出隧道开挖的方向,保证地下工程在所要求的精度范围内贯通。

一、地下平面控制测量概述

(一)地下平面控制测量的特点

地面平面控制网通常是在国家一、二等三角网的基础上建立起来的,一般布设成三角网。随着激光测距仪的广泛应用,地面控制网可布设成三边网、边角网或导线网。目前,随着现代科学技术的迅速发展而建立起来的 GNSS 定位系统,由于其具有经典测量方法所无法比拟的优越性,如观测站之间无需通视,可全天候作业,受气候条件影响小、精度高、速度快、效率高等,因此地面控制可布设成星形网、导线网等,从而大大提高工作效率,也使布网和选点变得灵活方便。地下控制测量与地面控制测量相比,尽管测设方法上有很多共同之处,但地下控制测量仍有其特殊性。由于是在地下隧道中测量,施工面狭窄,可供利用的空间有限,施工干扰也很大,故不可能像地面那样布设成三角或三边网、边角网,更不能布设 GNSS 控制网,只能设立导线或导线网作为地下平面测量控制。由此可知,地下平面控制测量实际上是导线测量。

作为地下控制的导线，与通常地面测量的导线相比较，具有如下特点：

（1）地下导线必须与地面控制网的坐标系统一致，也就是地下导线起始边长、起始方位角和起始点坐标都必须由地面控制网传递。因此，设在洞口的地面控制点同时是地下导线的起始点，在导线进洞之前，必须对洞口控制点的坐标与进洞联系方向做检核测量，没有粗差和变动，方可开始地下导线测量。

（2）地下控制的导线只能按隧道开挖的形状布设，基本上没有选择的余地。此外，这种导线在施工期间，只能布置成支导线的形式，这是因为地下导线是随着隧道的不断开挖才逐渐向前伸展，当隧道尚未贯通时，不可能在洞内将两端布设的导线联系起来。

（3）当平行掘进两个隧道时，隔一段距离须有横向隧道相连。这时，对于布设在两平行隧道中的支导线，宜利用横向隧道进行连测，经平差求出精确坐标和方位角之后，再向前开挖并传递坐标和方位角。

（4）地下导线是先布设精度较低、边长较短的施工导线，当隧道开挖到一定的距离后才布置洞内的主要控制导线。

（5）布设地下控制的导线时，既要考虑到贯通面处的横向贯通误差不能超过允许的限值，又必须考虑到能满足施工开挖时的放样精度及测设方便的要求。

鉴于地下导线具有上述特点，对较长的隧道，仅用重复测量方法进行检核和防止横向贯通误差增大是不行的。因为支导线端点横向误差是由角度观测误差而引起的，计算公式为

$$n_Q = \sum_{t=1}^{n} S_i \frac{m_\beta}{\rho} \sqrt{\frac{n+1.5}{3}} \tag{13-1}$$

式中　S_i——导线边长；

n——测角数；

m_β——测角中误差。

显然，在总长一定的情况下，每条边的长短对 $\sum S_i$ 无影响，但导线边越短，n 越大。如果测角精度 m_β 不变，支导线总长 $\sum S_i$ 也不变，但采用较长的导线边，就可以减少测角数 n，从而减少端点的横向误差。为了充分利用这一性质，保证正确的横向贯通，便于隧道的开挖放样，可以根据隧道的长度、形状和使用的仪器等情况，把地下导线分为边长较短的施工导线和边长较长的基本导线或边长更长的主要导线数种，以满足地下施工测量中的不同要求。

施工导线是隧道施工中为了方便地进行放样和指导开挖而布设的一种导线，其精度较低。施工导线点是边开挖边设置，通常沿中线布设，边长一般为 25 ~ 50 m。这种导线由基本导线或主要导线控制，以准确地指导开挖方向，因此它的一部分点将作为以后布设的基本导线点。

基本导线是为准确地指导开挖，保证隧道正确贯通而布设的边长为 100 ~ 200 m 且精度要求较高的导线。当隧道开挖总长不超过 2 km 时，这种基本导线可作为地下的首级控制。基本导线的主要任务是检查和发现施工导线的粗差，纠正开挖的方向偏差，保证隧道按预计精度正确贯通。基本导线点通常利用施工导线点，并与之重合，这样同一点独立测定出两套坐标，达到检核和纠正的目的。当基本导线施测后，发现开挖面处的施工导线点坐标有问题，则再向前推进时，施工导线点不再用原来的坐标，而应用经过基本导线校正后的新坐标推算。

如果隧道开挖较长，基本导线就很难保证隧道贯通处应达到的贯通精度，此时就必须布

设边长更长的主要导线作为地下开挖的首级控制。主要导线的边长一般为 150～800 m,导线的点由合适的基本导线点组成。此外,为提高主要导线的测量精度,减少外界条件的不利影响,主要导线应力求靠近隧道的中心线布设。

施工导线、基本导线及主要导线的布设情况如图 13-1 所示。

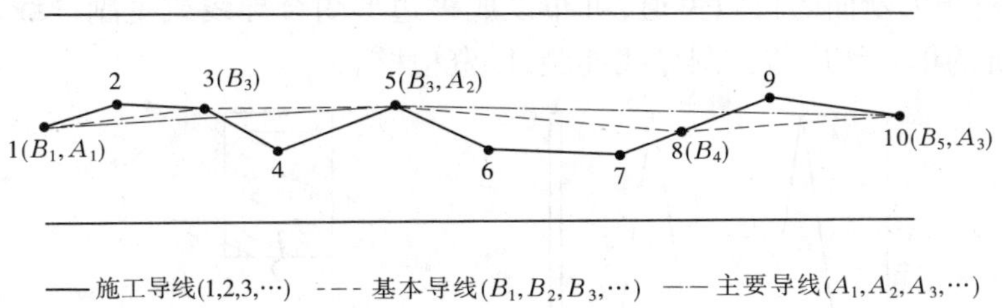

图 13-1　地下导线的布设

(二)地下导线点的布设

地下平面测量的控制点按其使用和保存时间的长短可分为永久点和临时点两种。施工导线点多数为临时点,基本导线和主要导线点应为永久点。临时点埋设临时性标志,永久点则埋设永久性标志。导线点的位置选择要顾及前后通视、工作安全、测设方便和便于保存。地下导线的起始点通常设在隧道的洞口、平坑口、斜井口,而这些点的坐标是由地面控制测量测定的。地下与地面不同的是,测点大多设在隧道顶板上。这是因为测点在顶板上具有容易寻找,不易被行人或车辆破坏等优点。同时,当用垂球对中时,仪器在点下对中比较方便、精确,只有当顶板岩层松软有可能移动或在某些特殊情况下,才将测点设在隧道底板上。

根据设置地点不同,永久点的结构也不同,图 13-2(a)为设在隧道顶板上的永久点,图 13-2(b)为设在底板上的永久点。永久点的结构应以坚固耐用和使用方便为原则,因此作为顶板点标志的铁芯最好接上一段铜头,这样既耐久又便于使用。

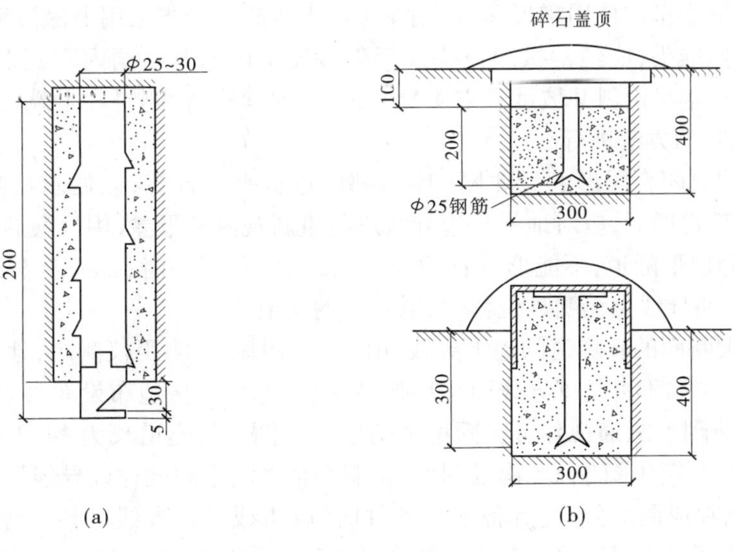

图 13-2　永久点构造　(单位:mm)

临时点可根据具体条件采用图 13-3 所示的形式。图 13-3(a)为在隧道棚梁上设点,

图 13-3(b)为在打入钻孔内的木楔上设点,图 13-3(c)为将点用水泥或水玻璃粘在顶板上。

地下导线布设的一般技术规则和注意事项如下:

(1)地下导线应尽量沿线路中线布设或与线路中线平移一适当距离,边长要接近等边。导线点应尽量布设在施工干扰小、通视良好且稳固安全地段,两点间视线与建筑物的距离应大于 0.2 m。对于大断面的长阳关道,可布设成多边形闭合导线或主副导线环。有平行导坑时,平行导坑的单导线应与正洞导线连测,以资检核。

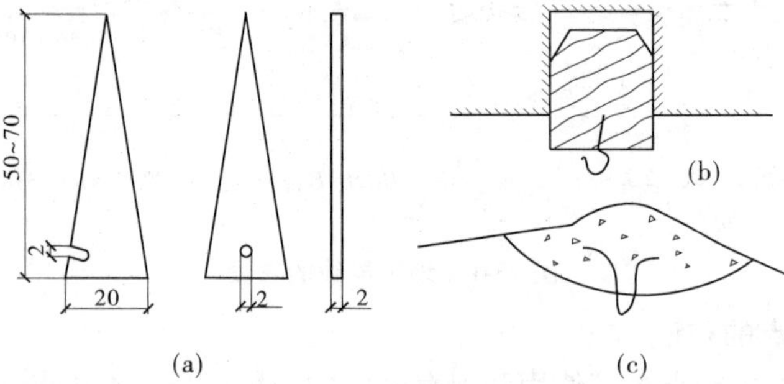

图 13-3　临时点构造　(单位:mm)

(2)长边导线(主要导线或基本导线)的边长应按贯通要求设计,当导坑延伸至两倍沿内导线设计边长时,应进行一次导线引伸测量。每测定一个新导线点时,都需对以前的导线点做检核测量。在直线地段,只做角度检测;在曲线地段,还要同时做边长检核测量。

(3)进行角度观测时,应尽可能减小仪器对中和目标偏心误差的影响。一般在测回间采用仪器和觇标重新对中,在观测时采用两次照准两次读数的方法。若照准的目标是垂球线,应在其后设置明亮的背景。边长较长时,可采用觇牌,但也应用较强的光源照准标志,以提高照准精度。

(4)边长测量中,若采用钢尺丈量边长,每尺段宜两端等高悬空丈量,并加入尺长、温度改正。若为平链丈量或使用零尺段时,则应考虑下垂改正。当采用电磁波测距仪时,应防强灯光直接射入照准头,应经常拭净镜头及反射棱镜上的水雾。洞内有瓦盒应带防爆装置。斜井导线边长用钢尺沿斜井坡度悬空丈量时,应安弹簧秤,往测时在上端(或下端),返测时在下端(或上端)的方法进行。

(5)凡是构成闭合图形的导线网(环),都应进行平差计算,以便求出导线点的新坐标值。当隧道全部贯通后,应对地下长边导线进行重新观测和平差,用以最后确定隧道中线。

(6)对于螺旋形隧道,不能形成长边导线,每次向前引伸时,都应从洞外复测。复测精度应一致,在证明导线点无明显位移时,取点位的均值。

(7)对于大断面的长隧道的地下导线,由于采用电磁波测距仪测距,地下导线在布设上有较大的改变,例如不再是支导线而呈环状,导线点不再严格地布设在隧道中线上,而是布置在便于观测、干扰小、通视好且坚固稳定的地方。例如某隧道长为 14.3 km 的双线隧道,洞内导线由 15 个多边形闭合环构成网形,正洞和辅助坑道间同样以导线环构成闭合网。为减小传递误差,在成洞部分,当具备通视条件时,就组成长边导线。整个导线(含斜井和竖井部分)共敷设了 96 条导线边,其中最长边达 1 368 m,最短边仅 33 m,平均边长 414 m。对于短于 200 m 的导线边,均采用强制对中的三联法测角测边,以提高精度。电磁波测距都安排在施工停止时进行,除洞口附近外,洞内的气象变化较小,测距较稳定,往返测较差不大。

从贯通成果看,横向精度良好,纵向存在随距离变化的系统误差。

二、地下平面控制测量导线施测

地下平面控制测量实际上是地下导线测量。地下导线通常是支导线,而且它不可能一次测完,因为只有掘进一段距离后才可布设一个新点。在地下工程测量中,为了发现可能存在的粗差和提高精度,每埋设一个新点后,通常要从支导线的起点开始进行全面复测,同时测定新点的坐标。重测还可以发现隧道建成后是否有变形,点位是否被碰动。对于直伸型隧道,只需复测角度。

表 13-1　隧道洞内平面控制测量的等级

洞内平面控制网类别	洞内导线网测量等级	导线测角中误差(″)	两开挖洞口间长度 L(km)
导线网	三等	1.8	$L \geqslant 5$
	四等	2.5	$2 \leqslant L < 5$
	一级	5	$L < 2$

为了放样的需要,一般每掘进 20 ~ 50 m 就要增设一个新点。但导线边太短会增加横向误差。因此,在复测时不是每一点设站测角,而争取通过尽可能少的测站把方位角向前传,组成长边支导线。这时长边不必重新丈量,而是把许多短边投影在长边上,求得长边的长度。如图 13-4 所示,设已知两条短边 a、b 及它们的夹角 γ,则可按余弦定理求出长边 c。

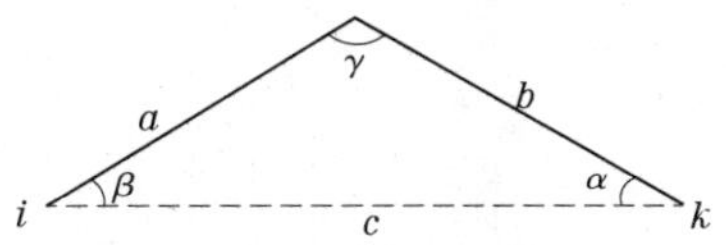

图 13-4　短边推算长边

若已知两条短边 a、b 及两个小角 α、β,则可按式(13-2)计算 c,即

$$c = a\cos\beta + b\cos\alpha \tag{13-2}$$

如果已知 a、b 及 γ,但是 γ 角度接近 180°,则可以先根据 a、b 及 γ 算得 α、β,即

$$\alpha = \frac{a}{a+b}(180^\circ - \gamma) \tag{13-3}$$

$$\beta = \frac{b}{a+b}(180^\circ - \gamma) \tag{13-4}$$

然后按式(13-2)计算 c 的长度。

如果在 i、k 两点之间有多余两条短边(见图 13-4),已知这些短边的长度及两边间的夹角,求 ik 这条长边的长度,这时可以先假定 i、$i+1$ 这两点连线的方位角,然后按支导线方法计算 k 点坐标,再用 i、k 两点坐标反求这两点间的距离。对于地下导线,可以根据上一次测量结果算得的坐标,反算有关长边的长度。

(一)地下测量全站仪

由于地下测量条件与地面不同,所以使用的全站仪也应具有某些特殊的结构,以适应地下测量的需要。

(1)地下测点大多设在隧道顶板上,因此仪器要安置在导线点下进行对中,这就要求全站仪望远镜上刻有仪器中心,即镜上中心。同时,最好在镜上中心上安装光学对中器,这样既便于点下对中,又提高了对中精度。

(2)望远镜尽可能有较短的明视距离(1.0~2.0 m)。

(3)为了在急倾斜隧道中能测仰角和俯角,要求望远镜筒要短并具有目镜棱镜或弯管目镜或物镜棱镜,最好是具有偏心的望远镜。即在中心望远镜水平轴的一端再安装一个偏心望远镜,而在另一端配上平衡重。

(4)为了适应精度要求不高而工作条件又比较困难的地下次要隧道测量,最好能将全站仪悬挂在吊架上,而不是安装在三脚架上。

(5)仪器稳定性、密封性要好,同时,读数设备、十字丝等应配有照明设备。此外,由于地下导线的导线边一般较短,所以最好有供三架法测量的设备。

(二)地下测量方法

1. 安置仪器

为了测量导线点上的角度、距离,首先要将全站仪安置在测点上。导线点设在隧道底板时,安置仪器的方法与地面相同。这里着重介绍测点设在顶板上时仪器的安置方法。

在点下安置仪器的方法,仍然包括对中和整平两方面。地下对中有三种方法:垂球对中、光学对中和自动对中(又称三架法测量)。垂球对中是地下最常用的方法,使用的垂球有两种,即简单垂球(见图13-5)和可调节垂球尖高低的活动垂球(见图13-6),后者使用较方便。

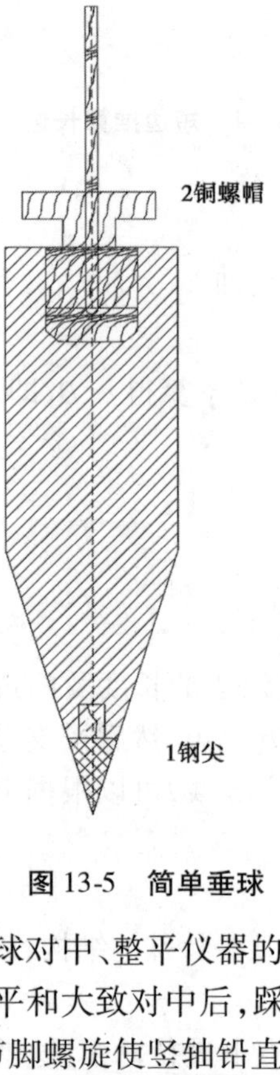

图13-5 简单垂球

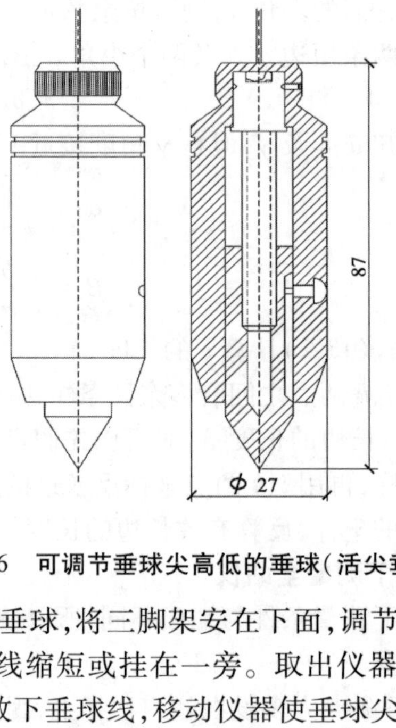

图13-6 可调节垂球尖高低的垂球(活尖垂球)

垂球对中、整平仪器的方法。在测点上挂下垂球,将三脚架安在下面,调节架腿使架头大致水平和大致对中后,踩实脚架,然后把垂球线缩短或挂在一旁。取出仪器安在三脚架上,调节脚螺旋使竖轴铅直,并使望远镜水平。放下垂球线,移动仪器使垂球尖对准仪器镜上中心。再整平仪器,重新对中。由于整平和对中是相互影响的,因此需要反复进行,直到竖轴竖直而垂球尖又精确地对准镜上中心。操作中应注意以下两点。

(1)在对中时应沿前后左右方向移动而不应旋转仪器。因为架头只大致水平,若转动仪器,则脚螺旋在架头上的位置便被破坏,又需大动仪器才能整平。

(2)在点下对中整平时,应特别注意不要让垂球碰坏仪器,特别是望远镜片和水准管。因此,在仪器安好后应取下垂球。

通常地下隧道内的风流较大,影响垂球对中的速度和精度,而地下导线边往往又较短,因此对中不精确会引起较大的测角误差,因此地下对中非常重要。因此,现场多采取挡风布和挡风筒等办法来提高垂球对中的速度和精度,特别在比较精密的地下导线测量中更是如此。

光学对中更适用于地下条件,它比垂球对中要迅速而且精确。为了能在点下利用光学对中器进行对中,可在全站仪望远镜筒上安装一光学顶点对中器。这种光学对中器可作为一个附件安装在任何全站仪的望远镜上。利用装上这种对中器的全站仪进行对中,既提高了效率,又提高了精度。实践表明,对中距离在0.3~1.5 m时,其对中线量误差小于0.5 mm。

所谓自动对中,实际上只不过是利用多个脚架和基座,在每个测站上对中一次,迁站时不再对中而采用强制归心的方法插上仪器和觇标。

2. 测量

地下导线观测方法也和地面一样,有复测法和测回法。随着测量仪器精度的提升,一般采用测回法,通常测水平角、垂直角、距离一起进行。

三、地下高程控制测量

地下高程控制测量的主要任务是确定隧道内各水准点与永久导线点的高程,以建立地下高程基本控制。其主要内容是通过竖井导入标高,在水平或坡度小于8°的隧道中进行几何水准测量,在坡度大于8°的倾斜隧道中进行三角高程测量。

(一)地下水准测量

地下水准测量分两级,Ⅰ级水准测量用以建立地下高程测量的首级控制,其精度较高,基本上能满足贯通工程在高程方面的精度要求。Ⅱ级水准测量作为Ⅰ级水准点间的加密控制,精度较低。地下水准路线一般与地下导线测量的路线相同,通常利用地下导线点作为水准点。

地下水准测量的施测方法与地面水准测量基本相同,常采用中间法施测。施测时水准仪置于二尺点之间,若地下通视条件差,前后视距离用目估法使其相等,这样可以消除由于水准管轴与视准轴不平行所产生的误差。视线长度一般宜为15~40 m。Ⅰ级水准不应超过50 m。每个测站应在水准尺黑红面上进行读数,若使用单面水准尺,则应用两次仪器高进行观测,两次仪器高之互差应大于10 cm。由水准尺两个面或两次仪器高所测得的高差互差。Ⅰ级应不大于4 mm。Ⅱ级应不大于5 mm,否则应重测。取两面或两次仪器高测得的高差平均值作为一次测量结果。有时由于隧道内施工场地狭小,工种繁多,干扰甚大,水准点可能设在隧道顶板上,所以地下水准测量还需使用倒尺法传递高程。测定相邻两点的高差可能有四种情况,如图13-7所示。

不论哪种情况,两点之间的高差计算仍与地面水准测量一致,唯一特殊的一点是当尺子立于顶板时(倒尺),读数为负。

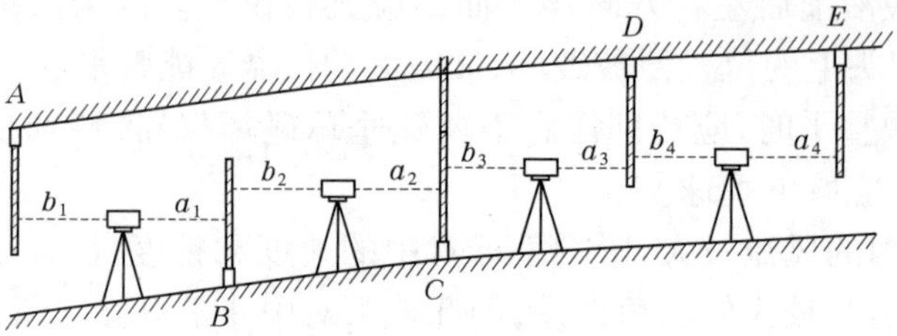

图 13-7 地下水准测量的四种情况

$$h_{AB} = (-b_1) - a_1 \tag{13-5}$$

$$h_{BC} = b_2 - a_2 \tag{13-6}$$

$$h_{CD} = b_3 - (-a_3) \tag{13-7}$$

$$h_{DE} = (-b_4) - (-a_4) \tag{13-8}$$

地下水准路线可为支线、附合水准路线或闭合水准路线。水准测量的高程容许闭合差应不超过表 13-2 的限差要求。

当求得各点间的高差及各项限差均符合要求后,则应取往测和返测结果的平均值作为最终值。闭合差可按各测段的长度(或测站数)成比例地以反号分配到各测段中。往测或返测不符值超限时需重测其中不可靠的测段,重测的结果和往测或返测的结果不超限时方可采用,若重测结果介于往返测结果的中间,且与往测或返测之差均未超过限差,则应取 3 个结果的平均值。

表 13-2 地下水准测量限差

水准测量等级	水准支线往返测量的高差不符值	闭合、附合路线的高差容许闭合差
Ⅰ	$\pm 15\ \text{mm}\sqrt{R}$	
Ⅱ	$\pm 30\ \text{mm}\sqrt{R}$	$\pm 24\ \text{mm}\sqrt{L}$

注:R 为单程水准路线长度,L 为闭合、附合水准路线长度。

表 13-3 隧道洞外、洞内高程控制测量的等级

高程控制网类别	等级	每千米高差全中误差(mm)	洞外水准路线长度或两开挖洞口间长度 S(km)
水准网	二等	2	$S>16$
	三等	6	$6<S\leqslant 16$
	四等	10	$S\leqslant 6$

(二)地下三角高程测量

三角高程测量通常用于倾角大于 8°的倾斜隧道中,与导线测量同时进行,如图 13-8 所示。

安置全站仪于 A 点,整平对中。在 B 点悬挂垂球。用望远镜瞄准垂球线上的标志 b,测出垂直角 δ,丈量仪器中心到标志 b 的距离 L,量取仪器高 i 及觇标高 v。B 点对 A 点的高差为

$$h = L\sin\delta + i - v \tag{13-9}$$

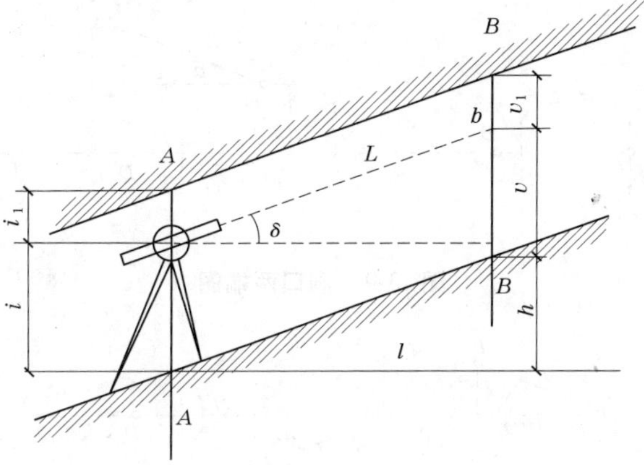

图 13-8　地下三角高程测量

用式(13-9)计算高差时应注意,当测点在顶板上时,i 和 v 取负号。

仪器高 i 和觇标高 v 均用小钢尺在观测开始前和结束后各量一次,并量至毫米,两次丈量的互差不得大于 4 mm,取其平均值作为丈量结果。丈量仪器高时,可使望远镜竖直,量出测点至镜上中心的距离。

任务二　隧道联系测量

一、进洞关系的计算和进洞测量

洞外控制测量完成以后,应把各洞口的线路中线控制桩和洞外控制网联系起来。由于控制网和线路中线两者的坐标系不一致,应首先把洞外控制点和中线控制桩的坐标纳入同一坐标系统内,故必须先进行坐标变换计算,得到控制点在变换后的新坐标。其坐标变换计算公式可以采用解析几何中的坐标转轴和移轴计算公式。一般在直线段以线路中线作为 x 轴;曲线上则以一条切线方向作为 x 轴。用线路中线点和控制点的坐标,反算两点的距离和方位角,从而确定进洞测量的数据。把中线引入洞内,可按下列方法进行。

(一)直线隧道

1. 移桩法

如图 13-9 所示,洞口两端线路控制点 A、B、C、D 是按定测精度测设的,它们并不是严格位于同一条直线上的。经精测 A、B、C、D 后,可以 A 为原点,AB 方向为纵轴,计算出 C、D 两点相应的偏离值 y_C、y_D 和 β 角,将全站仪分别安置在 C 和 D 上,拨角量出垂线 y_C 和 y_D,即可移桩定出 C' 和 D' 点,再将全站仪安置于 D' 点,照准 C' 即得进洞方向。当偏移量较大时,为保持原设计的线路平面位置和方向的一致性,可用洞口两端的 A、D 两点连线作纵轴,将 B、C 移至中线上。

2. 拨角法

如图 13-10 所示,当以 AD 为坐标纵轴时,可根据 A、B 及 C、D 点的坐标反算出水平角 α 和 β,即可得到进洞方向。通常为了施工测量方便,也可将 B、C 两点移到中线上的 B'、C' 点上。

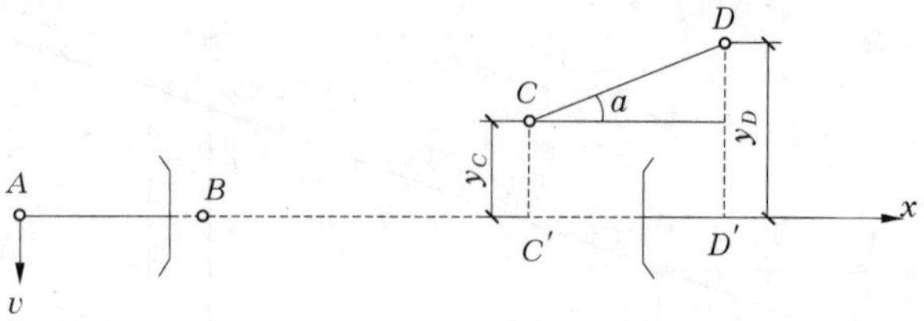

图 13-9　洞口两端图

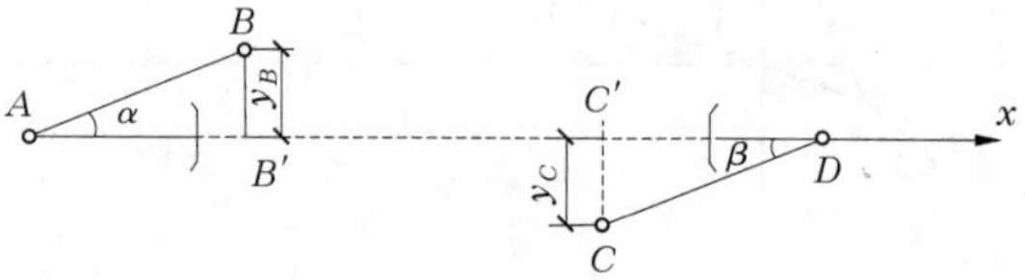

图 13-10　进洞方向

（二）曲线隧道

曲线隧道两端洞口的每条切线上已有两个投点的坐标在控制网中得到，如图 13-11 中的 A、G 和 D、E。经坐标变换后，以 A 点为坐标系原点，AG 的切线方向为 y 轴，其进洞关系的计算步骤如下：

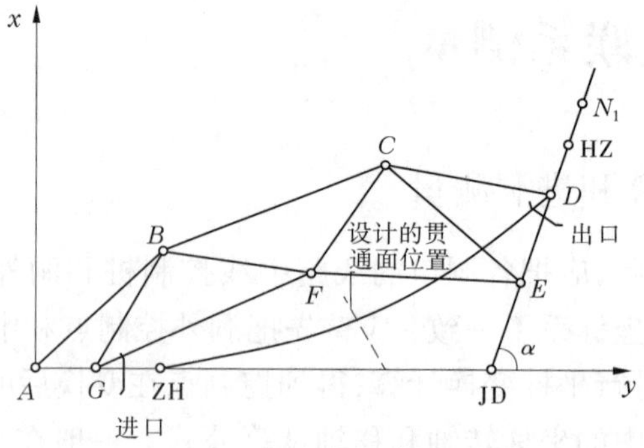

图 13-11　隧道入口控制

（1）坐标变换后，得到 A、G、D、E 各点的新坐标。根据这些新坐标反算得到 AG、DE 的方位角；两方位角相减得到曲线精测的转向角 α，它的精度比定测角值精确，并与各点的坐标相一致。

（2）计算交点的坐标。因为 AG 切线与 y 轴重合或平行，故 JD 的 x 坐标为零或选定值，它是已知的；只需计算出 JD 的 y 坐标值即可。

$$\alpha = \alpha_{AG} - \alpha_{ED} \tag{13-10}$$

（3）根据精测算得的 α 和选定的曲线半径 R 及缓和曲线长，计算出曲线要素 l_0、T、L、β_0、p、m、x_0、y_0。

$$y_{\mathrm{JD}} = \frac{x_{\mathrm{JD}} - x_E}{x_E - x_D}(y_E - y_D) + y_E \tag{13-11}$$

（4）选定洞口外面一个中线控制桩的里程，使其和定测里程一致，如选定 A 点。由此从 A 点推算隧道范围内其他中线控制点的里程，到隧道另端洞口外的中线控制点上出现断链，这是精测长度和定测长度不一致所致，这种里程称为隧道施工里程。

(5)计算任一中线点的坐标。要想在洞中测设出任一中线点的位置，必须先知道该点的施工里程，使它与曲线控制桩的施工里程相比较，才能确定该点是在直线上还是在曲线上，并且知道该点距中线控制桩有多远。由于任一中线点的位置不同，所以计算坐标的方法也不同，现分别说明如下：

①中线点在直线上。如图 13-11 所示，进口洞门在一直线上，而 N_1 点在出口端的另一直线上。在已知各点的施工里程 DK 进口、DK_{N1}（不能用定测里程）的情况下，则

$$x_{进口} = 0$$

$$y_{进口} = DK_{进口} - DK_A$$

$$\begin{cases} x_{N_1} = [T + (DK_{N1} - DK_{NZ})]\sin\alpha \\ y_{N_1} = T_{JD} + [T + (DK_{N1} - DK_{NZ})]\cos\alpha \end{cases} \tag{13-12}$$

②中线点在缓和曲线上。首先计算出它们的切线坐标（计算到 mm 或 0.1 mm），然后将切线坐标转换为统一坐标。

例如在图 13-2 中，统一坐标系的坐标轴为 x、y 轴；ZH 端的切线坐标系为 x'、y'轴；HZ 端的切线坐标系为 x''、y''轴。假设统一坐标系的 y 轴平行于 x'轴，则中线点 N_2、N_3 的统一坐标推算如下：

$$\begin{cases} x_{N_2} = x_{ZH} + y'_{N_2} \\ y_{N_2} = y_{ZH} + y'_{N_2} \end{cases} \tag{13-13}$$

$$\begin{cases} x_{N_3} = x_{JD} + T\sin\alpha - x''_{N_3}\sin\alpha + y''_{N_3}\cos\alpha \\ y_{N_3} = y_{JD} + T\sin\alpha - x''_{N_3}\cos\alpha + y''_{N_3}\sin\alpha \end{cases} \tag{13-14}$$

式中　x_{N_2}、y_{N_2}——N_2 点的切线坐标；

　　　x_{N_3}、y_{N_3}——N_3 点的切线坐标。

③中线点在圆曲线上。当中线点位于圆曲线上时，最好通过圆心来计算它们的坐标。

在图 13-13 中，N_4 点在圆曲线上，则圆心 O 的统　坐标为

$$\begin{cases} x_0 = x_{ZH} + P + R \\ y_0 = y_{ZH} + m \end{cases} \tag{13-15}$$

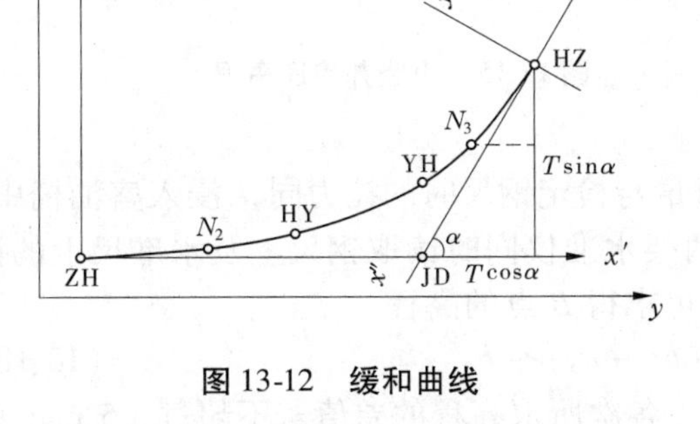

图 13-12　缓和曲线

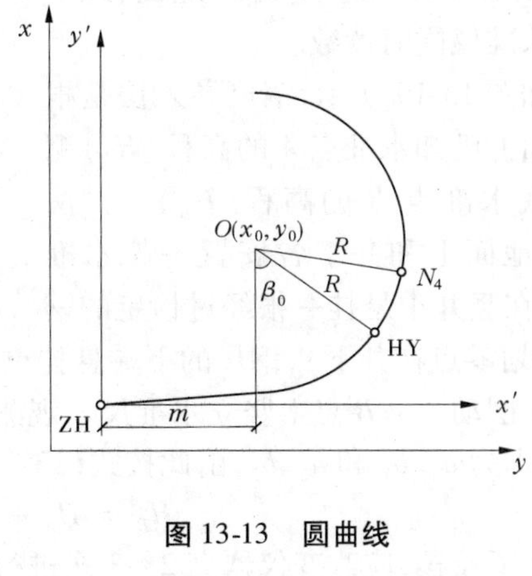

图 13-13　圆曲线

而 ON_4 的坐标方位角为

$$\alpha_{ON_4} = 180° - \beta_0 - \frac{DK_{N_4} - DK_{\mathrm{HY}}}{R}\frac{180°}{\pi} \tag{13-16}$$

$$\begin{cases} x_{N_4} = x_0 + R\cos\alpha_{ON_4} \\ y_{N_4} = y_0 + R\sin\alpha_{ON_4} \end{cases} \tag{13-17}$$

按上述方法计算出测设中线点的坐标后，再根据控制网点的坐标，反算出两点间的距离和方位角，利用极坐标法即可确定洞门的位置和进洞方向。如图 13-14 所示，H 为出口洞门的设计位置，D、E 为切线方向的控制点，根据 D、H 点坐标可以算出距离 SDH 及方位角 α_{DH}；根据 D、E 坐标可以算出方位角 α_{DE}，根据两方位角之差可以求得水平角 β_0。将全站仪安置在 D 点，后视 E 点，转一角度 β，沿此方向丈量距离 S_{DH}，即可定出洞门出口位置 H 点。

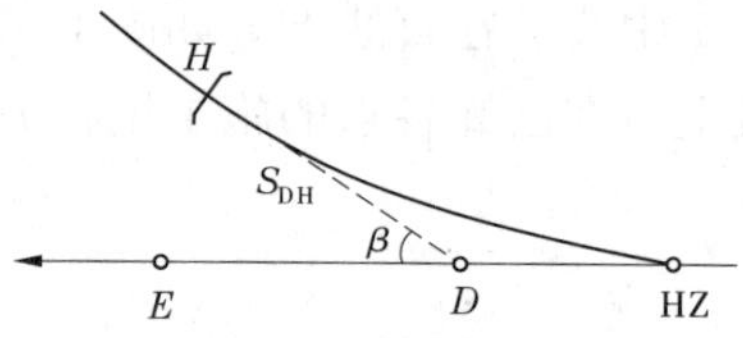

图 13-14　出口洞门设计

二、由洞外向洞内传递方向和坐标

为了加快施工进度，隧道施工中除进出洞口外，还会用斜井、横洞或竖井来增加施工开挖面。为此就要经由它们布设导线，把洞外导线的方向和坐标传递给洞内导线，构成一个洞内外统一的控制系统，这种导线称为联系导线，联系导线属支导线性质，其测角误差和边长误差直接影响隧道的横向贯通精度，故使用中必须多次精密测定、反复校核，确保无误。

当由竖井进行联系测量时，可以采用垂准仪光学投点、陀螺经纬仪定向的方法，来传递坐标和方位。

三、由洞外向洞内传递高程

导入高程的方法有钢尺导入法、钢丝导入法、测长器导入法及光电测距导入法。作业方法如同高程传递法。钢尺导入法传递时，使用的钢尺应经过鉴定，井下的尺端应挂垂球。地面、地下两台水准仪同时读数。

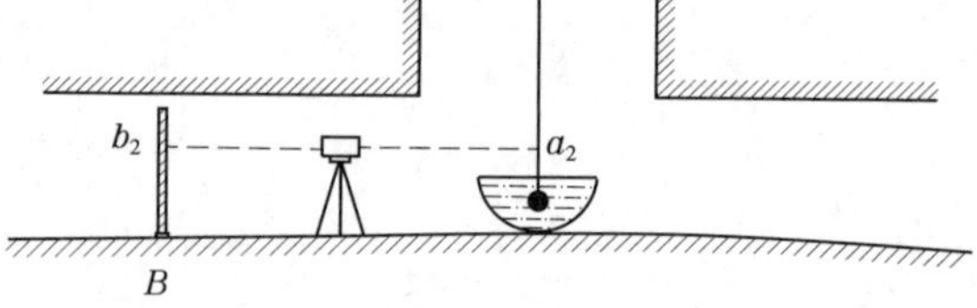

图 13-15　由竖井传递高程

如图 13-15 所示，钢尺导入法是根据地面上已知水准点 A 的高程（H_A）测定井底水准点 B 的高程（H_B）。方法是：在地面上和井下各安置一架水准仪，并在竖井中悬挂一根经过检定的钢尺（分划零点在井下），钢尺的下端悬挂重锤（重量与检定钢尺时的拉力同），浸入盛油桶中，以减小摆动。A、B 点上竖立水准尺。观测时，两架水准仪同时读取钢尺上及水准尺上的读数，分别为 a_1、b_1 和 a_2、b_2，由此按式(13-18) 即可求得 B 点的高程。

$$H_B = H_A + a_1 - (b_1 - a_2) - b_2 \tag{13-18}$$

为了校核，应改变仪器高 2 ~ 3 次进行观测。各次所求高程的差值若不超过 ±5 mm，则

取其平均值作为 B 点的高程。

任务三　隧道施工测量与贯通测量

隧道是边开挖、边衬砌,为保证开挖方向正确、开挖断面尺寸符合设计要求,施工测量工作必须紧紧跟上,同时要保证测量成果的正确性。

一、导坑延伸测量

当导坑从最前面一个临时中线点继续向前掘进时,在直线上延伸不超过 30 m,曲线上不超过 20 m 的范围内,可采用“串线法”延伸中线。用串线法延伸中线时,应在临时中线点前或后用仪器再设置两个中线点,其间距不小于 5 m。串线时可在这三个点上挂上垂球线,先检验三点是否在一直线上,如正确无误,可用肉眼瞄直,在工作面上给出中线位置,指导掘进方向。当串线延伸长度超过临时中线点的间距时(直线为 30 m、曲线为 20 m),则应设立一个新的临时中线点。

如果用激光导向仪,将其挂在中线洞顶部来指示开挖方向,可以定出 100 m 以外的中线点,如图 13-16 所示。这种方法对于直线隧道和全断面开挖的定向,既快捷又准确。

在曲线导坑中,常用弦线偏距法和切线支距法。弦线偏距法最方便,如图 13-17 所示,A、B 为曲线上已定出的两个临时中线点,如要向前定出新的中线点 C,要求 $BC = AB = s$,则从 B 沿 CB 方向量出长度 s,同时从 A 量出偏距 d,将两尺拉直使两长度分划相交,即可定出 D 点,然后在 D、B 方向上挂三根垂球线,用串线法指导 B、C 间的掘进,掘进长度超过临时中线点间距时,由 B 沿 DB 延伸方向量出距离 s,即可测设出新的临时中线点 C。

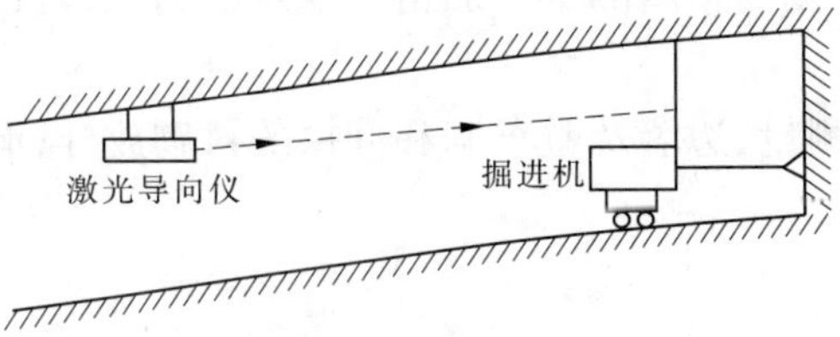

图 13-16　激光导向

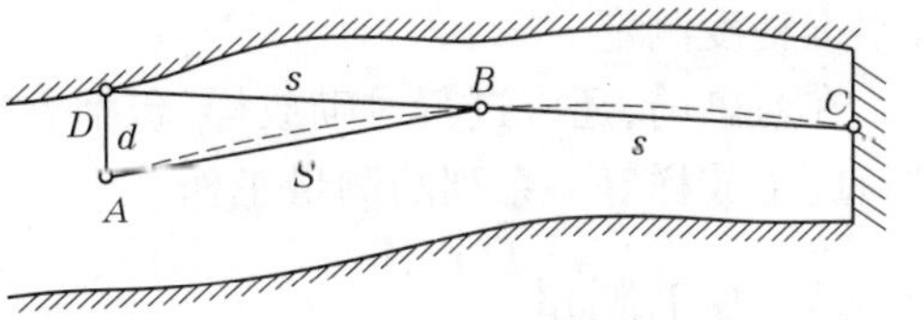

图 13-17　弦线偏距法

偏距 d 可按下列近似公式计算:

圆曲线部分

$$d = \frac{s^2}{R} \tag{13-19}$$

缓和曲线部分

$$d = \frac{s^2}{R}\frac{l_B}{l_0} \tag{13-20}$$

式中　s——临时中线点间距;

R——圆曲线半径;

l_0——缓和曲线全长;

l_B——B 点到 ZH(HZ)的距离。

二、上下导坑的联测

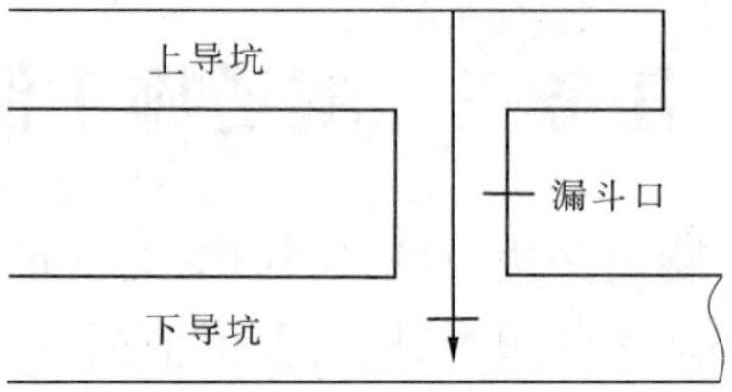

图 13-18 导坑联测

采用上、下导坑开挖时,每前进一段距离后,上部的临时中线点和下部的临时中线点应通过漏斗联测一次,用以改正上部的中线点或向上部导坑引点。联测时,一般用长线垂球、光学垂准器、经纬仪的光学对点器等,将下导坑的中线点引到上导坑的顶板上,如图 13-18 所示。移设三个点之后,应复核其准确性:测量一段距离之后及筑拱前,应再引至下导坑核对,并尽早与洞口外引入的中线闭合。

三、隧道结构物的施工放样

(一)隧道开挖断面测量

在隧道施工中,为使开挖断面能较好地符合设计断面,在每次掘进前,应在开挖断面上,根据中线和轨顶高程,标出设计断面尺寸线。

分部开挖的隧道在拱部和马口开挖后,全断面开挖的隧道在开挖成形后,应采用断面自动测绘仪或断面支距法测绘断面,检查断面是否符合要求;并用来确定超挖和欠挖工程数量。测量时按中线和外拱顶高程,从上至下每 0.5 m (拱部和曲墙)和 1.0 m (直墙)向左右量测支距。量支距时,应考虑到曲线隧道中心与线路中心的偏移值和施工预留宽度。

仰拱断面测量,应由设计轨顶高程线每隔 0.5 m(自中线向左右)向下量出开挖深度。

(二)结构物的施工放样

在施工放样前,应对洞内的中线点和高程点加密。中线点加密的间隔视施工需要而定,一般为 5 ~ 10 m 一点,加密中线点可以从铁路定测的精度测定。加密中线点的高程,均以五等水准精度测定。

在衬砌前,还应进行衬砌放样,包括立拱架测量、边墙及避车洞和仰拱的衬砌放样,洞门砌筑施工放样等一系列的测量工作。

四、竣工测量

隧道竣工以后,应在直线地段每 50 m,曲线地段每 20 m,或者需要加测断面处,以中线桩为准,测绘隧道的实际净空。测绘内容包括拱顶高程、起拱线宽度、轨顶水平宽度、铺底或仰拱高程。

当隧道中线统一检测闭合后,在直线上每 200 ~ 500 m、曲线上的主点,均应埋设永久中线桩;洞内每千米应埋设一个水准点。无论中线点还是水准点,均应在隧道边墙上画出标志,以便以后养护维修时使用。

五、贯通测量

(一)隧道贯通误差的分类及其限差

隧道自两端洞口相向开挖,洞内衬砌等工程随着开挖往前施工,其掘进工作面在预定位置彼此接通,称为贯通,此时洞内衬砌工程绝大部分已建设完毕。在贯通面上,两条中线出现了偏差不能吻合，这种偏差称为贯通误差(δ)。贯通误差在隧道中线方向上的投影长度称为纵向贯通误差(δ_l)，在垂直于隧道中线方向上的投影长度称为横向贯通误差(δ_q)，在铅垂面内的投影长度称为高程贯通误差(δ_h)。纵向贯通误差影响隧道中线长度，只要满足定测中线的精度要求即可，这是容易做到的。高程贯通误差影响隧道的坡度，应用水准测量的方法，也容易满足限差的要求。而横向贯通误差如果超过限差的要求，就会引起隧道中线几何形状的改变，甚至洞内已建构筑物侵入规定限界而使已衬砌部分拆除重建，给工程造成巨大损失。

隧道工程以铁路隧道对测量的要求最高，最为典型。我国《铁路工程测量规范》(TB 10101—2009)根据隧道两相向开挖洞口间的长度对隧道横向贯通误差和高程贯通误差做出规定，见表13-4。

表13-4　隧道贯通误差规定

项目	横向贯通误差							高程贯通误差
相向开挖隧道长度(km)	$L<4$	$4\leqslant L<7$	$7\leqslant L<10$	$10\leqslant L<13$	$13\leqslant L<16$	$16\leqslant L<19$	$19\leqslant L<20$	
洞外贯通中误差(mm)	30	40	45	55	65	75	80	18
洞内贯通中误差(mm)	40	50	65	80	105	135	160	17
洞内外综合贯通中误差(mm)	50	65	80	100	125	160	180	25
贯通限差(mm)	100	130	160	200	250	320	360	50

注：1. 本表不适用于利用竖井贯通的隧道。

2. 相向开挖长度大于20 km的隧道应做特殊设计。

(二)隧道贯通误差的来源和分配

隧道贯通误差主要来源于洞内、洞外控制测量的误差及竖井联系测量的误差。对于没有竖井的隧道，横向贯通误差主要来自洞外地面控制测量和洞内导线测量。一般而言，对于平面控制测量，地面上的观测条件要比洞内好，因此对地面控制测量的精度可要求高一些，而将洞内导线测量的精度要求适当降低。通常将地面控制测量的误差作为影响隧道贯通误差的一个独立因素，而将地下两相向开挖的洞内导线测量的误差各作为一个独立因素。设隧道总的横向贯通中误差为M_q，按照等影响原则，洞外地面控制测量误差所引起的横向贯通中误差m_q为

$$m_q=\pm\frac{M_q}{\sqrt{3}}=\pm0.58M_q \tag{13-21}$$

对于通过竖井开挖的隧道，横向贯通误差受竖井联系测量的影响也很大，通常将竖井联系测量的误差也作为一个独立因素，并按等影响原则分配。这样，当通过一个竖井向洞口开挖时，m_q则为

$$m_q=\pm\frac{M_q}{\sqrt{4}}=\pm0.50M_q \tag{13-22}$$

当通过两个竖井和洞口开挖时,则 m_q 为

$$m_q = \pm \frac{M_q}{\sqrt{5}} = \pm 0.45M_q \tag{13-23}$$

高程贯通误差来源于洞内、洞外水准测量误差。洞内的水准路线短、高差变化小,这些方面比地面水准测量有利;而洞内也有水气、烟尘、光亮度差及施工干扰等不利因素,因此将洞内、洞外水准测量误差均作为影响高程贯通误差的一个独立因素。设隧道总的高程贯通中误差为 M_h,按照等影响原则,则洞内、洞外水准测量误差所产生的高程贯通中误差均为

$$m_h = \pm \frac{M_h}{\sqrt{2}} = \pm 0.71M_h \tag{13-24}$$

根据式(13-24),规范规定的高程贯通中误差见表 13-4。

贯通误差的限差(用 Δ 表示)一般取中误差值的 2 倍,如:

$$\Delta_q = 2M_q \tag{13-25}$$

$$\Delta_h = 2M_h \tag{13-26}$$

纵向贯通误差影响隧道中线的长度,通常按定测中线的精度要求,其限差为

$$\Delta_l = 3M_l \leqslant \frac{1}{2\,000}L \tag{13-27}$$

式中　L——隧道两开挖洞口间的长度。

任务四　管道施工测量

在城镇和大型企业建设中,需要铺设众多的地下管道,如给水、排水、煤气、供电、通信以及取暖等管道,以满足居民生活和工业生产所需。随着我国现代化进程的飞速发展,各种长距离的巨型管道,如西油、西气东调工程,大型光纤工程等。管道的布设,根据各种工程的特点和要求,可以是明管,但为了管道的安全和长期使用,多数是地下管道。地下管道的施工测量相对明管施工测量要求更高、难度更大,特别是像下水道等这些借助于坡度而自流的管道,对高程方面的精度有较高的要求。因此,给地下管道施工测量增加了一定的难度。

地下管道在正式施测前,测量人员应该收集并仔细研究管道设计书和管道布置图。要掌握和熟悉管道的断面、埋设的形式、埋设的深度、管道间的相互位置、管道的起讫点、所经的路线,必要的平面坐标、高程和方位角等设计资料。以便于施测时按设计要求铺设管道。

一、管道中线的测设

如图 13-19 所示,为某建筑区排水管道设计图。为了按设计敷设管道,首先必须进行管道中线的放样,把管道的设计中心线标到实地。

管道的中线测量实质上就是把交点如井$_6$、井$_8$、…,以及一些特殊控制点利用各种方法在实地标定。例如井$_6$ 位置的确定,可用施工区的控制点和井$_6$ 的坐标直接放样,也可以用距离交会法确定。同样井$_8$ 可直接放样,也可根据井$_8$ 与已有建筑物的相对位置而在实地标定。由此可见,所有中线的交点都可按此法标定。

各交点桩确定以后,要仔细测定各交点的里程、转角,并要与附近的控制点连测,推算各交点坐标,检查是否满足设计的精度要求。此外,为施工中方便查找交点位置,还必须绘制

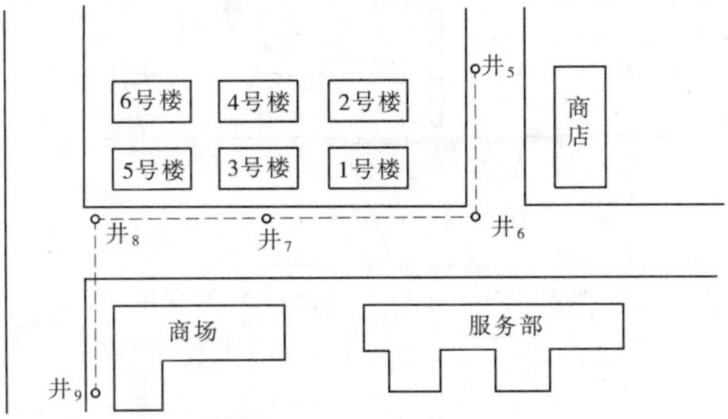

图 13-19 地下管道布置

点之记草图。

通常的排水管道为几米一节的钢筋混凝土预制管,而各交点间的距离相隔较远,因此应在各交点桩之间进一步测设加桩。一般每隔 50 m 必须设一个里程桩,在两个里程桩或井位间,若地形高差较大(高差大于 0.3 m),还必须设加桩。

中线测量完成后,接着进行纵断面测量。一般利用附近已有的水准点,以几何水准测量方法测定各桩位的高程,水准线路应布设成附合水准线路或闭合线路,其允许闭合差应小于 $\pm 5\sqrt{n}$,其中 n 为测站数。纵断面测量中必须注意做好与其他地下管线交叉时的调查工作,要精确测定管线交叉点的位置及桩号,并测出原有管线的高程及管径等资料。纵断面测量完成后必须绘制管道中心线纵断面,为开挖安设等工作提供依据。

当管线所经处的地面情况较复杂时或深埋的管道口径较大时,还应进行横断面测量,从而为施工中确定开挖边界线及计算开挖土方量、估算工程造价等提供方便。

二、管道的施工测量

管道正式施工前,测量人员应实地查验各交点桩、里程桩、加桩和水准点位置,并进行仔细核查。由于测设中线到施工开始,相隔时间可能较长,有一些桩可能不复存在,此时必须按设计资料进行恢复。此外,管道中线桩在施工中将被挖掉,为了便于恢复中线,应在不受施工影响且便于放样处,加设施工控制桩(或称控制点)。如果管道较大且埋设较深,为了便于指导施工,还可在中线一侧设置条与中线平行的辅助中心线,以便于原中线的恢复或指导施工。

另外,为了使施工过程中的高程引测方便,应根据原纵断面测量时的水准点,沿管线每 10 m 左右加测一个临时水准点。这些水准点应布设在便于保存且不受施工影响的地方。临时水准点的精度应视管道坡度的精度要求而定,最好按四等水准测量的要求进行施测。

管道施工时,首先按设计要求开挖管槽,测量人员按设计图纸开挖边线,并经常检核开挖尺寸及深度。管槽挖好后,在槽口埋设坡度板,如图 13-20 所示。坡度板上钉有管道中心线的中心钉和坡度钉(或高程板),以此控制管道中心及高程。坡度板可在管槽内每隔 10 ~ 15 m 埋设一块,埋设时要稳定可靠,此板顶不能露出地面,并且板顶要保持水平,利用全站仪把管道中心线投测到坡度板上并钉好中心线钉。

在坡度钉的设置前可首先精确测定各坡度板中心钉的高程 H_1,根据管道设计中的槽底高程 H_2,并求出它们间的高差 $h = H_1 - H_2$,如图 13-20 所示。然后在坡度板中心钉旁加钉一

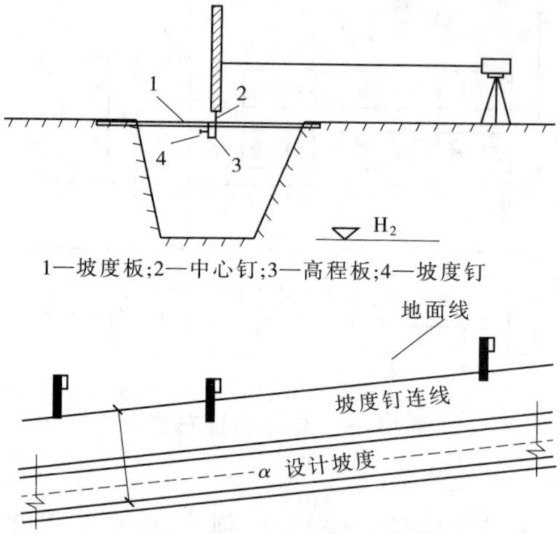

图 13-20　地下管道的施测

块高程板、高程板侧边钉坡度钉,使坡度钉到槽底的高差为 1.5 ~ 2.0 m 以内的一个整分米数 d,这样便于指导槽基浇筑、管座及管道安装。例如,某管道第 8 块坡度板处的槽底设计标高 H_2 为 16.045 m,而测得坡度板中心钉高程 H_1 为 18.482 m,根据管径和施工条件取 d = 1.8 m。则坡度钉应设置在距中心钉下 0.637 m 处。由于整个管道工程的各个坡度处所取的 d 值必须相同,那么坡度钉确定后的连线,就是一条高于槽底设计标高为 d 的平行坡度线,这给管道的施工作业带来了方便。

管道施工测量中,要严格控制高程位置,特别是对于一些自流的大型排水管道,必须保证设计坡度。因此,各个部位管道高程的精度可从满足设计坡度的精度出发分析而得。

(1)若设两坡度板间距离为 D,其高程分别为 H_1 和 H_2,则它们间的坡度 a 为

$$a = \frac{H_2 - H_1}{D} = \frac{\Delta h}{D} \tag{13-28}$$

对式(13-28)求微分后,按误差传播定律得坡度中误差为

$$m_a = \pm \sqrt{\frac{m_h^2}{D^2} + \left(\frac{a}{D}\right)^2 m_D^2} \tag{13-29}$$

式中　m_h——高程测量中误差;

　　　m_D——距离测量中误差。

通常式(13-29)中 a 是一个较小的数值,所以根号内的第二项可略去不计,则

$$m_a = \pm \frac{m_h}{D} \tag{13-30}$$

如果要求 $m_a \leqslant 1/2\ 000$,那么可以标得相邻坡度间高差的测定中误差 $m_h \leqslant \pm 5$ mm。实际上坡度误差 m_a 不仅受 m_h 的影响,而且受到临时水准点误差、放样垂直距离 d 等各种误差的影响,所以坡度钉高程测定误差不超过 ±5 mm。

(2)如果考虑管道全长的坡度,设起始点到终点的全长为 l,各段坡度相同,均为 a。同样按式(13-28)来分析,对管子进口和出口处高程的要求,只要首、尾两端处水准点的高程中误差满足规范要求,那么管道全长的坡度误差都能满足设计要求。

三、顶管施工测量

当在某种条件限制下，不允许开槽施工地下管道时，如穿越铁路、公路、重要建筑物，那么可采用顶管施工的方法布设地下管道。

顶管施工前，首先根据设计图纸，在管道两端面挖好工作坑，做好施工准备。接着在坑内布置导轨，导轨的高程和方向按设计要求精确放样并进行检查和调整。然后在导轨上放置管段，以千斤顶把管段沿管线方向插入土中，取出管内的泥土，并逐节顶入管段，直到结束。

顶管施工测量的主要内容是设置中线桩、坡度板和水准点，以及在顶管过程中的施工检查测量工作。

如图 13-21 所示，为了顶管工作的顺利进行，在工作坑挖到设计层面后，首先在坑壁测放中线桩 A、B 并钉上中心钉。中线桩不要与其他的支撑架连在一起，宜设置在稳固的原土层内，其高度应高于管顶一定的距离，一般距槽底 2.5 m 左右。在中线桩的中心钉上连线并在适当位置悬挂两条垂线，根据此垂线方向，就可以指导顶管的顶进方向。为此，为掌握顶进过程中的高程，在工作坑内必须预先引入水准点，引测的误差应不超过 ±5 mm，而且在整个施工过程中应对坑内水准点进行经常性的检测。

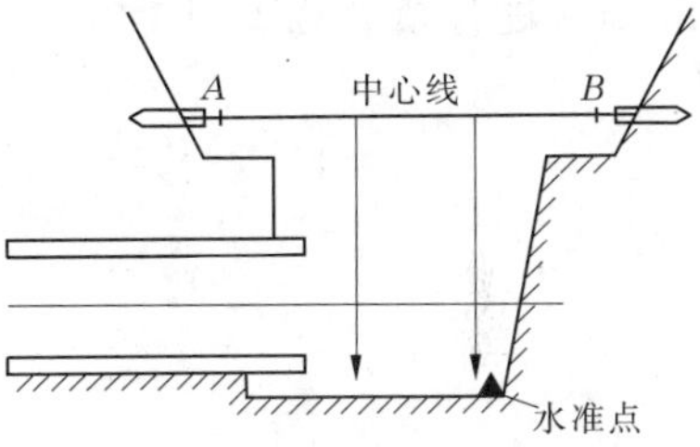

图 13-21 顶管的布置

工作坑内导轨的安置，如图 13-22 所示的导轨采用 18 号轻便轨，轨高 $h=90$ mm，轨顶宽 $P=40$ mm。如果所顶的管外径为 R，管壁厚为 d，那么可标得两轨中心线的间距 D 和 AB 的距离为

$$D = 2 \times AB + P \tag{13-31}$$

$$AB = \sqrt{R^2 - (R-h)^2} \tag{13-32}$$

铺设导轨的工作坑底通常都预浇一定厚度的混凝土层，以利于导轨正确设置和校正。顶管时，采用几台布设在工作坑内的千斤顶实施，工作坑的后壁要浇灌一定厚度的混凝土和搭设施工架，以便设置千斤顶。施工时要不断用中心线检查顶进方向和测定管底的高程，以便发现问题后可采取措施纠正。根据规范及施工经验表明，顶管中的高程偏差应不超过 ±2 cm，中线偏差应不超过 ±3 cm。管段间产生的管子错口不得超过 ±1 cm。

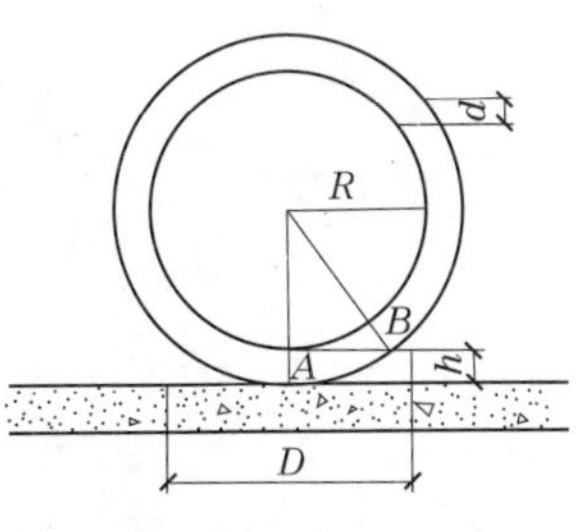

图 13-22 导轨的安置

在长距离的顶管工程中，为了确保工程质量，有条件时可采用激光指向仪指导顶管。这种有激光指向仪的机械顶管系统由掘进机、方向校正环、激光接收靶及自动控制电路、顶进液压千斤顶和激光指向仪等组成。工作的基本原理如下：激光指向仪按照顶进的管子中心线方向架设在坑顶浇筑好观测墩上。调整仪器使发出的激光束严格与设计管道轴线重合，则激光束的方向就是顶管推进的方向。此激光束射到与掘进机连接在一起的激光接收装置，并判断出光斑偏离接收装置中心的位置，此偏离值也就是掘进机偏离管道轴线的偏离

值。接收装置把接收到的偏离值转换成差动信号，经控制电路放大后而自动控制校正环内的液压千斤顶。由于液压千斤顶的作用，使掘进机转向从而达到纠偏的目的。这种纠偏的方式是三维的，因此不但可以在平面内纠偏，同时也可在高程面内纠偏。

习 题

1. 隧道导线与地面导线相比有什么特点？
2. 隧道施工测量包括哪些内容？
3. 如何进行隧道高程联系测量？
4. 隧道贯通测量的误差来源有哪些？
5. 如何进行顶管施工测量？

模块十四　不动产房屋测绘

教学内容

本模块包括房产平面控制测量、界址点测量、房产调查、房产图测绘以及房产面积量算与房产变更测量等。

学习目标

学习本模块，应掌握房产测量的任务和主要作用；了解房产平面控制测量；掌握界址点测量的主要内容；了解房产调查、房产图测绘以及房产面积量算与房产变更测量的一些内容。

任务一　房产平面控制测量

房产测量也应遵循“从整体到局部，由高级到低级，先控制后碎部”的原则进行。由于各种房产图均为平面图，故房产控制测量仅需布设平面控制网。

一、坐标系统的选择

房产平面控制测量采用国家坐标系统或沿用该地区已有的坐标系统，地方坐标系统尽量与国家坐标系统连测。面积小于 25 km^2 的测区，可不经投影，采用平面直角坐标系统。

二、房产平面控制点的形式

房产控制网由基本控制点和图根控制点组成。基本控制点包括一、二、三、四等国家平面控制点，二、三、四等城市平面控制网店，二、三、四等城镇地籍控制网点，以及城市一、二级三角点及导线点。除二级点以外均可作为房产测量的首级控制。

图根控制点的密度依据房产图比例尺房屋密集程度而定，大多采用导线形式布设。《房产测量规范》（GB/T 17986—2000）规定的各等级测距导线的技术指标及各等级 GNSS 相对定位测量的技术指标如表 14-1 与表 14-2 所示。

表 14-1　图根测距导线技术要求

等级	平均边长（km）	附合导线长度（km）	每边测距中误差（mm）	测角中误差（mm）	导线全长相对闭合差	水平角观测的测回数			方位角闭合差（″）
						DJ_1	DJ_2	DJ_6	
三等	3.0	15	±18	±1.5	1/60 000	8	12		$\pm 3\sqrt{n}$

续表 14-1

等级	平均边长(km)	附合导线长度(km)	每边测距中误差(mm)	测角中误差(mm)	导线全长相对闭合差	水平角观测的测回数			方位角闭合差(″)
						DJ_1	DJ_2	DJ_6	
四等	1.6	10	±18	±2.5	1/40 000	4	6		$\pm5\sqrt{n}$
一级	0.3	3.6	±15	±5.0	1/14 000		2	6	$\pm10\sqrt{n}$
二级	0.2	2.4	±12	±8.0	1/10 000		1	3	$\pm16\sqrt{n}$
三级	0.1	1.5	±12	±12.0	1/6 000		1	3	$\pm24\sqrt{n}$

注:n 为导线转折角的个数。

表 14-2　各等级 GNSS 相对定位测量的技术指标

等级	卫星高度角(°)	有效观测卫星总数	时段中任一卫星有效观测时间(min)	观测时段数	观测时段长度(min)	数据采样间隔(s)	点位几何强度因子PDOP
二等	≥15	≥6	≥20	≥2	≥90	15~60	≤6
三等	≥15	≥4	≥5	≥2	≥10	15~60	≤6
四等	≥15	≥4	≥5	≥2	≥10	15~60	≤8
一级	≥15	≥4		≥1		15~60	≤8
二级	≥15	≥4		≥1		15~60	≤8
三级	≥15	≥4		≥1		15~60	≤8

任务二　界址点测量

界址点又称地界点或拐点,亦即房屋用地界线的转折点处设置的界桩点。在房产测量和管理中,用它来确定房屋用地权界的位置。界址点的边线构成房屋用地范围的地界线。由于每家每户都有房屋用地权界线问题,所以在房产测量和管理中,界址点测量是一项专门的工作,而且是一项任务量大,关系到千家万户的房产登记发证的重要工作。

一、界址点的精度

界址点根据其所在地区和单位的不同要求,其测定精度有高低之分,根据测定精度的高低共分为三级。对大中城市繁华地段的界址点和重要建筑物的界址点,一般要选用一级或二级,其他地区可选用三级。例如城镇街坊的街面、中外合资企业、大型工矿企业及大型建筑物的界址点,一般选用一级或二级;而街坊内部隐蔽地区及居民区内部的界址点,则可选用三级。一级界址点相对于临近基本控制点的点位中误差范围为 ±0.05 m,二级界址点相对于临近控制点的点位中误差应不超过 ±0.10 m,三级界址点相对于邻近控制点的点位中误差范围为 ±0.15 m。

《房产测量规范》(GB/T 17986—2000)中规定房产界址点的精度为三级,各级界址点相对于临近控制点的点位误差和间距超过 50 m 的相邻界址点的间距误差不超过表 14-3 的规定;间距未超过 50 m 的界址点间的间距误差限差不应超过式(14-3)的计算结果。

表 14-3　房产界址点的精度要求　(单位:m^2)

界址点等级	界址点相对于邻近控制点的点位误差和相邻界址点间的间距误差	
	限差	中误差
一	±0.04	±0.02
二	±0.10	±0.05
三	±0.20	±0.10

$$\Delta D = \pm (m_j + 0.02 m_j D) \tag{14-1}$$

式中　m_j——相应等级界址点的点位中误差,m;

D——相邻界址点间的距离,m;

ΔD——界址点坐标计算的边长与实量边长较差的限差,m。

界址点测量就是根据测区内已布设的控制点,用图根点测量的方法,根据不同等级界址点的不同精度要求,测定各个界址点坐标数值,并编制出坐标成果表。

二、界址点的标定、埋设及编号

(一)界址点的标定

为了准确划定房屋用地界线,计算房屋用地面积,减少和防止用地纠纷,界址点的标定是一项很慎重的工作。因此,标界时必须由双方指界人到现场指界。单位使用的土地,要由单位法人代表出席指界;组合丘用地,要由该丘各户共同委派的代表指界。房屋用地人或法人代表不能亲自出席指界时,应由委托的代理人指界,并且均需出具身份证明或委托书。

经双方认定的界址,必须由双方指界人在房屋用地调查表上签字盖章。

(二)界址点的埋设

所有界址点在标定之后,如其点不在固定地物上,均应埋设标志,并记载标石类型和方位。无法埋设标界的,应在建筑物上以红漆注记界址点符号,示意界址点位置,并在调查表中注明墙中线、墙外或墙内。对提供不出证据或有争议的,应根据实际使用范围标出争议部位,按未定界处理。

界标的种类大致有混凝土界址标桩、带铅帽的钢钉界址标桩、石灰桩带塑料套的钢棍界标桩及喷漆标志等几种。

界标的选用应根据各地的具体情况而定。一般在较为空旷地区的界址点和占地面积较大的机关、团体、企业、事业单位的界址点,应埋设预制混凝土界标桩或现场浇筑混凝土界址标桩,如图 14-1 所示。泥土地面也可埋设石灰桩;在坚硬的路面或地面上的界址点,应钻孔浇筑或钉设带帽的钢钉界址标桩;在坚固的房墙(角)或围墙(角)等永久性建筑物处的界址点,应钻孔浇筑带塑料套的钢棍界址标桩,也可设置喷漆界址标志,如图 14-2 所示。

埋设墙上界址标桩时,界址钉需露出墙体外 1.0 mm 左右,并用红漆在点位旁以箭头指示,使之醒目易找。用喷漆界址标志时,喷漆应尽量浓一点,以免时间久后漆被雨水风化。

(三)界址点编号

界址点的编号以图幅为单位,按丘号的顺序顺时针统一建立,点号前冠以英文字母“J”。凡界址线的转折角点以及界址线与图廓线的交点,均应编界址点号。

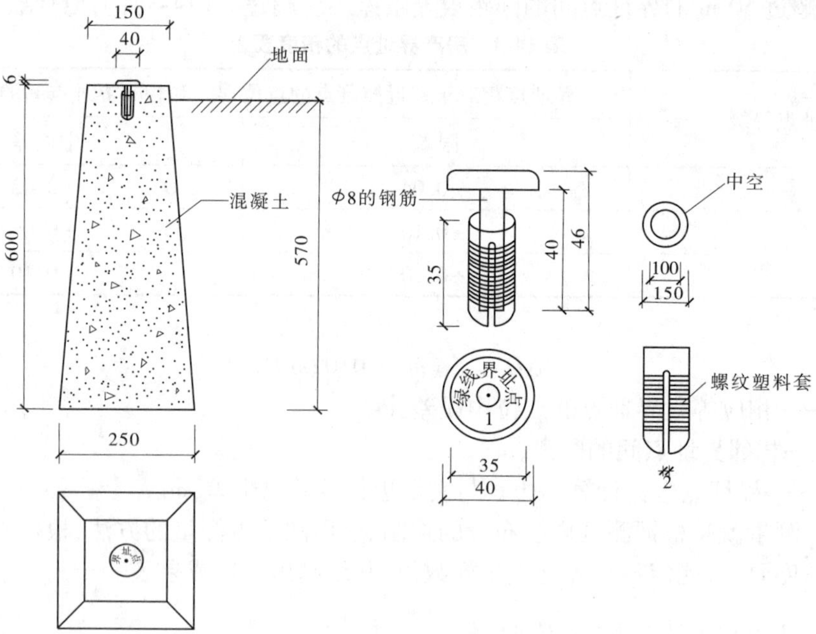

图 14-1　界址点示意图　（单位:mm）

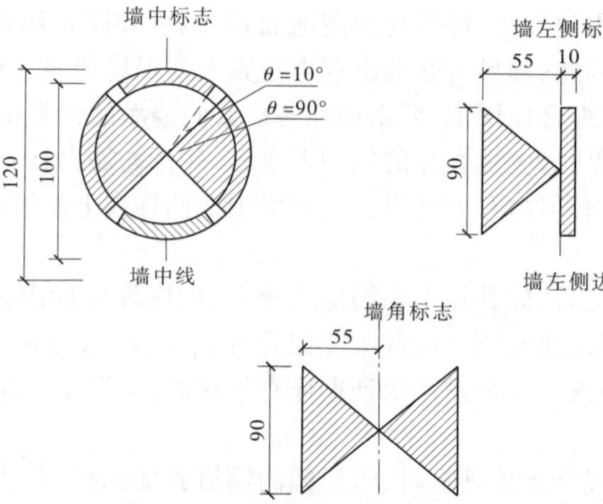

图 14-2　界址点示意图　（单位:mm）

界址号除在房屋用地调查表和界址点坐标成果表中登记外,还应在房产图中标记。

三、界址点测量

《房产测量规范》(GB/T 17986—2000)规定:一级界址点按1∶500测图的图根控制点的方法测定,从基本控制点起可发展两次,困难地区可发展三次;二级界址点以精度不低于1∶1 000测图的图根控制点的方法测定,从邻近控制点或一级界址点起,可发展三次;三级界址点用野外实测或航测内业加密方法求取坐标,也可从1∶500底图上量取坐标;支导线点不得单独发展一、二级界址点。

房产测量的特点是在城镇建筑群中进行的，因此界址点测量一般只能采取图根导线的方法，而在困难的街区，可采用全站仪或测距仪直接测量界址点的坐标。

各级界址点测定后，要以丘为单位绘制界址点略图，并以图幅为单位编列界址点坐标成果表，格式如表 14-4 所示。将表装订成册，作为正式成果上交。

表 14-4　界址点坐标成果

丘号	界址点编号	标志类型	等级	坐标		点位说明
				x	y	
⋮	⋮	⋮	⋮	⋮	⋮	⋮

任务三　房产调查

房产调查分房屋调查和房屋用地调查，其任务是查清每个权属单元的权属、位置、权界、数量和用途等基本情况，并同时查清所在地的地理名称和行政境界。

房产调查应以已有地形图、地籍图、航摄相片以及相关的产籍资料为依据，按照主管部门统一制定的标准和调查表，以权属单元为单位，逐项实地进行调查。

一、房屋调查

房屋调查的内容如表 14-5 所示，包括房屋坐落、产权人、产权性质、产别、层数、所在层次、建筑结构、建成年份、用途、占地面积、建筑面积、分摊面积、墙体归属、权源、产权纠纷和其他权利等基本情况，以及绘制房屋权界限示意图。

表 14-5　房屋调查表

市区名称或代码号______　房产区号______　房产分区号______　丘号______　序号______

<table>
<tr><td>坐落</td><td colspan="10">区(县)　街道(镇)　胡同(街巷)　号</td><td colspan="3">邮政编码</td><td colspan="2"></td></tr>
<tr><td>产权主</td><td colspan="6"></td><td colspan="2">住址</td><td colspan="7"></td></tr>
<tr><td>用途</td><td colspan="6"></td><td colspan="3">产别</td><td colspan="2"></td><td colspan="2">电话</td><td colspan="2"></td></tr>
<tr><td rowspan="7">房屋状况</td><td rowspan="2">幢号</td><td rowspan="2">权号</td><td rowspan="2">户号</td><td rowspan="2">总层数</td><td rowspan="2">所在层次</td><td rowspan="2">建筑结构</td><td rowspan="2">建成年份</td><td rowspan="2">占地面积(m²)</td><td rowspan="2">使用面积(m²)</td><td rowspan="2">建筑面积(m²)</td><td colspan="4">墙体归属</td><td rowspan="2">产权来源</td></tr>
<tr><td>东</td><td>南</td><td>西</td><td>北</td></tr>
<tr><td></td><td></td><td></td><td></td><td></td><td></td><td></td><td></td><td></td><td></td><td></td><td></td><td></td><td></td><td></td></tr>
<tr><td></td><td></td><td></td><td></td><td></td><td></td><td></td><td></td><td></td><td></td><td></td><td></td><td></td><td></td><td></td></tr>
<tr><td></td><td></td><td></td><td></td><td></td><td></td><td></td><td></td><td></td><td></td><td></td><td></td><td></td><td></td><td></td></tr>
<tr><td></td><td></td><td></td><td></td><td></td><td></td><td></td><td></td><td></td><td></td><td></td><td></td><td></td><td></td><td></td></tr>
<tr><td></td><td></td><td></td><td></td><td></td><td></td><td></td><td></td><td></td><td></td><td></td><td></td><td></td><td></td><td></td></tr>
</table>

续表 14-5

房屋权界线示意图		附加说明	
		调查意见	

调查者：　　　年　　　月　　　日

我国房屋产权性质分全民、集体、私有 3 类。外产、中外合资产按其他产权处理。房屋产别按两级分类，如表 14-6 所示。

表 14-6　房屋产别分类标准

一级分类		二级分类		
编号	名称	编号	名称	
10	国有房产			指归国家所有的房产。包括由政府接管、国家经租、收购、新建以及由国有单位用自筹资金建设或购买的房产
		11	直管产	指由政府接管、国家经租、收购、新建、扩建的房产（房屋所有权已正式划拨给单位的除外），大多数由政府房地产管理部门直接管理、出租、维修，少部分免租拨借给单位使用
		12	自管产	指国家划拨给全民所有制单位所有以及全民所有制单位自筹资金构建的房产
		13	军产	指中国人民解放军部队所有的房产。包括由国家划拨的房产、利用军费开支或军队自筹资金购建的房产
20	集体所有房产			指城市集体所有制单位所有的房产。即集体所有制单位投资建造、购买的房产
30	私有房产			指私人所有的房产。包括中国公民、港澳台同胞、海外侨胞、在华外国侨民、外国人所投资建造、购买的房产，以及中国公民投资的私营企业（私营独资企业、私营合伙企业和私营有限责任公司）所投资建造、购买的房产
		31	部分产权	指按照房改政策，职工个人以标准价购买的住房，拥有部分产权
40	联营企业房产			指不同所有制性质的单位之间共同组成新的法人型经济实体所投资建造、购买的房产
50	股份制企业房产			指股份制企业所投资建造或购买的房产

续表 14-6

一级分类		二级分类		
编号	名称	编号	名称	
60	港、澳、台投资房产			指港、澳、台地区投资者以合资、合作或独资在祖国大陆举办的企业所投资建造或购买的房产
70	涉外房产			指中外合资经营企业、中外合作经营企业和外资企业、外国政府、社会团体、国际性机构所投资建造或购买的房产
80	其他房产			凡不属于以上各类别的房屋，都归在这一类，包括因所有权人不明，由政府房地产管理部门、全民所有制单位、军队代为管理的房屋以及宗教、寺庙等房屋

权源是指产权人取得房屋的时间和方式。其中方式有继承、分析、买卖、受赠、交换、自建、翻建、征用、收购、调拨、价拨、拨用等。用途是指房屋目前的实际用途，按两级分类，如表 14-7所示。房屋建筑结构按其主要承重结构的建筑材料划分 6 类，如表 14-8 所示。一栋房屋有两种以上结构时，以面积大者为准。墙体归属是指房屋四面墙体所有权的归属，分自由墙、共有墙和借墙 3 种。他项权利指典当权、抵押权等权利。房屋权界线为房屋权属范围的界线，应由产权人指界和邻户来确定。房屋权界线示意图是以权属为单位绘制的略图，表示房屋及其相关位置、权界线、墙体归属、房屋边长以及有争议的权界线部位等内容。

表 14-7 房屋用地用途分类标准

一级分类		二级分类		含义
编号	名称	编号	名称	
10	商业金融业用地			指商业服务业、旅游业、金融保险业等用地
		11	商业服务业	指各种商店、公司、修理服务部、生产资料供应站、饭店、旅社、对外经营的食堂、文印誊写社、报刊门市部、蔬菜销转运站等用地
		12	旅游业	指主要为旅游业服务的宾馆饭店、大厦、乐园、俱乐部、旅行社、旅游商店、友谊商店等用地
		13	金融保险业	指银行、储蓄所、信用社、信托公司、证券交易所、保险公司等用地
20	工业、仓储用地	21	工业	指独立设置的工厂、车间、手工业作坊、建筑安装的生产场地、排渣(灰)场等用地
		22	仓储	指国家、省(自治区、直辖市)及地方的储备、中转、外贸、供应等各种仓库、油库、材料堆积场及其附属设备等用地

续表 14-7

一级分类		二级分类		含义
编号	名称	编号	名称	
30	市政用地			指市政公用设施、绿化用地
		31	市政公用设施	指自来水厂、泵站、污水处理厂、变电(所)站、煤气站、供热中心、环卫所、公共厕所、火葬场、消防队、邮电局(所)及各种管线工程专用地段等用地
		32	绿化	指公园、动植物园、陵园、风景名胜、防护林、水源保护林以及其他公共绿地等用地
40	公共建筑用地			指文化、体育、娱乐、机关、科研、设计、教育、医卫等用地
		41	文、体、娱	指文化馆、博物馆、图书馆、展览馆、纪念馆、体育场馆、俱乐部、影剧院、游乐场、文艺体育团体等用地
		42	机关、宣传	指党政事业机关及工、青、妇等群众组织驻地,广播电台、电视台、出版社、报社、杂志社等用地
		43	科研、设计	指科研、设计机构用地。如研究院(所)、设计院及其试验室、试验场等用地
		44	教育	指大专院校、中等专业学校、职业学校、干校、党校、中、小学校、幼儿园、托儿所、业余进修院(校)、工读学校等用地
		45	医卫	指医院、门诊部、保健院(站、所)、疗养院(所)、救护站、血站、卫生院、防治所、检疫站、防疫站、医学化验、药品检验用地
50	住宅用地			指供居住的各类房屋用地
60	交通用地			指铁路、民用机场、港口码头及其他交通用地
		61	铁路	指铁路线路及场站、地铁出入口等用地
		62	民用机场	指民用机场及其附属设施用地
		63	港口码头	指供客、货运船停靠的场所用地
		64	其他交通	指车场(站)、广场、公路、街、巷、小区内的道路等用地
70	特殊用地	70		指军事设施、涉外、宗教、监狱等用地
		71	军事设施	指军事设施用地。包括部队机关、营房、军用工厂、仓库和其他军事设施用地
		72	涉外	指外国使馆、驻华办事处等用地
		73	宗教	指专门从事宗教活动的庙宇、教堂等宗教用地
		74	监狱	指监狱用地。包括监狱、看守所、劳改场(所)等用地
80	水域用地			指河流、湖泊、水库、坑塘、沟渠、防洪堤坝等用地

续表 14-7

一级分类		二级分类		含义
编号	名称	编号	名称	
90	农用地			指水田、菜地、旱地、园地等用地
		91	水田	指筑有田埂(坎)可以经常蓄水用于种植水稻等水生作物的耕地
		92	菜地	指以种植蔬菜为主的耕地。包括温室、塑料大棚等用地
		93	旱地	指水田、菜地以外的耕地。包括水浇地和一般旱地
		94	园地	指种植以采集果、叶、根、茎等为主的集约经营的多年生木本和草本植物,覆盖度大于 50% 或每亩株数大于合理株数 70% 的土地,包括果树苗圃等用地
00	其他用地			指各种未利用土地、空闲地等其他用地

表 14-8 房屋的建筑结构分类

分类		内容
编号	名称	
1	钢结构	承重的主要构件是用钢材料建造的,包括悬索结构
2	钢、钢筋混凝土结构	承重的主要构件是用钢、钢筋混凝土建造的。如一幢房屋一部分梁柱采用钢、钢筋混凝土构架建造
3	钢筋混凝土结构	承重的主要构件是用钢筋混凝土建造的。包括薄壳结构、大模板现浇结构及使用滑模、升板等建造的钢筋混凝土结构的建筑物
4	混合结构	承重的主要构件是用钢筋混凝土和砖木建造的。如一幢房屋的梁用钢筋混凝土制成,以砖墙为承重墙,或者梁是用木材建造,柱是用钢筋混凝土建造
5	砖木结构	承重的主要构件是用砖、木材建造的。如一幢房屋是木制房架、砖墙、木柱建造的
6	其他结构	凡不属于上述结构的房屋都归此类。如竹结构、砖拱结构、窑洞等

二、房屋用地调查

房屋用地调查的内容如表 14-9 所示,包括用地的坐落、产权性质、等级、税费、用地人、用地单位所有制性质、权源、四至、界标、用地分类、面积和纠纷等基本情况,以及绘制房屋用地范围示意图。

表 14-9　房屋用地调查表

市区名称或代码号＿＿＿　房产区号＿＿＿　房产分区号＿＿＿　丘号＿＿＿　序号＿＿＿

<table>
<tr><td colspan="2">坐落</td><td colspan="6">区(县)　街道(镇)　胡同(街巷)号</td><td colspan="2">电话</td><td></td><td>邮政编码</td><td></td></tr>
<tr><td colspan="2">产权性质</td><td></td><td>产权主</td><td></td><td colspan="2">土地等级</td><td></td><td colspan="2">税费</td><td></td><td rowspan="7">附加说明</td><td rowspan="7"></td></tr>
<tr><td colspan="2">使用人</td><td></td><td>住址</td><td colspan="4"></td><td colspan="2">所有制性质</td><td></td></tr>
<tr><td colspan="2">用地来源</td><td colspan="6"></td><td colspan="2">用地用途分类</td><td></td></tr>
<tr><td rowspan="4">用地状况</td><td rowspan="2">四至</td><td>东</td><td>南</td><td>西</td><td>北</td><td rowspan="2">界标</td><td>东</td><td>南</td><td>西</td><td>北</td></tr>
<tr><td></td><td></td><td></td><td></td><td></td><td></td><td></td><td></td></tr>
<tr><td rowspan="2">面积
m^2</td><td colspan="3">合计用地面积</td><td colspan="2">房屋占地面积</td><td>院地面积</td><td>分摊面积</td><td colspan="2" rowspan="2"></td></tr>
<tr><td colspan="3"></td><td colspan="2"></td><td></td><td></td></tr>
<tr><td colspan="2">用地略图</td><td colspan="11"></td></tr>
</table>

调查者：　　　　年　　月　　日

我国房屋用地产权性质分全民、集体两类。用地等级按土地主管部门制定的土地等级标准区分。权源是指取得土地使用权的时间和方式，调查的要求与房屋调查类同。四至是指用地范围与四邻接壤的情况，一般按东、西、南、北方向注明四邻用地的编号或街道名称。界标是指地界线上的各种标志，包括道路、河流等自然界线，房屋墙体、围墙、栅栏等维护物体，以及界碑、界桩等埋石标志。用地分类以当前政府正式颁布的规定执行，无规定的按表 14-7 执行。房屋用地范围示意图是以用地单元为单位绘制的略图，表示房屋用地的位置，四至关系、界线、共同院落界线、界标类别和归属以及有争议的界线部位，并勘丈和注记用地界线的边长。用地范围界线包括共用院落界线由产权人(用地人)指界和邻户来确定。

三、房屋用地的编号

房屋用地的编号有丘号、幢号和房产权号。

丘是指地表上一块有界空间的地块。一个地块只属于一个产权单元时称独立丘，一个地块属于几个产权单元时称组合丘。有固定界标的按固定界标划分、没有固定界标的按自然界线划分。丘的编号按市、市辖区(县)、房产区、房产分区、丘五级编号。房产区是以市行政建制区的街道办事处或镇(乡)的行政辖区，或房地产管理划分的区域为基础划定，根据实际情况和需要，可以将房产区再划分为若干个房产分区。丘以房产分区为单元划分。房产区和房产分区均以两位自然数字从 01 至 99 依序编列；当未划分房产分区时，相应的房产分区编号用“01”表示。丘的编号以房产分区为编号区，采用 4 位自然数字从 0001 至 9999 编列；以后新增丘接原编号顺序连续编立。丘的编号从北至南，从西至东以反 S 形顺序编列。

幢是指一座独立的,包括不同结构和不同层次的房屋。幢号以丘为单位,自进大门起,从左到右,从前到后,用数字 1 ,2,…顺序排列按 S 形编号。幢号注在房屋轮廓线内的左下角,并加括号表示。

在他人用地范围内所建的房屋,应在幢号后面加编房屋产权号,房屋产权号用标识符 A 表示。多户共有的房屋,在幢号后面加编共有权号,共有权号用标识符 B 表示。

四、行政境界与地理名称调查

行政境界调查,应依据各级人民政府规定的行政境界位置,调查区、县和镇以上的行政区划范围,并标绘在图上。街道或乡的行政区划,可根据需要调绘。

地理名称调查(简称地名调查)包括居民点、道路、河流、广场等自然名称。自然名称应根据各地人民政府地名管理机构公布的标准名或公安机关编定的地名进行。凡在测区范围内的所有地名及重要的名胜古迹,均应调查。行政机构名称只对镇以上行政机构进行调查。应调查实际使用该房屋及其用地的企事业单位的全称。

任务四　房产图测绘

房产图是房产产权、产籍管理的重要资料。按房产管理的需要可分为房产分幅平面图(简称分幅图)、房产分丘平面图(简称分丘图)和房屋分户平面图(简称分户图)。

一、分幅图测绘

分幅图是全面反映房屋及其用地的位置和权属等状况的基本图,是测绘分丘图和分户图的基础资料。分幅图的测绘范围包括城市、县城、建制镇的建成区和建成区以外的工矿企事业等单位及其毗连居民点。分幅图采用 40 cm×50 cm 矩形或 50 cm×50 cm 正方形分幅。建筑物密集区的分幅图一般采用 1∶500 比例尺,其他区域的分幅图可以采用 1∶1 000 比例尺。

分幅图应表示控制点、行政境界、丘界、房屋、房屋附属设施和房屋围护物,以及与房地产有关的地籍地形要素和注记。分幅图编号以高斯—克吕格坐标的整千米格网为编号区,由编号区代码加分幅图代码组成,编号区的代码以该千米格网西南角的横纵坐标千米值表示。图 14-3 为房产分幅图(局部)示例。

二、分丘图测绘

分丘图是分幅图的局部图,是绘制房屋产权证附图的基本图。分丘图的幅面可在 787 mm×1 092 mm 的 1/32～1/4 选用。分丘图的比例尺,根据丘面积的大小,可在 1∶100～1∶1 000选用。

分丘图可实地测绘,也可利用分幅图和房屋调查表的有关资料绘制。

分丘图上除表示分幅图的内容外,还应表示房屋权界线、界址点点号、窑洞使用范围,挑廊、阳台、建成年份、用地面积、建筑面积、墙体归属和四至关系等各项房地产要素。

分丘图上,应分别注明所有周邻产权所有单位(或人)的名称,分丘图上各种注记的字

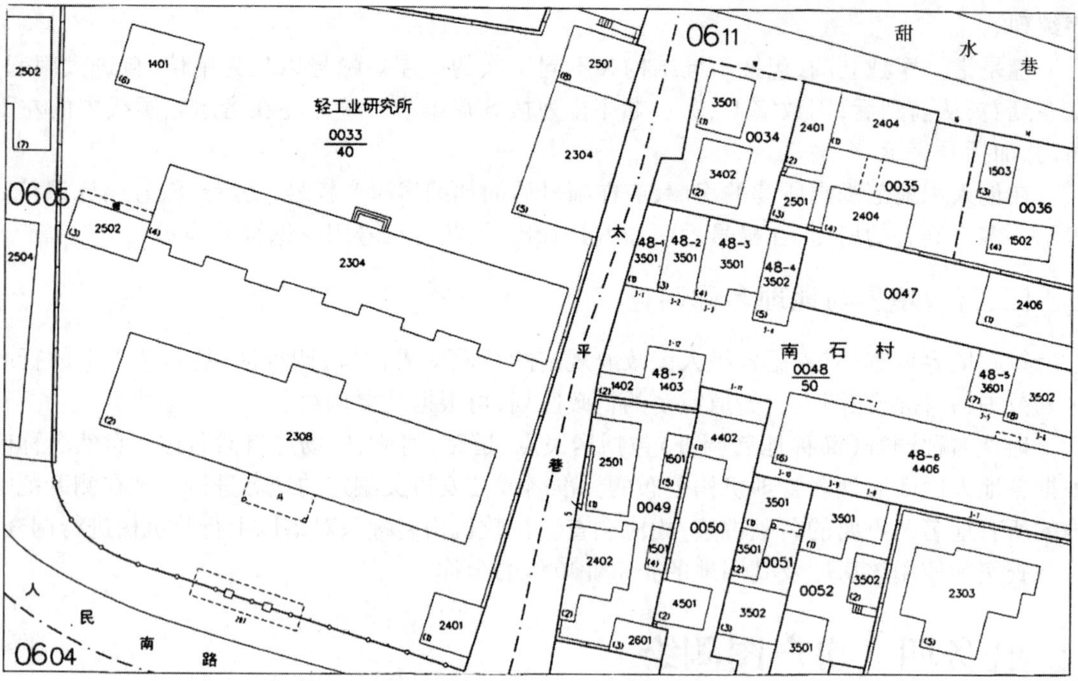

图 14-3　分幅图　（比例尺 1∶500）

头应朝北或朝西。图 14-4 为分丘图示例。

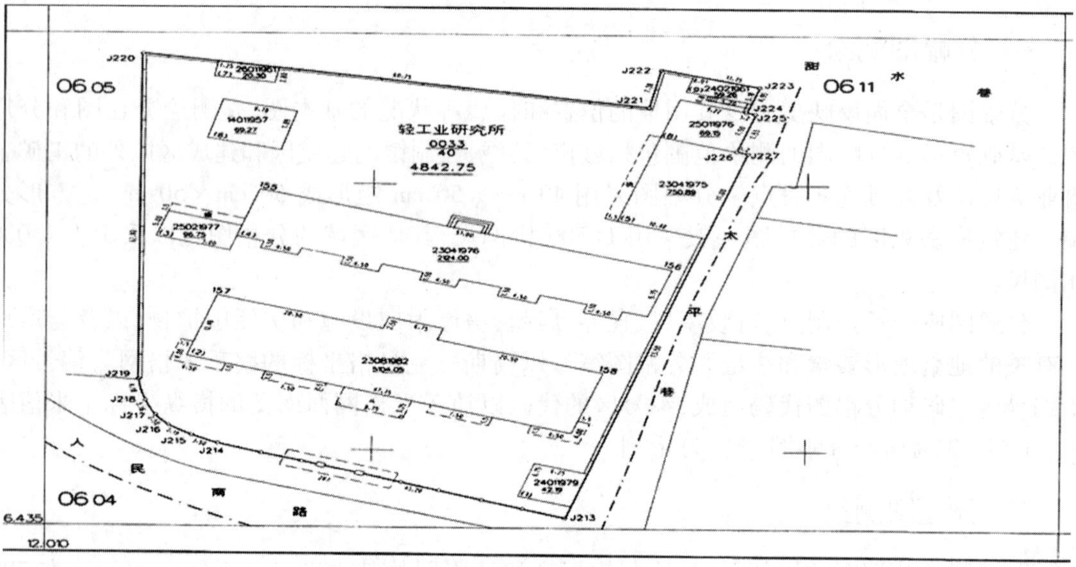

图 14-4　分丘图　（比例尺 1∶500）

测量本丘与邻丘毗连墙体时，共有墙以墙体中间为界，量至墙体厚度的 1/2 处；借墙量至墙体的内侧；自有墙量至墙体外侧并用相应符号表示。房屋权界线与丘界线重合时，表示丘界线，房屋轮廓线与房屋权界线重合时，表示房屋权界线。分丘图的图廓位置，根据该丘所在位置确定，图上需要注出西南角的坐标值，以千米数为单位注记至小数后三位。

三、分户图测绘

分户图是在分丘图基础上绘制的细部图，以一户产权人为单位，表示房屋权属范围的细部图，以明确异产毗连房屋的权利界线供核发房屋所有权证的附图使用。

分户图的方位应使房屋的主要边线与图框边线平行，按房屋的方向横放或竖放，并在适当位置加绘指北方向符号。分户图的幅面可选用 787 mm ×1 092 mm 的 1/32 或 1/16 等尺寸。分户图的比例尺一般为 1∶200，当房屋图形过大或过小时，比例尺可适当放大或缩小。分户图上房屋的丘号、幢号、应与分丘图上的编号一致。房屋边长应实际丈量，注记取至 0.01 m，注在图上相应位置。

分户图表示的主要内容包括房屋权界线、四面墙体的归属和楼梯、走道等部位以及门牌号、所在层次、户号、室号、房屋建筑面积和房屋边长等。房屋产权面积包括套内建筑面积和共有分摊面积，标注在分户图框内。本户所在的丘号、户号、幢号、结构、层数、层次标注在分户图框内。楼梯、走道等共有部位，需在范围内加简注。

任务五　房产面积量算与房产变更测量

一、房产面积量算与房产变更测量

面积测算是指水平面积测算。分为房屋面积和用地面积测算两类，其中房屋面积测算包括房屋建筑面积、共有建筑面积、产权面积、使用面积等测算。

(一)房屋建筑面积量算

房屋建筑面积是指房屋外墙(柱)勒脚以上各层的外围水平投影面积，包括阳台、挑廊、地下室、室外楼梯等，且具备有上盖，结构牢固，层高 2.20 m 以上(含 2.20 m)的永久性建筑。

房屋使用面积是指房屋户内全部可供使用的空间面积，按房屋的内墙面水平投影计算。房屋产权面积是指产权主依法拥有房屋所有权的房屋建筑面积。房屋产权面积由直辖市、市、县房地产行政主管部门登记确权认定。房屋共有建设面积是指各产权主共同占有或共同使用的建筑面积。各类面积测算必须独立测算两次，其较差应在规定的限差以内，取中数作为最后结果。量距应使用经检定合格的卷尺或其他能达到相应精度的仪器和工具。面积以平方米为单位，取至 0.01 m^2。

(二)用地面积量算

用地面积以丘为单位进行测算，包括房屋占地面积、其他用途的土地面积测算，以及各项地类面积的测算。

下列土地不计入用地面积：

(1)无明确使用权属的冷巷、巷道或间隙地。

(2)市政管辖的道路、街道、巷道等公共用地。

(3)公共使用的河涌、水沟、排污沟。

(4)已征用、划拨或者属于原房地产证记载范围，经规划部门核定需要用作市政建设的用地。

(5)其他按规定不计入用地的面积。

用地面积测算可采用坐标解析计算、实地量距计算和图解计算等方法。

(三)共有共用面积分摊的量算

应分摊的共有共用面积通常包括共有共用房屋建筑面积、异常毗连房屋占地面积和共用院落面积。分摊面积量算时,有权属分割文件或协议的按规定量算。否则,按相关面积比例进行分摊计算。

房产面积的精度分为三级,各级面积的限差及中误差不超过表 14-10 计算的结果。

表 14-10 房产面积的精度要求 (单位:m^2)

房产面积的精度等级	限差	中误差
一	$0.02\sqrt{S}+0.0006S$	$0.01\sqrt{S}+0.0003S$
二	$0.04\sqrt{S}+0.002S$	$0.02\sqrt{S}+0.001S$
三	$0.08\sqrt{S}+0.006S$	$0.04\sqrt{S}+0.003S$

注:S 为房产面积,m^2。

二、房产变更测量

变更测量分为现状变更测量和权属变更测量。

现状变更测量内容为:房屋的新建、拆迁、改建、扩建、房屋建筑结构、层数的变化;房屋的损坏与灭失,包括全部拆除或部分拆除、倒塌和烧毁;围墙、栅栏、篱笆、铁丝网等围护物以及房屋附属设施的变化;道路、广场、河流的拓宽、改造,河、湖、沟渠、水塘等边界的变化;地名、门牌号的更改;房屋及其用地分类面积增减变化。

权属变更测量内容为:房屋买卖、交换、继承、分割、赠与、兼并等引起的权属的转移;土地使用权界的调整,包括合并、分割、塌没和截弯取直;征拨、出让、转让土地而引起的土地权属界线的变化;他项权利范围的变化和注销。

变更测量应根据房地产变更资料,先进行房地产要素调查,包括现状、权属和界址调查,再进行分户权界和面积的测定,调整有关的房地产编码,最后进行房地产资料的修正。

习 题

1. 房产调查包括哪些工作?
2. 试述房产图的种类及测绘内容。
3. 房产面积包括哪几部分?
4. 房产变更测量包括哪些工作?

参考文献

[1] 李映红. 建筑工程测量[M]. 湖北:武汉大学出版社,2011.
[2] 合肥工业大学,等. 测量学[M]. 3 版. 北京:中国建筑工业出版社,1990.
[3] 王根虎. 土木工程测量[M]. 2 版. 郑州:黄河水利出版社,2011.
[4] 覃辉. 测量学[M]. 北京:中国建筑工业出版社,2007.
[5] 弓永利. 建筑工程测量[M]. 湖北:武汉大学出版社,2018.